中等职业教育改革与创新系列教材

模具制图

主　编　桑玉红

副主编　毕永良　王明荣

参　编　于治策　姜月琴　王昭勇

孙传瑜　张杰赟　韩　霞

机械工业出版社

本书是根据教育部《中等职业学校机械制图教学大纲》《中等职业学校模具设计与制造专业教学指导方案》和劳动部颁发的“国家职业技能鉴定标准”，并结合编者二十多年的教学实践经验编写而成的。

本书注重实用性，基础知识贯彻“实用为主、必须和够用”的教学原则，密切联系学生的实训教学、企业对模具从业人员的具体需求以及模具行业新标准，以就业为导向，注重学生职业能力的培养，突出以能力为本位、以职业实践为主线、以项目教学模式为主体的模块化教学理念。

本书由制图基础知识、模具零件图和模具装配图三个单元组成。

单元一包括四个项目，主要介绍：制图国家标准；正投影法绘制图形及国家标准规定的常见结构的规定画法；图样上的尺寸标注；图样上技术要求的标注和识读方法。

单元二包括两个项目，主要介绍：模具零件图的内容、绘制、识读方法和步骤及模具标准件的标记和选用方法。

单元三包括两个项目，主要介绍：模具装配图的内容、绘制、识读方法和步骤及由装配图拆画模具零件图的方法。

本书文字叙述简明扼要，通俗易懂，可作为中等职业学校模具设计与制造专业教材，也可作为相关行业的岗位培训教材或自学用书。

为方便教学，本书配套有电子课件，凡选用本书作为教材的教师均可登录机械工业出版社教育服务网（www.cmpedu.com），注册、免费下载，或联系编辑咨询（010-88379197）。

图书在版编目（CIP）数据

模具制图/桑玉红主编. —北京：机械工业出版社，2016.8（2023.8重印）
中等职业教育改革与创新系列教材
ISBN 978-7-111-54537-8

Ⅰ.①模… Ⅱ.①桑… Ⅲ.①模具-机械制图-中等专业学校-教材
Ⅳ.①TG76

中国版本图书馆CIP数据核字（2016）第190179号

机械工业出版社（北京市百万庄大街22号 邮政编码100037）
策划编辑：齐志刚 责任编辑：齐志刚 杨 璇 责任校对：刘 岚
封面设计：鞠 杨 责任印制：张 博
北京雁林吉兆印刷有限公司印刷
2023年8月第1版第3次印刷
184mm×260mm · 15.75印张 · 384千字
标准书号：ISBN 978-7-111-54537-8
定价：49.00元

电话服务
客服电话：010-88361066
010-88379833
010-68326294

网络服务
机 工 官 网：www.cmpbook.com
机 工 官 博：weibo.com/cmp1952
金 书 网：www.golden-book.com
机工教育服务网：www.cmpedu.com

前言

随着国民经济的迅速发展，模具工业在我国已成为国民经济发展的重要基础工业之一。目前模具行业的从业人员越来越多，他们渴望在机械制图方面有一本通俗易懂、与本专业密切相关的专用教材。

本书是根据教育部《中等职业学校机械制图教学大纲》《中等职业学校模具设计与制造专业教学指导方案》和劳动部颁发的“国家职业技能鉴定标准”，并结合编者二十多年的教学实践经验编写而成的。本书有以下几个特点。

1）以“工学结合、校企合作、顶岗实习”的人才培养模式作为总的指导原则，使整个课程教学贴近企业的岗位需求，打破原有课程的章节，并本着“实用、够用”的原则进行删减，以“体”为基础，将“线”和“面”的投影统一化简为体上“点”的投影，并且将其完全附着在体上，这样删去了工程实际中应用较少的内容（分析特殊位置直线、平面的投影规律），以强化应用、培养技能为教学重点展开教学，使“点”的投影知识成为完成体的三视图的一种工具，不但降低了难度，而且适合中职教育培养目标的要求。

2）所有知识点以项目任务的方式呈现出来。每个任务都由实际零件引入，所选择的零件简单且具有代表性，相应理论知识浅显易懂，具有非常强烈的感性认知效果，并且配有相应的图片，密切联系学生的实训教学，注重学生职业能力的培养，较之传统的制图课程更具针对性和实用性。

3）随着国际交流的进一步加强，近年来，美国、日本、加拿大等国的公司要求模具专业的学生能够看懂采用第三角画法的图样，所以在本书编写过程中，充分考虑到了社会需求的变化，增加了第三角画法的训练，将其从选学内容变为必学内容，以适应社会发展的需要。

本书由制图基础知识、模具零件图和模具装配图三个单元组成，每个单元包括若干个项目，每个项目又分别由不同任务来组成，内容由浅入深，任务由易到难，环环相扣，画图和读图结合，以画促读，使学生循序渐进地掌握模具工人必备的制图和识图两大技能。

为了更好地发挥本书的作用，保证教学质量，我们还开发了与本书配套使用的多媒体教学辅助资源，有利于教师利用现代教育技术手段完成教学任务。

本书由威海工业技术学校桑玉红担任主编并负责设计全书的编写框架，进行图例审定、文字统稿以及教学辅助资源的开发工作；威海工业技术学校毕永良担任副主编并负责全书的审核工作；威海市首位模具工高级技师王明荣担任副主编，他对本书的编写提出了大量指导性意见；参与编写的还有于治策、姜月琴、王昭勇、孙传瑜、张杰赟和韩霞。另外，在本书编写过程中，哈尔滨工业大学机械系徐宁教授提出了宝贵意见，在此表示衷心的感谢。

由于编者水平有限，书中难免有错误和不足之处，恳请读者批评指正。

编　者

目　录

前言

绪论 ………………………………………………………… 1

单元一　制图基础知识 …………………………………………… 9

项目一　认识国家标准 ………………………………………… 10

任务　初识机械图样 ………………………………………… 10

项目二　绘制图形 ……………………………………………… 18

任务一　绘制方块的正投影图 ……………………………… 18

任务二　绘制方块的三视图 ………………………………… 22

任务三　绘制切角方块的三视图 …………………………… 26

任务四　绘制正六棱柱的三视图 …………………………… 34

任务五　绘制拉料杆（钩针）的三视图 …………………… 42

*任务六　绘制上模垫板的轴测图 …………………………… 52

任务七　绘制轴线垂直相交（正交）回转体的三视图 ……… 60

任务八　绘制落料凹模的图形 ……………………………… 66

任务九　识读压板的图形（第三角画法） ………………… 83

任务十　绘制螺纹紧固件的图形及连接图 ………………… 88

任务十一　绘制圆柱螺旋压缩弹簧的图形 ………………… 99

*任务十二　绘制圆柱齿轮的图形 …………………………… 103

项目三　尺寸标注 ……………………………………………… 117

任务一　单个正投影图的尺寸标注 ………………………… 117

任务二　零件图样上的尺寸标注 …………………………… 124

项目四　技术要求 ……………………………………………… 133

任务一　识读零件图样上的尺寸加工要求 ………………… 133

任务二　识读零件图样上的几何公差要求 ………………… 140

任务三　识读零件图样上的表面结构要求 ………………… 145

任务四　识读零件图样上的材料及其热处理要求 ………… 154

单元总结 ………………………………………………………… 155

单元二　模具零件图 ……………………………………………… 157

项目一　模具一般件 …………………………………………… 158

任务一　绘制模具零件图 …………………………………… 158

任务二　识读模具零件图 …………………………………… 163

任务三　模具零件测绘……………………………………………………… 165
项目二　模具标准件……………………………………………………………… 169
任务一　认识冲模标准件……………………………………………………… 169
任务二　认识注射模标准件…………………………………………………… 181
单元总结…………………………………………………………………………… 192
单元三　模具装配图…………………………………………………………………… 193
项目一　绘制模具装配图………………………………………………………… 193
任务一　模具装配图基础知识………………………………………………… 193
任务二　绘制冲裁模装配图…………………………………………………… 201
项目二　识读模具装配图………………………………………………………… 207
任务一　识读注射模装配图…………………………………………………… 207
任务二　由模具装配图拆画模具零件图……………………………………… 214
任务三　识读冲模装配图并拆画零件图……………………………………… 217
单元总结…………………………………………………………………………… 226
附录……………………………………………………………………………………… 227
附表 1　普通螺纹牙型、直径与螺距 ……………………………………… 227
附表 2　六角头螺栓 ………………………………………………………… 228
附表 3　1 型六角螺母 ………………………………………………………… 229
附表 4　双头螺柱 ……………………………………………………………… 230
附表 5　螺钉（一） …………………………………………………………… 231
附表 6　螺钉（二） …………………………………………………………… 231
附表 7　内六角圆柱头螺钉 ………………………………………………… 232
附表 8　垫圈 …………………………………………………………………… 233
附表 9　标准型弹簧垫圈 …………………………………………………… 234
附表 10　圆柱销（不淬硬钢和奥氏体不锈钢） ………………………… 234
附表 11　圆锥销 ……………………………………………………………… 235
附表 12　开口销 ……………………………………………………………… 235
附表 13　普通平键及键槽各部分尺寸 …………………………………… 236
附表 14　滚动轴承 …………………………………………………………… 237
附表 15　轴的极限偏差 ……………………………………………………… 238
附表 16　孔的极限偏差 ……………………………………………………… 240
附表 17　基孔制常用、优先配合 …………………………………………… 242
附表 18　基轴制常用、优先配合 …………………………………………… 242
参考文献………………………………………………………………………………… 243

注：带 * 为选学内容。

绪　论

一、模具专业介绍

1. 模具的重要性

我们可以从一些工业发达国家对“模具”的评价，了解到模具在社会经济发展和工业领域中的地位。

美国工业界认为：模具是美国工业的基石。

德国工业界认为：模具是“金属加工业中的帝王”。

还有一些国家将模具比喻为“金钥匙”，认为其是“进入富裕社会的原动力”。

模具制造技术是衡量一个国家产品制造水平的重要标志之一。“模具”是推动先进制造技术发展的原动力，是一个被誉为“工业之父”、永不落伍的装备行业。

2. 模具的应用范围非常广泛

1）商周时期精美绝伦的青铜器具、汉魏时期的钢铁器具、唐宋时期的金银器具、各种度量仪器、汤勺、钱币、鼎炉、编钟等制品都闪耀着“模具”的光彩。

2）在现代化的工业生产中，模具更是展现出其独领风骚的魅力：60% ~90% 的汽车、电子、电器、航空航天等行业产品，都需要模具对构成它们的零件进行成形。图 0-1 所示为模具成形产品示例。

a)

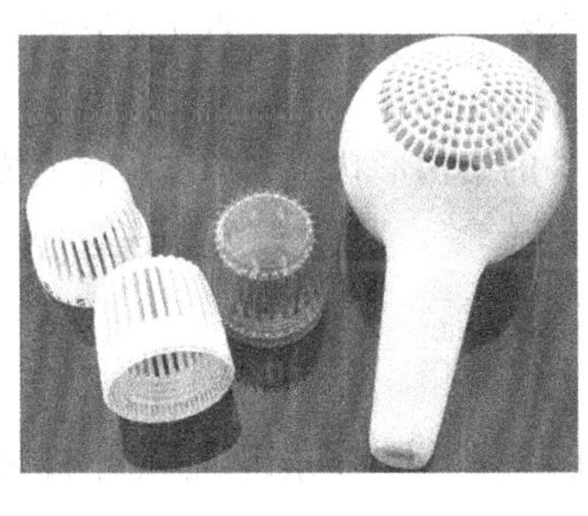

b)

c)

图 0-1　模具成形产品示例

a）垃圾箱　b）淋浴头　c）充电器

现代模具能够成形小到比头发丝还要细小的、应用在微电子元器件上的芯片引脚；也可生产用于水轮发电机组中的尺寸达数米的定、转子片。采用模具生产制件，能根据产品的要求制造出各种尺寸和形状的零件，其尺寸精度和互换性较高，而且其生产率高，适合大批量生产。

3. 模具人才的供求

神奇的“模具”受到企业的重视，模具制造技术专业成为制造业中人才需求量较大的专业之一。模具制造业在中国是新兴行业，由于其历史短，还没有培养出坚实可靠的模具技术人才队伍。从业人员知识和技术水平相对落后，水平高的人才非常抢手。不仅仅是技术人才，管理和技术销售人才也同样严重缺乏。2006 年，上海人才市场曾经发布过这样一则消息说，年薪 20 万招博士易，招模具技师难。

4. 模具制造技术专业教会我们什么

它将教会我们如何将金属、塑料等材料变为我们需要的工业产品和生活日用品；如何设计模具；怎样将设计好的模具制造出来；怎样在模具中成形及成形材料的工艺性。

二、本课程在模具制造技术专业中的地位

《模具制图》是模具制造技术专业的一门很重要的专业基础课程之一。它为本专业的学习奠定基础。

三、本课程的研究对象

本课程是一门以研究绘制工程图样、图解空间几何问题、计算机绘图和贯彻国家制图有关标准的课程，主要研究绘制和阅读工程图样的原理和方法。

1. 什么是图样

图样是根据投影原理、标准或有关规定表达工程对象，并有必要技术说明的图。

2. 模具中常见的三种图样

模具装配图——表达组成模具的各零件间的连接方式和装配关系的图样，又称为模具结构图，如图 0-2 所示。

轴测图——表达模具或模具零件立体形状的图形，俗称立体图，如图 0-3 和图 0-4 所示。图 0-3 表达了组成模具的各个零件装配在一起的立体形状；图 0-4 按模具的装配顺序表达了各个零件的立体形状，又称为爆炸图。

模具零件图——表达模具零件的结构形状、大小以及有关技术要求的图样，如图 0-5 所示的型芯固定板零件图。

四、本课程的主要内容和基本要求

1. 制图基础知识

1）熟悉国家标准《机械制图》和《技术制图》的基本规定，掌握用正投影法表达空间物体的基本理论和方法，并具备一定的空间想象力和思维能力。

2）学会采用国家标准来表达零件的结构形状。

3）掌握常用零件及其常用结构的特殊画法和标记。

4）能够看懂图样上的制造及检验要求，即技术要求。

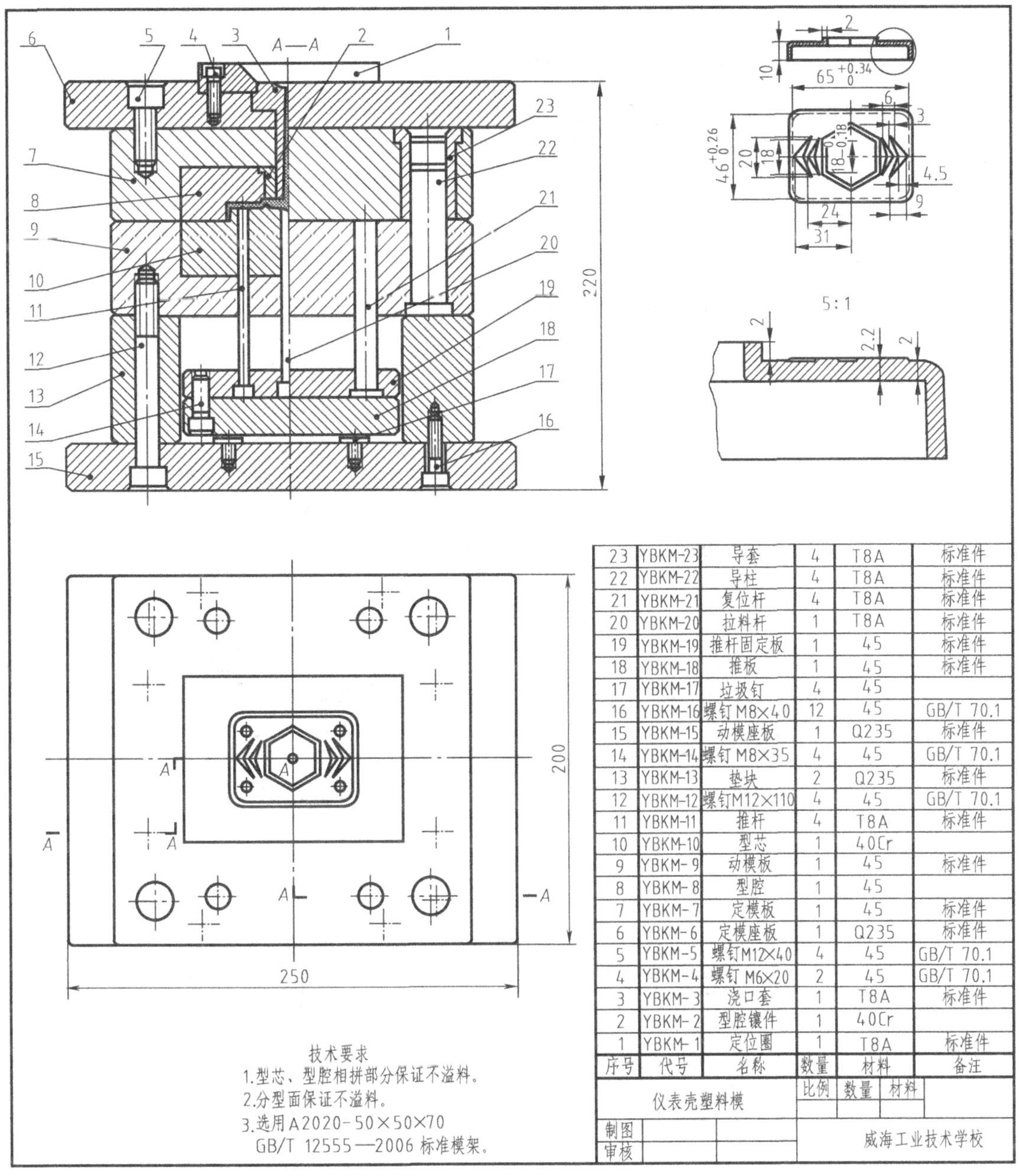

序号	代号	名称	数量	材料	备注
23	YBKM-23	导套	4	T8A	标准件
22	YBKM-22	导柱	4	T8A	标准件
21	YBKM-21	复位杆	4	T8A	标准件
20	YBKM-20	拉料杆	1	T8A	标准件
19	YBKM-19	推杆固定板	1	45	标准件
18	YBKM-18	推板	1	45	标准件
17	YBKM-17	垃圾钉	4	45	
16	YBKM-16	螺钉M8×40	12	45	GB/T 70.1
15	YBKM-15	动模座板	1	Q235	标准件
14	YBKM-14	螺钉M8×35	4	45	GB/T 70.1
13	YBKM-13	垫块	2	Q235	标准件
12	YBKM-12	螺钉M12×110	4	45	GB/T 70.1
11	YBKM-11	推杆	4	T8A	标准件
10	YBKM-10	型芯	1	40Cr	
9	YBKM-9	动模板	1	45	标准件
8	YBKM-8	型腔	1	45	
7	YBKM-7	定模板	1	45	标准件
6	YBKM-6	定模座板	1	Q235	标准件
5	YBKM-5	螺钉M12×40	4	45	GB/T 70.1
4	YBKM-4	螺钉M6×20	2	45	GB/T 70.1
3	YBKM-3	浇口套	1	T8A	标准件
2	YBKM-2	型腔镶件	1	40Cr	
1	YBKM-1	定位圈	1	T8A	标准件

图 0-2　仪表壳塑料模装配图

2. 模具零件图

1）了解模具零件图的内容并掌握其绘制方法和步骤。

2）熟练识读典型模具零件图并认识模具标准件。

3. 模具装配图

1）了解模具装配图的内容并掌握其绘制方法和步骤。

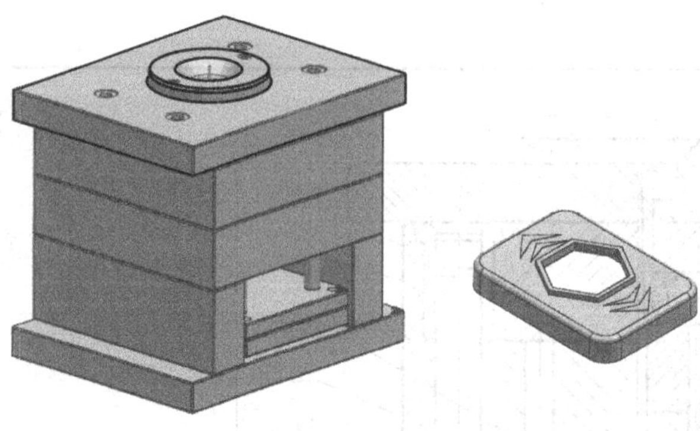

图 0-3 仪表壳塑料模立体图（右侧为仪表壳）

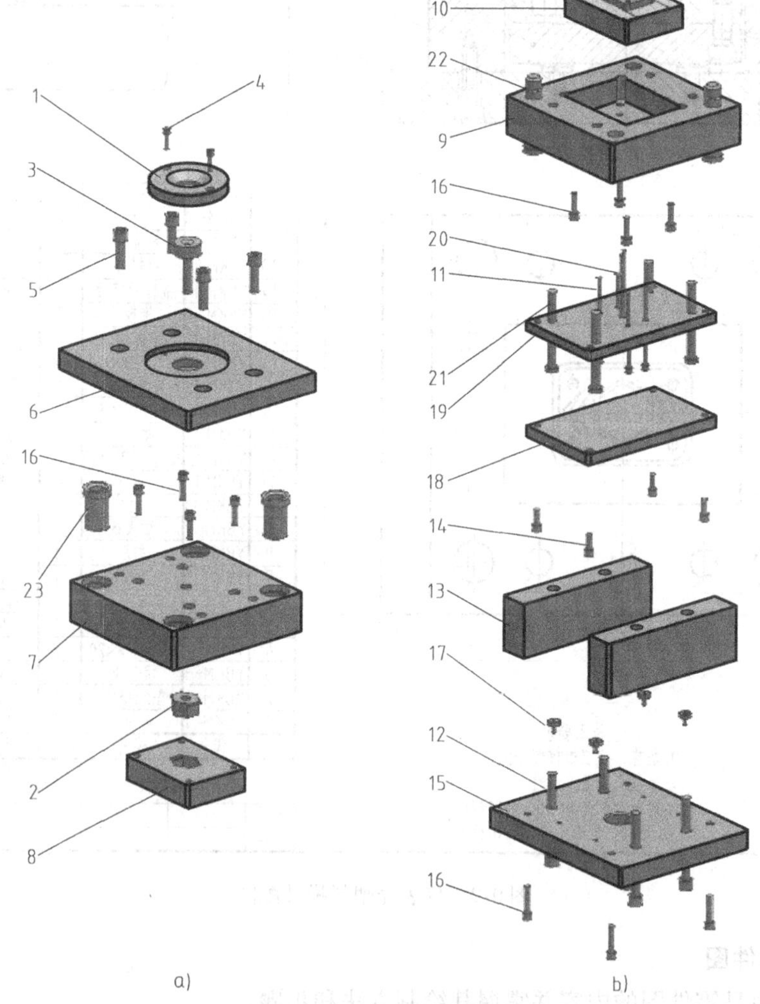

图 0-4 仪表壳塑料模组成零件立体图（爆炸图）

a）定模部分 b）动模部分

1—定位圈 2—型腔镶件 3—浇口套 4、5、12、14、16—螺钉 6—定模座板
7—定模板 8—型腔 9—动模板 10—型芯 11—推杆 13—垫块 15—动模座板
17—垃圾钉 18—推板 19—推杆固定板 20—拉料杆 21—复位杆 22—导柱 23—导套

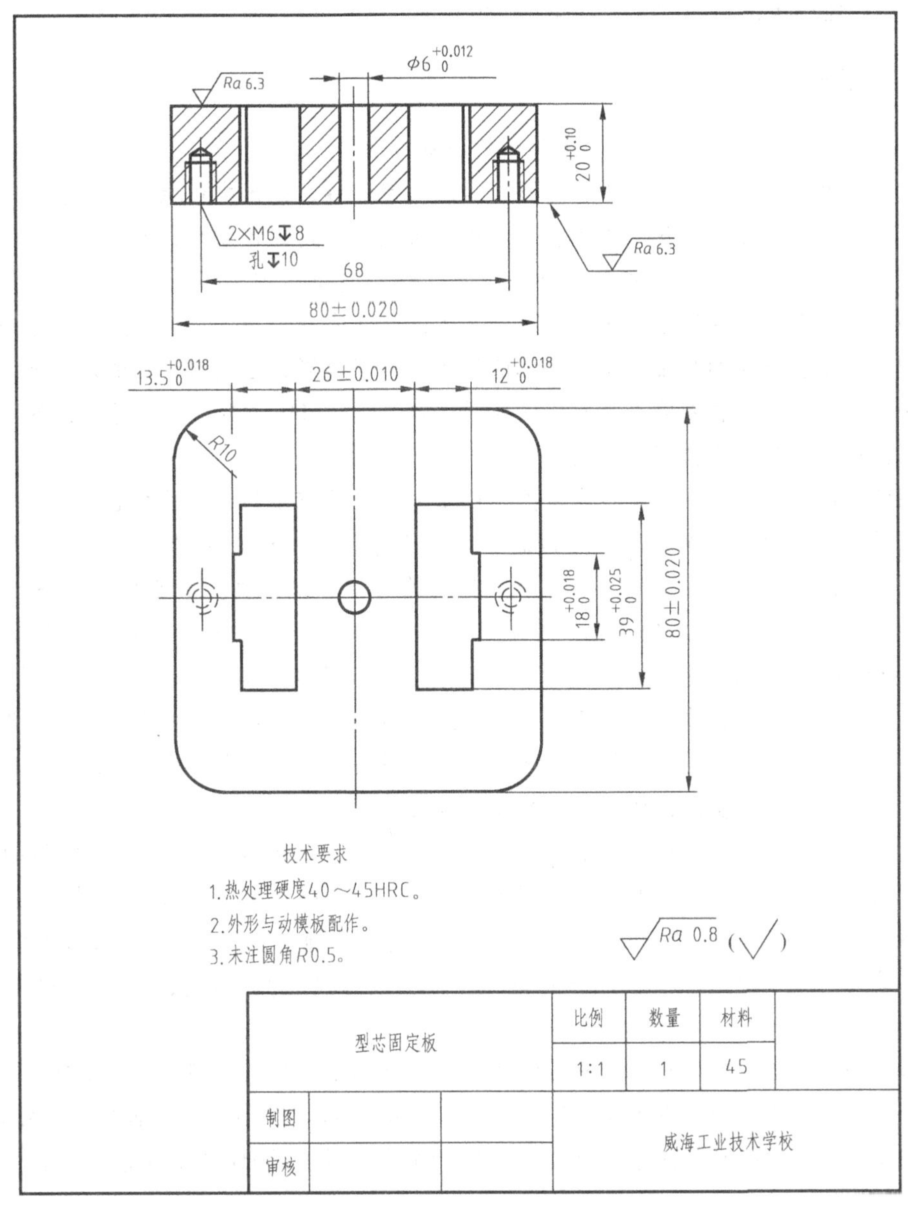

图 0-5　型芯固定板零件图

2）熟练识读典型的模具装配图并能拆画模具零件图。

五、本课程的学习方法

1）学习本课程要自始至终把物体的投影和形状紧密联系起来，不断地“由物画图”和“由图想物”，既要想象物体的形状，又要思考作图的投影规律，逐步提高空间想象力和思维能力。

2）学练结合。每堂课后要认真完成相应的习题或作业，及时巩固所学知识。虽然本课程的学习目标以读图为主，但读图源于画图，所以要读画结合、以画促读。

3）在熟练掌握投影规律和识图、绘图技能的同时，必须了解和熟悉《技术制图》《机械制图》国家标准的相关规定，并严格遵守。

知识拓展一

工程图的历史与发展

自从劳动开创人类文明史以来，图形与语言文字一样，是人类认识自然、表达和交流思想的基本工具。早在远古时代，人类在制造简单工具、建造建筑物时，就以直观、写真的画图方法来表达意图。随着生产发展和社会进步，这种简单的图形不能满足技术的需求。18世纪欧洲的工业革命，促进了许多国家科学技术的迅速发展。法国科学家蒙日在总结前人经验的基础上，根据平面图形表示空间形体的规律，应用投影方法创建了画法几何学，奠定了图学理论的基础，使工程图的表达与绘制实现了规范化。200多年来，经过不断的完善和发展，工程图在工业生产中得到了广泛的应用。

在图学发展史上，我国人民也有着杰出的贡献。“没有规矩，不成方圆”，反映了我国古代人民对尺规作图已有深刻的理解和认识。春秋时代的《周礼·考工记》已有规矩、绳墨、悬锤等绘图工具的运用记载。宋代李明仲所著的《营造法式》（刊印于1103年）中记载的各种图样与正投影图、轴测图、透视图的画法非常接近。宋代以后，元代王桢所著《农书》（1313年）、明代宋应星所著《天工开物》（1637年）等书中都附有上述类似图样。清代徐光启所著《农政全书》中，画有许多农具的图样，包括构造细部的详图，并附有详细的尺寸和制造技术要求注解。虽然我国在图学方面很早就有相当高的成就，但长期的封建社会制约了科学技术的发展，所以未能形成专著留传下来。

20世纪50年代，我国著名的学者赵学田教授，简明而通俗地总结了三视图的投影规律——“长对正、高平齐、宽相等”。1959年，我国正式颁布国家标准《机械制图》，1970年、1974年、1984年相继进行了必要的修订。为了尽快地与国际标准接轨，1992年以来，我国又陆续制定了多项适用于各行业的国家标准《技术制图》。目前，正对1984年颁布的《机械制图》国家标准分批进行全面的修订工作。

20世纪50年代，世界第一台平台式自动绘图机诞生。20世纪70年代后期，随着微型计算机的出现，计算机绘图进入高速发展和广泛普及的新时期。跨入21世纪，计算机绘图、计算机辅助设计技术推动了几乎所有领域的设计革命，并且CAD技术从根本上替代了手工绘图。

知识拓展二

常用手工绘图工具及使用方法

1. 铅笔

绘图时建议按如下原则选用铅笔（削法见图0-6）：2B用于画粗线；HB用于圆规、写字和画箭头或细线。

2. 三角板

三角板的使用如图0-7所示。

3. 圆规

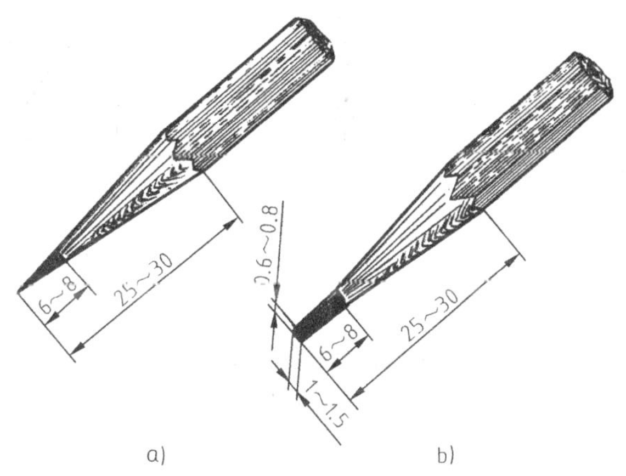

图 0-6　铅笔的削法

a）HB 铅笔削法　b）2B 铅笔削法

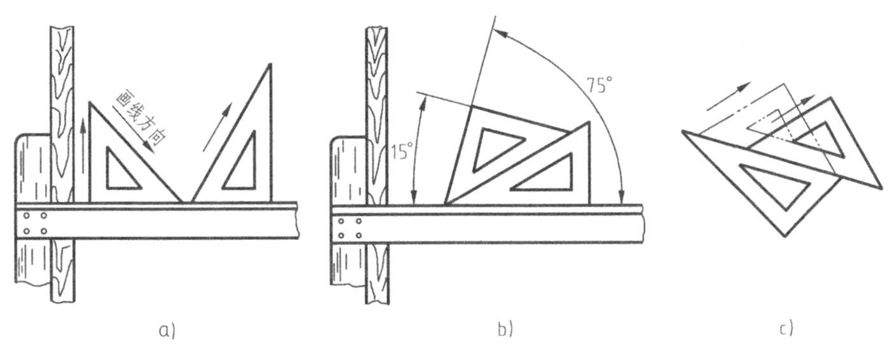

图 0-7　三角板的使用

a）画竖直线和倾斜线　b）画 15°倍数的斜线　c）画平行线

圆规的使用方法如图 0-8 所示。

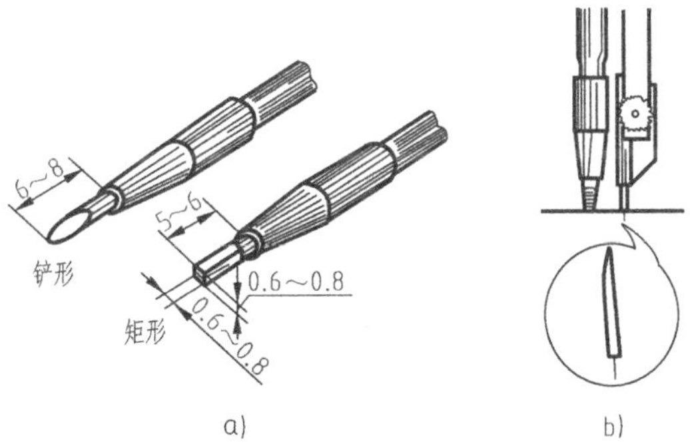

图 0-8　圆规的使用方法

a）铅芯削法　b）铅芯安装方法

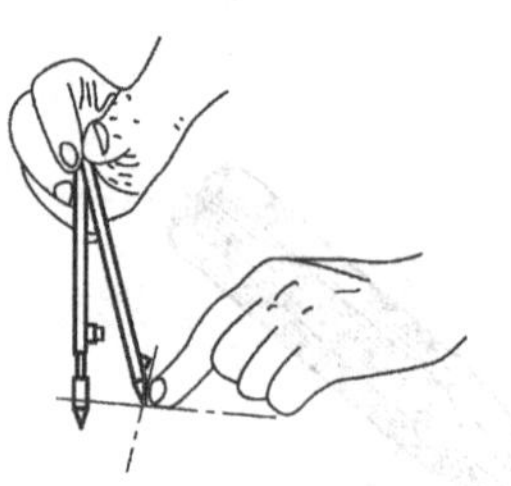
将针尖扎入圆心

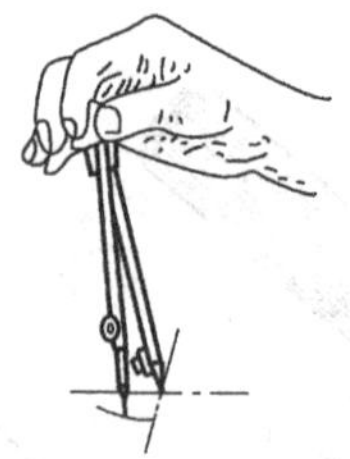
圆规向画线方向倾斜

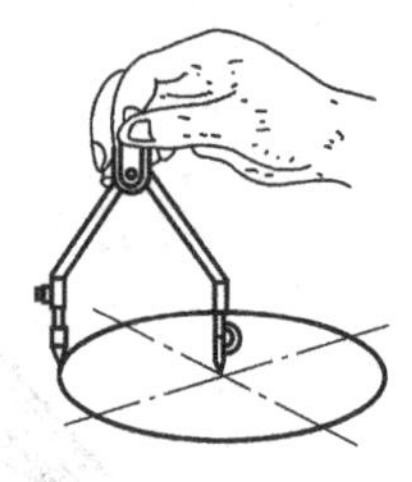
画大圆时圆规两脚垂直纸面

c）

图 0-8　圆规的使用方法（续）

c）圆规画圆及圆弧

制图基础知识

单元导入

钳工实训时要在毛坯或半成品工件上画出零件的加工界线（即划线）。划线的依据是什么呢？就是图样，如图 1-1 所示（其立体形状如图 1-2 所示）。

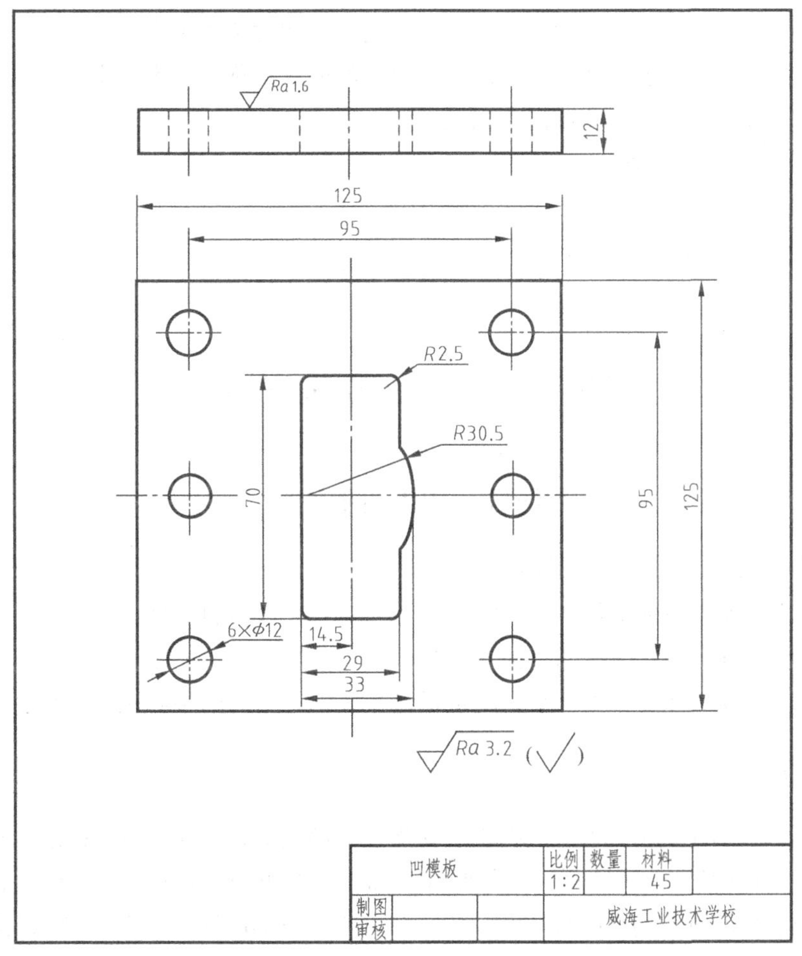

图 1-1　零件图样

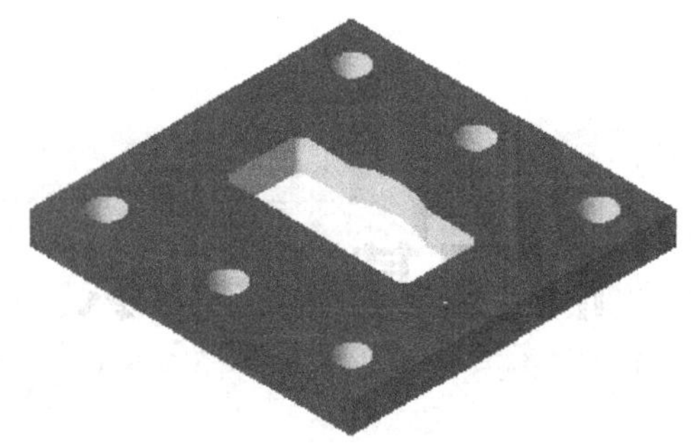

图 1-2　零件的立体形状

图样是工人划线时的重要依据，也是加工零件、检验零件是否合格的重要技术文件，在实际生产中有着重要的作用。它是设计人员和技术工人之间进行交流的一种“语言”。组成这一“语言”的内容有：

1）标题栏。填写零件的相关资料，如名称、材料、比例等。

2）几何图形。表示零件的结构和形状。

3）齐全的尺寸。表示零件的大小和各部分之间的相对位置关系。

4）文字及符号。表示零件加工、检验过程中的要求，称为技术要求。

根据图样内容，本单元包括以下四个项目。

项目一　认识国家标准

项目二　绘制图形

项目三　尺寸标注

项目四　技术要求

项目一　认识国家标准

任务　初识机械图样

认识图 1-1 所示图样，回答下面问题。

1）该图所示零件名称是什么？绘图比例是多少？零件材料是什么？

2）该零件上有没有看不见的结构？为什么？

3）该零件外围尺寸是多少？小孔的直径是多少？孔与孔的中心距是多少？

任务分析

为了满足交流的要求，国家对图样的所有内容做出了统一的规定，发布实施了《机械制图》和《技术制图》的一系列国家标准。每位工程技术人员在绘制、识读图样时必须严格遵守和执行制图国家标准。认识国家标准及有关规定是完成本任务的关键。

相关知识

要了解机械制图中的一些基本规定，首先必须了解国家标准的注写形式，然后才能熟悉其内容，并据此查阅相关的机械手册。

国家标准由编号和名称两部分组成，如 GB/T 4457.4—2002《机械制图　图样画法　图线》。

“GB/T”为推荐性国家标准代号，其中“GB”为“国标”两字的汉语拼音字头，“T”为“推”字的汉语拼音字头，表示推荐性国家标准；“4457.4”为标准顺序号；“2002”为标准发布的年号。

一、图纸幅面和标题栏（GB/T 14689—2008 和 GB/T 10609.1—2008）

1. 图纸幅面尺寸

绘制图样时，应根据零件的大小和复杂程度选用合适的图纸幅面，优先选用表 1-1 中规定的五种基本幅面。

表 1-1　基本幅面　（单位：mm）

幅面代号	A0	A1	A2	A3	A4
尺寸 $B \times L$	841×1189	594×841	420×594	297×420	210×297

从表 1-1 中可以看出基本幅面的尺寸关系：将上一号幅面的长边对裁，即为下一号幅面的短边。

2. 标题栏

为了便于图样的识别、保管和交流，每张图样上必须在右下角画出标题栏。标题栏主要用于填写零件的相关资料，如名称、材料、比例等。

标题栏的格式和尺寸如图 1-3 所示。

为了学习方便，在学校制图作业中建议用简化的标题栏，如图 1-4 所示。

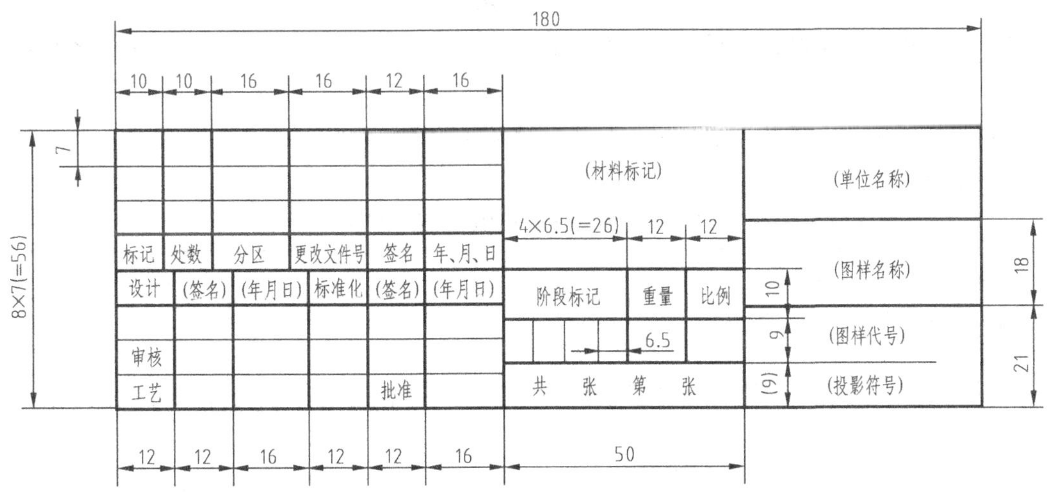

图 1-3　标题栏的格式和尺寸

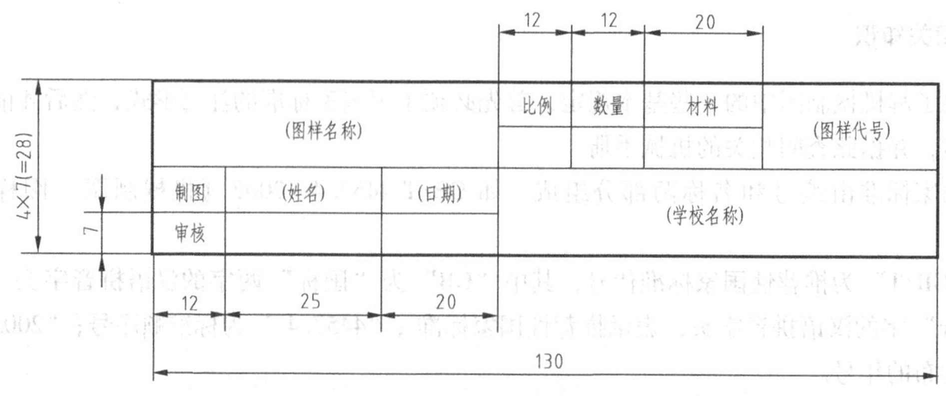

图 1-4 简化的标题栏

二、比例（GB/T 14690—1993）

1. 比例定义

比例是指图样中图形与其实物相应要素的线性尺寸之比。

2. 比例分类

（1）原值比例　比值为 1 的比例，即 1:1，称为原值比例，是最常用的比例，如图 1-5a 所示。

（2）放大比例　比值大于 1 的比例，书写形式为 $n:1$，如图 1-5b 所示。

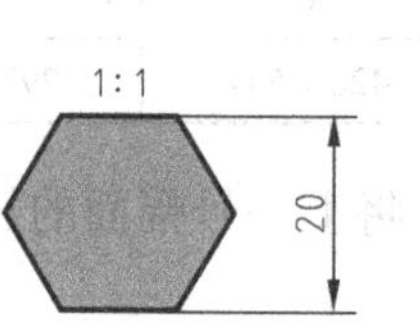

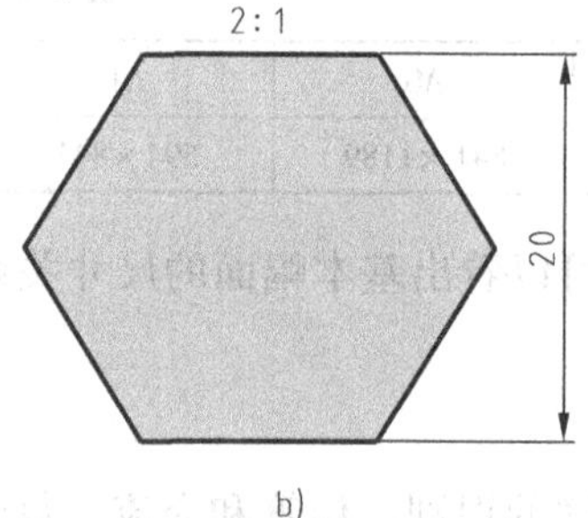

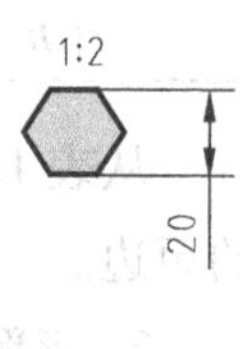

a)　b)　c)

图 1-5 比例分类

（3）缩小比例　比值小于 1 的比例，书写形式为 $1:n$，如图 1-5c 所示。

提　示

1）当按比例绘图时，应从表 1-2 中规定的系列中选择比例，且优先选择第一系列中的比例。

2）图样不论放大还是缩小绘制，图样中所标注的尺寸，均为零件的实际尺寸，与绘图的精确程度和比例大小无关。

表 1-2 比例系列（表中的 n 为正整数）

<table>
<tr><th rowspan="2">种类</th><th colspan="2">比　例</th></tr>
<tr><th>第一系列</th><th>第二系列</th></tr>
<tr><td>原值比例</td><td colspan="2">1:1</td></tr>
<tr><td>缩小比例</td><td>1:2　1:5　1:10　$1:1\times10^n$　$1:2\times10^n$　$1:5\times10^n$</td><td>1:1.5　1:2.5　1:3　1:4　1:6　$1:1.5\times10^n$
$1:2.5\times10^n$　$1:3\times10^n$　$1:4\times10^n$　$1:6\times10^n$</td></tr>
<tr><td>放大比例</td><td>2:1　5:1　$1\times10^n:1$　$2\times10^n:1$
$5\times10^n:1$</td><td>2.5:1　4:1　$2.5\times10^n:1$　$4\times10^n:1$</td></tr>
</table>

三、字体（GB/T 14691—1993）

在图样中书写字体必须做到：字体工整、笔画清楚、间隔均匀、排列整齐。字体高度（用 h 表示）代表字体的号数，国家标准中字体高度的公称尺寸系列为 1.8mm、2.5mm、3.5mm、5mm、7mm、10mm、14mm、20mm。

1. 汉字

汉字应写成长仿宋体字，并应采用国家正式公布推行的《汉字简化方案》中规定的简化字。汉字的高度 h 不应小于 3.5mm。

书写汉字的要点在于横平竖直，注意起落，结构均匀，填满方格，如下所示。

字体工整 笔画清楚 间隔均匀 排列整齐

横平竖直 结构均匀 注意起落 填满方格

2. 字母数字

字母和数字可写成斜体或直体，斜体字字头向右倾斜，与水平基准线成 75°，如下所示。

1 2 3 4 5 6 7 8 9 0

ABCDEFGHIJKLMNOPQRSTUVWXYZ

abcdefghijklmnopqrstuvwxyz

I II III IV V VI VII VIII IX X

四、图线（GB/T 4457.4—2002）

1. 图线的宽度

图线分粗线和细线两种。粗线的宽度 d 应按图样的大小和复杂程度，在 0.25mm、0.35mm、0.5mm、0.7mm、1mm、1.4mm、2mm 系列中选择。细线的宽度约为 $d/2$。

粗线宽度的推荐系列为 0.25mm、0.35mm、0.5mm、0.7mm。

2. 图线的线型及应用

图样中用各种不同的图线来表达零件的结构形状，每种图线都有其规定画法和应用范围，见表 1-3。

表 1-3 常用的图线

图线名称	线型	一般应用举例
粗实线		可见轮廓线等
细实线		尺寸线及尺寸界线、剖面线、重合断面的轮廓线、过渡线等

（续）

图线名称	线型	一般应用举例
细虚线	————————	不可见轮廓线等
细点画线	——·——	轴线、对称中心线等
粗点画线	——·——	限定范围表示线
细双点画线	——··——	相邻辅助零件的轮廓线、轨迹线、极限位置的轮廓线、中断线等
波浪线	～～～	断裂处的边界线、视图与剖视图的分界线
双折线	—∧—∧—	同波浪线
粗虚线	————————	允许表面处理的表示线

常用图线的应用举例如图 1-6 所示。

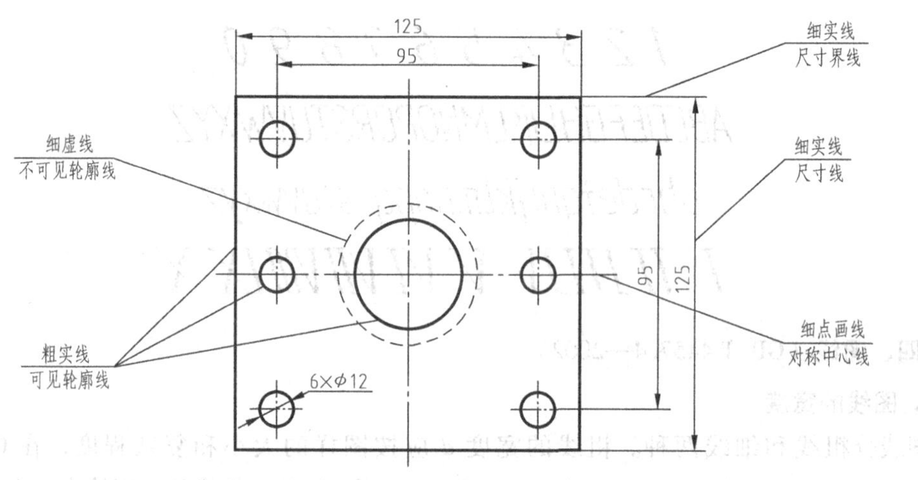

图 1-6 常用图线的应用举例

五、尺寸（GB/T 4458.4—2003）

1. 基本规定

1）物体的大小是通过图样上长、宽、高三个方向的尺寸数值来表达的，与图形的大小及绘图的准确度无关。

2）图样中的尺寸以毫米为单位。如采用其他单位，则必须注明相应计量单位的代号或名称。如角度为 30 度，图样中应注写成“30°”。

3）物体每一方向的尺寸，一般只标注一次，不能重复标注。

4）标注尺寸时，尽量使用符号和缩写词。常用的符号和缩写词，见表 1-4。

表 1-4 常用的符号和缩写词

名称	符号或缩写词	名称	符号或缩写词
直径	ϕ	均布	EQS
半径	R	正方形	□
球直径	$S\phi$	深度	↧
球半径	SR	沉孔或锪平	⌴
厚度	t	埋头孔	∨
45°倒角	C	斜度	∠

2. 尺寸的组成

任何一个尺寸都由以下三部分来组成，如图 1-7 所示。

尺寸界线表示所注尺寸的起始和终止位置。

尺寸线表示所注尺寸的方向。

尺寸数字表示所注尺寸的大小。

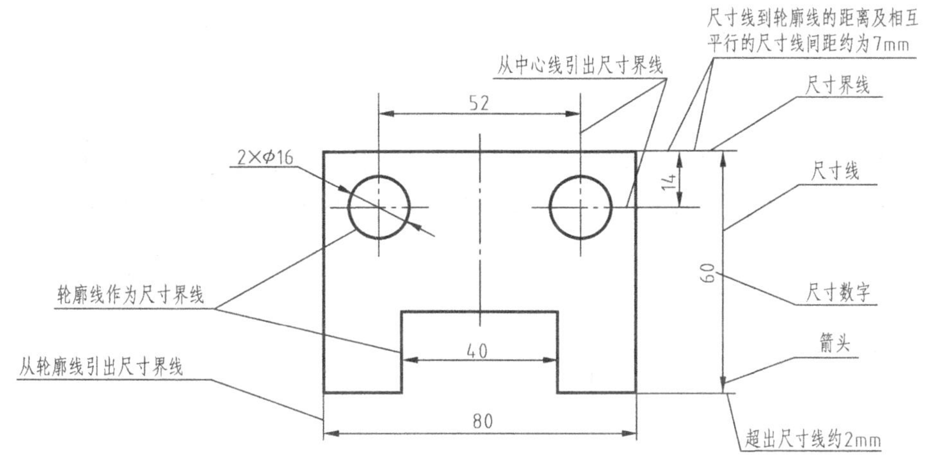

图 1-7 尺寸的组成

各部分的具体规定如下。

(1) 尺寸界线 尺寸界线一般是互相平行的两条细实线，可以自图形的轮廓线、轴线或对称中心线处引出，尽量引画在图形的外面，并超出尺寸线约 2mm；图形中的轮廓线、中心线和轴线均可代替尺寸界线，如图 1-7 所示。

(2) 尺寸线 尺寸线不可被任何图线或其延长线代替，必须单独画出，不可伸出尺寸界线外；尺寸线到轮廓线的距离及相互平行的尺寸线间距约为 7mm，如图 1-7 所示。

提 示

1) 尺寸界线与尺寸线一般互相垂直。

2) 尺寸线终端有两种形式，即箭头和细斜线。箭头尖端与尺寸界线接触，不得超出也不得离开。尺寸线终端形式及用途如图 1-8 所示。

3) 当没有足够的位置画箭头时，可用小圆点或斜线代替，一个小圆点（斜线）可代替两个箭头，如图 1-9 所示。

(3) 尺寸数字

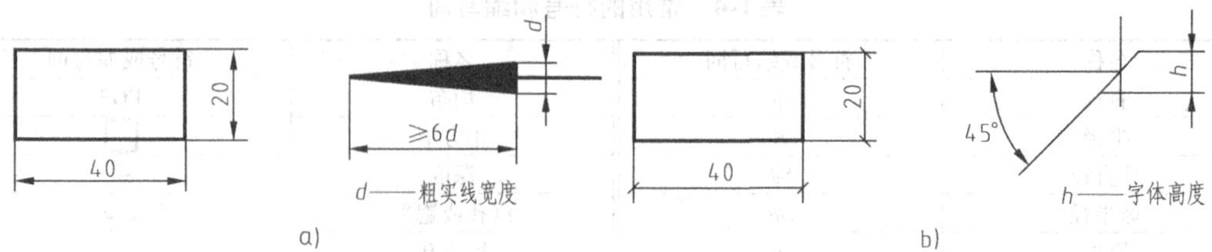

图 1-8　尺寸线终端形式及用途

a）箭头用于机械图样　b）斜线用于土木建筑图样

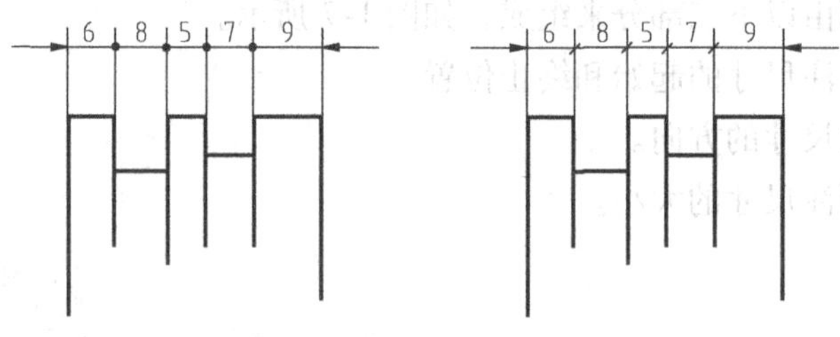

图 1-9　小尺寸的标注

1）位置。尺寸数字在尺寸线的上方或左方，也允许写在中断处，如图 1-10 所示。

2）方向。尺寸线的方向不同时，尺寸数字的书写方向不同，如图 1-11 所示。

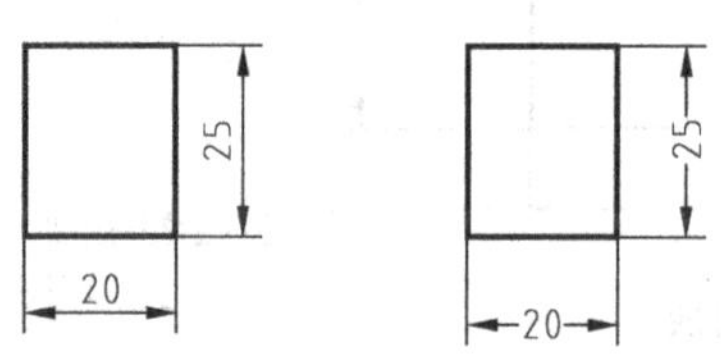

图 1-10　尺寸数字的位置

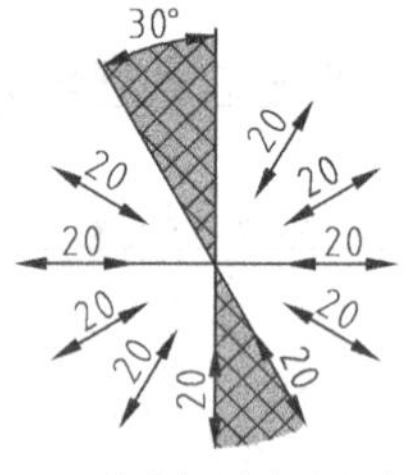

图 1-11　尺寸数字的书写方向

① 水平方向。由左向右书写，字头向上。

② 竖直方向。由下向上书写，字头向左。

③ 倾斜方向。字头具有向上的趋势。

30°范围内的尺寸注法如图 1-12 所示。

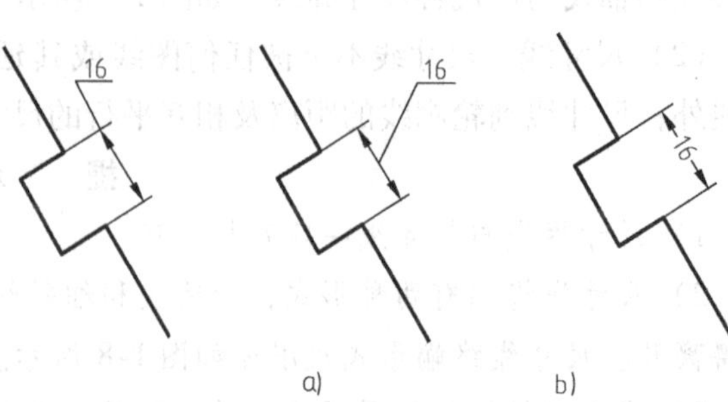

图 1-12　30°范围内的尺寸注法

a）引出注法　b）断开注法

3. 常见尺寸的标注示例

1）角度尺寸标注，如图 1-13 所示。

① 尺寸界线。沿径向引出。

② 尺寸线。画成圆弧，其圆心是该角的顶点。

③ 尺寸数字。一律水平书写，通常写在尺寸线的中断处，必要时允许写在尺寸线外面或引出标注。

2）圆或圆弧直径尺寸标注，如图 1-14 所示。

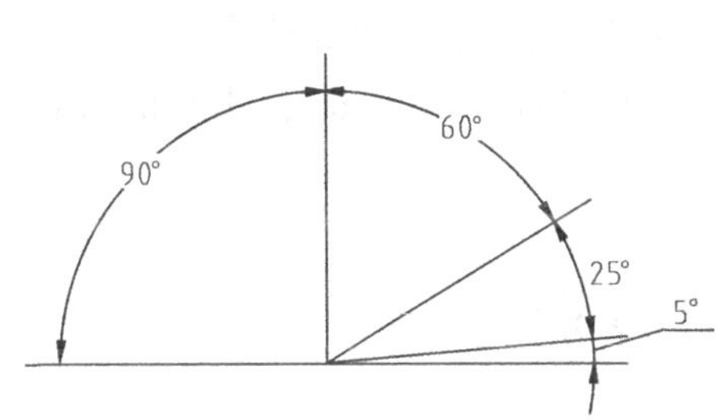

图 1-13 角度尺寸标注

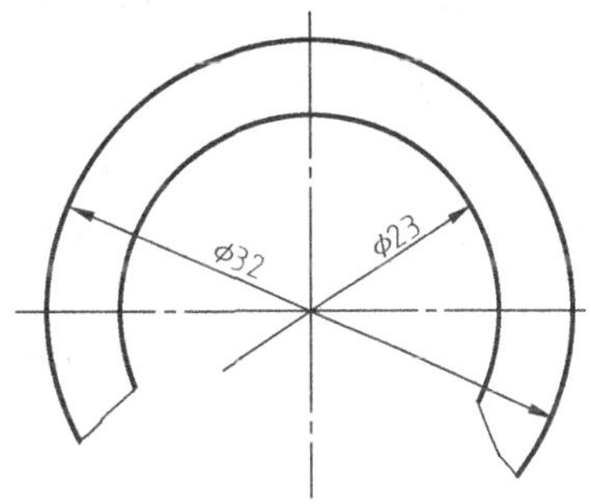

图 1-14 圆或圆弧直径尺寸标注

① 尺寸界线。圆周。

② 尺寸线。过圆心的直径线。

③ 尺寸数字。尺寸数字前加注符号“ϕ”。

几种特殊情况如下。

a. 当尺寸线的一端无法画出箭头时，尺寸线要超过圆心一段，如图 1-14 所示的 ϕ23。

b. 当直径比较小时，可采用图 1-15 所示的几种标注方式。

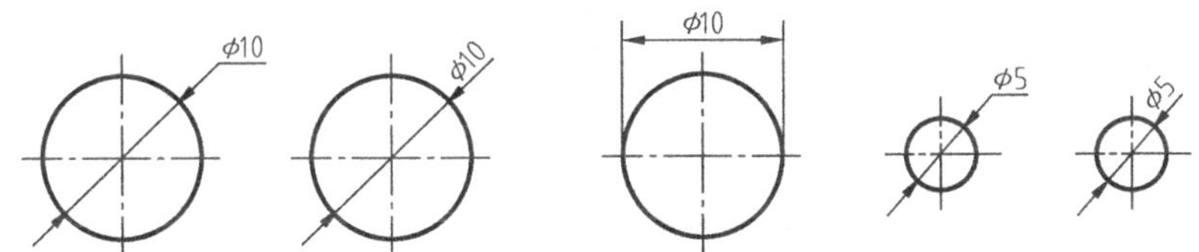

图 1-15 小圆的直径尺寸标注

3）圆弧的半径尺寸标注，如图 1-16 所示。

① 尺寸界线。圆弧。

② 尺寸线。半径线（单箭头）。

③ 尺寸数字。尺寸数字前加注符号“*R*”。

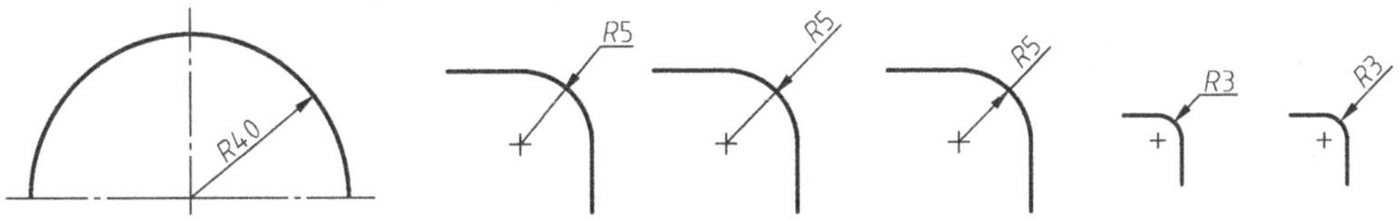

图 1-16 圆弧的半径尺寸标注

提 示

圆弧直径、半径标注以圆弧的大小为准，超过一半的圆弧，必须标注直径；小于或等于一半的圆弧只能标注半径。

任务实施

1）由标题栏可知：零件名称为凹模板；绘图比例为1:2；材料为45。

2）根据图线的画法规定，图样中出现虚线，所以该零件上有看不见的结构。

3）由图样中尺寸标注可以看出：凹模板外围尺寸是125mm×125mm，小孔的直径是12mm，孔与孔的中心距是95mm。

项目二　绘制图形

任务一　绘制方块的正投影图

任务描述

在模具设计和制造过程中，需要用图形来准确地表达模具及其零件的形状和大小，如图1-17所示方块的立体图和单面正投影图。本任务主要学习正投影图的形成和画法。

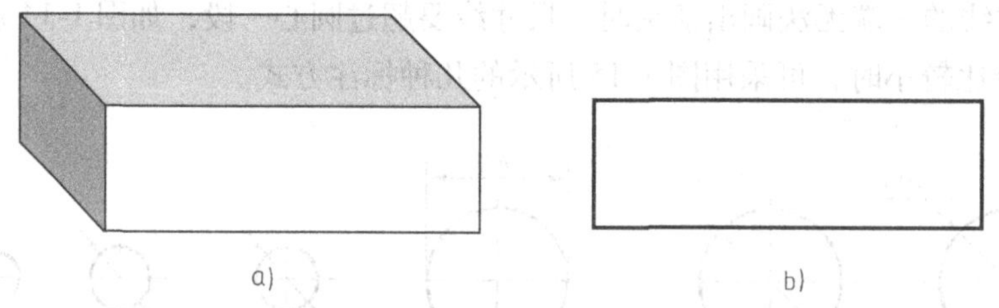

图1-17　方块的立体图和单面正投影图
a）立体图　b）单面正投影图

任务分析

通过图1-17可以看出，立体图富有立体感，给人以直观的形象。但在表达物体时，某些结构发生了变形（矩形被表达成为平行四边形），所以立体图不能准确地表达物体的真实形状和大小，且作图比较复杂。而正投影图能真实地反映物体上某一个方向的形状和大小，且作图简便。所以，在机械图样中，为了满足实形性和度量性的要求以及使作图方便，一般采用正投影法来绘制正投影图。

相关知识

一、投影法的基本概念

1. 投影现象

在日常生活中，物体被灯光或日光照射时，在地面或墙面上会出现影子，如图1-18a所示，这种现象称为投影现象。

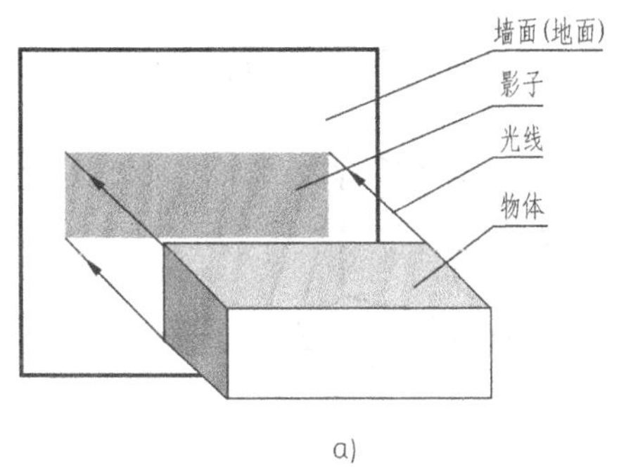

a)

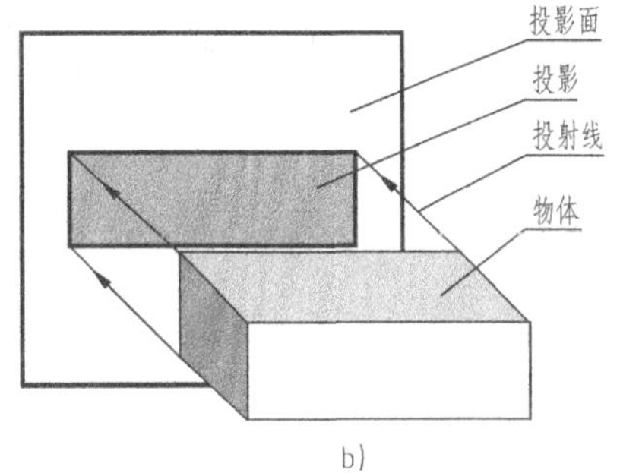

b)

图 1-18 投影法

a）物体的影子 b）物体的投影

2. 投影法

人们在长期的生活实践中，根据投影现象的提示，科学地总结出：假想光线（称为投射线）能通过物体，将物体内外所有边界轮廓向一个平面（称投影面）投射，得到一个由线条组成的平面图形（称投影或投影图），来表达物体形状和大小，如图 1-18b 所示。这种将物体进行投射并在投影面上得到图形的方法称为投影法。

二、投影法的分类及应用

由于物体、投射线和投影面之间的相互关系不同，因而产生了不同的投影法。工程上常用的投影法有中心投影法和平行投影法两种。投影法分类及应用，见表 1-5。

表 1-5 投影法分类及应用

		投影原理图	应用实例
中心投影法		投射中心 S；物体；投影；A；B；C；投射线；投影面；a；b；c；H 投射线汇交于 点	透视图 直观性强 度量性差 作图较繁琐 用于广告及建筑效果图
平行投影法	斜投影法	A；B；C；投射方向；a；b；c；H 投射线相互平行，且倾斜于投影面	斜轴测图 直观性稍差 度量性较差 作图较繁琐 用于辅助工程图

（续）

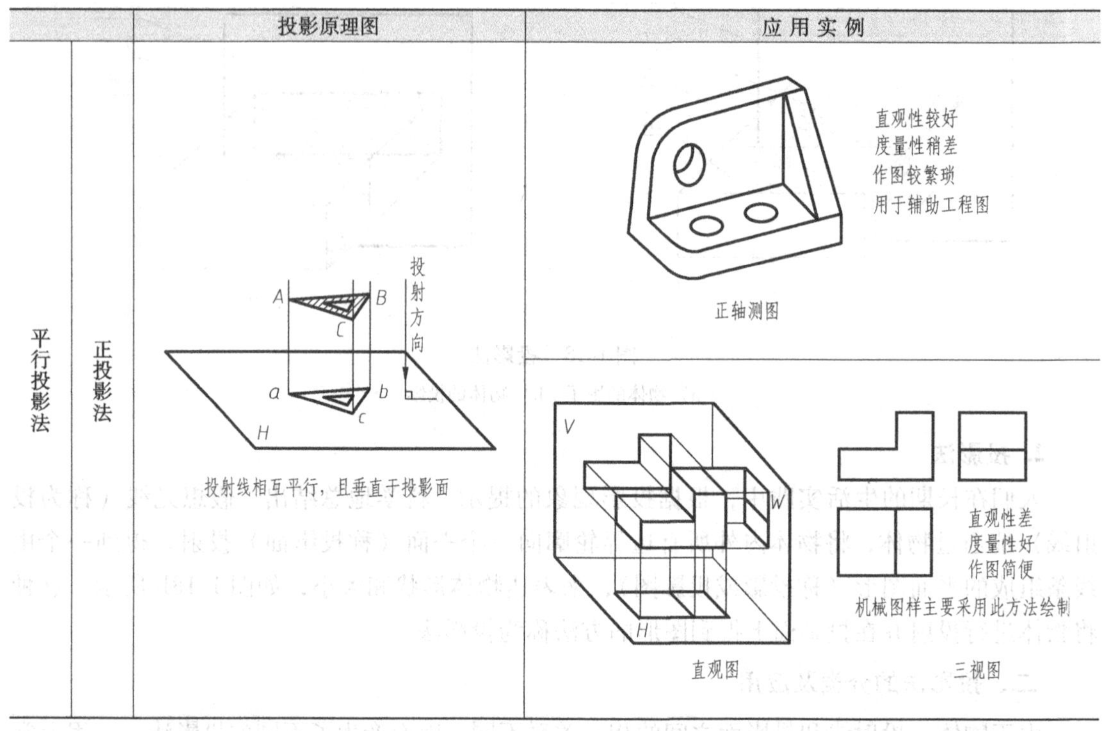

三、正投影法的基本性质

在机械制造技术中，一般都采用正投影法绘制图样。正投影法的基本性质见表1-6。

表1-6　正投影法的基本性质

性质	物体上的直线和平面	直线和平面的投影图	投影特性
显实性	P、A、B、a、p、b	P、A、B、p、a、b	当平面(或直线)与投影面平行时，其投影反映平面的实形(或直线的实长)的性质，称为显实性(又称为实形性) 即平面平行投影面，该面投影显实形；直线平行投影面，该面投影显实长
积聚性	C、Q、D、q、c(d)	Q、C、D、q、c(d)	当平面(或直线)与投影面垂直时，其投影积聚成直线(或积聚成点)的性质，称为积聚性 即平面垂直投影面，该面投影聚成线；直线垂直投影面，该面投影聚成点

（续）

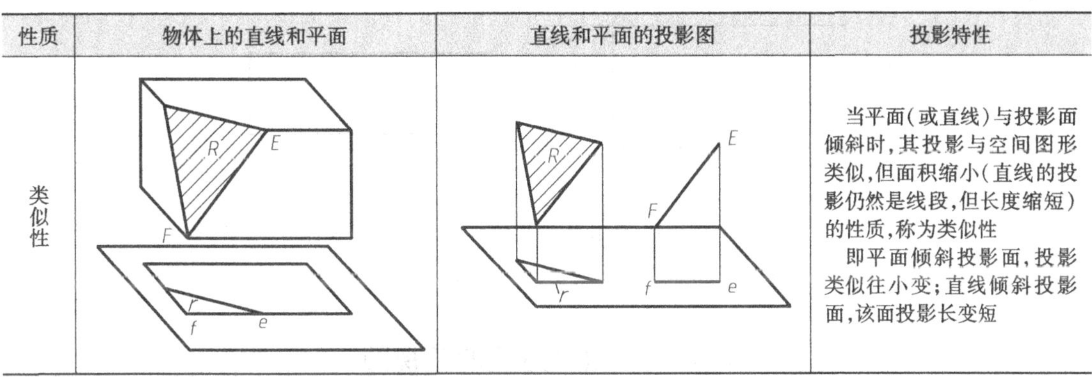

性质	物体上的直线和平面	直线和平面的投影图	投影特性
类似性	R E F r f e	R E F r f e	当平面(或直线)与投影面倾斜时,其投影与空间图形类似,但面积缩小(直线的投影仍然是线段,但长度缩短)的性质,称为类似性 即平面倾斜投影面,投影类似往小变;直线倾斜投影面,该面投影长变短

任务实施

1. 方块正投影图的形成

国家标准规定：用正投影法将物体向投影面进行投射所得的图形称为正投影图（又称为视图）。

在实际绘图时，通常用人的视线模拟投射线，按人、物体、投影面的关系，用正投影法将物体向投影面进行投射，从而在投影面上得到物体的投影。视图的名称由此而来，如图1-19所示。

2. 绘制方块正投影图的方法与步骤

（1）放置方块　确定方块相对投影面的位置。根据正投影法的显实性和积聚性，放置时方块应保证其大部分的线、面与投影面平行或垂直，如图1-19 所示，这样绘制的正投影图能反映真实形状并且绘图最简单。

（2）测量方块的尺寸　由于该投影图反映了方块长度和高度两个方向的尺寸，因此要测量方块的长和高两个尺寸，如图1-20 所示。

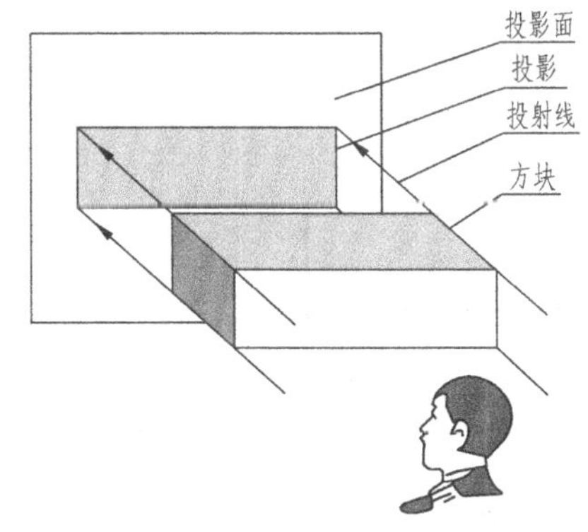

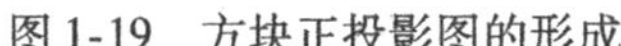
图1-19　方块正投影图的形成

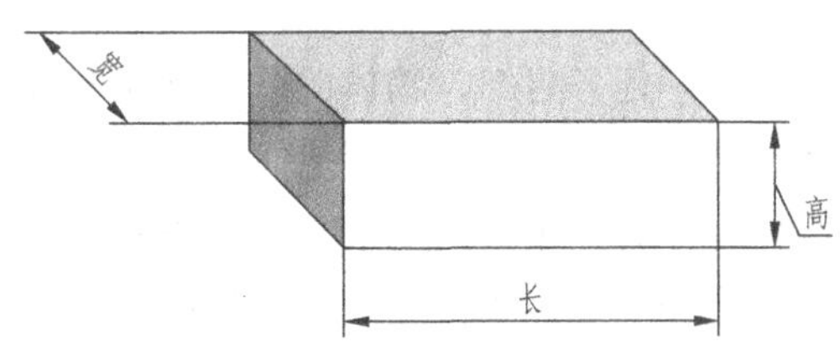

图1-20　测量方块的尺寸

（3）绘制方块的正投影图　根据测得的尺寸（长和高）绘制方块的正投影图，如图1-21所示。

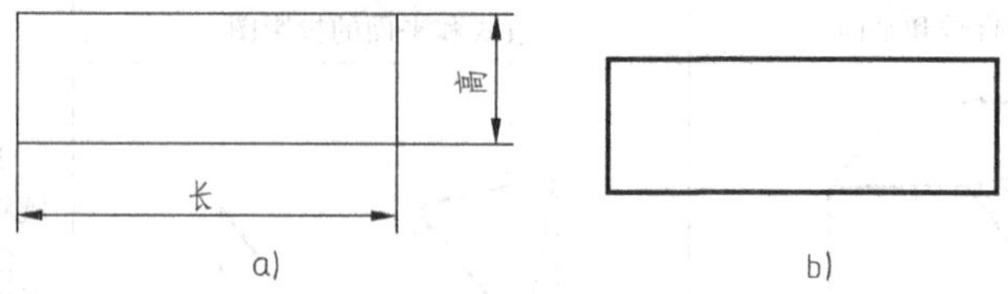

图 1-21　方块正投影图的绘图步骤

a）根据长和高绘制方块的正投影图　b）按规定描深图线

任务二　绘制方块的三视图

任务描述

如图 1-22 所示，分别从三个不同的方向对方块进行投射，并根据测量得到的尺寸画出三视图。

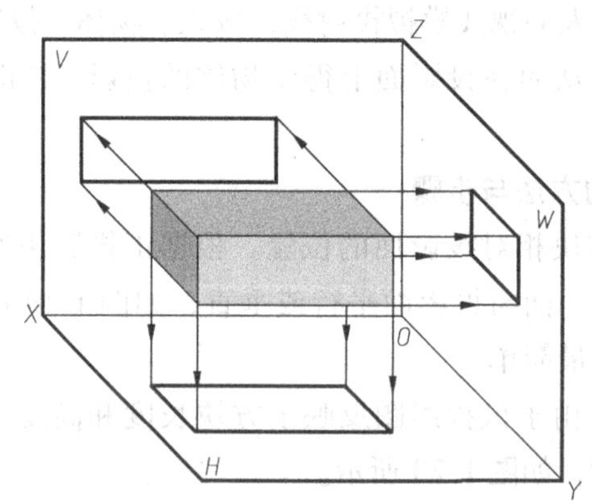

图 1-22　三视图

任务分析

由上一任务可知，物体的一个视图只能表达物体一个方向的形状，反映出两个方向的尺寸。因空间物体有三个方向的尺寸，所以只用一个视图不能完整、准确地表达出物体的形状。图 1-23 所示为两个形状不同的物体，但它们在一个投影面上投射所得的视图是相同的。为了准确、完整地表达出物体的全部形状，必须从物体的不同方向进行投射。工程上常用三个视图来表达物体的形状。

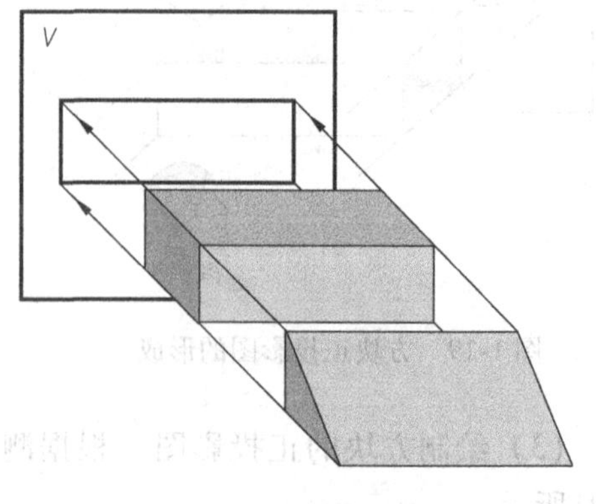

图 1-23　一个视图不能确定物体的形状

相关知识

一、建立三个投影面

根据投影的三要素（物体、投射线、投影面）可知，要得到物体的三个视图，就必须有三个投影面。如图 1-24 所示，在空间设立三个相互垂直的投影面，分别为：

1）正立投影面，简称为正面，用 *V* 表示。

2）水平投影面，简称为水平面，用 *H* 表示。

3）侧立投影面，简称为侧面，用 *W* 表示。

相邻两个投影面之间的交线，称为投影轴，分别用 *OX*、*OY*、*OZ* 表示，简称为 *X* 轴、*Y* 轴、*Z* 轴。

三轴的方向为：*X* 轴表示左右长度方向；*Y* 轴表示前后宽度方向；*Z* 轴表示上下高度方向。

三轴汇交于一点 *O*，称为原点。

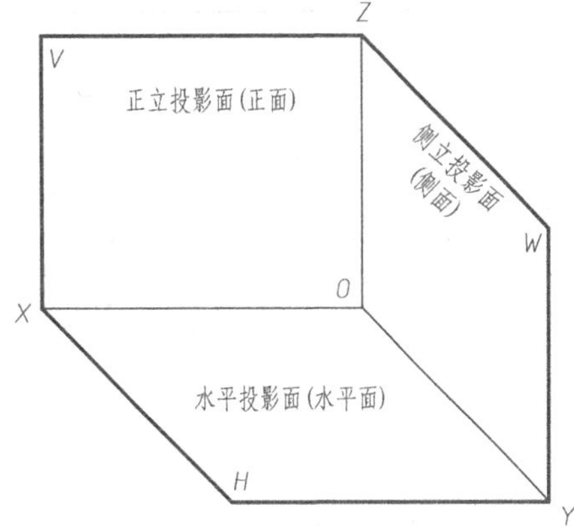

图 1-24 三个投影面

二、三视图的形成

1. 放置

将物体置于三投影面体系中，使物体各主要表面平行或垂直于其中的某一投影面（这样可使这些表面在所平行的投影面上的投影反映实形，在所垂直的投影面上的投影成为简单易画的直线）并保持不动。

2. 投影

将物体同时向各个投影面进行正投影，这样就在三个投影面上分别得到了三个视图，如图 1-25a 所示。

三个视图的名称为：

1）主视图——从前向后投射，在 *V* 面上所得的投影。

2）俯视图——从上向下投射，在 *H* 面上所得的投影。

3）左视图——从左向右投射，在 *W* 面上所得的投影。

3. 展开

为了使三个视图能画在同一张图纸上，国家标准规定将三投影面展开至同一平面上，展开过程是：*V* 面保持不动；*H* 面绕 *OX* 轴向下旋转 90°，与 *V* 面重合；*W* 面绕 *OZ* 轴向右旋转 90°，与 *V* 面重合。

这样三个视图就展平到同一平面上了，如图 1-25b、c 所示。

4. 去掉投影面边框得到三视图

由于三视图是表达物体形状的，与投影面之间的距离无关，因此与视图无关的投影面边框不需要画出，如图 1-25d 所示。

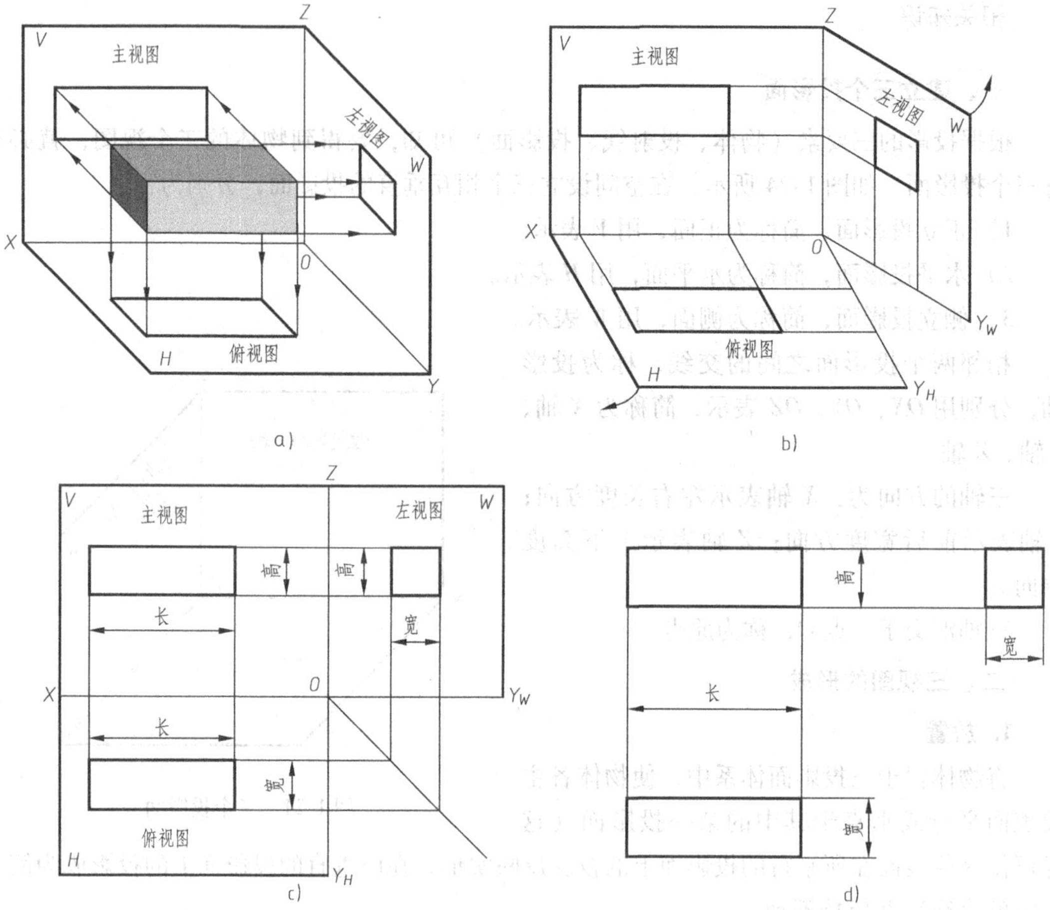

图 1-25　三视图的形成

三、三视图的投影规律

由于三视图是由同一物体向固定的三个投影面投射得到的，所以三视图之间及三视图与空间物体之间必然存在着联系。

1. 位置关系

三投影面展开后，三视图之间的位置就自然确定了。口诀表示：正面放着主视图；俯视图画在它下面；右边画着左视图；三图位置不改变。

提　　示

在绘制三视图时，应按此规定配置。按规定配置的三视图，不需标注其名称，如图1-25d所示。

2. 方位关系

物体在空间具有左右、上下、前后六个方位，如图 1-26 所示。

当物体的投射方向确定后，视图与物体空间方位之间的对应关系也就确定了，如图1-26b所示。

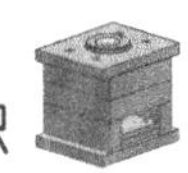

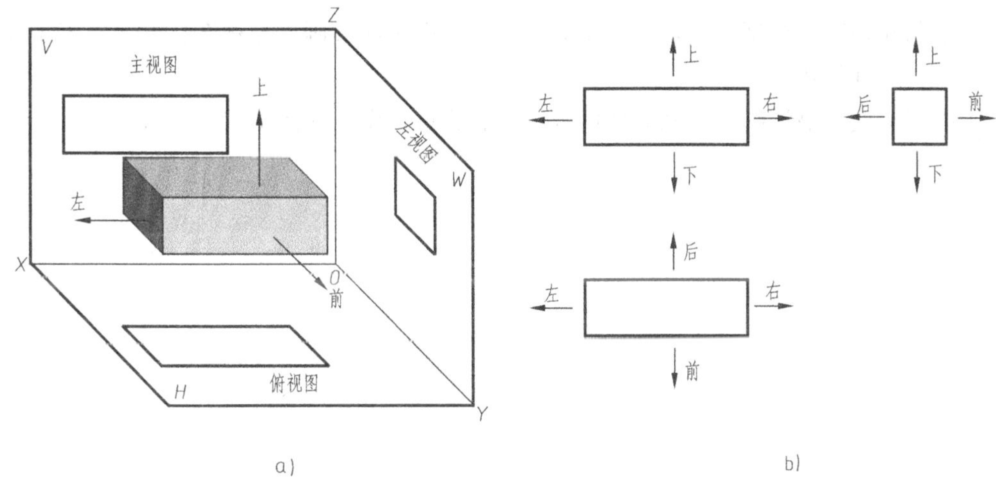

图 1-26　三视图的方位关系

主视图反映左右、上下关系，前后重叠。

左视图反映前后、上下关系，左右重叠。

俯视图反映左右、前后关系，上下重叠。

口诀表示：物体上下主、左见（主视图与左视图共同反映了物体的上下方位）；物体左右主、俯见（主视图与俯视图共同反映了物体的左右方位）；物体前后看左、俯；里是后，外是前。

根据上述方位关系，就可以在视图上分析物体上各部分的相对位置。所以，理解三视图所反映的空间方位关系，对判断物体各部分之间的相对位置是十分重要的。

3. 尺寸关系（投影规律）

物体都有长、宽、高三个方向的尺寸：左右方向尺寸为长，上下方向尺寸为高，前后方向尺寸为宽。根据物体和视图之间的方位关系可知：

1）主视图和俯视图共同反映了物体的左右方位，即共同反映了物体长度方向的尺寸。

2）主视图和左视图共同反映了物体的上下方位，即共同反映了物体高度方向的尺寸。

3）俯视图和左视图共同反映了物体的前后方位，即共同反映了物体宽度方向的尺寸。

由此得出了三视图之间的尺寸关系，如图 1-25d 所示，即主、俯视图长对正；主、左视图高平齐；俯、左视图宽相等。

三视图之间的“长对正、高平齐、宽相等”的尺寸关系，又称为三视图的投影规律，是三视图的基本投影规则。这个规则不仅适应于整个物体的总尺寸，对物体的局部尺寸同样适应，画图、读图时都应严格遵循。

任务实施

1）绘制作图基准线。主视图以底面、右面为基准；俯视图以后面、右面为基准；左视图以后面、底面为基准，如图 1-27a 所示。

2）绘制主视图。根据测量的长度、高度尺寸，画出主视图，如图 1-27b 所示。

3）绘制俯视图。根据主俯视图长对正和测量的宽度尺寸，画出俯视图，如图 1-27c 所示。

4）绘制左视图。根据主左视图高平齐、俯左视图宽相等画出左视图，如图 1-27d 所示。为保证宽相等，可用圆规量取尺寸。

5）按规定线型描深图线，擦去作图辅助线，完成作图，如图 1-27e 所示。

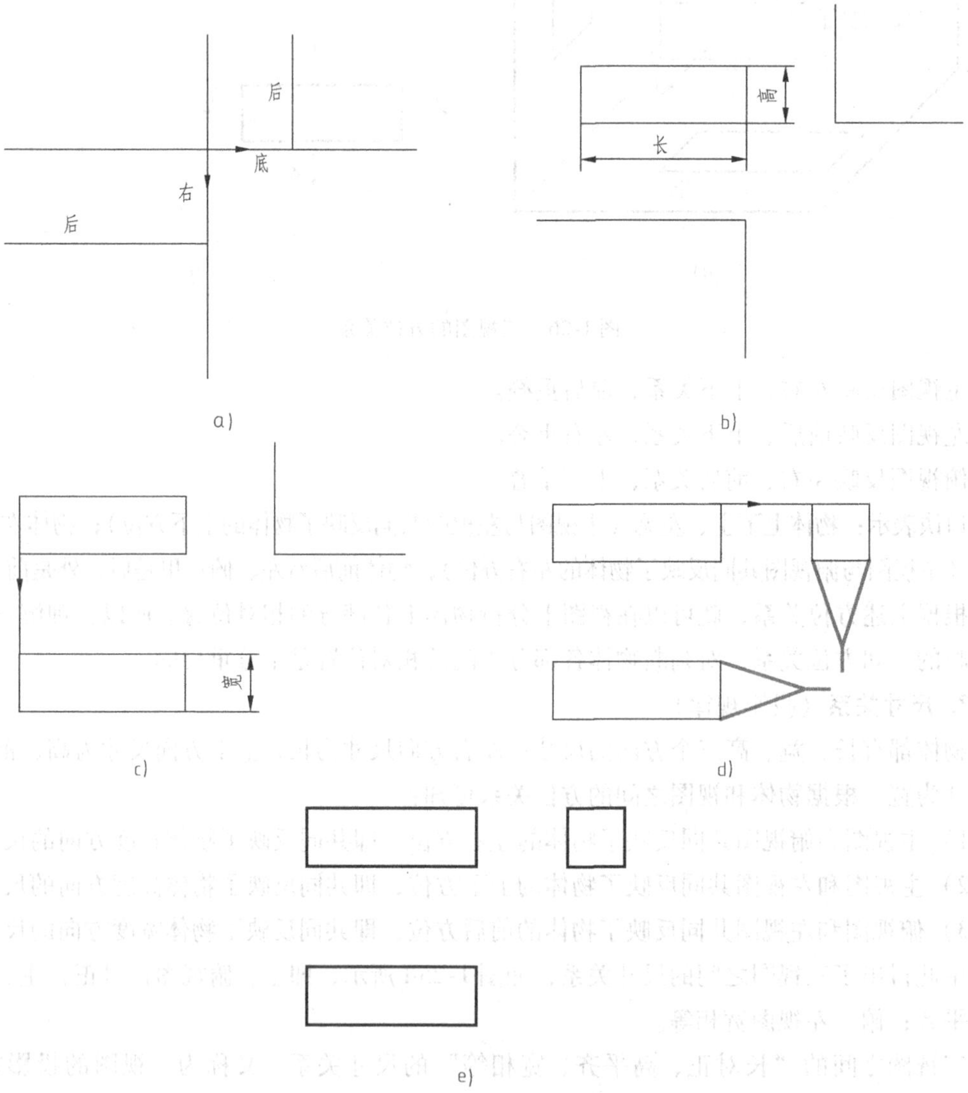

图 1-27　方块三视图的绘图步骤

任务三　绘制切角方块的三视图

任务描述

根据切角方块的立体图和投影图（图 1-28），绘制切角方块的三视图。

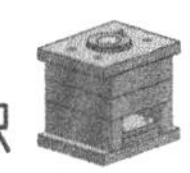

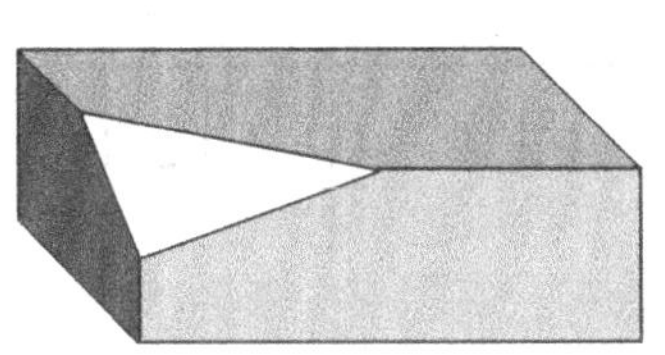

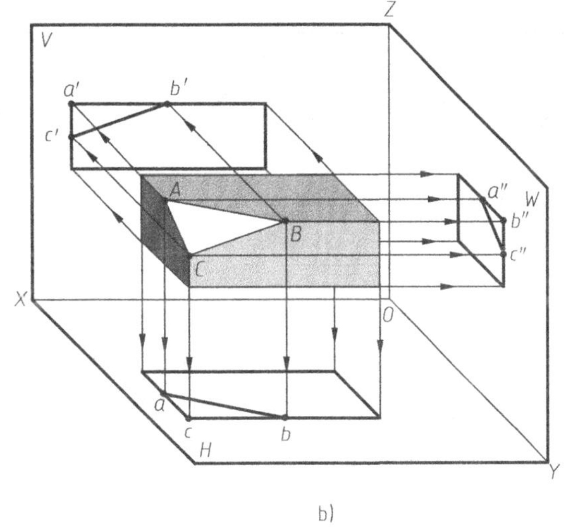

a)　　　　　　b)

图 1-28　切角方块的立体图和投影图

a）立体图　b）投影图

任务分析

方块上切角由 A、B、C 三点确定，只要分析清楚这三点的三面投影，掌握它们的投影规律和特征，在方块三视图上把三点的同面投影两两相连成线，就可完成切角方块的三视图。

实际上，任何物体的形状都是由点、线、面等几何元素构成的。因此，每一个投影面上的投影，都包含着这些几何元素的投影。点是最简单的几何元素，所以研究清楚物体上单独一个点的投影规律，并学会绘制其三面投影图，是完成本任务的关键。

相关知识

一、点的三面投影图的形成

1. 点的三面投影

空间点使用大写拉丁字母表示，如 A、B、C、M、N 等。

点在 H 面的投影用相应的小写字母表示，如 a、b、c、m、n 等。

点在 V 面的投影用相应的小写字母加一撇表示，如 a'、b'、c'、m'、n'等。

点在 W 面的投影用相应的小写字母加两撇表示，如 a''、b''、c''、m''、n''等。

要得到点的三面投影，只要从空间点分别向 H、V 和 W 三个投影面作垂线（投射线），其垂足即为该点在三个投影面上的投影。

方块上点 M 的三面投影如图 1-29 所示。

2. 点的直角坐标与空间位置

从图 1-30a 看出，Mm、Mm'、Mm''三条投射线构成三个互相垂直的平面，与三个投影面

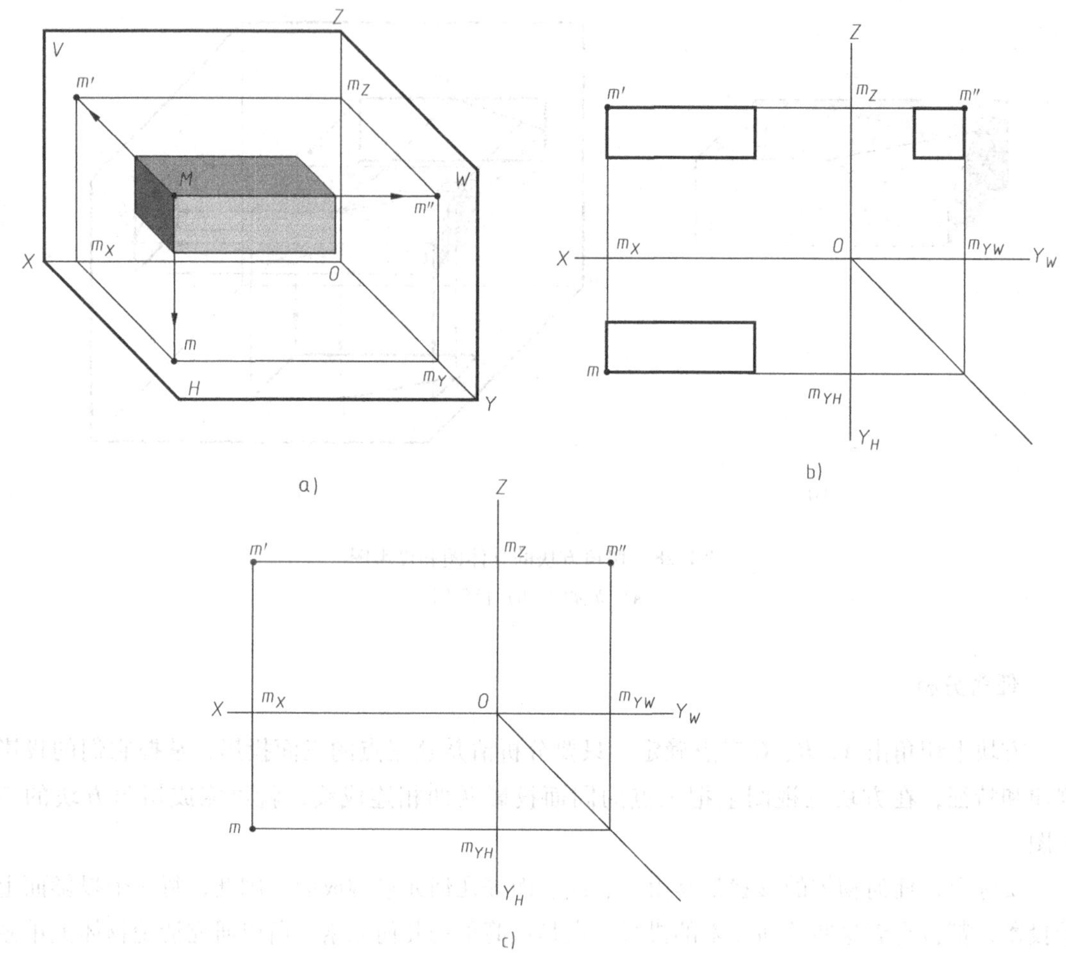

图 1-29　方块上点 M 的三面投影

a）投影图　b）三面投影图　c）点 M 的三面投影图

相交出六条交线 $m'm_Z$、$m'm_X$（V 面）；mm_Y、mm_X（H 面）、$m''m_Y$、$m''m_Z$（W 面），并组成一个长方体线框，点 M 在长方体线框的一个角点上。

如果把三投影面体系看成空间直角坐标系，则 H、V、W 面为坐标面，$0X$、OY、OZ 为坐标轴，点 O 为坐标原点。由直角坐标系的知识可知，点 M 的空间位置可用其直角坐标 M（X_M，Y_M，Z_M）形式表示。

由图 1-30a 中的长方体线框可以看出，点 M 的三个直角坐标对应了点 M 到三个投影面的距离。

点 M 的 X_M 坐标，$X_M=Mm''$，为点到 W 面的距离。

点 M 的 Y_M 坐标，$Y_M=Mm'$，为点到 V 面的距离。

点 M 的 Z_M 坐标，$Z_M=Mm$，为点到 H 面的距离。

由图 1-30b 所示三面投影图可以看出，点的直角坐标与其三面投影 m、m'、m''的关系如下：

点的水平投影 m，由点 M 的 X_M、Y_M 两坐标决定。

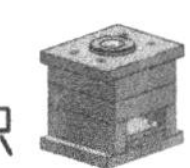

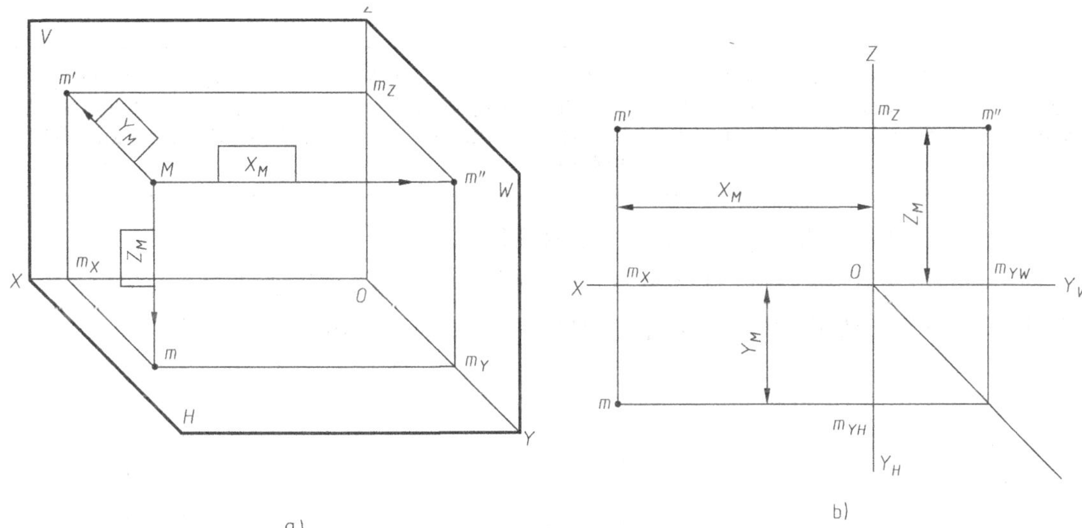

图 1-30 点的直角坐标
a) 投影图 b) 三面投影图

点的正面投影 m'，由点 M 的 X_M、Z_M 两坐标决定。

点的侧面投影 m''，由点 M 的 Y_M、Z_M 两坐标决定。

所以空间点 M（X_M，Y_M，Z_M）在三投影面体系中有唯一确定的一组投影 m、m'、m''。反之，如果已知点 M 的一组投影 m、m'、m''，则可确定该点的坐标值，即确定其空间位置。

二、点的三面投影规律

由图 1-30b 所示三面投影图可得出点的三面投影 m、m'、m''之间存在如下关系。

1）m'和 m 的连线垂直于 OX 轴，即 $mm' \perp OX$ 轴。

2）m'和 m''的连线垂直于 OZ 轴，即 $m'm'' \perp OZ$ 轴。

3）m 到 OX 轴的距离和 m''到 OZ 轴的距离相等，即 $mm_X = m''m_Z$。

以上称为点的三面投影规律。

[投影规律应用练习]

练习一：已知点 A 的空间坐标（X、Y、Z），绘制点 A 的三面投影图。

作图方法与步骤，见表 1-7。

表 1-7 点 A 的三面投影图的作图方法与步骤

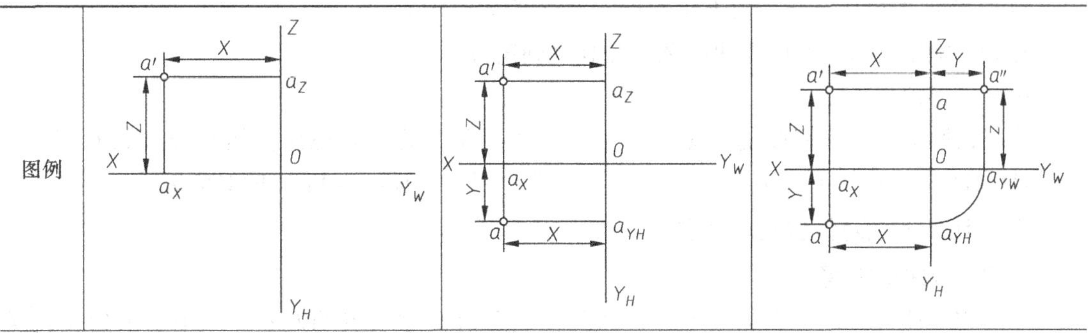

（续）

方法与步骤	1）作点 A 的正面投影。根据点 A 到侧立投影面的距离 X 和到水平投影面的距离 Z 绘制点 A 的正面投影 a'	2）作点 A 的水平投影。根据点 A 到侧立投影面的距离 X 和到正立投影面的距离 Y 绘制点 A 的水平投影 a	3）作点 A 的侧面投影。根据点 A 到正立投影面的距离 Y 和到水平投影面的距离 Z 绘制点 A 的侧面投影 a''

练习二：已知点的两面投影，求作第三面投影。

分析：给出点的两面投影，则点的三个坐标就完全确定了，因而点的第三面投影必能唯一作出。可根据点的投影规律，求作第三面投影，如图 1-31 所示。

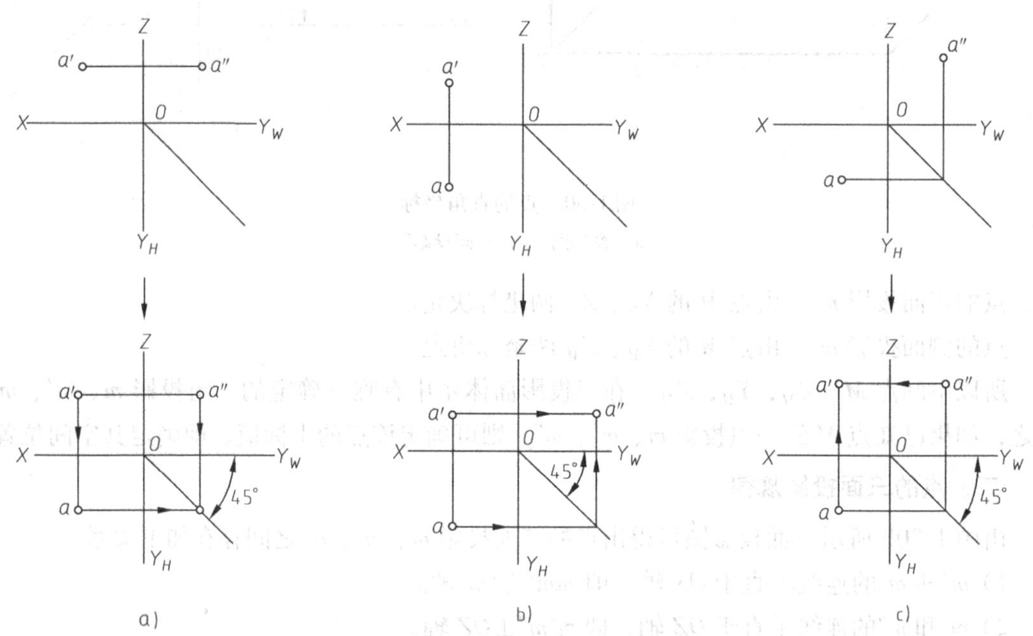

图 1-31　由点的两面投影求作第三面投影

a）已知 a'、a''，求 a　b）已知 a'、a，求 a''　c）已知 a、a''，求 a'

三、物体上点的三面投影

由图 1-32 可以看出，方块上点 M 的三面投影与方块的三视图是互相对应的。

点 M 的正面投影 m' 由方块的长度和高度确定位置。

点 M 的水平面投影 m 由方块的长度和宽度确定位置。

点 M 的侧面投影 m'' 由方块的宽度和高度确定位置。

由此可得出如下结论。

点的投影规律和三视图的投影规律是一致的，即点的投影规律仍然符合“长对正（$m m' \perp OX$ 轴）、高平齐（$m'm'' \perp OZ$ 轴）、宽相等（$m''m_Z = mm_X = Y_M$）的对应关系。

四、两点的相对位置及重影点

1. 两点的相对位置

点的相对位置是以一点为基准，判断其他点相对于这一点的左右、上下、前后位置关

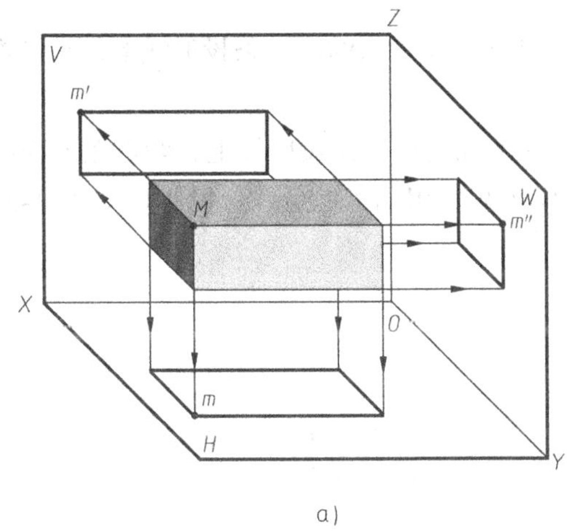

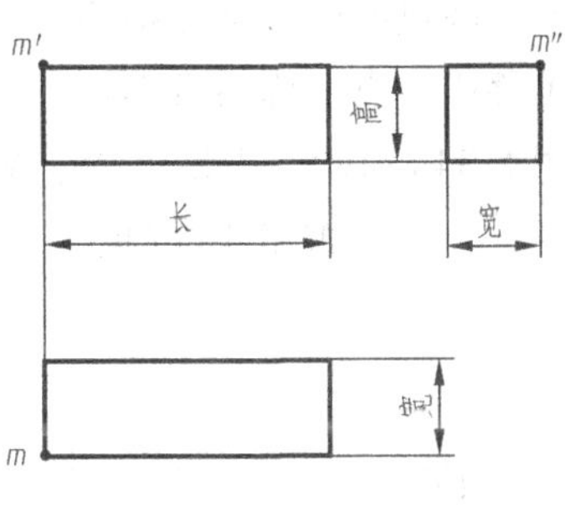

图 1-32　物体上点的三面投影

a）投影图　b）三视图上点的三面投影

系。在三投影面体系中，两点的相对位置是由两点的坐标差来决定的。

上下相对位置通过 V 面和 W 面投影判断（物体上下主、左见），Z 坐标值大者在上。

左右相对位置通过 V 面和 H 面投影判断（物体左右主、俯见），X 坐标值大者在左；

前后相对位置通过 H 面和 W 面的投影判断（物体前后看左、俯；里是后，外是前），Y 坐标值大者在前。

如图 1-33a 所示，判断 A、B 两点的相对位置，可选择其中一点为基准点（如点 A）来确定另一点与它的相对位置。

由于 $X_A > X_B$，因此点 B 在点 A 的右方。

由于 $Y_A > Y_B$，因此点 B 在点 A 的后方。

由于 $Z_A < Z_B$，因此点 B 在点 A 的上方。

综合起来想象，出点 B 在点 A 的右、上、后方，如图 1-33b 所示。

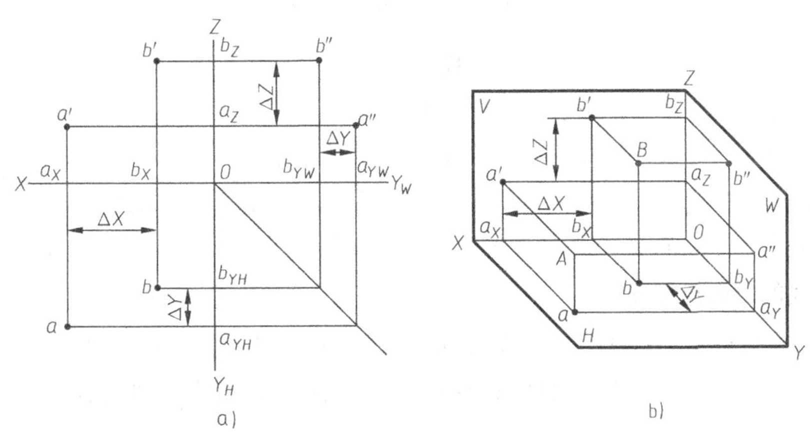

图 1-33　空间两点的相对位置

2. 重影点及可见性

当空间两点的两个坐标相等时，这两个点处在某投影面的同一条投射线上，在该投影面的投影重叠成一点，称为重影点。

如图 1-34a 所示，方块上 M、N 两点均处在 V 面的同一条投射线上，两点在 V 面的投影重合为一点，且点 M 投影可见，点 N 投影不可见（用括号表示）。投影图如图 1-34b、c 所示。

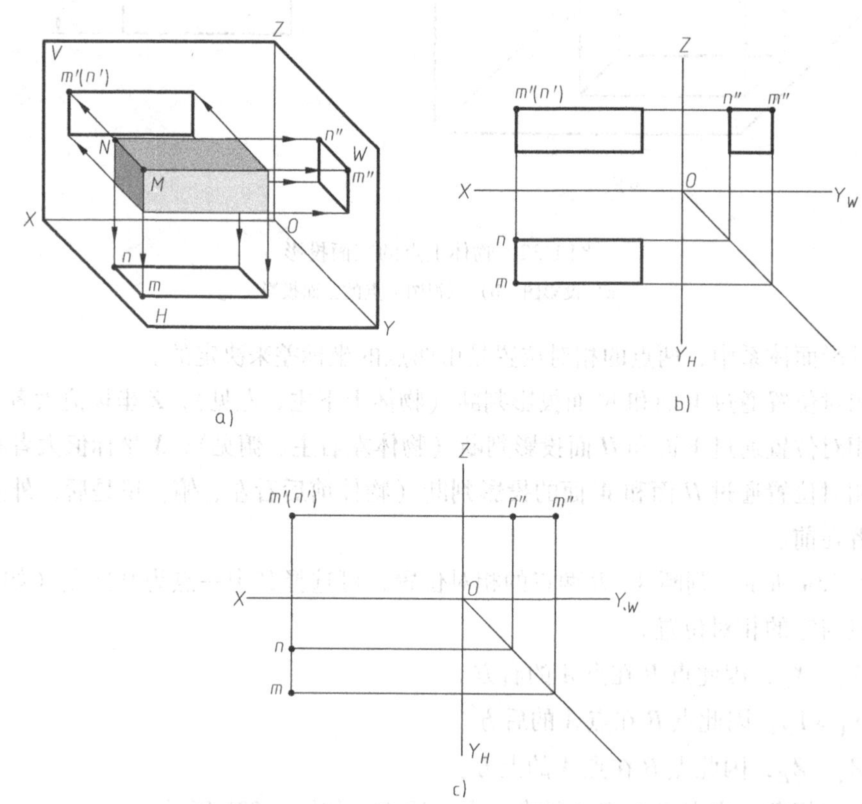

图 1-34　重影点及可见性

提　　示

对重影点可见性的判断，由其坐标值确定。

如两点在 H 面投影重合，则 Z 坐标值大者为可见，即处在上方的点可见。

如两点在 V 面投影重合，则 Y 坐标值大者为可见，即处在前方的点可见。

如两点在 W 面投影重合，则 X 坐标值大者为可见，即处在左方的点可见。

五、直线的三面投影图

根据“两点可确定一直线”的几何定理，作直线的投影时，可作直线上任意两点（一般取直线段的两端点）的投影，然后将这两点的同面投影相连，即得到该直线的三面投影图。

任务实施

作切角方块三视图的步骤：画出方块的三视图；确定 A、B、C 三点的三面投影；将 A、B、C 三点的三面投影两两相连，完成切角方块的三视图。具体绘图步骤如下。

1）根据方块的长、宽、高完成方块的三视图，如图 1-35a 所示

2）根据长 A、宽 A、高 A 在方块三视图上画出点 A 的三面投影 a、a'、a''，如图 1-35b 所示。

3）根据长 B、宽 B、高 B 在方块三视图上画出点 B 的三面投影 b、b'、b''，如图 1-35c 所示。

4）根据长 C、宽 C、高 C 在方块三视图上画出点 C 的三面投影 c、c'、c''，如图 1-35d 所示。

5）将 A、B、C 三点的同面投影两两相连，完成切角的三面投影，如图 1-35e 所示。

6）检查无误后加深三视图，如图 1-35f 所示。

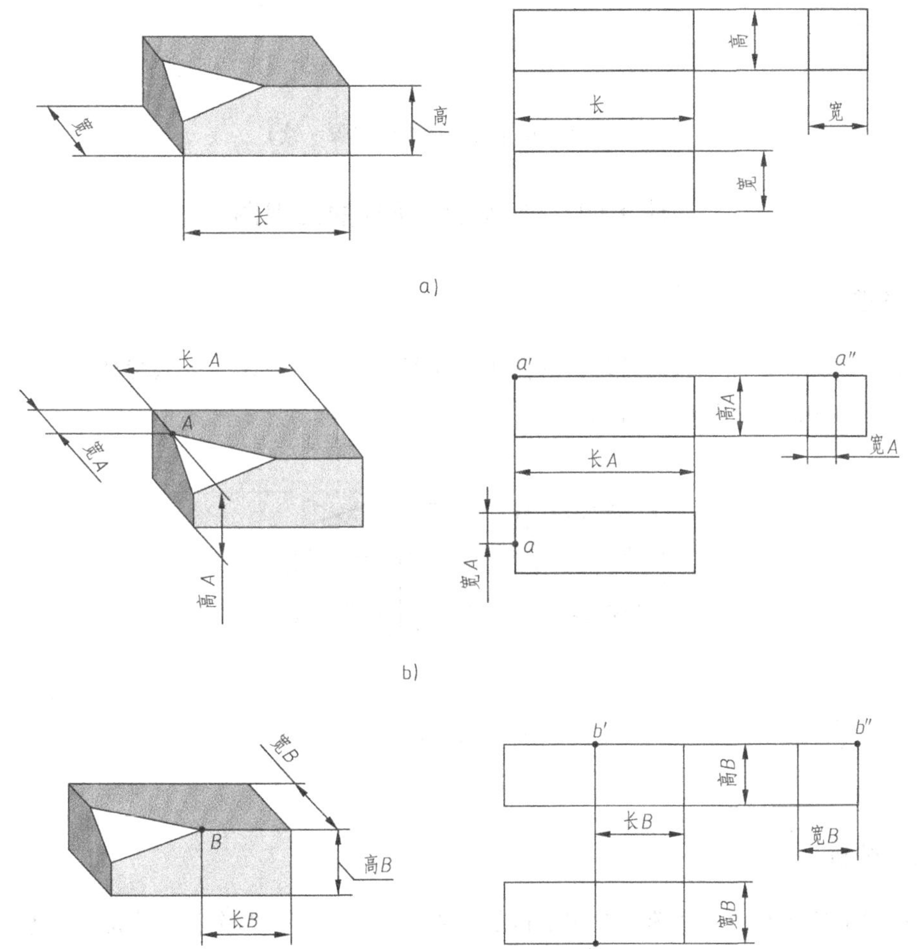

图 1-35　切角方块的绘图步骤

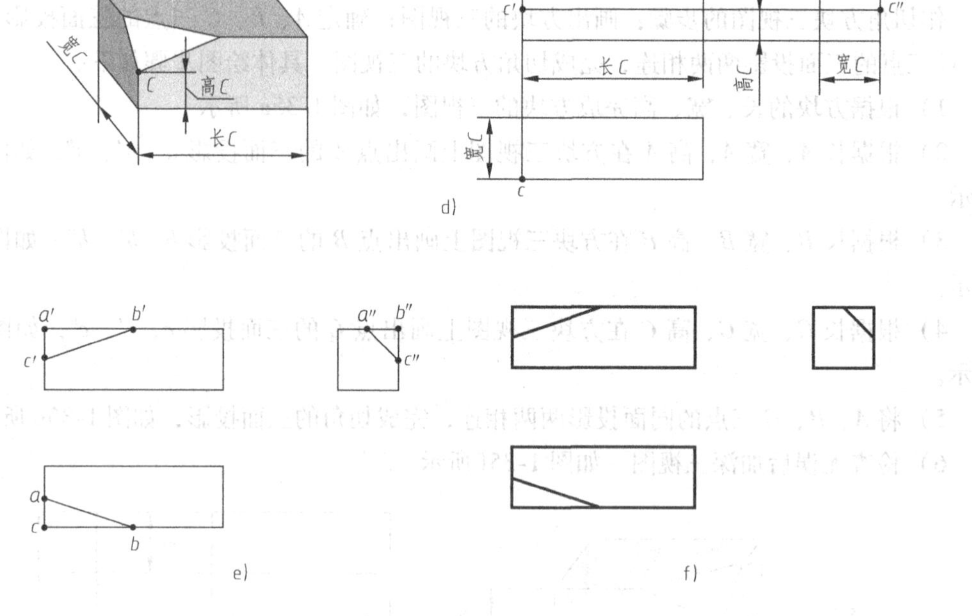

图 1-35　切角方块的绘图步骤（续）

任务四　绘制正六棱柱的三视图

任务描述

钳工实训时常要加工六角螺母，如图 1-36a 所示。它的毛坯为正六棱柱，如图 1-36b 所示。绘制出六角螺母毛坯的三视图。

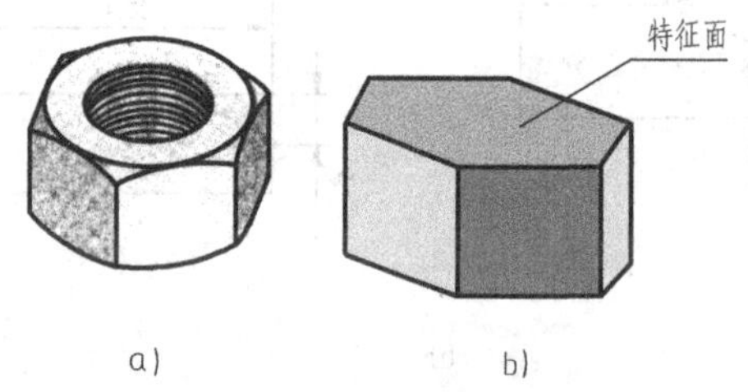

图 1-36　六角螺母及其毛坯
a）六角螺母　b）毛坯

任务分析

六角螺母毛坯有两个全等且互相平行的正六边形表面，这两个正六边形表面起着确定毛坯形状的主要作用，称为特征面，如图 1-36b 所示。两个正六边形对应顶点之间的连线均垂直于特征面，只要分析清楚特征面的三面投影，毛坯的三视图即可完成。

相关知识

一、棱柱的形体分析

如图 1-37 所示，棱柱由以下几个面围成。

1）底表面。平行全等的两多边形，又称为特征面，n 边形即为 n 棱柱，正 n 边形即为正 n 棱柱。

2）侧棱。两底表面多边形对应顶点的连线，垂直于底表面，棱线的长即为棱柱的高。

3）侧表面。两底表面的对应边和侧棱所围成的矩形。

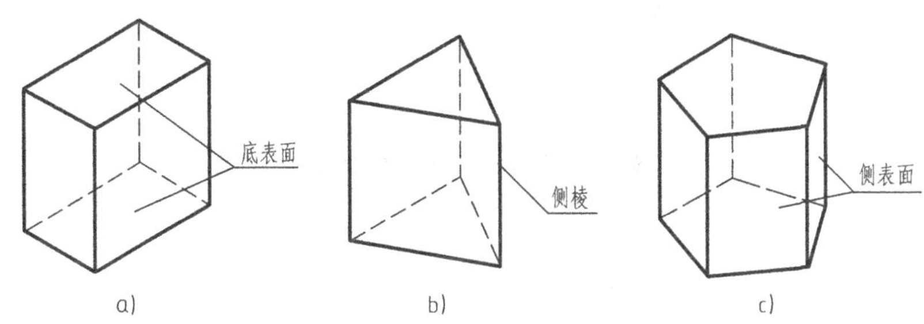

图 1-37 棱柱的形体分析

a）四棱柱 b）三棱柱 c）五棱柱

因棱柱表面全部由平面组成，所以又称为平面体。

二、棱柱的三视图分析

以图 1-38 所示的正六棱柱为例，分析棱柱的三视图。

1. 适当摆放正六棱柱

当形体的摆放位置不同时，绘制出的三视图是不相同的。为了使三视图尽量多地反映形体各部分的实形，并做到绘图简单，根据正投影法的显实性和积聚性，形体的摆放原则是：尽量使形体各表面平行或垂直于投影面。

由此，正六棱柱的摆放应为：两底表面平行于一个投影面，两个相互平行的侧表面平行于另一投影面。如图 1-38 所示，两底表面平行于 H 面，两相互平行的侧表面平行于 V 面，侧棱均垂直于 H 面。

2. 正六棱柱的三视图分析（图 1-38a）

上下底表面：平行于 H 面，则其俯视图反映实形（正六边形）；垂直于 V 面、W 面，则其主视图为平行于 OX 轴的积聚直线，左视图为平行于 OY 轴的积聚直线。

六条侧棱：垂直于 H 面，则其俯视图积聚成六边形的六个顶点；平行于 V 面、W 面，其主视图和左视图均为平行于 OZ 轴且反映实长的直线。

六个侧表面：垂直于 H 面，则其俯视图积聚成六边形的六条边。

展开后即可得到正六棱柱的三视图，如图 1-38b 所示。

三、棱柱的三视图特征

由正六棱柱的三视图分析过程，可得到各棱柱的三视图，如图 1-39 所示。

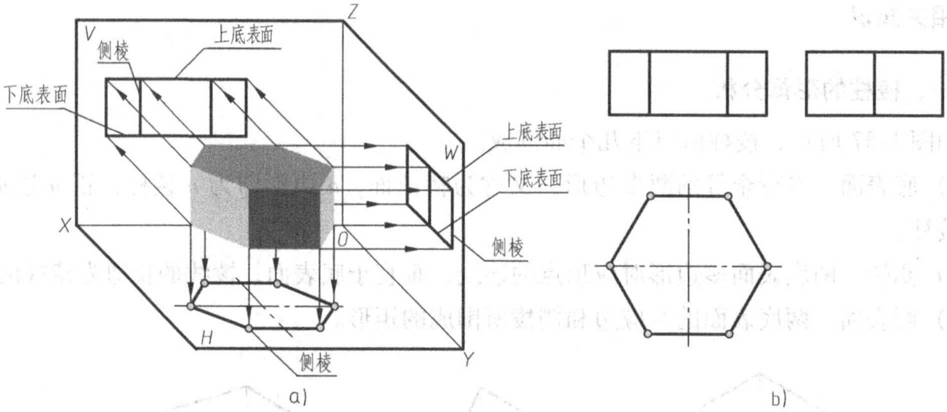

图 1-38 正六棱柱

a）正六棱柱的三视图分析 b）正六棱柱的三视图

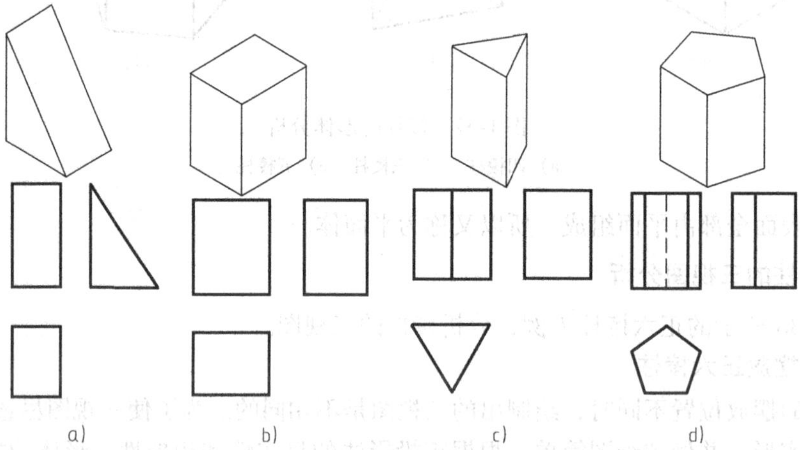

图 1-39 各棱柱的三视图

a）三棱柱 b）四棱柱 c）正三棱柱 d）正五棱柱

观察各棱柱的三视图，可得出其三视图特点如下。

一面视图为多边形线框，称为形状特征视图，另两面视图是由实线或虚线组成的矩形线框。

四、棱柱三视图的绘制步骤

1）有对称中心线时，可先画出对称中心线，作为三视图的定位基准。

2）画出形状特征视图。

3）根据棱柱高度，画出两底表面的投影（作两平行线，距离是棱柱高度）。

4）画棱线。多边形线框每一个顶点在另两面视图中都对应一条线（或实或虚）。

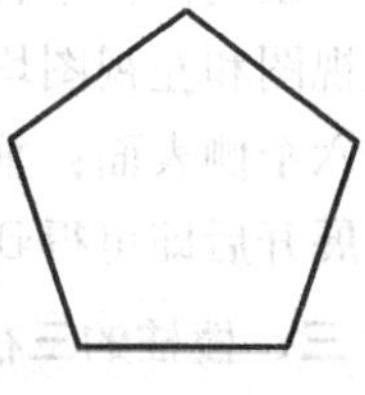

图 1-40 五棱柱主视图

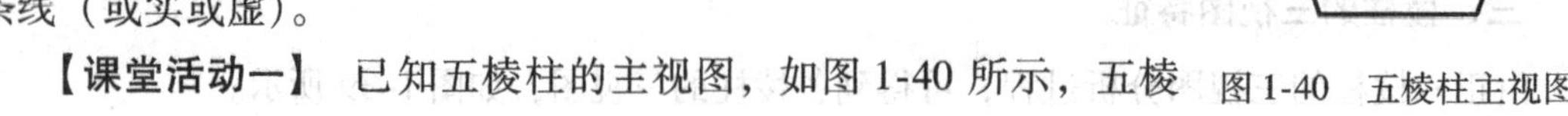

【课堂活动一】 已知五棱柱的主视图，如图 1-40 所示，五棱

柱高为10mm，绘制另外两视图。

任务实施

1）测量毛坯特征面的外接圆直径（对角距）及棱柱高度，如图1-41a所示。

2）绘制视图基准线。作正六边形外接圆的中心线及对应主、左视图的中心线，如图1-41b所示。

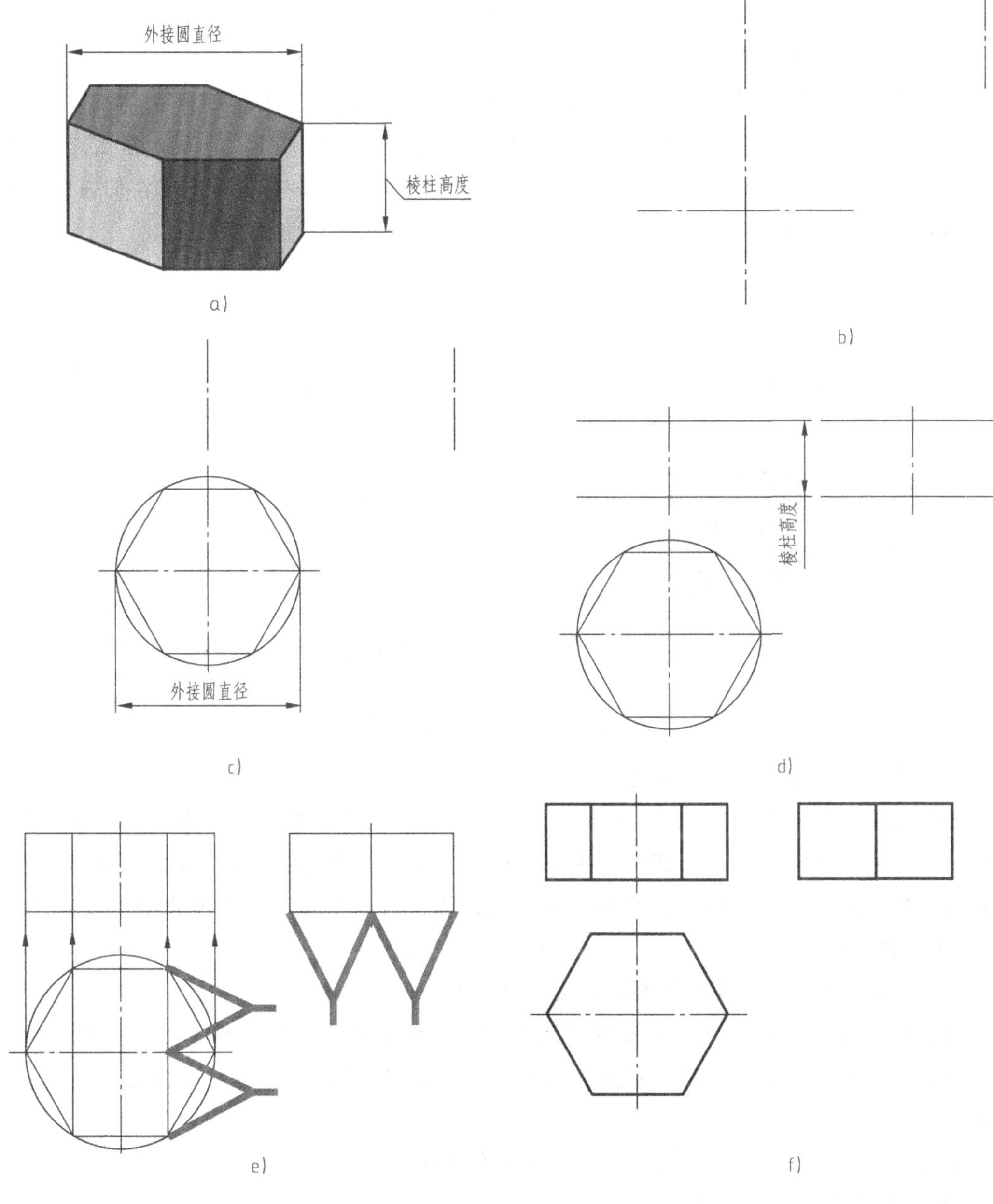

图1-41　正六棱柱三视图的绘图步骤

3）绘制形状特征视图。根据外接圆直径尺寸作正六边形，如图1-41c所示。

4）根据棱柱高度画出上、下两底表面的主视图和左视图，如图1-41d所示。

5）根据长对正和宽相等的关系，正六边形的每一个顶点在主、左视图中都对应一侧棱，完成侧棱的主视图和左视图，如图1-41e所示。

6）去掉多余作图线，按规定线型加深图线，完成正六棱柱的三视图，如图1-41f所示。

知识拓展

棱柱截切体的三视图

一、棱柱表面上点的投影

如图1-42所示，已知正六棱柱表面一点*M*的正面投影*m′*，求作点*M*的另外两面投影。在棱柱表面取点，可利用其侧表面投影具有积聚性的特点进行作图。点*M*落在侧表面*ABCD*上，因与*H*面垂直，其水平投影具有积聚性，所以点*M*的水平投影*m*必定在侧表面的积聚性投影*abcd*上，利用点的投影规律可分别作点的水平投影*m*和侧面投影*m″*。

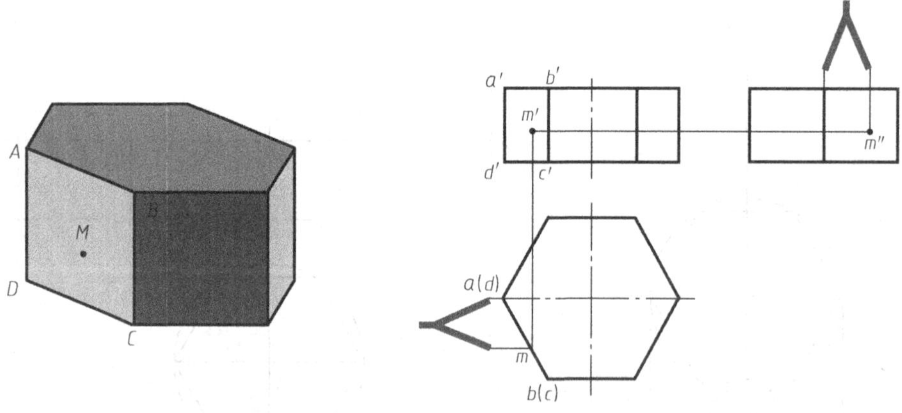

图1-42　正六棱柱表面上点的投影

二、平面截切棱柱后的三视图

已知三棱柱上*ABC*三点（图1-43a），其三面投影在三视图上的位置如图1-43b所示。现假想把*ABC*三点两两相连，组成一平面三角形，以此为界线把平面三角形*ABC*以上三棱柱部分截掉，则称由*ABC*确定的平面为截平面，该平面与三棱柱三个侧表面相交，交线分别为*AB*、*BC*、*CA*，称其为截交线，如图1-43c所示。

被截平面截切后的三棱柱三视图如何绘制呢？

可以先把*A*、*B*、*C*三点的同面投影两两相连，完成截交线的三面投影，如图1-44a所示；再把截掉的部分擦除，即可完成三棱柱被截平面*ABC*截切之后的三视图，如图1-44b所示。

由此可得到棱柱被平面截切后其三视图的作图步骤。

1）绘制完整棱柱的三视图。

2）完成截交线的三面投影（截交线上的点一般是截平面与棱柱棱线、底边或表面的

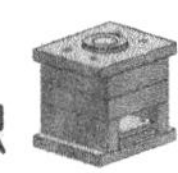

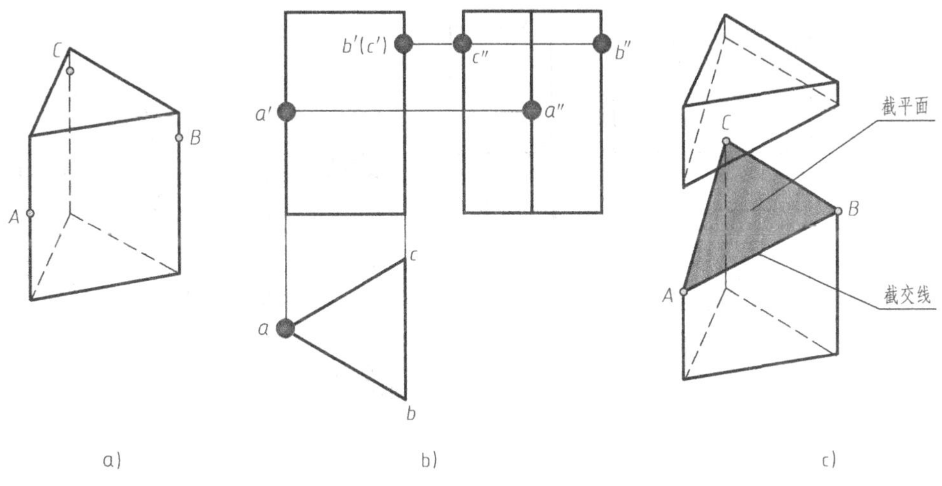

图 1-43 截平面与截交线

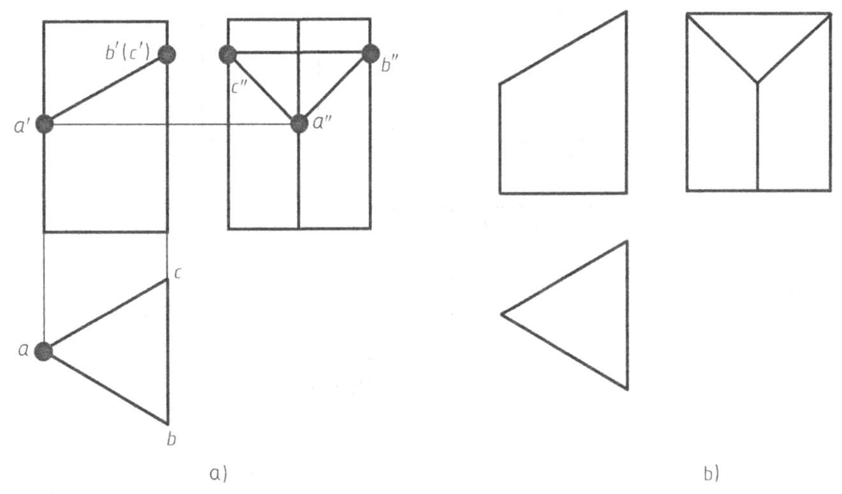

图 1-44 被截平面截切后三棱柱的三视图

交点)。

3）擦掉棱柱上被截掉的线条。

【课堂活动二】 按要求完成下面练习。

1）根据给定的三视图（图 1-45a）想象立体形状，并补画视图中的漏线。

分析：观察图 1-45a 所示视图，一个多边形加两个矩形线框，可考虑是一个棱柱，其形状如图 1-45b 所示。由多边形线框的每一个顶点在另外视图上都有棱线对应可知俯、左视图都缺线。俯左视图补线，如图1-46所示。

2）如图 1-47a 所示，完成被截切后几何体的三视图。

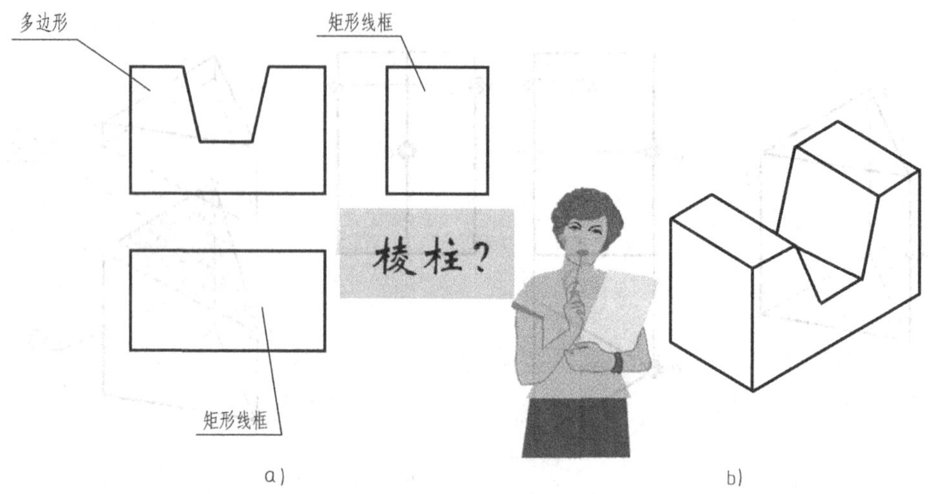

图 1-45　课堂活动

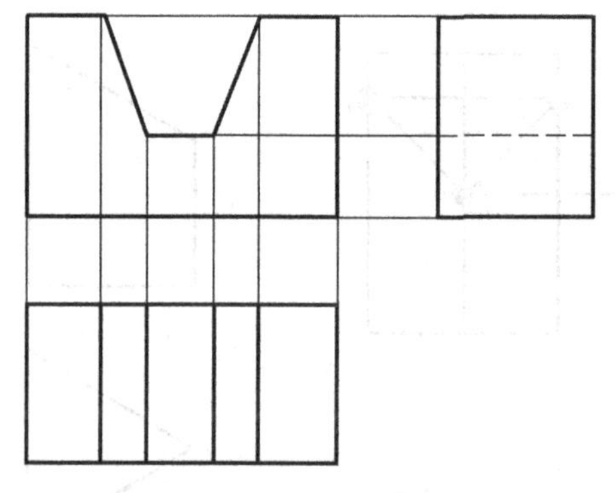

图 1-46　俯、左视图补线

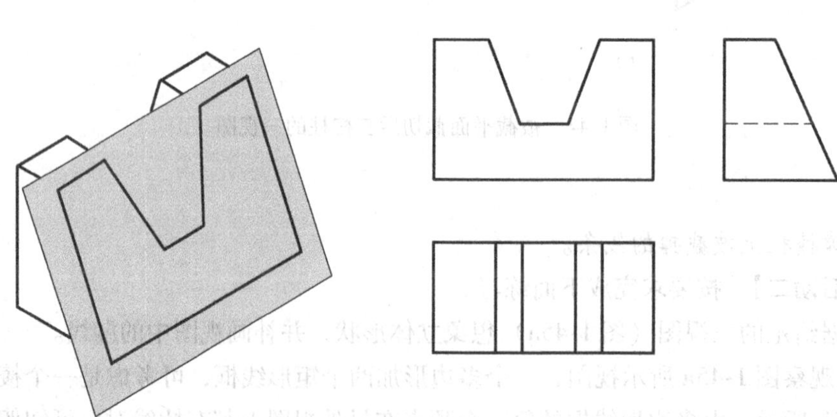

图 1-47　平面截切几何体

分析：被平面截切后，左视图形状如图 1-47b 所示，主视图形状不发生变化，关键是完成俯视图。由截平面位置可知，截交线共有 8 个点，这 8 个点的正面投影已知，侧面投影积聚成 3 个点，如图 1-48 所示。

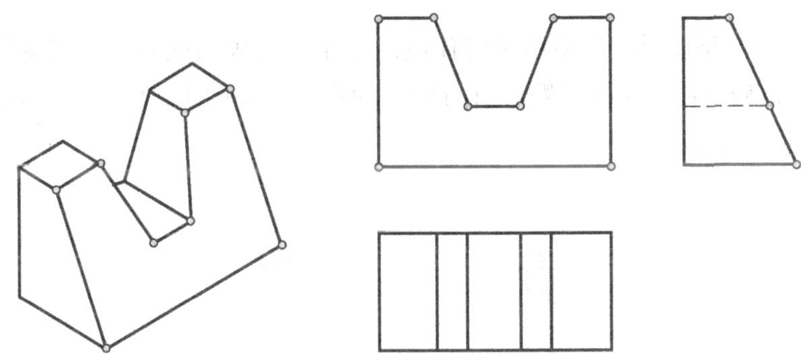

图 1-48　截交线的组成及投影分析

只要按投影关系找出这 8 个点的水平投影，擦掉切除的图线即可完成该几何体的三视图，具体步骤如图 1-49 所示。

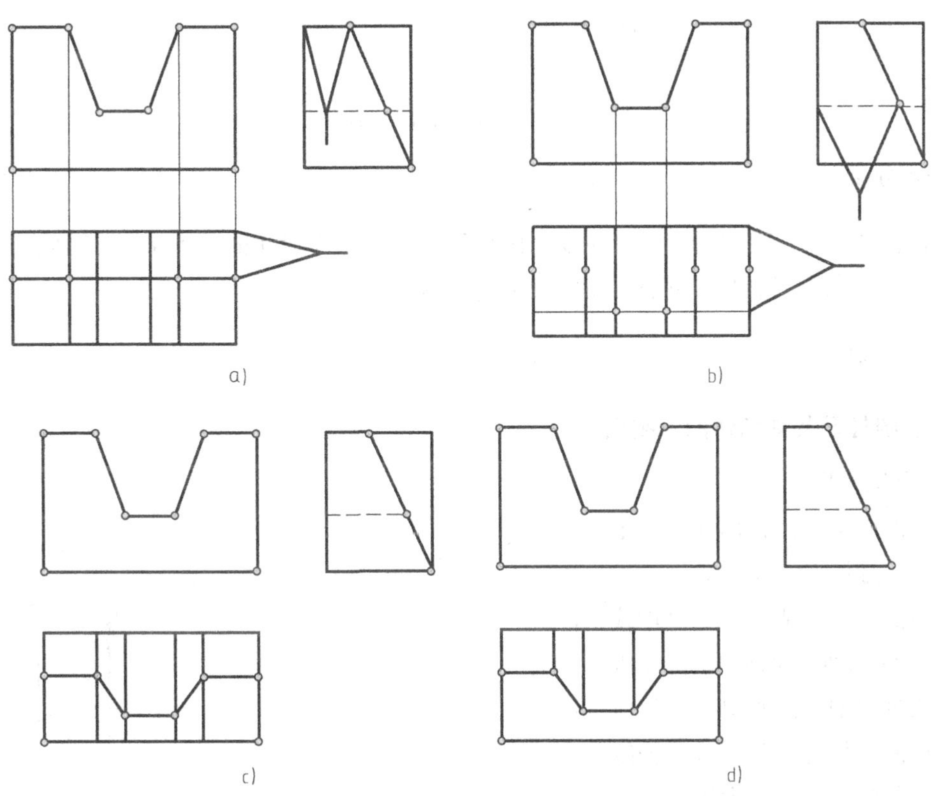

图 1-49　被平面截切后几何体的三视图绘图步骤

a）根据投影规律找出截交线最上面 4 个点的水平投影　b）根据投影规律找出截交线中间 2 个点的水平投影　c）按投影规律找出截交线最下面 2 个点的水平投影，并按顺序连接 8 个点的水平投影　d）根据左视图，擦除切除的图线，完成该几何体的三视图

任务五　绘制拉料杆（钩针）的三视图

任务描述

拉料杆（钩针）是注射模具中用于勾住浇注系统中凝固的塑料，使其从浇口套中脱离出来，以保证流道畅通使下次注射顺利进行的一种零件，如图 1-50 所示。试绘制出常用拉料杆（钩针）的三视图。

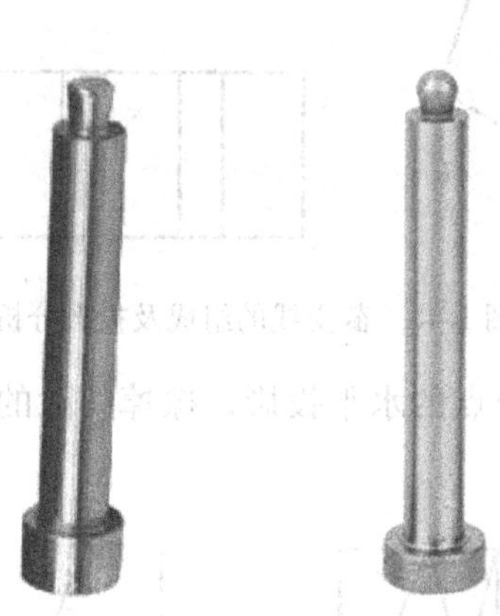

图 1-50　常用拉料杆（钩针）

任务分析

由拉料杆的外形可以看出，其主要由圆柱组成，头部为圆柱锥头或球头。因此，分析圆柱（球、锥）等回转体的三视图是完成本任务的关键。

相关知识

一、圆柱及其截切体的三视图

1. 形体分析

圆柱的表面由圆柱面和上、下底面组成，如图 1-51a 所示。

圆柱面可以看成是由一直母线绕与它平行的轴线回转而成（因此被称为回转体），如图 1-51b 所示。圆柱面上任意一条平行于轴线的直线，称为圆柱面的素线。

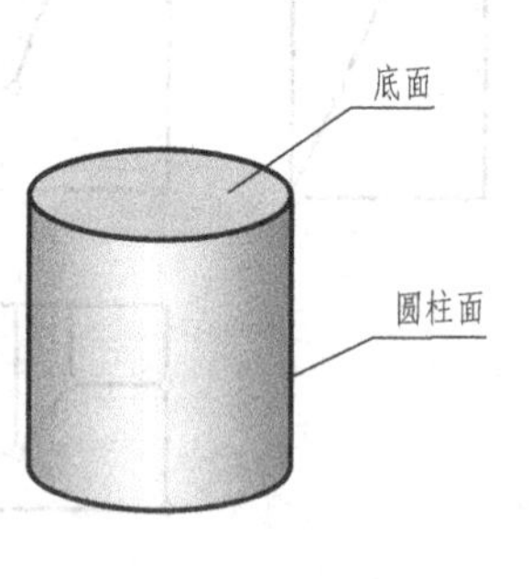

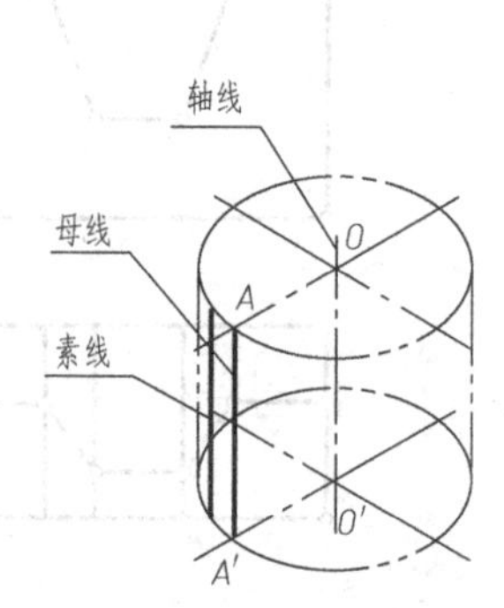

图 1-51　圆柱的组成及圆柱面的形成
a）圆柱的组成　b）圆柱面的形成

2. 投影分析

从图 1-52a 中可以看出，圆柱的上、下底面都平行于 H 面，其水平投影重合为一个圆；组成圆柱面的无数条素线都垂直于 H 面，水平投影都积聚成点且围成上、下底面圆的圆周；正面投影和侧面投影的两个矩形的四条线段，分别是圆柱的上、下底面和圆柱面的轮廓素线即最左、最右素线和最前、最后素线的投影。

展开三投影面后得到圆柱的三视图，如图 1-52b 所示。

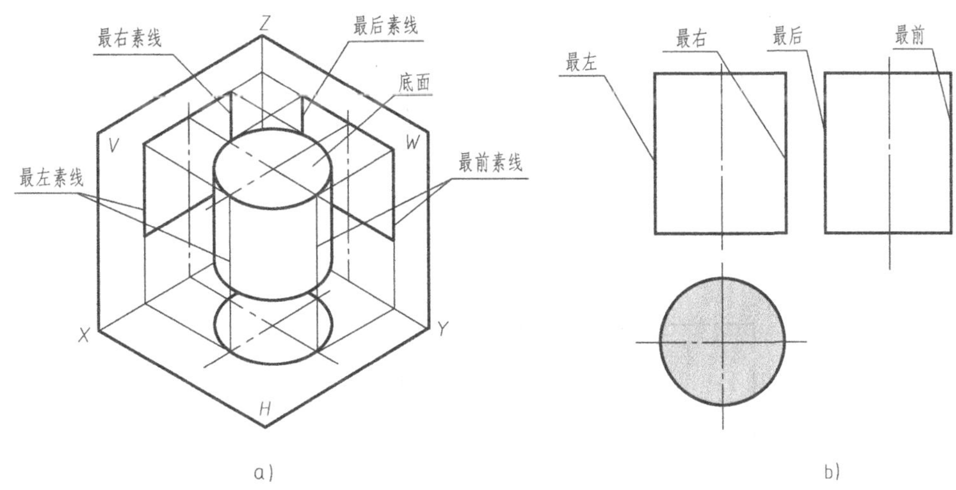

图 1-52 圆柱的投影分析及三视图

a）圆柱的投影分析 b）圆柱的三视图

提 示

绘制任何回转体的视图时，必须用细点画线画出其轴线和圆的对称中心线。

3. 绘制圆柱的三视图

绘制圆柱的三视图时，应先绘制轴线、圆的对称中心线的投影，然后再绘制底面的投影，最后绘制轮廓素线的投影，如图 1-53 所示。

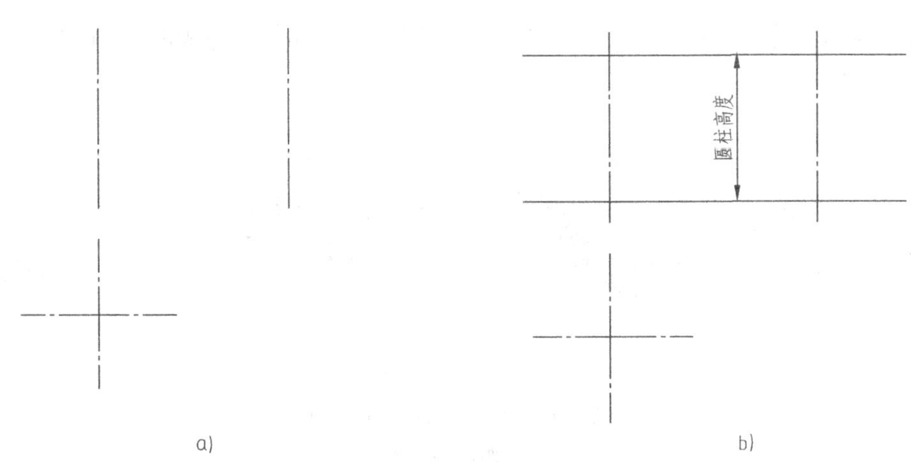

图 1-53 圆柱三视图的绘图步骤

a）绘制圆的对称中心线及圆柱轴线的投影 b）根据圆柱的高度绘制上、下底面的投影

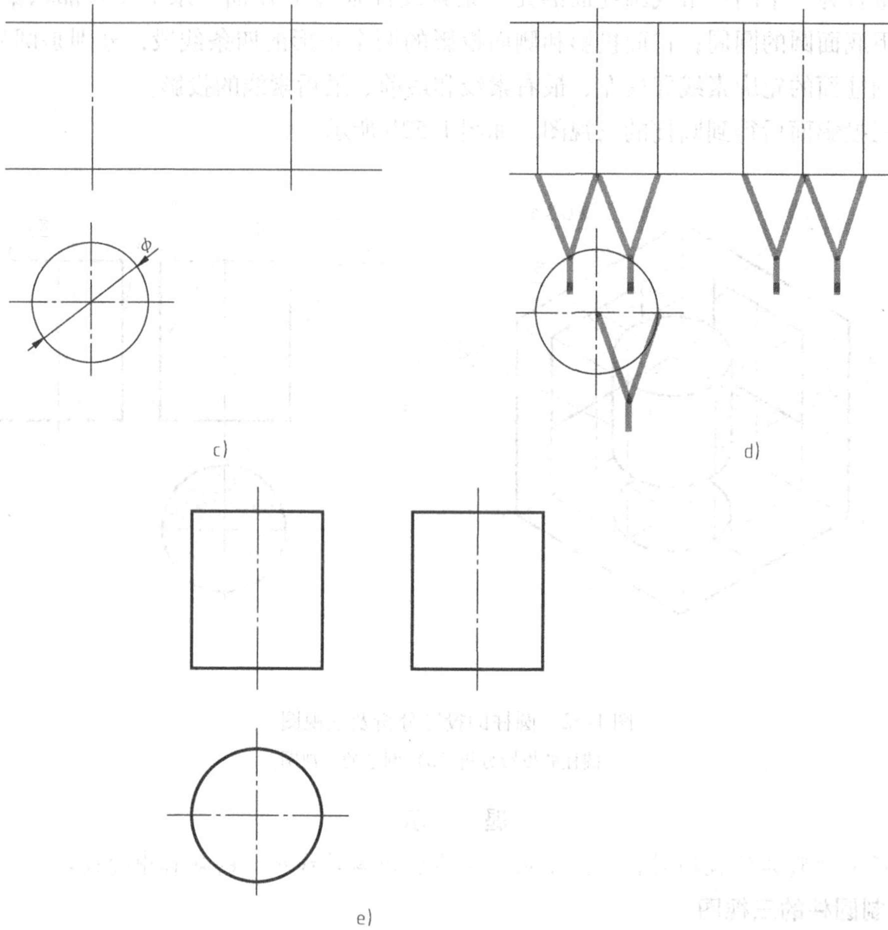

c)

d)

e)

图 1-53　圆柱三视图的绘图步骤（续）

c）由圆的直径绘制投影为圆的视图　d）绘制四条轮廓素线　e）擦掉多余图线，描深图线

【课堂活动一】 已知圆柱直径为 20mm、高度为 50mm，试完成图 1-54a 所示两种位置圆柱的三视图。

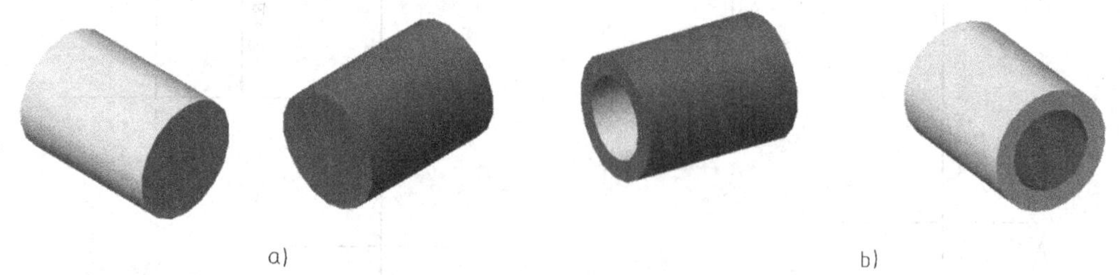

a)　　b)

图 1-54　不同位置的圆柱和圆筒

a）圆柱　b）圆筒

【课堂活动二】 圆柱中心加工孔后称为圆筒，在课堂活动一的圆柱中心钻内径为 10mm 的圆孔，如图 1-54b 所示，试在圆柱基础上完成圆筒的三视图。

提　　示

圆筒一般是模具中导套的形状，导套与导柱配合使用，起着导向的作用。

4. 圆柱截切后的三视图

截平面与圆柱轴线的相对位置不同，截交线形状不同，具体有以下三种情况。

位置一：截平面垂直于轴线，截交线形状为圆形，如图 1-55a 所示；截交线三面投影为两线一圆。

位置二：截平面平行于轴线，截交线形状为矩形，如图 1-55b 所示；截交线三面投影为两线一矩形。

位置三：截平面倾斜于轴线，截交线形状为椭圆，如图 1-55c 所示；截交线 *V* 面投影积聚成直线，*H* 面投影与圆柱面投影重合，*W* 面投影是椭圆类似形，可找出共有的外形素线上的特殊点，再光滑连线即可。

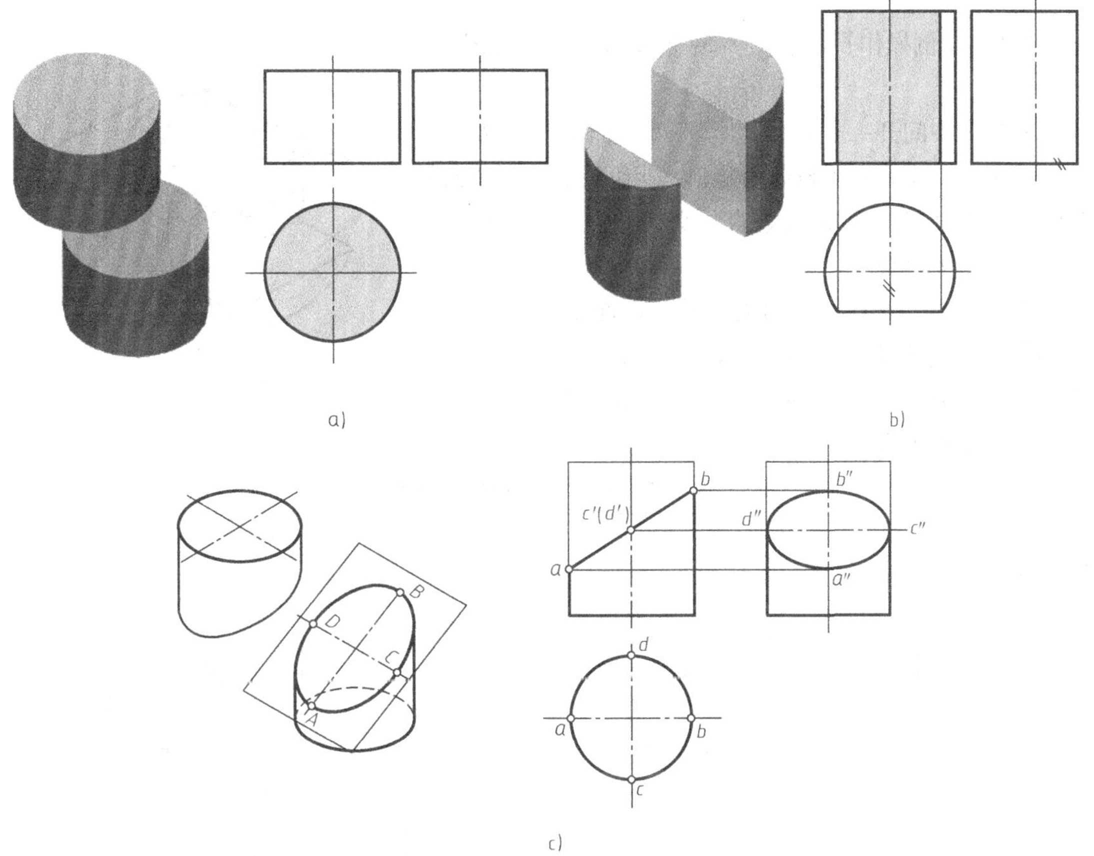

图 1-55　平面截切圆柱

a）截平面垂直于轴线　b）截平面平行于轴线　c）截平面倾斜于轴线

提　　示

当截平面与轴线角度不同时，椭圆的长短轴会发生变化，其投影形状也会发生变化，如

图 1-56 所示。当倾斜角度为 45°时，其侧面投影为圆形，如图 1-56c 所示。

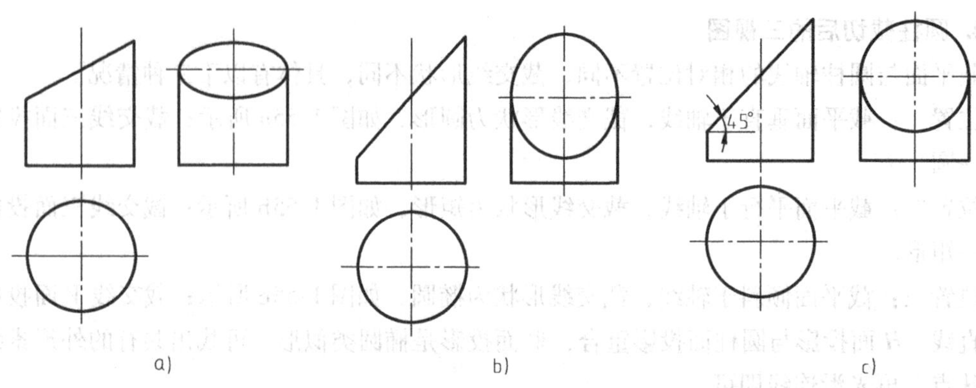

图 1-56　截平面与轴线不同角度时的截交线形状

【圆柱实例操作】绘制图 1-57 所示轴块的三视图。

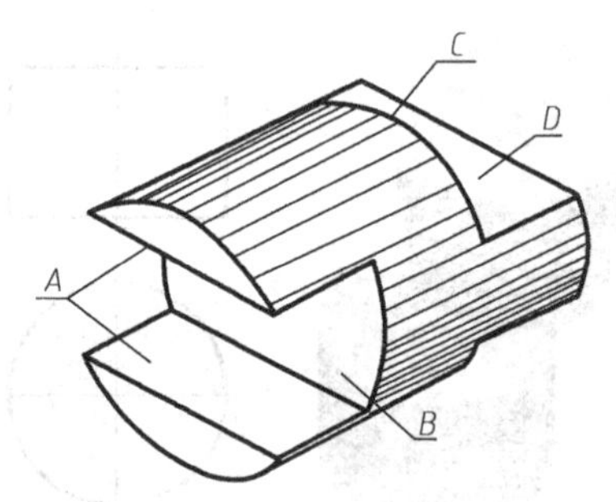

图 1-57　轴块

分析：

左端：中间开一通槽，上、下两 *A* 面平行于 *H* 面，与轴线平行，交线水平投影为矩形，另两面投影为直线；*B* 面平行于 *W* 面，与轴线垂直，交线侧面投影为圆形，另两面投影为直线。

右端：上、下对称各切去一块，*C* 面平行于 *W* 面，与轴线垂直，交线侧面投影为圆形，另两面投影为直线；*D* 面平行于 *H* 面，与轴线平行，交线水平投影为矩形，另两面面投影为直线。轴块三视图的绘图步骤，见表 1-8。

表 1-8　轴块三视图的绘图步骤

图例	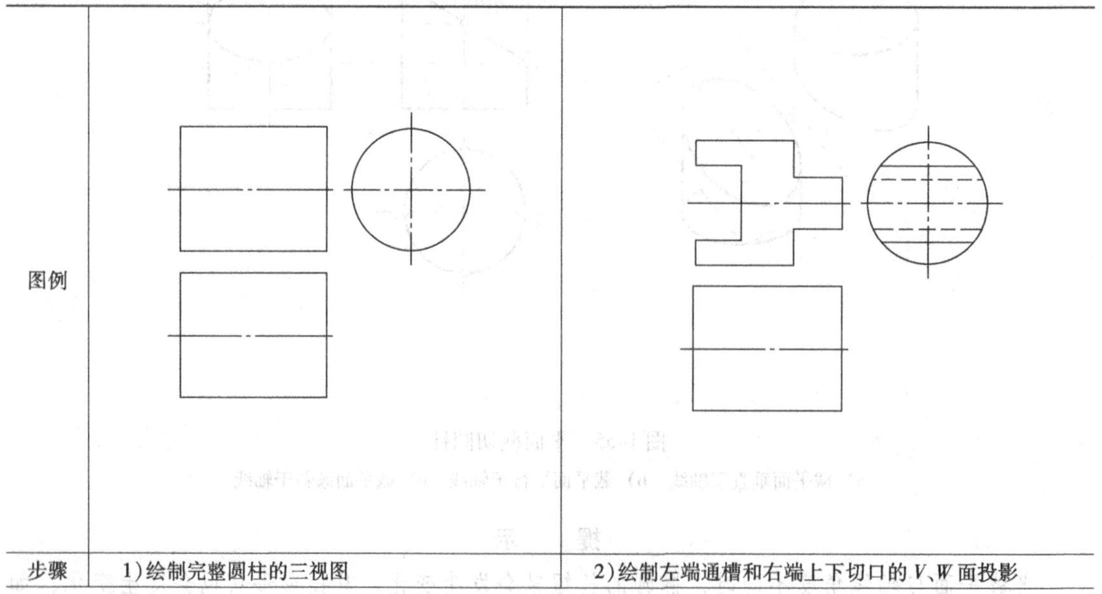	
步骤	1）绘制完整圆柱的三视图	2）绘制左端通槽和右端上下切口的 *V*、*W* 面投影

（续）

图例	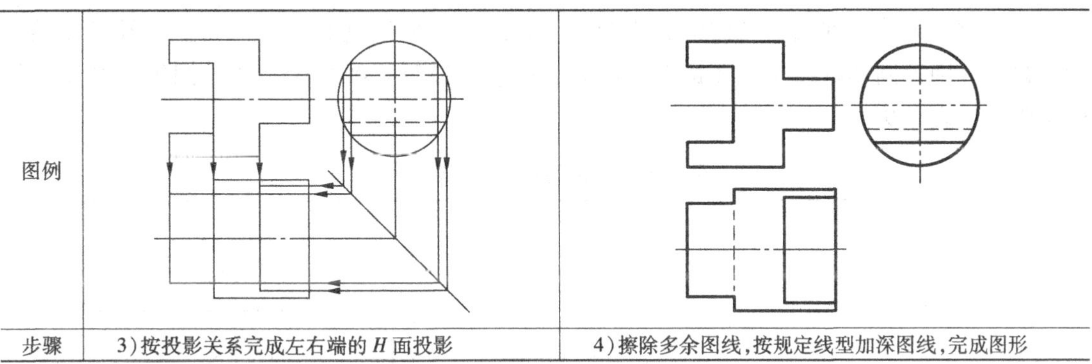	
步骤	3）按投影关系完成左右端的 H 面投影	4）擦除多余图线，按规定线型加深图线，完成图形

二、圆锥及其截切体的三视图

1. 形体分析

圆锥的表面由圆锥面和底面组成，如图 1-58a 所示。

圆锥面可以看成是由一直母线绕与它相交的轴线回转而成（也为回转体）的，如图 1-58b 所示。圆锥面上的素线都是与轴线相交的直线，其交点称为锥顶。

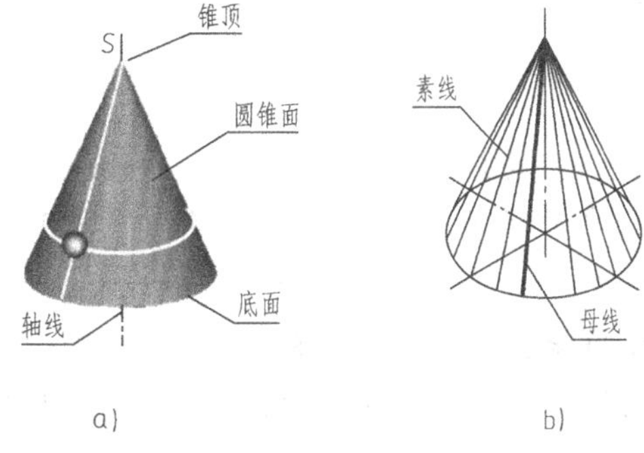

图 1-58 圆锥的组成及圆锥面的形成

a）圆锥的组成 b）圆锥面的形成

2. 投影分析

从图 1-59a 可以看出，圆锥的底面平行于 H 面，其水平投影为一个圆，与圆锥面的水平投影重合在一起；圆锥的正面投影和侧面投影为等腰三角形，底边为圆锥底面的积聚投影，两腰分别为圆锥面上最左、最右和最前、最后素线的投影。

展开三投影面后得到圆锥的三视图，如图 1-59b 所示。

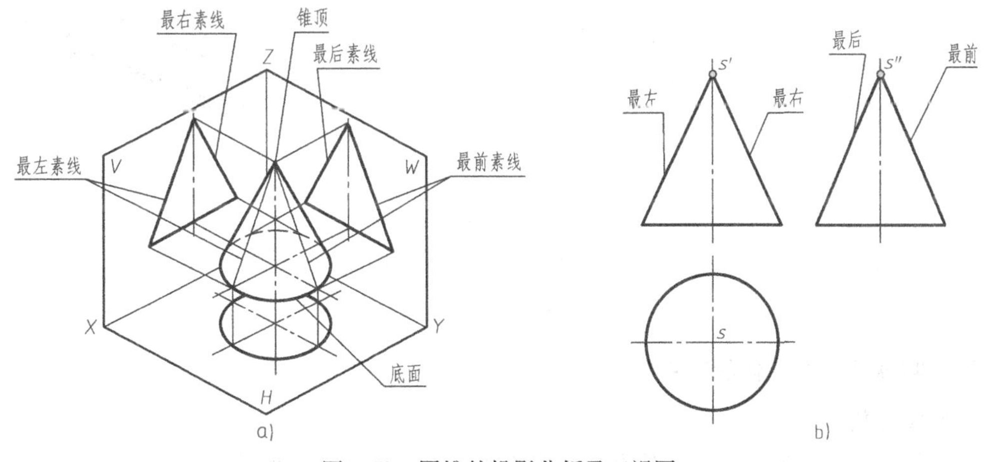

图 1-59 圆锥的投影分析及三视图

a）圆锥的投影分析 b）圆锥的三视图

3. 绘制圆锥的三视图

绘图时，先绘制轴线和对称中心线的各面投影，然后绘制底面的三面投影及锥顶的投影，最后分别绘制其轮廓素线（最左、最右、最前、最后素线）的投影。圆锥三视图的绘图步骤，见表1-9。

表1-9　圆锥三视图的绘图步骤

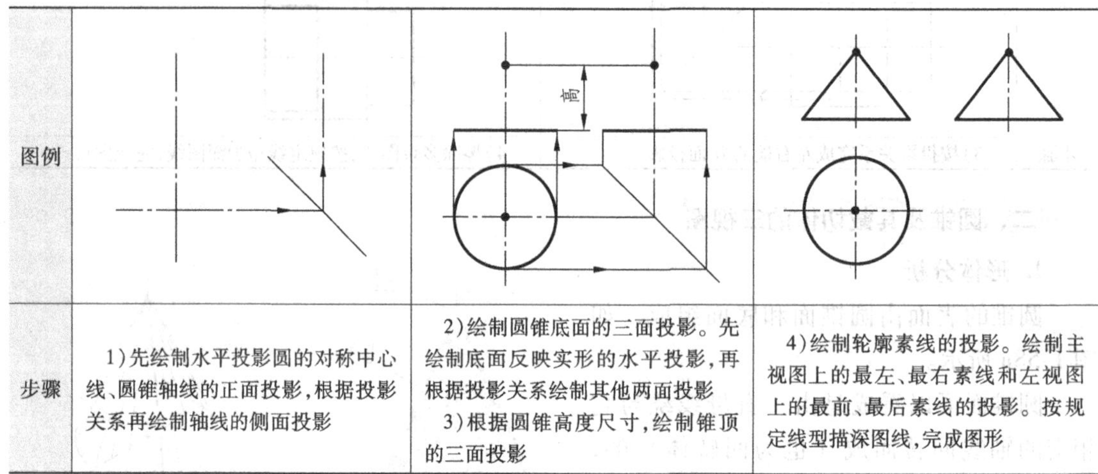

图例			
步骤	1）先绘制水平投影圆的对称中心线、圆锥轴线的正面投影，根据投影关系再绘制轴线的侧面投影	2）绘制圆锥底面的三面投影。先绘制底面反映实形的水平投影，再根据投影关系绘制其他两面投影 3）根据圆锥高度尺寸，绘制锥顶的三面投影	4）绘制轮廓素线的投影。绘制主视图上的最左、最右素线和左视图上的最前、最后素线的投影。按规定线型描深图线，完成图形

4. 圆锥截切后的三视图

当截平面与圆锥轴线的相对位置不同时，圆锥面上可以产生形状不同的截交线，见表1-10。

当截平面垂直于轴线时，截交线形状为圆形，如图1-60a所示，其三面投影为两线一圆。截平面把锥顶截掉后，该几何体称为圆台，此结构经常出现在圆柱端部，称为倒角，如图1-60b所示的圆柱销（在模具中经常用于安装螺钉之前两零件间的定位）。

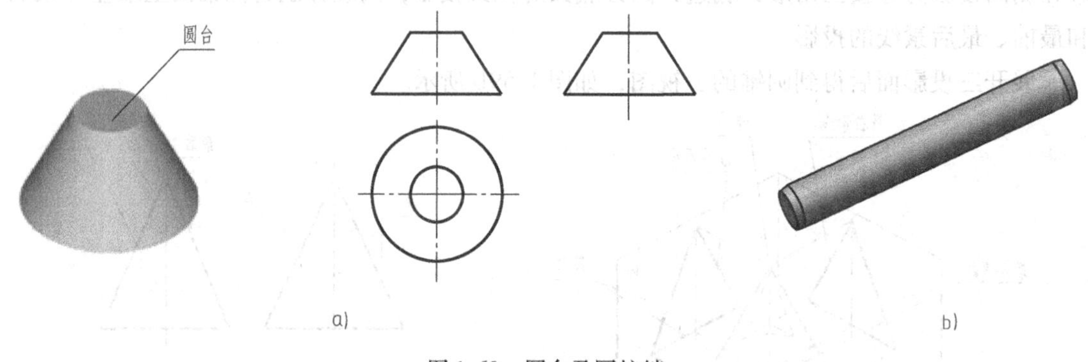

图1-60　圆台及圆柱销

a）圆台及三视图　b）圆柱销

三、圆球及其截切体的三视图

1. 形体分析

圆球表面全部由曲面组成，其表面上没有直线，如图1-61a所示。

圆球面可以看作一个圆绕其直径旋转而形成，如图1-61b所示。

表 1-10　平面截切圆锥的五种形式

截平面的位置	过锥顶	不过锥顶			
		$\theta=90°$	$\theta>\alpha$	$\theta=\alpha$	$\theta<\alpha$
截交线的形状	三角形	圆	椭圆	抛物线和直线段	双曲线和直线段
立体图					
投影图					

2. 投影分析

圆球任何方向的投影都是与圆球直径相等的圆，是球面上平行于相应投影面的三个不同方向的最大轮廓圆，如图 1-62 所示。正面投影的轮廓圆是前、后半球面可见与不可见的分界线；水平投影的轮廓圆是上、下两半球面可见与不可见的分界线；侧面投影的轮廓圆是左、右两半球面可见与不可见的分界线。

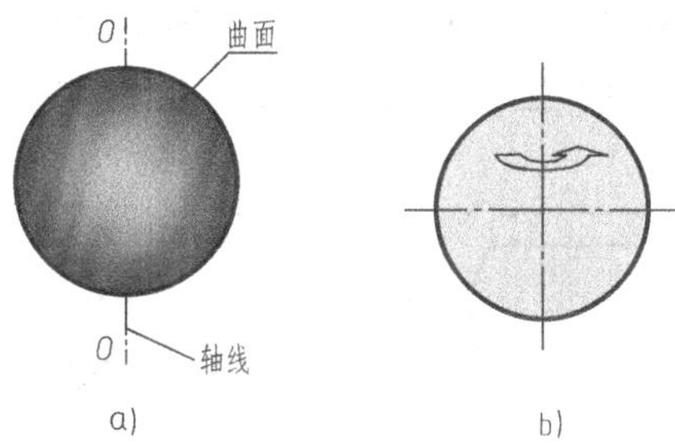

图 1-61　圆球的组成及圆球面的形成
a）圆球的组成　b）圆球面的形成

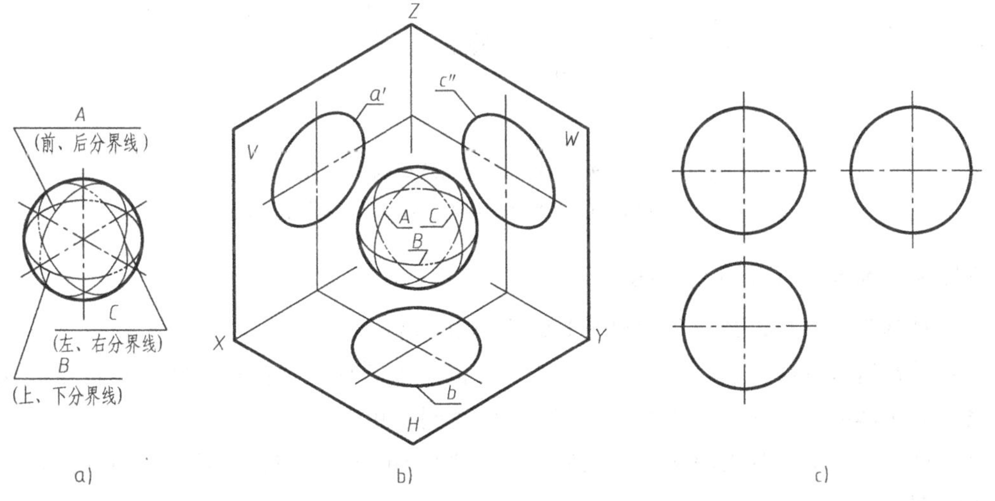

图 1-62　圆球的投影分析及三视图
a）三个不同方向的最大轮廓圆　b）投影分析　c）圆球三视图

3. 绘制圆球的三视图

1）绘制三个视图的中心线，如图 1-63a 所示。

2）根据圆球的直径尺寸绘制三视图如图 1-63b 所示。

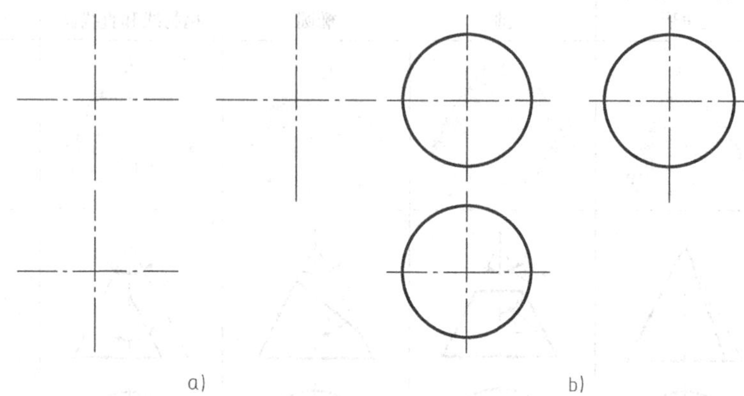

图 1-63　圆球三视图的绘图步骤

4. 圆球截切后的三视图

用平面截切圆球，不论平面与圆球的相对位置如何，截得的交线均为圆。圆的大小取决于截平面与球心的距离。当截平面平行于投影面时，其交线在该投影面上的投影反映实形，另两面投影积聚成与交线圆直径等长的直线，如图 1-64 所示。

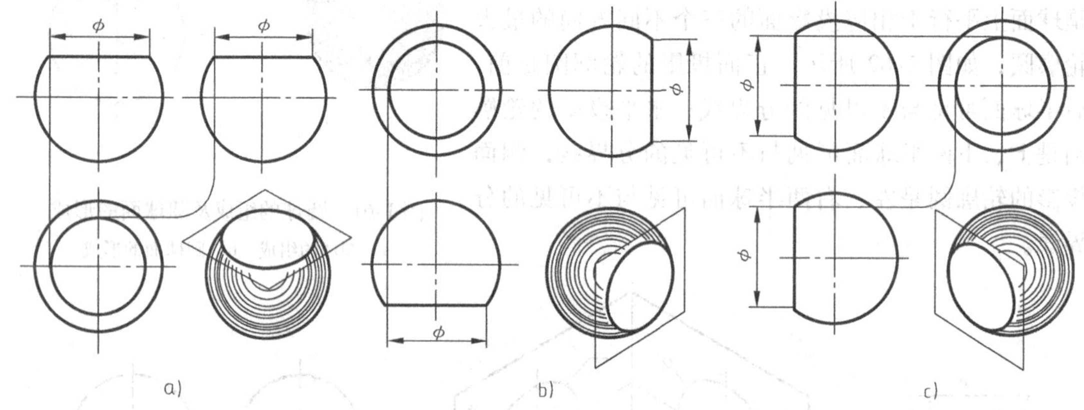

图 1-64　三种位置平面截切圆球时的三视图

a）截平面平行于 *H* 面　b）截平面平行于 *V* 面　c）截平面平行于 *W* 面

四、回转体同轴相交的三视图

在模具拆装实训中，经常会看到图 1-65 所示的零件。

仔细观察这些零件形状，可以看到这些零件都是由圆柱、圆锥和圆球等回转体组成的，并且各个回转体的轴线在一条线上，称其为回转体同轴相交。

回转体同轴相交时其表面交线形状如何？三视图如何绘制呢？观察图 1-66 所示的物体及其两视图。

通过观察可以得出如下结论。

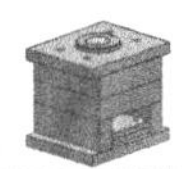

a)

b)

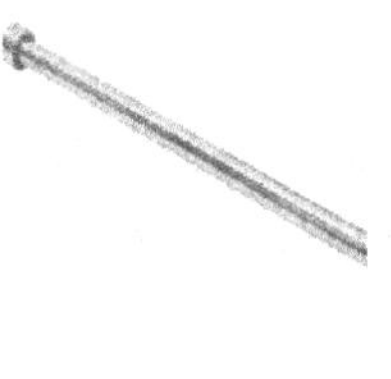
c)

d)

e)

图 1-65 模具中的常用零件
a) 导柱 b) 导套 c) 顶针 d) 定位锁 e) 浇口套

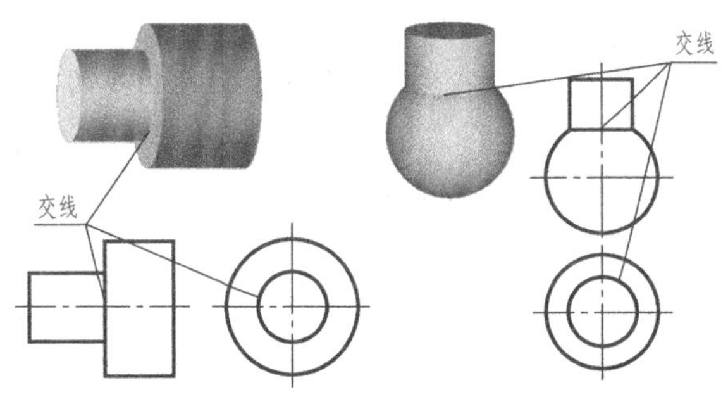

图 1-66 回转体同轴相交时的图形

回转体同轴相交，其交线为垂直于公共回转轴线的平面圆，交线的三面投影为两线一圆。

任务实施

(1) 锥形拉料杆 由同轴的三段圆柱和一倒置的圆台组成，其三视图如图 1-67 所示。

(2) 球形拉料杆 由同轴的三段圆柱和一大半球组成，其三视图如图 1-68 所示。

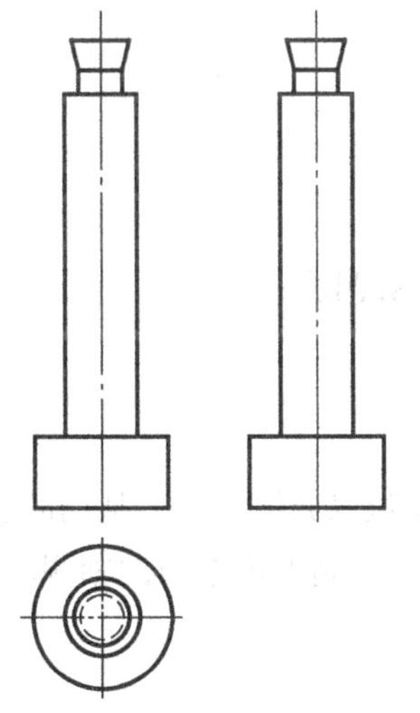

图 1-67 锥形拉料杆的三视图

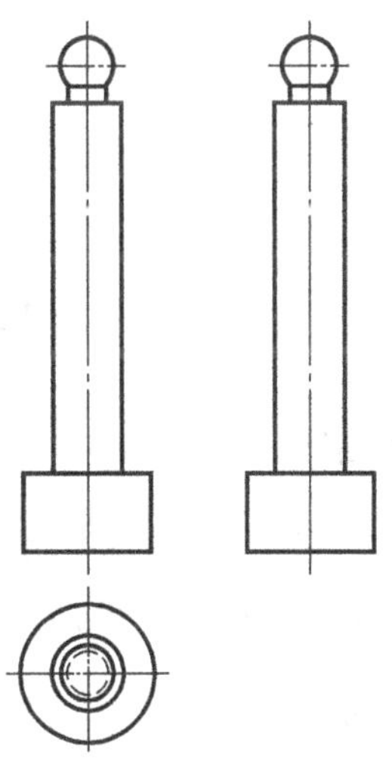

图 1-68 球形拉料杆的三视图

知识拓展

非圆曲线的投影作图

从表 1-10 中可以看出，除了前两种较特殊的截切情况之外，其余三种情况的截交线均为非圆曲线。

非圆曲线的投影作图一般采用描点法：先找交线上特殊位置的点（一般是截平面与轮廓素线或底面圆的交点），再找一般点，最后光滑连接各点即可。对于一般点的投影，要采用辅助方法来求。

（1）辅助素线法　在圆锥的截交线上任取一点 **M**，过点 **M** 作素线，求出素线的投影，则点 **M** 的投影必在素线的投影上，如图 1-69a 所示。

（2）辅助平面法　过截交线上某一点，作垂直于圆锥轴线的辅助平面 *Q*，辅助平面 *Q* 与圆锥面的交线为圆，称为辅助圆（所以此法也称为辅助圆法），求出辅助圆的投影，则该点的投影必在辅助圆的投影上，如图 1-69b 所示。

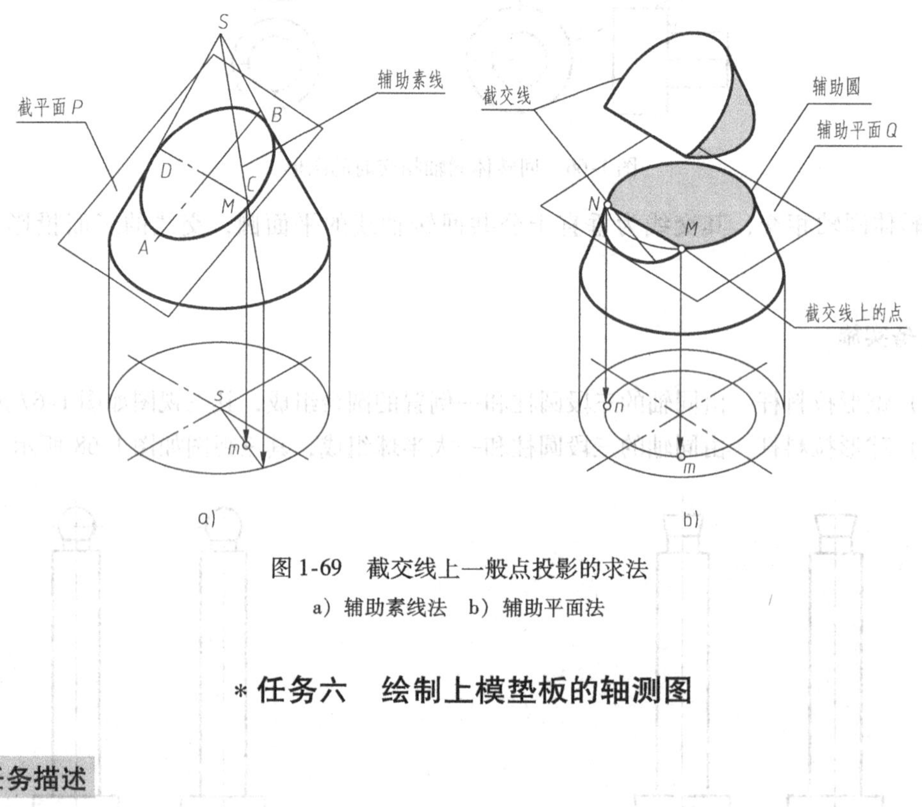

图 1-69　截交线上一般点投影的求法
a）辅助素线法　b）辅助平面法

＊任务六　绘制上模垫板的轴测图

任务描述

上模垫板是冲压模具中用于增加凸模尾部与模板接触面积以分散压力，从而防止模板凹陷变形的零件，如图 1-70 所示。本任务要求根据给定的视图绘制上模垫板的轴测图。

任务分析

应用三视图表达物体，可以将物体的各部分形状完整、准确地表达出来，而且度量性

好，作图方便，因而三视图在工程上得到了广泛应用。但这种图缺乏立体感，直观性差，初学者在想象物体的形状时会倍感困难，无从下手。而轴测图则能同时反映物体长、宽、高三个方向的形状，具有较强的立体感和较好的直观性。因此，轴测图被广泛地应用于设计构思、产品介绍、帮助读图及进行外观设计等，也是工程技术人员必备的知识技能之一。

从图 1-70 可以看出，上模垫板外形为长方体（平面体），中间有圆柱形孔（回转体）。因此，掌握平面体和回转体轴测图的绘制方法是完成本任务的关键所在。

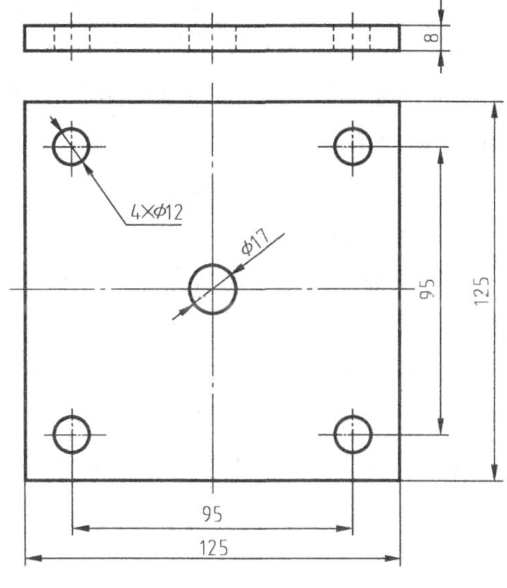

图 1-70 上模垫板

相关知识

一、轴测图的基本知识

1. 轴测图的形成

将物体连同其参考直角坐标系沿不平行于任一坐标面的方向，用平行投影法投射在单一投影面上所得到的具有立体感的图形，称为轴测投影，简称为轴测图，如图 1-71 所示。

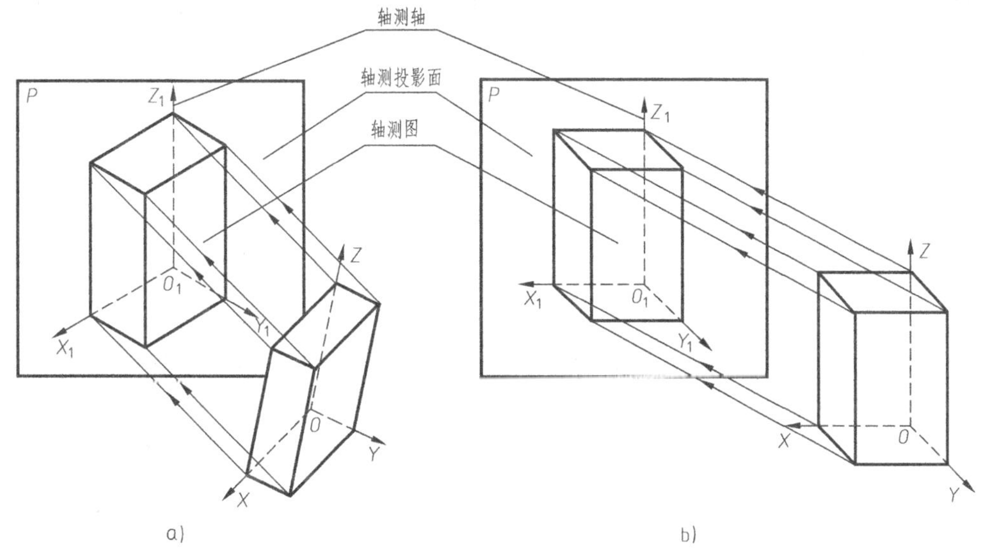

图 1-71 轴测图的形成及分类

a）正轴测图 b）斜轴测图

2. 轴测图的术语

（1）轴测投影面 形成轴测图的单一投影面，称为轴测投影面。

（2）轴测轴 参考直角坐标系中的坐标轴在轴测投影面上的投影，称为轴测轴。

（3）轴间角　在轴测图中，两轴测轴之间的夹角，称为轴间角。

（4）轴向伸缩系数　轴测轴上的单位长度与相应空间直角坐标轴上的单位长度的比值，称为轴向伸缩系数。X 向、Y 向、Z 向的轴向伸缩系数分别用 p_1、q_1、r_1 表示，简化系数分别用 p、q、r 表示。

（5）轴向线段　在轴测图中，平行于轴测轴的线段称为轴向线段。

3. 轴测图的分类

（1）正轴测图　参考直角坐标系倾斜于轴测投影面，投射线与轴测投影面垂直（正投影法），如图 1-71a 所示。

（2）斜轴测图　参考直角坐标系中的 XOZ 坐标面平行于轴测投影面，投射线与轴测投影面倾斜（斜投影法），如图 1-71b 所示。

轴间角和轴向伸缩系数是绘制轴测图的两个主要参数，正（斜）轴测图按轴向伸缩系数是否相等又分为等测、二测和三测三种。

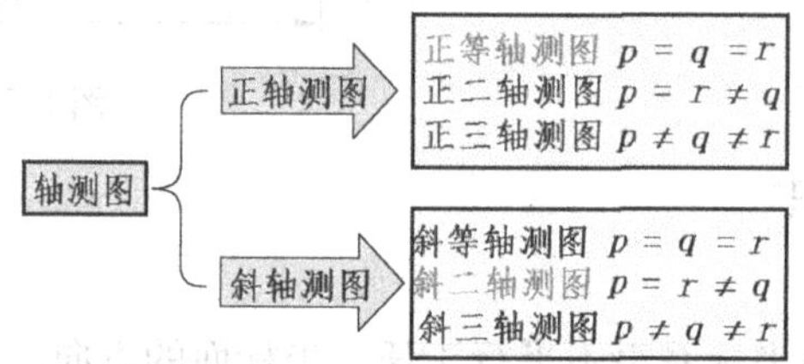

绘制物体的轴测图时，先要确定轴测轴，然后再以这些轴测轴为基准来绘制轴测图。国家标准规定，为便于作图，常采用正等轴测图和斜二轴测图，简称为正等测和斜二测，其轴间角和轴向伸缩系数如图 1-72 所示。

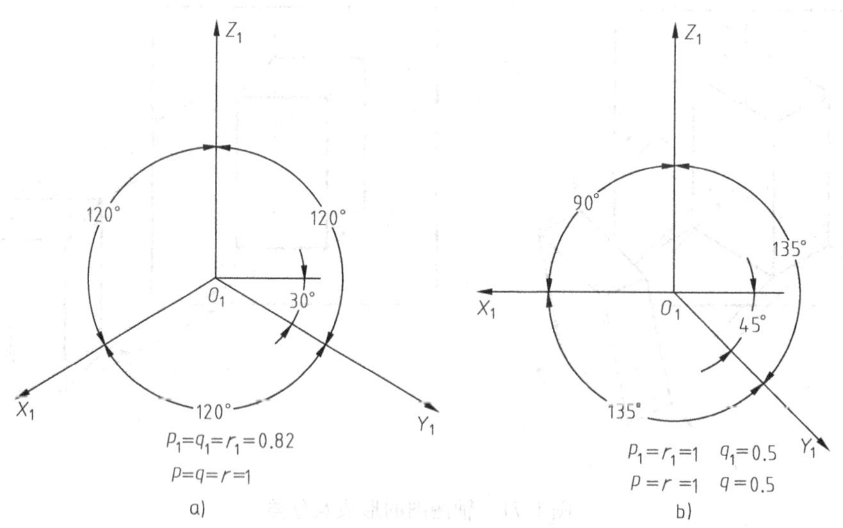

图 1-72　轴间角和轴向伸缩系数

a）正等测　b）斜二测

4. 轴测图的投影特性

因为轴测图是根据平行投影法绘制出来的，因此它具有平行投影法的基本特性，其主要投影特性如下。

（1）平行性　物体上相互平行的直线，在轴测图上仍然平行；凡与坐标轴平行的直线，在轴测图上必与轴测轴平行。

（2）等比性　沿着轴线方向的尺寸可根据轴向伸缩系数直接测量画出（“轴测”之名由此而来）。

画轴测图时，应利用这两个投影特性作图，但对物体上那些与坐标轴不平行的直线，就不能应用等比性量取长度，而应用坐标法求出直线两端点，然后连成直线。

二、绘制轴测图的方法和步骤

1）根据物体形状特点，确定轴测轴及轴间角。常用正等测和斜二测，轴测坐标系如图1-72所示，其适用范围如下。

① 正等测。直观性较好，立体感较强，简化轴向伸缩系数 $p=q=r=1$，因此度量比较方便，适用于大多数物体，但绘制曲面立体时较烦琐。

② 斜二测。直观性、立体感稍差，而且因 $q=0.5$，度量性较差，但其正面投影反映实形，即正面圆的轴测投影为实形，不必画椭圆，所以适合绘制正面有较多圆的物体。

2）确定轴测轴在物体上的位置和方向，一般将坐标原点定位于物体的中心或某一顶点处。

3）分析并绘制物体上各线段。若为轴向线段，则绘图时可乘以相应的轴向伸缩系数；若为非轴向线段，可根据两端点的位置来确定。

4）检查无误后，擦去多余图线，加深可见轮廓线，不可见轮廓线可画虚线或不画。

三、平面体和回转体的轴测图绘制过程

1）长方体正等轴测图的绘制过程，见表1-11。

表1-11　长方体正等轴测图的绘制过程

步　骤	图　例	步　骤	图　例
1）在三视图中确定空间坐标轴（OX、OY、OZ）的投影，本例选取长方体的右、后、下角顶点为坐标原点	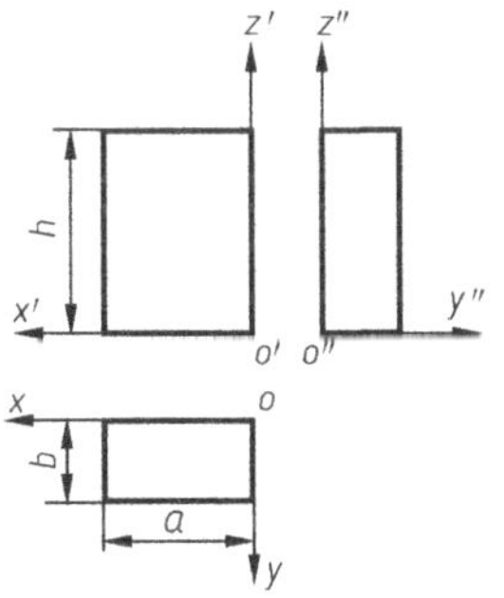 z' z'' h x' o' o'' y'' x o b a y	3）取长方体的长度尺寸 a、宽度尺寸 b，按1:1的比例分别在 O_1X_1、O_1Y_1 轴测轴上截取，画出长方体的底面	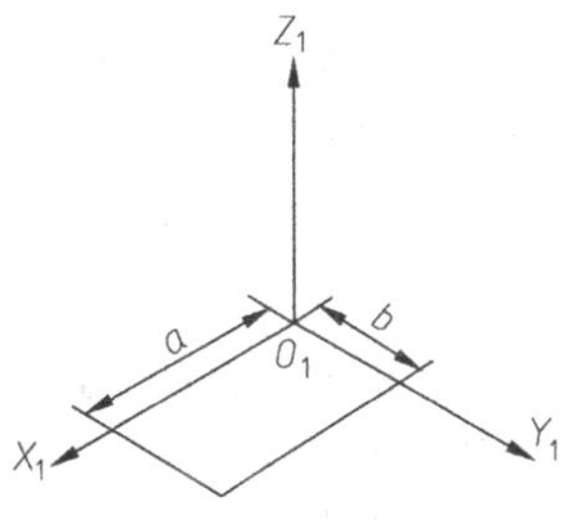 Z_1 a b O_1 X_1 Y_1
2）画轴测轴。将 O_1Z_1 轴画成铅垂线，O_1X_1 轴、O_1Y_1 轴与水平成30°（用30°三角板可方便作出），O_1X_1、O_1Y_1、O_1Z_1 轴交点为原点 O_1	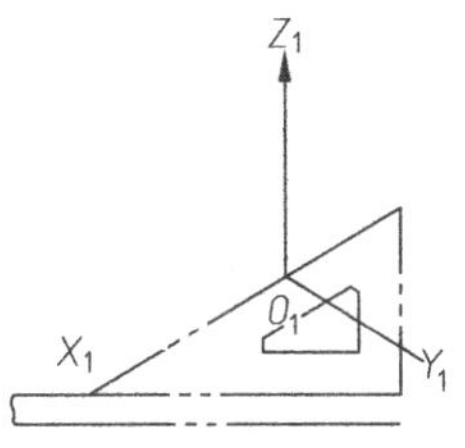 Z_1 O_1 X_1 Y_1	4）从底面四个顶点作平行于 O_1Z_1 轴的四条平行线，并按1:1的比例取其高度 h	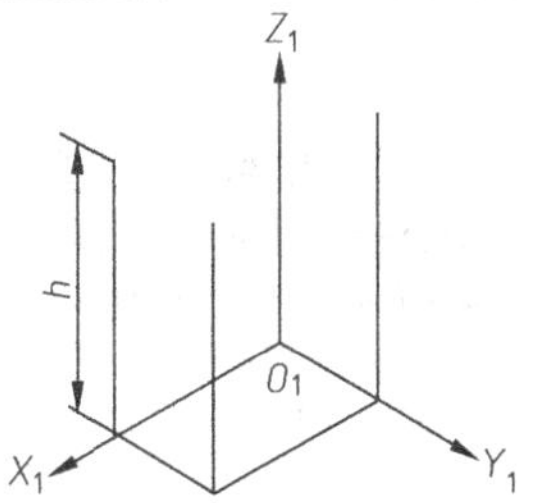 Z_1 h O_1 X_1 Y_1

（续）

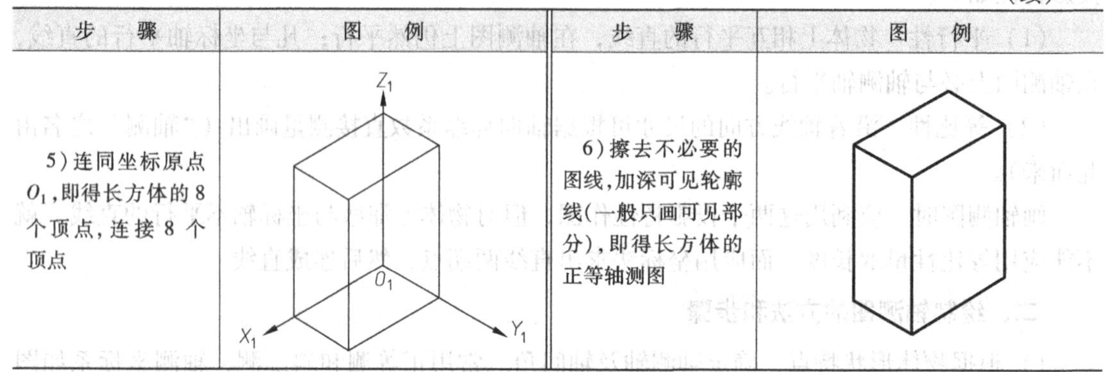

步　骤	图　例	步　骤	图　例
5）连同坐标原点 O_1，即得长方体的 8 个顶点，连接 8 个顶点		6）擦去不必要的图线，加深可见轮廓线（一般只画可见部分），即得长方体的正等轴测图	

2）正六棱柱正等轴测图的绘制过程，见表 1-12。

表 1-12　正六棱柱正等轴测图的绘制过程

步　骤	图　例
1）在平面视图中确定空间坐标轴（OX、OY、OZ）的投影，正六棱柱的前后、左右对称，选上底面中心为坐标原点	
2）画出轴测轴 O_1X_1、O_1Y_1、O_1Z_1，沿 O_1X_1 轴在原点 O_1 两侧分别量取 $a/2$ 得到 1_1、4_1 两点，沿 O_1Y_1 轴在 O_1 点两侧分别量取 $b/2$ 得到 7_1、8_1 两点	
3）过 7_1、8_1 两点作 O_1X_1 轴平行线，量取 23 和 56 长度得 2_13_1 和 5_16_1，连接各点完成六棱柱上底面的正等轴测图	
4）沿 1_1、2_1、3_1、6_1 各点垂直向下量取 h，得到六棱柱下底面可见的各端点（轴测图上一般虚线省略不画）。用直线连接各点并加深轮廓线，擦去多余作图线，即得到正六棱柱的正等轴测图	

3）圆的正等轴测图。在平面立体的正等轴测图中，平行于坐标面的正四边形变成了菱形（平行四边形），如果在正四边形内有一个圆与其相切，显然圆随正四边形变化成了椭圆，如图 1-73a 所示。由此可确定轴线分别垂直于三个坐标面的圆柱的正等轴测图，如图 1-73b所示。

由上面分析可知，平行于坐标面的圆的正等轴测图都是椭圆，虽椭圆的方向不同，但画法相同。各椭圆的长轴都在外切菱形的长对角线上，短轴在短对角线上，即长轴垂直于相应的轴测轴，短轴与相应的轴测轴平行。

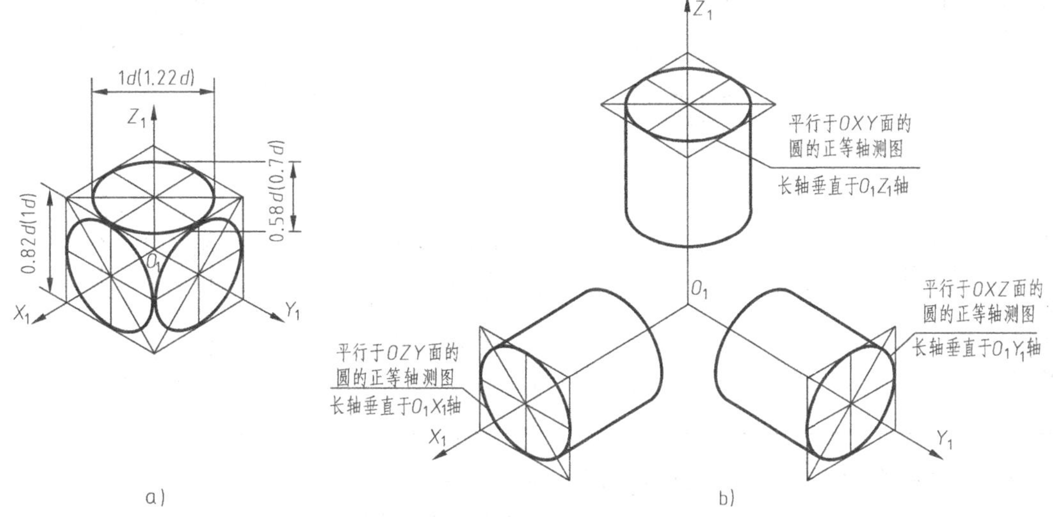

图 1-73　平行于三个不同坐标面的圆及圆柱的正等轴测图

a）不同方向圆的正等轴测图　b）不同方向圆柱的正等轴测图

圆的轴测图的画法有坐标法、八点法和菱形法等，在正等轴测图中常用菱形法来绘制椭圆。平行于水平面的圆的正等轴测图的画法见表 1-13。

表 1-13　平行于水平面的圆的正等轴测图的画法

步　骤	图　例	步　骤	图　例
1）选取圆心为坐标原点作坐标轴，在投影图中作圆的外切正方形，切点为1、2、3、4		3）连接 1_1A_1、2_1A_1、3_1B_1、4_1B_1，交菱形对角线于 C_1、D_1。则 A_1、B_1、C_1、D_1 即为四段圆弧的圆心	
2）作轴测轴和切点 1_1、2_1、3_1、4_1，过切点作外切正方形的轴测菱形。并作对角线		4）分别以 A_1、B_1 为圆心，以 A_12_1 为半径作圆弧；再以 C_1、D_1 为圆心，以 C_11_1 为半径作圆弧，四个圆弧连成近似椭圆，即为所求	

4）圆柱的正等轴测图的绘制过程，见表1-14。

表1-14　圆柱的正等轴测图的绘制过程

步　骤	图　例	步　骤	图　例
1）确定空间坐标轴（OX、OY、OZ）的投影，在投影为圆的视图上作圆的外切正方形		3）作圆柱的上下底面圆的轴测投影椭圆	
2）画出轴测轴 O_1X_1、O_1Y_1、O_1Z_1，在 O_1Z_1 轴上截取圆柱高度 H，并作 O_1X_1 轴、O_1Y_1 轴的平行线		4）作两椭圆的公切线，擦去多余作图线，加深可见轮廓线（虚线省略不画）	

5）穿孔圆台的斜二轴测图的绘制过程，见表1-15。

表1-15　穿孔圆台的斜二轴测图的绘制过程

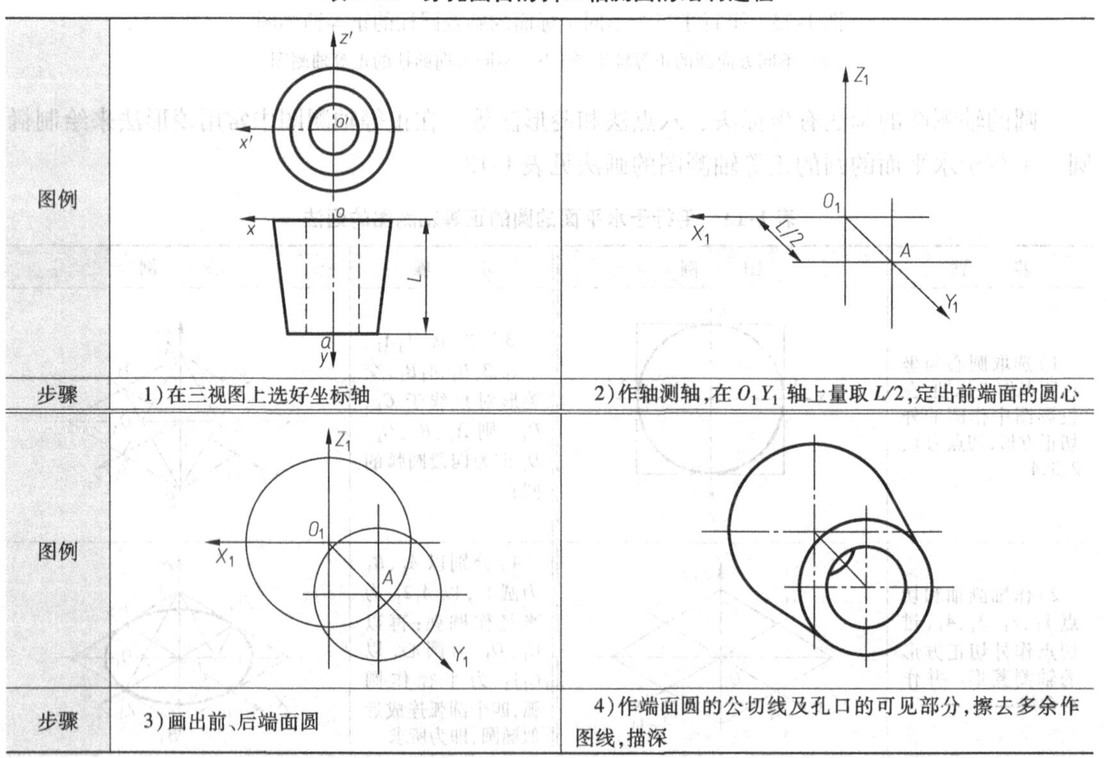

图例		
步骤	1）在三视图上选好坐标轴	2）作轴测轴，在 O_1Y_1 轴上量取 $L/2$，定出前端面的圆心
图例		
步骤	3）画出前、后端面圆	4）作端面圆的公切线及孔口的可见部分，擦去多余作图线，描深

任务实施

1）上模垫板外形为长方体，中间有一个 ϕ17mm 的圆孔，四个角分别有一个 ϕ12mm 的圆孔，根据其形状特点，确定绘制正等轴测图。

2）因上模垫板结构前后、左右对称，确定坐标轴和原点在上模垫板的位置，如图 1-74 所示。

3）画轴测轴，完成 125mm × 125mm × 8mm 的长方体的轴测图，如图 1-75a 所示。

4）完成中间 ϕ17mm 圆孔的轴测图，如图 1-75b所示。

5）根据定位尺寸 95mm × 95mm 完成长方体四个角上 ϕ12mm 圆孔的轴测图，如图 1-75c 所示。

6）检查，擦去多余图线和不可见轮廓线，加深可见轮廓线，完成上模垫板的轴测图，如图 1-75d所示。

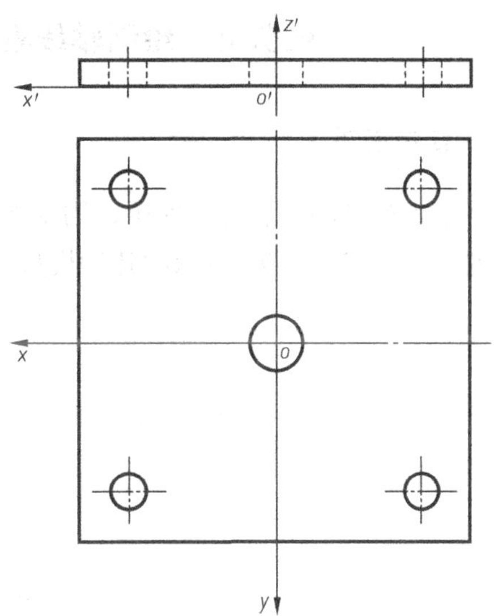

图 1-74 确定坐标轴和原点

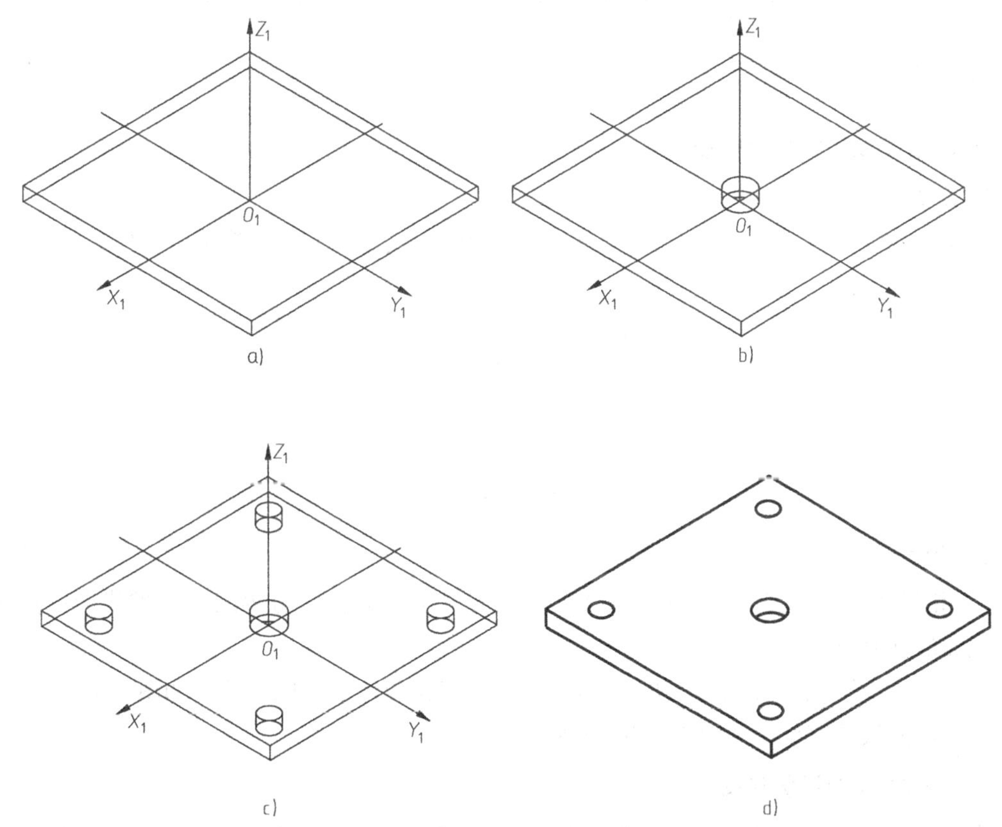

图 1-75 上模垫板轴测图的绘制过程

任务七　绘制轴线垂直相交（正交）回转体的三视图

任务描述

塑料模具注射后需要保压，用水冷却后才能成型，冷却系统中水流的通道往往是垂直相交的，类似于图 1-76 所示的几种模型。试绘制出两圆柱正交时的三视图。

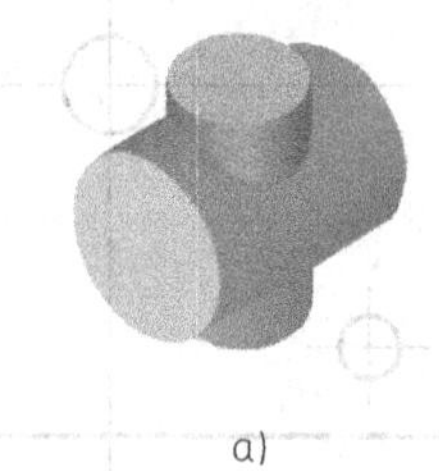
a)

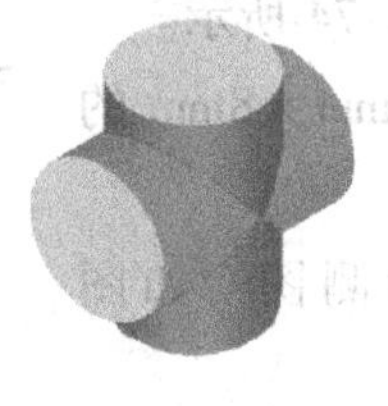
b)

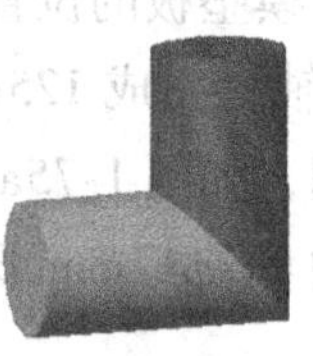
c)

图 1-76　圆柱正交模型

任务分析

两正交圆柱表面相交产生了一条封闭的空间表面交线，称为相贯线。前面已经学习了如何绘制圆柱的三视图，因此分析清楚相贯线的三面投影是完成本任务的关键。

相关知识

一、相贯线的定义及性质

1. 定义

两相交的立体称为相贯体，其表面交线称为相贯线，如图 1-77 箭头所指处。

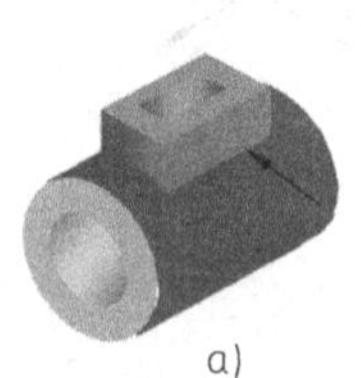
a)

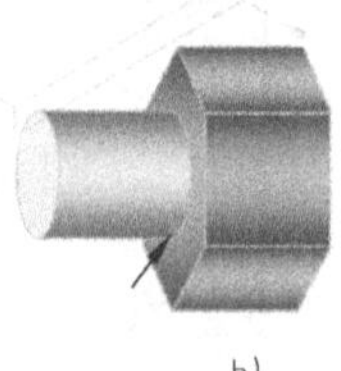
b)

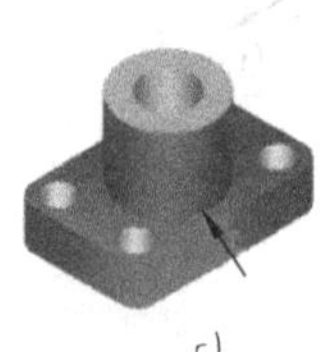
c)

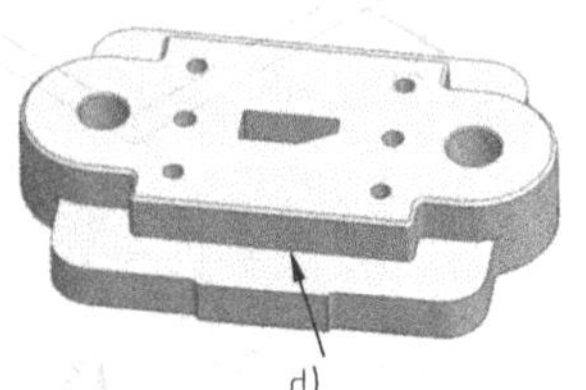
d)

图 1-77　相贯线实例

2. 性质

1）相贯线是两相交立体表面的共有线，也是两立体表面的分界线；相贯线上的点是两立体表面的共有点。

2）由于立体具有一定的范围，所以相贯线一般是封闭的空间曲线，如图 1-77 所示；也可以是平面曲线或直线，如图 1-77b ~ d 所示。

二、相贯线的投影作图

常见的立体形状有平面体和回转体两种，因此两立体相交就被分为如下三种情况。

1）平面体与平面体相交。

2）回转体与回转体相交。

3）平面体与回转体相交。

当两相交立体形状不同时，其相贯线的形状也各不相同，下面分情况分析相贯线的投影作图方法。

1. 平面体与平面体相交

观察图 1-78 所示的几种情况可知：两平面体相交时，其相贯线形状一般是由直线围成的平面形，画图时两立体间一般要画出分界线。但当某一方向共面时，两立体中间无分界线。

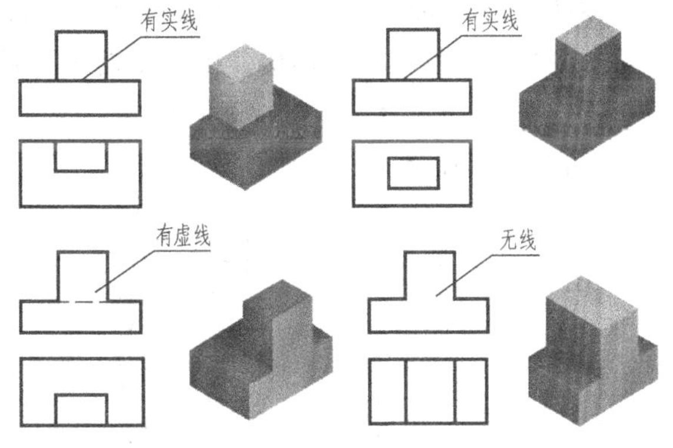

图 1-78　平面体与平面体相交

2. 回转体与回转体相交

以两圆柱相交为例。两圆柱面相交产生了一条封闭的空间表面交线，其立体图与投影分析如图 1-79 所示。

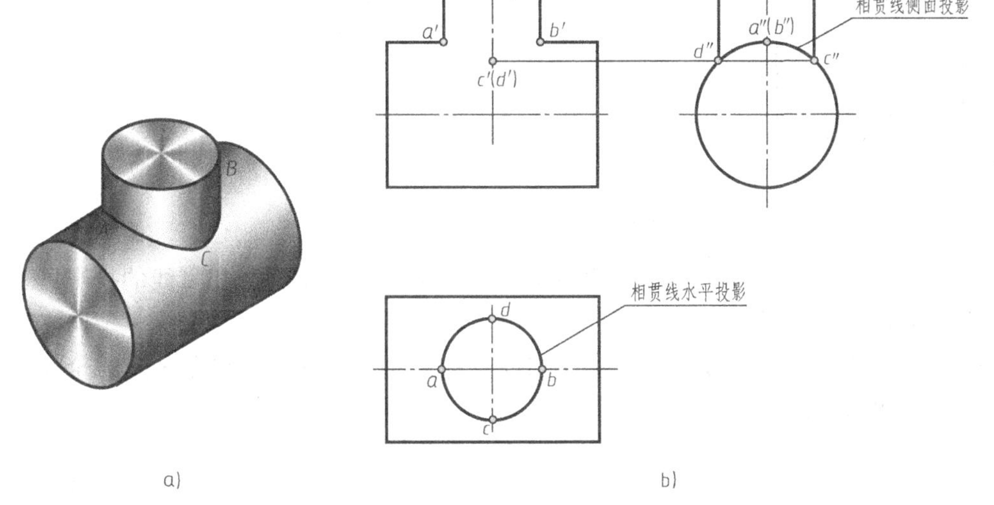

图 1-79　两圆柱相交
a）立体图　b）投影分析

（1）投影分析　两圆柱直径不同，轴线垂直相交（正交），其中横向大圆柱的轴线垂直于侧立投影面，故大圆柱面的侧面投影为圆；竖向小圆柱的轴线垂直于水平投影面，故小圆柱面的水平投影为圆，即交线的水平投影与小圆柱面的投影重合（为整圆），交线的侧面投影与大圆柱的侧面投影重合（为圆的一部分圆弧）。因此，相贯线的水平投影和侧面投影是已知的，正面投影需通过作图求出。

其作图步骤如下。

1）求特殊点。特殊点处在圆柱面的轮廓素线与另一圆柱面相交点的位置。点 A、B 是小圆柱面对 V 面轮廓素线与大圆柱面的交点（也是大圆柱面对 V 面轮廓素线与小圆柱面的

交点），是相贯线的最高点，同时也是最左、最右点；点 C、D 是小圆柱面对 W 面的轮廓素线与大圆柱面的交点，也是相贯线的最低点，同时也是相贯线的最前、最后点，它们在投影图上可直接求得，如图 1-79b 所示。

2）求一般点。先在俯视图中的小圆上适当地确定若干一般点的投影，再按投影规律，找出其对应的 W 面投影，并作其 V 面投影，如图 1-80a 中的Ⅰ、Ⅱ两点。

3）判断可见性并光滑连接。由于相贯线前后两部分对称，且形状相同，所以在 V 面上的投影可见与不可见部分重合，画粗实线，按顺序将各点顺序光滑连接即得相贯线的 V 面投影，如图 1-80b 所示。

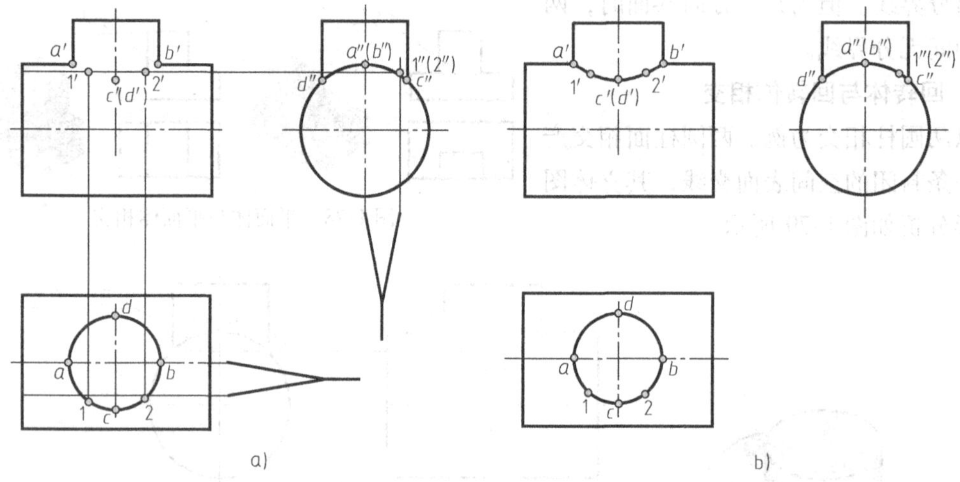

图 1-80　两圆柱相交时相贯线的作图

（2）相贯线的简化画法　通常，当两圆柱正交且直径不等时，相贯线的投影可采用简化画法，具体作图方法如下。

1）分别作两圆柱的三视图，找出两圆柱轮廓素线的交点（两交点之间的轮廓素线不画），如图 1-81a 所示。

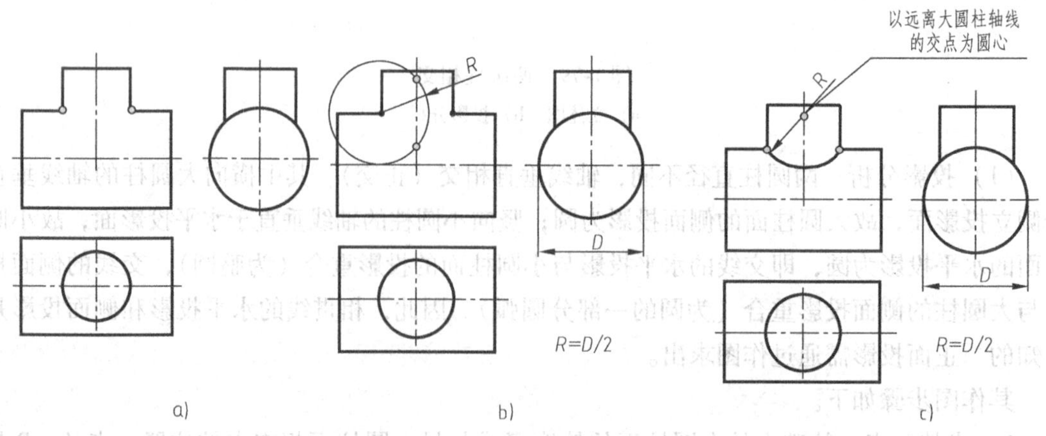

图 1-81　相贯线的简化画法

2）以任一交点为圆心，以大圆柱的半径为半径画圆，与小圆柱轴线相交得到两交点，如图 1-81b 所示。

3）以远离大圆柱轴线的交点为圆心，以大圆柱的半径为半径在两轮廓素线交点之间画弧即为相贯线，如图 1-81c 所示。

（3）相贯线的变化及相贯的其他情况

1）两圆柱直径变化对相贯线的影响，见表 1-16。

表 1-16　两圆柱直径变化对相贯线的影响

尺寸变化	$D_1>D_2$	$D_1=D_2$	$D_1<D_2$
三视图	D_2 D_1	D_2 D_1 相贯线为平面曲线：椭圆	D_2 D_1
立体图			

2）内、外圆柱表面相交的情况，如图 1-82 所示。

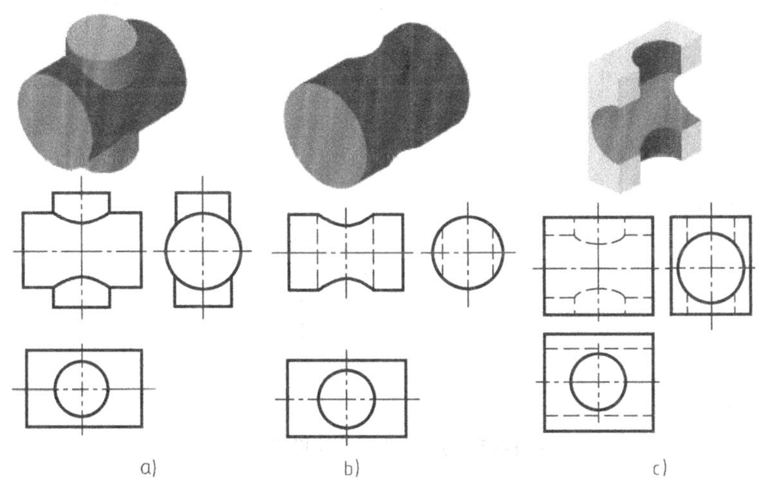

图 1-82　内、外圆柱表面相交的情况

a）柱与柱　b）柱与孔　c）孔与孔

3. 平面体与回转体相交

（1）平面体在回转体的轴线方向——轴向相交

轴向相交时，两立体之间的交线一般为平面图形，视图上要画出两立体的分界线，如图 1-83 所示。

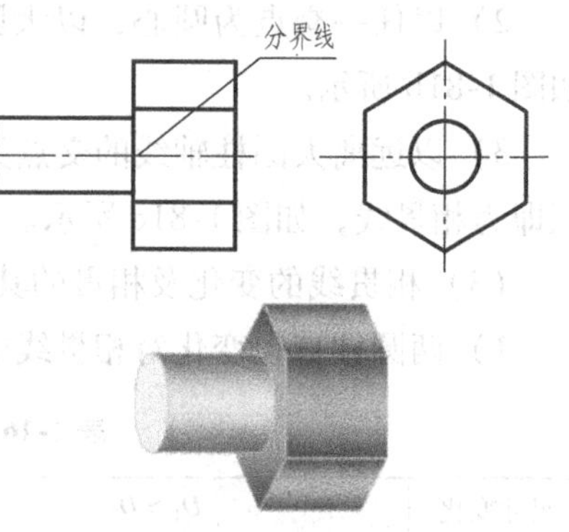

图 1-83　平面体与回转体相交一

（2）平面体在回转体的半径方向——径向相交

径向相交时，两立体又分为表面相交和表面相切两种情况，如图 1-84 所示。

1）表面相交时的相贯线，如图 1-85a 所示。

投影分析：长方体和圆柱相交时其相贯线为由直线和圆弧组成的空间曲线；横向圆柱的轴线垂直于侧立投影面，圆柱面侧面投影为圆；长方体的水平投影为矩形；相贯线的水平投影与长方体的投影重合（为一矩形），相贯线的侧面投影与圆柱的侧面投影重合（为圆的一部分圆弧），因此，相贯线的水平投影和侧面投影是已知的，正面投影可通过投影规律作图求出，如图 1-85b所示，作图时注意圆柱面的轮廓素线消失，不应画出。

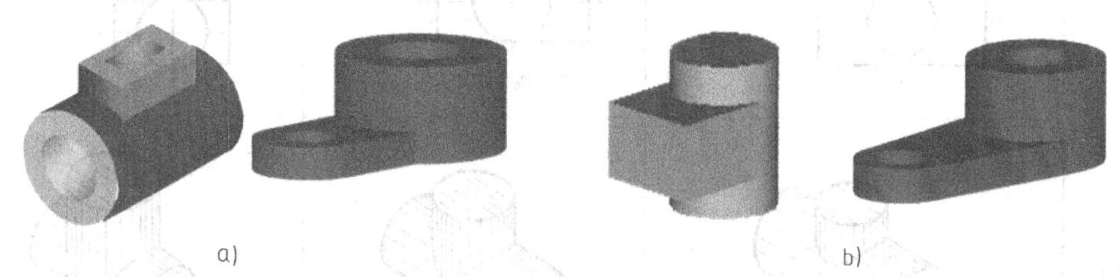

图 1-84　平面体与回转体相交二

a）表面相交　b）表面相切

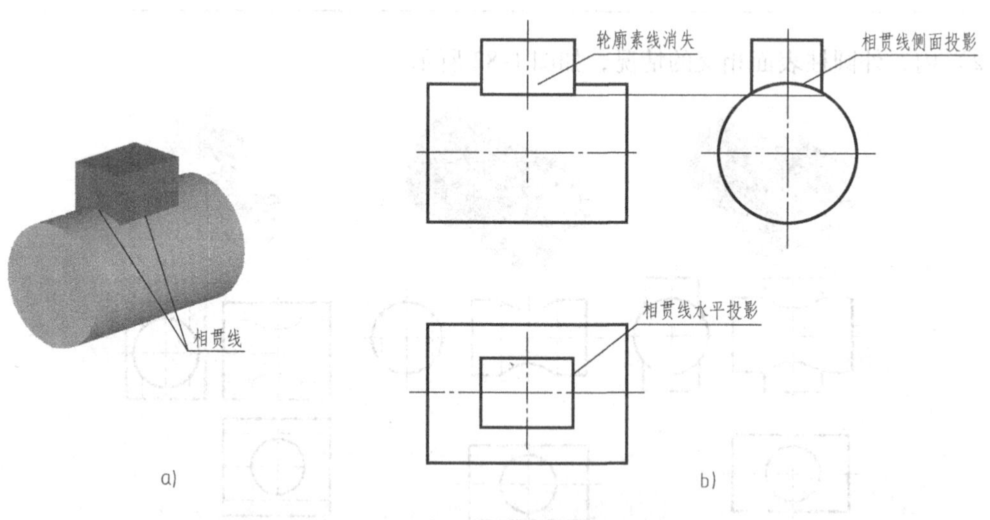

图 1-85　表面相交时的投影分析

2）表面相切时的相贯线。完成图 1-86 所示立体的三视图。

形状分析：该立体由 U 形部分和一圆筒组成，且 U 形部分的前后两表面与圆柱面是光

滑过渡（相切）。

投影分析：因U形部分前后表面与圆柱相切，所以两表面之间的交线不必画出，作图时只需画出U形部分上表面与圆柱面的交线即可，如图1-86箭头所示表面；因该表面与H面平行，所以水平投影反映实形，其正面、侧面投影积聚成直线，直线的长度由切点决定，如图1-86所示点（前后各一个）；该立体的三视图作图步骤如图1-87所示。

图1-86　立体图

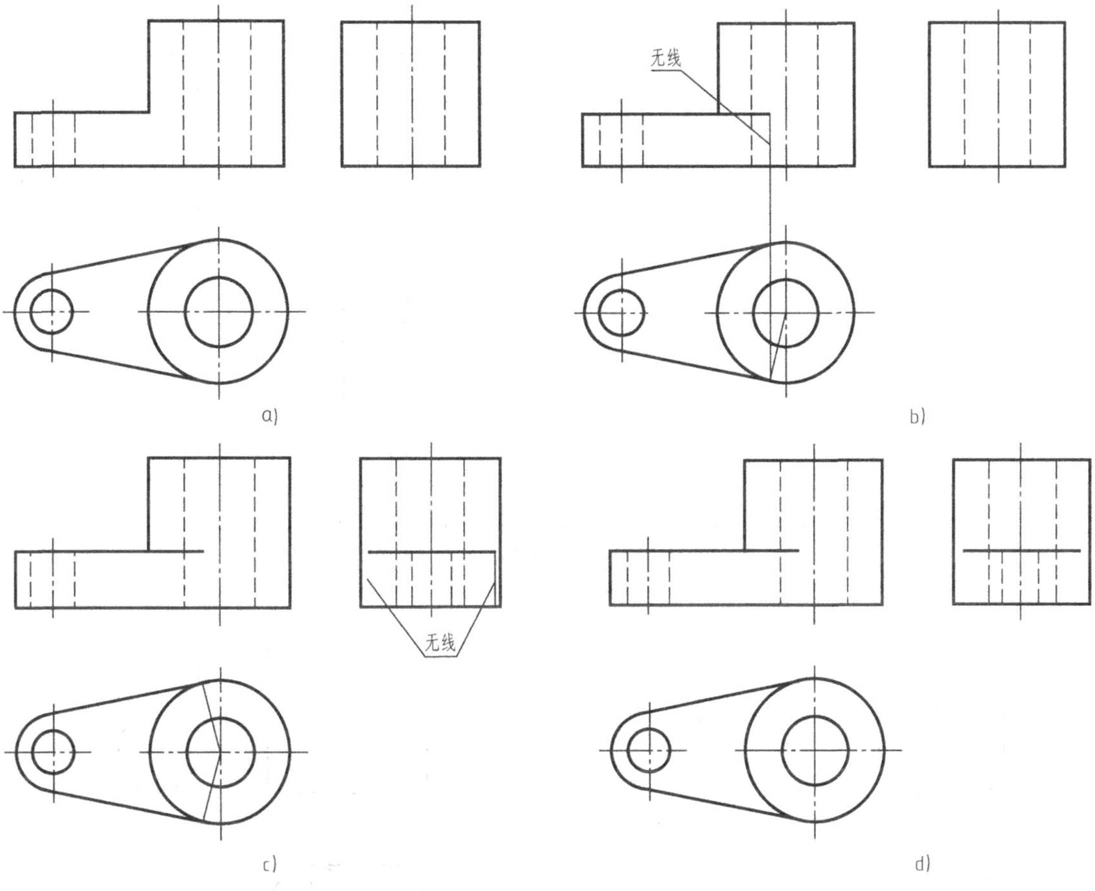

图1-87　三视图作图步骤

a）完成U形部分和圆筒的三视图　b）找出切点，完成U形上表面的正面投影　c）由俯视图确定两切点间的距离，由宽相等完成U形上表面的侧面投影　d）擦去多余图线，完成立体的三视图

任务实施

1）图1-76a所示模型为不等径正交圆柱，其三视图如图1-88所示。

2）图1-76b所示模型为等径正交圆柱，其三视图如图1-89所示。

3）图1-76c所示模型为直角拐弯正交圆柱，其三视图如图1-90所示。

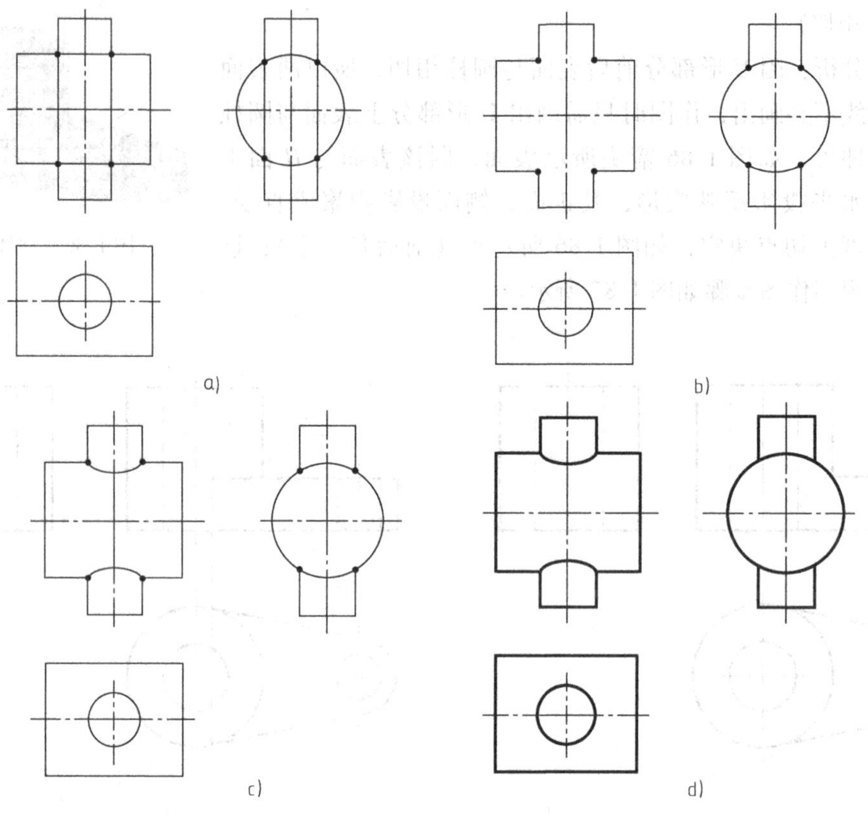

图 1-88　不等径正交圆柱的三视图

a）画出两圆柱的三视图，找到其轮廓素线的交点　b）擦去轮廓素线交点之间的轮廓素线　c）利用简化画法画出相贯线　d）检查无误后加深图线

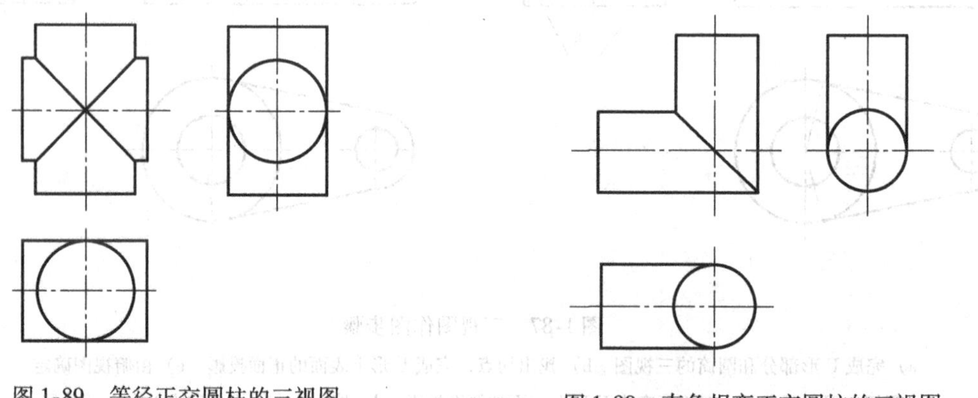

图 1-89　等径正交圆柱的三视图

图 1-90　直角拐弯正交圆柱的三视图

任务八　绘制落料凹模的图形

任务描述

落料凹模是落料模中的主要零件，如图 1-91a 所示。本任务要求用最简单的图形把落料

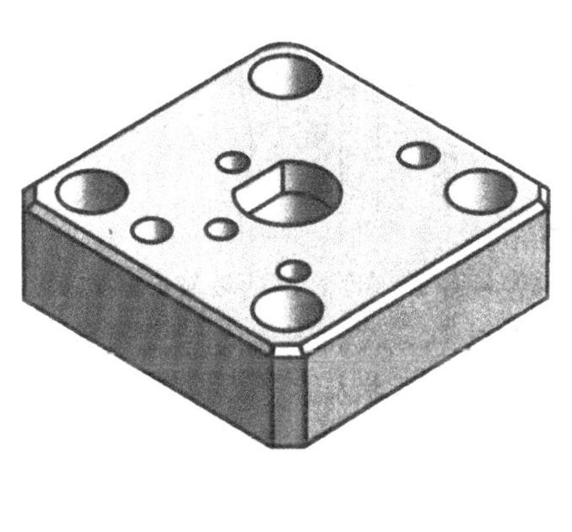

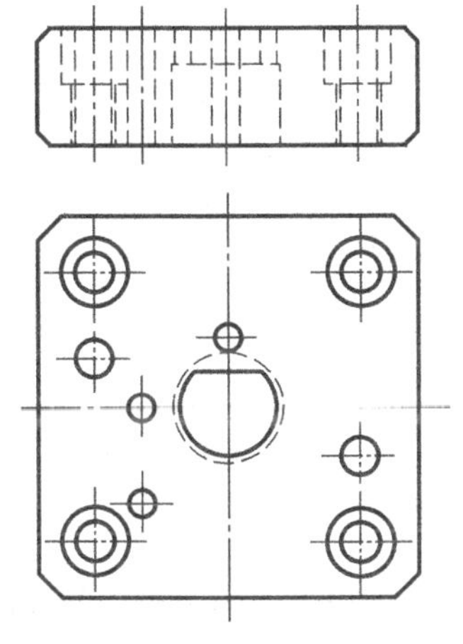

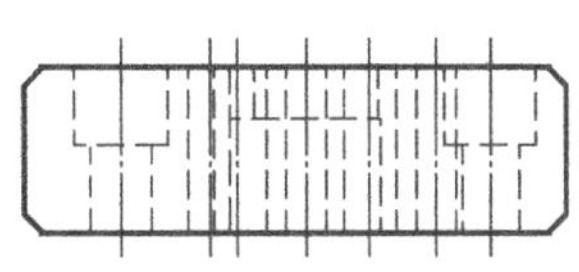

a)　　　　　　　　　　　　　　b)

图 1-91　落料凹模

a）立体图　b）三视图

凹模的形状完整、清楚地表达出来。

任务分析

从图 1-91b 所示三视图可以看出，落料凹模的内部结构比较多。因主、左视图中虚线比较多，内部结构的投影互相重叠，给看图造成不便，因此需要采用合适的方法把内部结构表达完整、清楚，以便于看图。

在实际中，物体的形状结构是多种多样的。若物体结构形状很复杂，只用三视图往往内外结构不易表达清楚、完整。因此需要采用国家标准规定的其他表达方法帮助解决以上问题。这些表达方法包括视图、剖视图、断面图、局部放大图、简化画法和规定画法。根据物体结构特点，合理地运用这些表达方法是完成本任务的关键所在。

相关知识

一、视图

物体的外形可以用以下几种视图来表示。

1. 基本视图

物体向基本投影面投射所得到的视图，称为基本视图。

国家标准规定，用正六面体的六个面作为基本投影面，把物体置于正六面体中，从六个方向将物体向六个基本投影面投射，即得到六个基本视图，如图 1-92 所示。在得到的六个基本视图中，除了前面学习的主、俯、左三个视图外，还有：

1）右视图——从右向左投射所得的视图。

2）仰视图——从下向上投射所得的视图。

3）后视图——从后向前投射所得的视图。

六个投影面展开后，六个基本视图的配置如图 1-93 所示。按图 1-93 所示位置关系配置

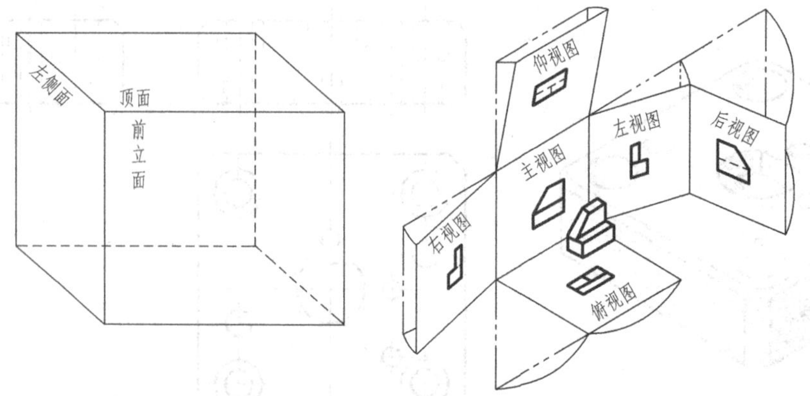

图 1-92　六个基本投影面及其展开

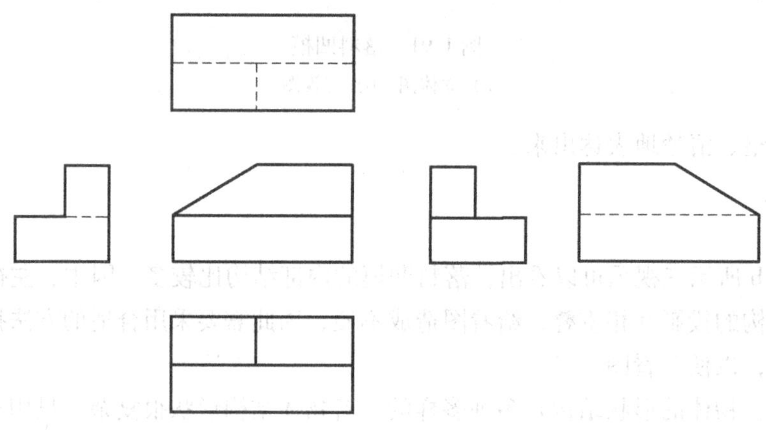
图 1-93　六个基本视图的配置

的视图不需做任何标记。

六个视图仍保持三等对应关系，即主、俯、后、仰视图长相等；主、左、后、右视图高相等；俯、左、仰、右视图宽相等。

除后视图外，其他视图仍保持靠近主视图一边是物体的后面，远离主视图的一边是物体的前面。

在表达物体的形状时，不是任何物体都需要画出六个基本视图，应根据物体的结构特点，按需要选择其中几个视图，尽量优先选择主、俯、左视图。绘制时在表达清楚物体结构的前提下可以省略一些不必要的虚线，使画图简单，看图方便。

2. 向视图

用基本视图表达物体时，为合理利用图纸，六个基本视图可不按图 1-93 所示的规定位置配置，而是当主视图确定后，将其他视图放在图纸的合理位置，这种自由配置的视图，称为向视图。

向视图是基本视图的一种表示形式，为了不致引起误解，便于读图，应在向视图的上方用大写拉丁字母标出该向视图的名称（如 *A*、*B* 等），并在相应的视图附近用箭头指明投射方向，并标注相同的字母，且字母的方向均应与正常的读图方向相一致（字头朝上），如图

1-94 所示。

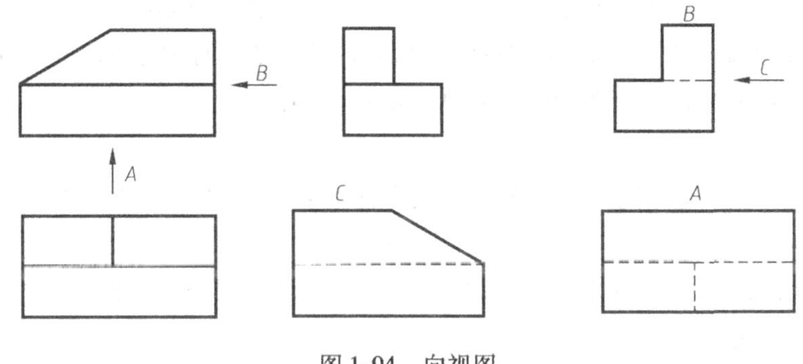

图 1-94 向视图

图 1-94 中主、俯、左视图的位置不变，仰、后、右视图的配置形式不同。

3. 局部视图

将物体某一部分向基本投影面投射所得到的视图称为局部视图。局部视图是基本视图的一部分。

如图 1-95 所示，物体的主体部分已通过主、俯视图表达清楚，只有左边凸台、右边方形凹槽及通孔未表达清楚，这时可单独将此局部结构向基本投影面投射，得到该部分的局部视图。

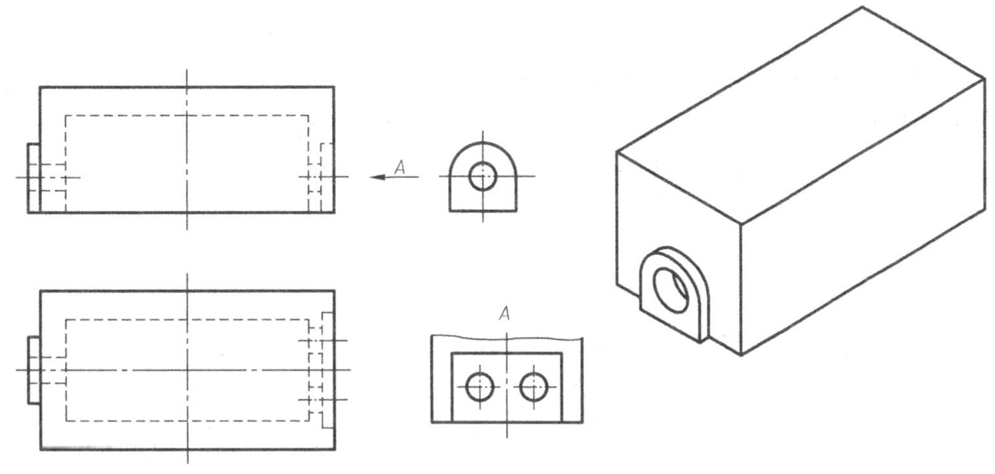

图 1-95 局部视图

（1）局部视图的配置与标注

1）局部视图最好按基本视图配置的形式配置，如图 1-95 所示凸台的局部视图；必要时，允许按向视图的配置形式将其画在其他适当的位置，如图 1-95 所示凹槽的局部视图。

2）画局部视图时，一般在局部视图上标注出视图的名称“×”（“×”为大写拉丁字母），在相应的视图附近用箭头指明投射方向，并标注相同的字母。当局部视图按投影关系配置，中间又没有其他图形隔开时，可省略标注，如图 1-95 所示凸台的局部视图。

（2）局部视图的规定画法

1）由于局部视图所表达的只是物体的局部形状，故需要画出断裂边界。局部视图的断裂边界常以波浪线（或双折线）表示，如图 1-95 所示凹槽的局部视图。

2）当所表达的局部结构形状是完整的，且外形轮廓成封闭状态时，可省略表示断裂边界的波浪线（或双折线），如图 1-95 所示凸台的局部视图。

4. 斜视图

斜视图是将物体向不平行于基本投影面的平面投射所得到的视图。它主要表达物体上与基本投影面倾斜的部分。

如图 1-96 所示弯板，其上带有与基本投影面不平行的部分，其俯视图左侧不反映物体真实形状，表达失去意义。

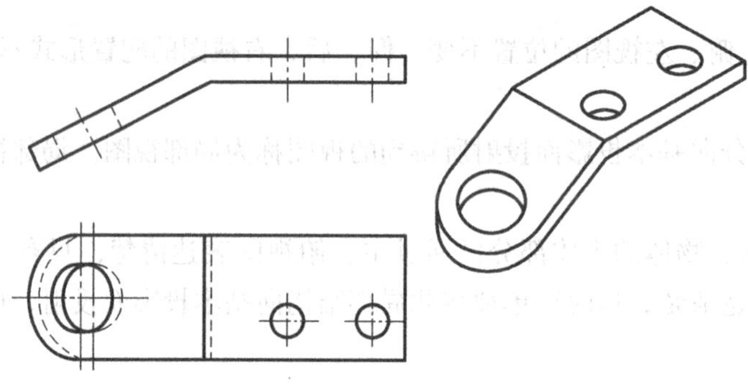

图 1-96　弯板

为了能够反映倾斜部分的真实形状，可以设立一个辅助投影面 P，使 P 与弯板上的倾斜部分平行，且与某一基本投影面垂直。然后投射，在 P 上得到的视图就是斜视图。表达时要用波浪线将它与物体上的其他部分分开，如图 1-97 所示。

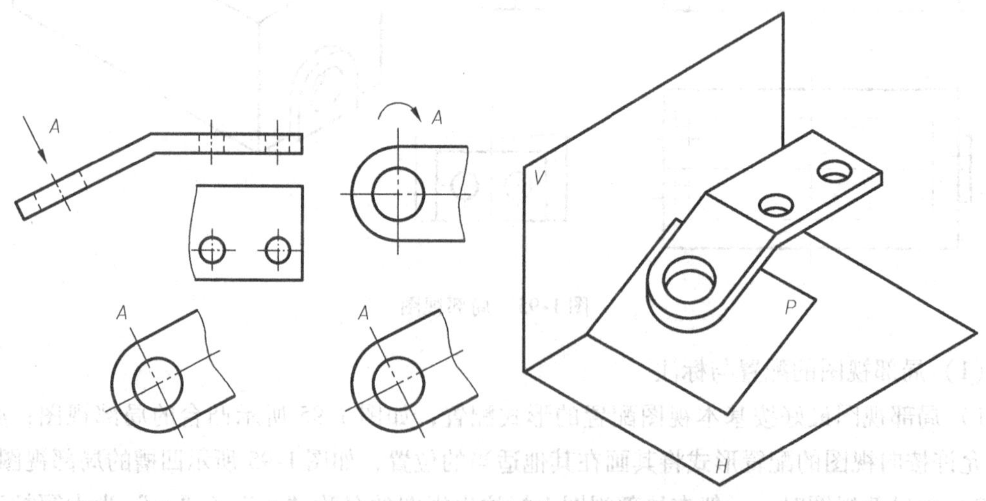

图 1-97　斜视图

斜视图的配置如下。

1）尽量放在符合投影关系的位置上。

2）也可以平移到其他位置上，但必须标注。

3）还可以将斜视图旋转，旋转符号箭头指向应与旋转方向一致，字母写在箭头一侧。

二、剖视图

1. 剖视图的概念

如果物体的内部结构复杂，则视图上的虚线较多，视图表达不清晰，不利于看图，如图1-98 所示的定位圈。

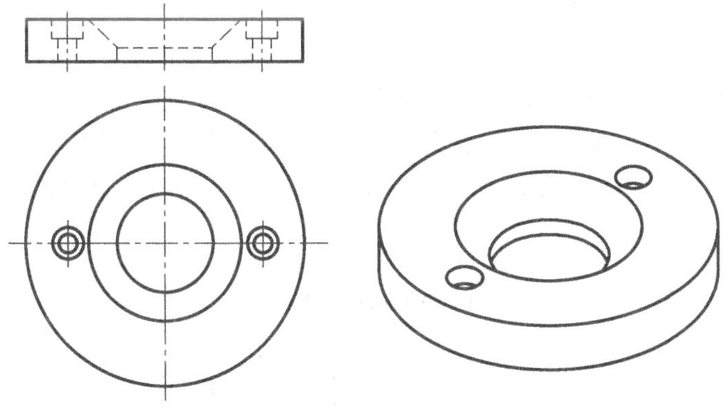

图 1-98　定位圈

为了解决该问题，常采用剖视图的表达方法。剖视图就是假想用剖切面将物体剖开，移去剖切面和观察者之间的部分，将剩余的部分向投影面上投射得到的视图，如图 1-99 所示。

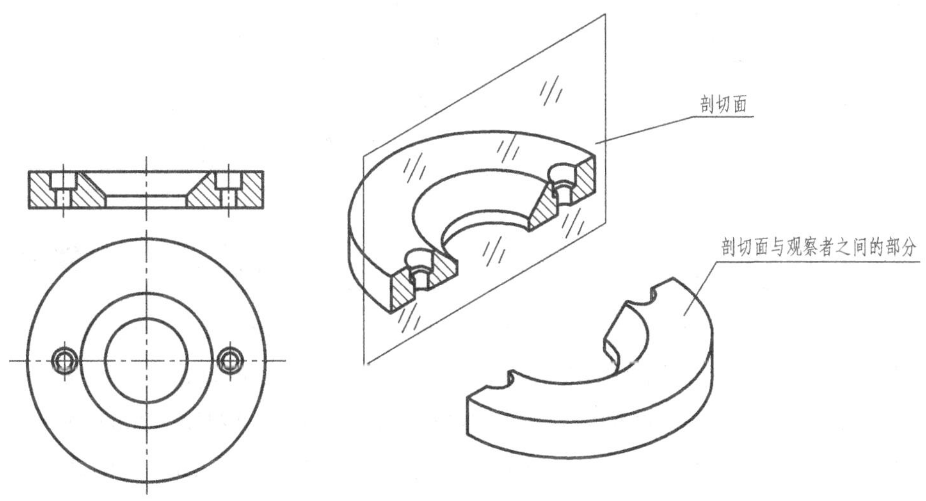

图 1-99　剖视图

2. 看剖视图的步骤

（1）找剖切位置。根据剖切符号找剖切位置。剖切符号是粗短线，两端的箭头表示投射方向，箭头旁边的大写拉丁字母表示剖视图的名称。根据字母找到对应的剖视图，剖视图上方标注相同的字母，形式为“×—×”（×代表大写拉丁字母），如图 1-100 所示。

当剖切位置通过物体的对称面或轴线、剖视图又按投影关系配置、中间无其他图形隔开

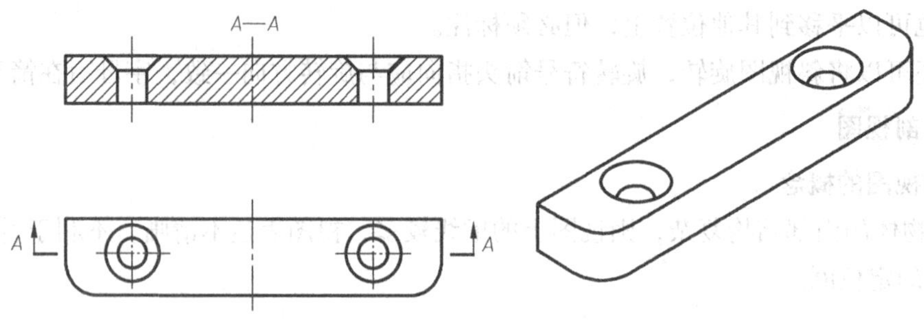

图 1-100　剖视图的标注

时，剖切符号、箭头和字母均可省略，如图 1-99 所示。

（2）看剖面符号　在剖视图中，剖切面与物体接触的部分，称为剖面区域。剖面区域上应画剖面符号，以便区别物体的实体与空心部分。表 1-17 列出了国家标准规定的剖面符号。

表 1-17　国家标准规定的剖面符号（GB/T 4457.5—2013）

材料	剖面符号	材料	剖面符号	材料	剖面符号
金属材料（已有规定剖面符号者除外）		砖		木材　纵断面	
非金属材料（已有规定剖面符号者除外）		混凝土		木材　横断面	
玻璃及供观察用的其他透明材料		钢筋混凝土		液体	
转子、电枢、变压器和电抗器等的叠钢片		基础周围的泥土		木质胶合板（不分层数）	
线圈绕组元件		型砂、填砂、粉末冶金、砂轮、陶瓷刀片、硬质合金刀片等		格网（筛网、过滤网等）	

在机械工程中，金属材料的物体最多。为便于画图，国家标准规定，表示金属材料的剖面符号用平行的细实线绘制，这种剖面符号称为剖面线。GB/T 17453—2005 规定，剖面线最好与主要轮廓线或剖面区域的对称线成 45°，如图 1-101 所示。剖面线的间距应与剖面尺寸的比例相一致。

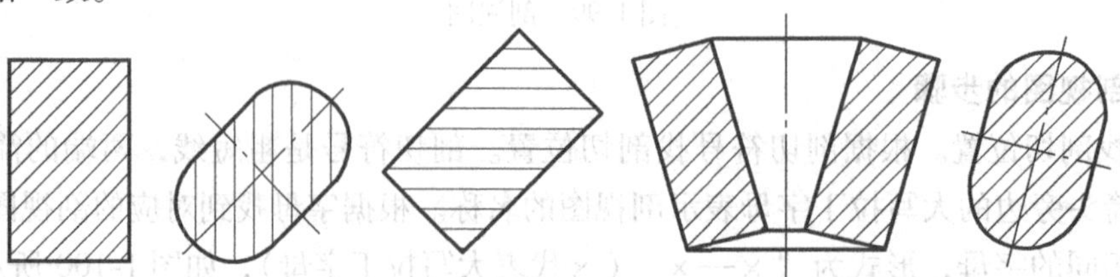

图 1-101　剖面线的方向

3. 画剖视图的注意事项

1）剖视图一般不画虚线，在可以减少表达视图的数量时才可以画虚线。

2）剖切是假想的，并不是真把物体切开拿走一部分。因此，除剖视图外，其余视图仍按完整的物体画出。

3）画剖视图时，在剖切面后面的可见轮廓线应画出，如图1-102所示。

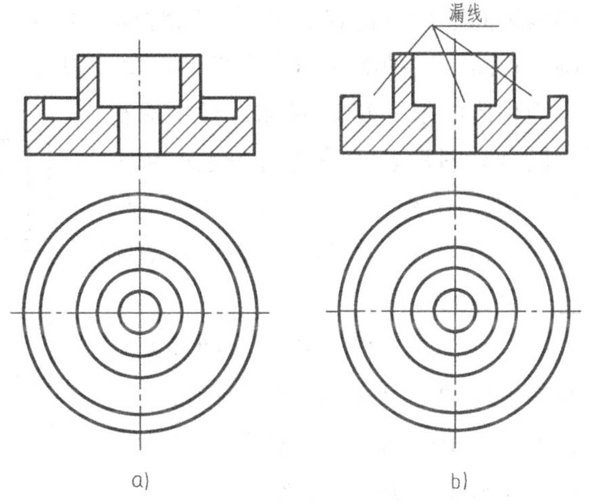

图1-102　剖切面后面的可见轮廓线应画出

a）正确　b）错误

4. 剖视图的种类

按物体内部结构的表达需要及其剖切范围，剖视图可分为全剖视图、半剖视图、局部剖视图。

（1）全剖视图　用剖切面完全剖开物体得到的剖视图，称为全剖视图，如图1-99和图1-100所示主视图。

全剖视图适用于外形简单而内部结构较复杂的物体。

（2）半剖视图　如图1-103a所示推管，具有对称平面，这时可以将在垂直于该对称平

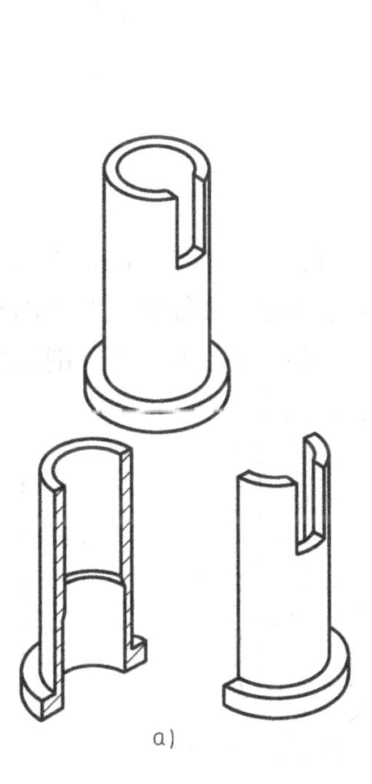

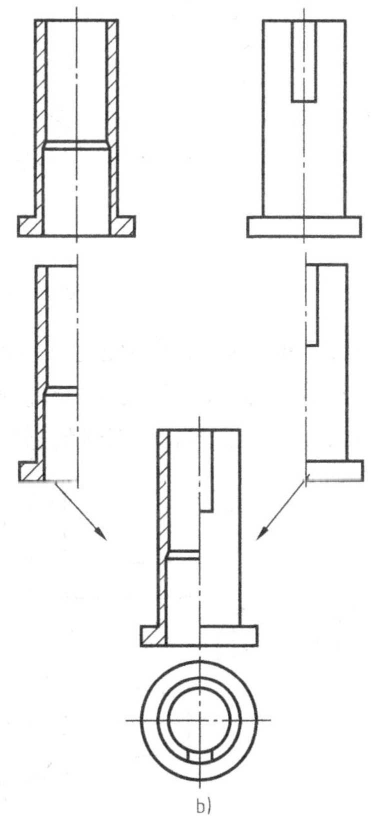

图1-103　半剖视图

a）推管　b）半剖视图的形成

面的投影面上投射得到的图形，以对称中心线（细点画线）为界，一半画成剖视图，另一半画成视图，这种剖视图称为半剖视图，如图 1-103b 所示主视图。

当物体的形状接近对称，且不对称部分已另有图形表达清楚时，也可画成半剖视图，如图 1-104 所示。半剖视图主要用于内、外结构都需要表达且对称或基本对称的零件。

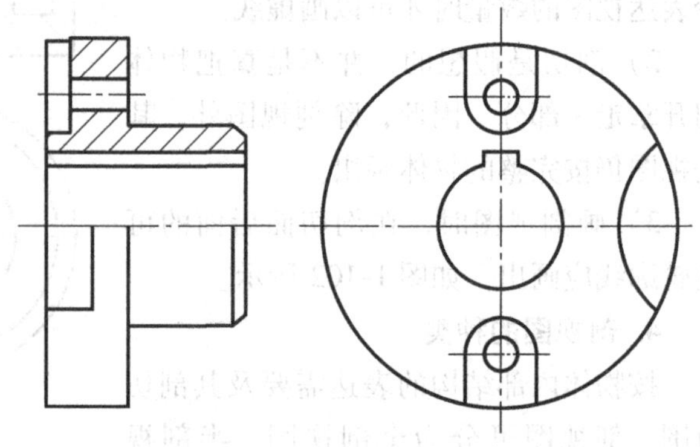
图 1-104　基本对称物体的半剖视图

（3）局部剖视图　用剖切面局部地剖开物体得到的剖视图，称为局部剖视图，如图 1-105 所示主、俯视图。当剖切位置明确时，局部剖视图不必标注，如图 1-105 所示的 3 处孔结构。

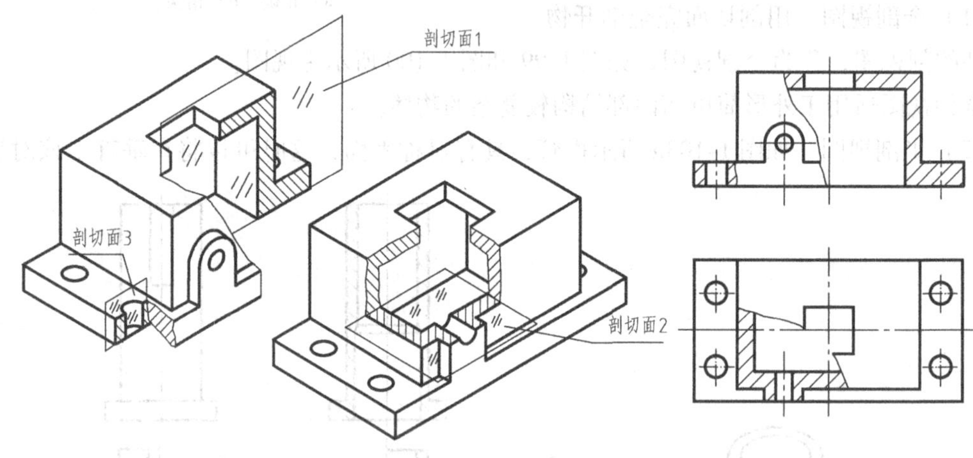

图 1-105　局部剖视图

局部剖视图上的视图与剖视图之间以波浪线（或双折线）分界，波浪线（或双折线）表示物体断裂处的边界线的投影，因而应画在物体的实体部分，不能超出视图的轮廓线或与图样上其他图线相重合或为其他图线的延长线，如图 1-106a ~ c 所示。当被剖切结构为回转

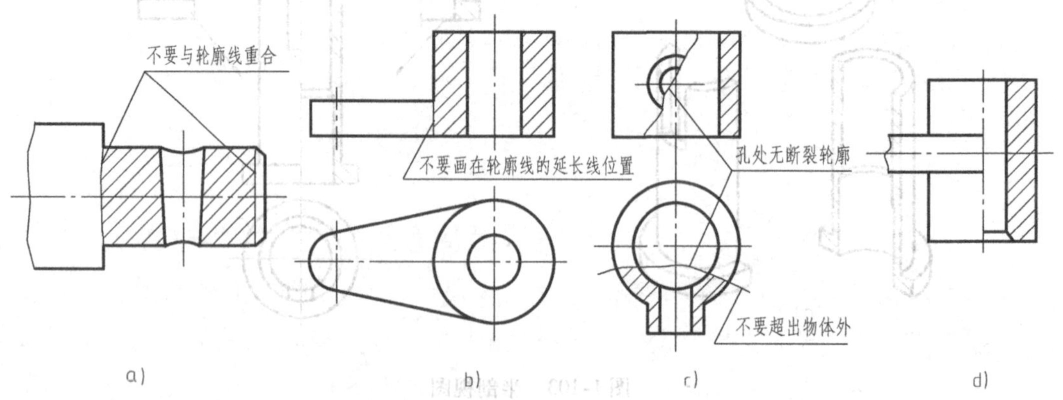

图 1-106　局部剖视图分界线的画法

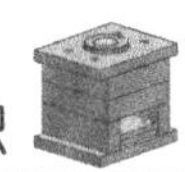

体时，允许将该结构的轴线作为局部剖视图与视图的分界线，如图 1-106d 所示。

局部剖视图不受物体是否对称的限制，其剖切位置和剖切范围可根据表达需要确定，是一种比较灵活的表达方法。因此，它应用广泛，常用于下列几种情况。

1）不对称物体，既需表达其内部形状，又需保留其局部外形时，如图 1-105 所示。

2）只需表达物体上局部内部形状，不必或不宜采用全剖视图时，如图 1-107a、b 所示。

3）对称的物体，其图形的对称中心线正好与一轮廓线重合而不宜采用半剖视图时，如图 1-107c ~ e 所示。

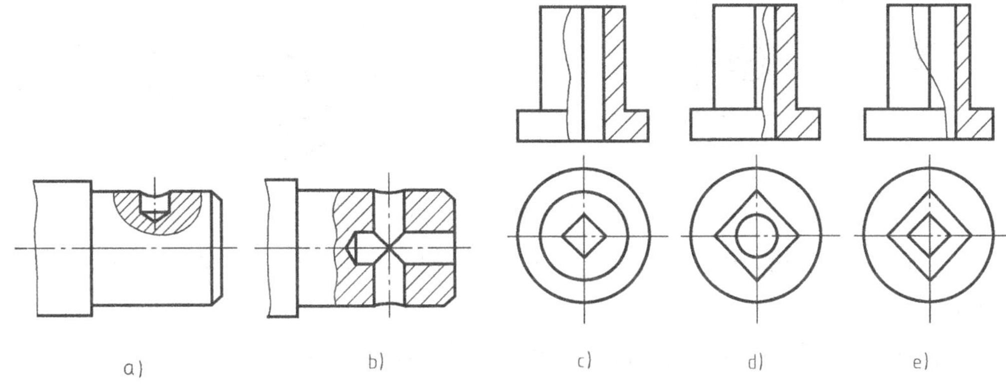

图 1-107 局部剖视图的适用范围

5. 剖切面的种类

由于物体内部的结构和形状变化较多，常需选用不同数量、位置、范围及形状的剖切面来剖切物体，才能把其内部结构和形状表达清楚。常用的剖切面分为以下三种。

（1）单一剖切面 单一剖切面可以是平面，也可以是柱面。以上所述图例均是采用一个平行于某一基本投影面的单一剖切平面剖切物体而获得的全剖视图、半剖视图和局部剖视图。

当采用柱面剖切物体时，剖视图应按展开方法绘制，如图 1-108 所示。

（2）几个平行的剖切平面（阶梯剖） 当物体的内部结构位于几个相互平行的平面上时，可采用几个与基本投影面平行的剖切平面来剖切，如图 1-109 所示定模板的剖视图。

采用这种剖切方法画剖视图时应注意以下几点。

1）剖视图的上方应标注“×—×”作为剖视图的名称，相应视图上应在剖切平面的起讫和转折处画出剖切符号（短的粗实线），并注写与剖视图名称相同的字母，且在起始和终了处的剖切符号端部画上箭头表示投射方向。但当剖视图按投影关系配置，中间又没有其他图形隔开时，可省略箭头，如图 1-109 所示。

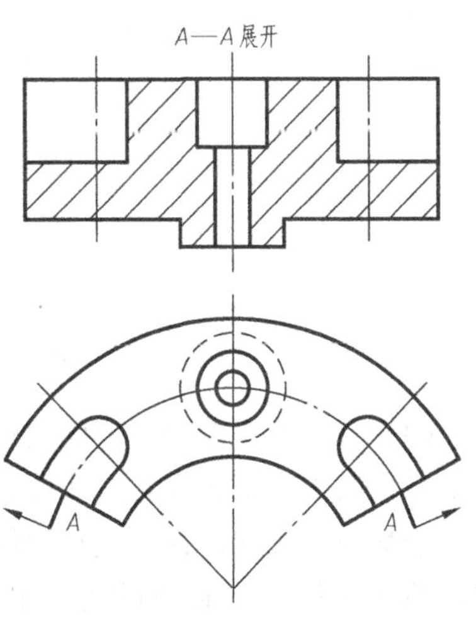

图 1-108 单一柱面剖切

2）由于剖切平面是假想的，所以在剖视图上不应

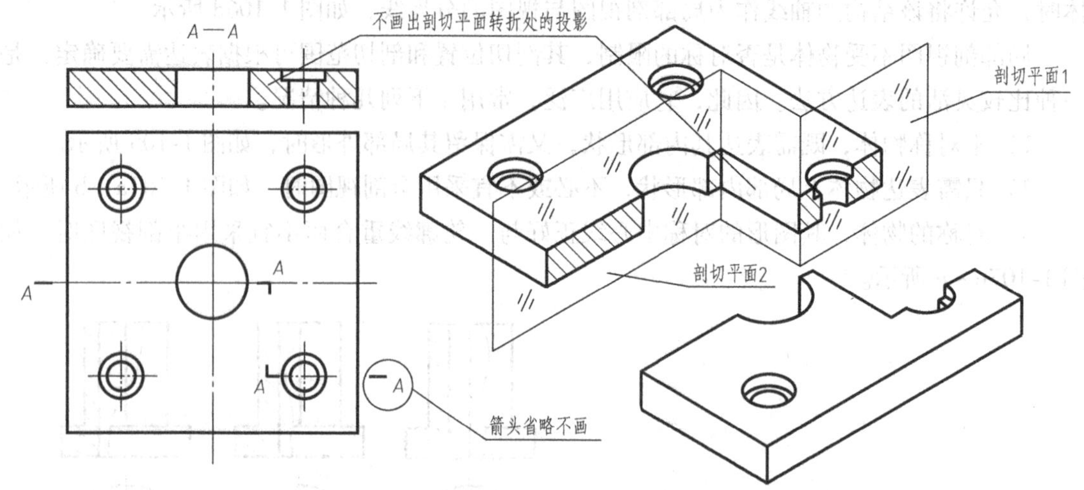

图 1-109 阶梯剖的剖切符号、剖视图和标注

画出剖切平面各转折处的投影，应把几个平行的剖切平面作为一个剖切平面考虑，如图 1-109所示。

3）剖切符号不可从孔内转折，以免出现不完整的结构要素，也不应与图中的轮廓线重合，如图 1-110a 所示；但当两个要素在图形上具有公共对称中心线或轴线时，可以各画一半，此时应以对称中心线或轴线为界，如图 1-110b 所示。

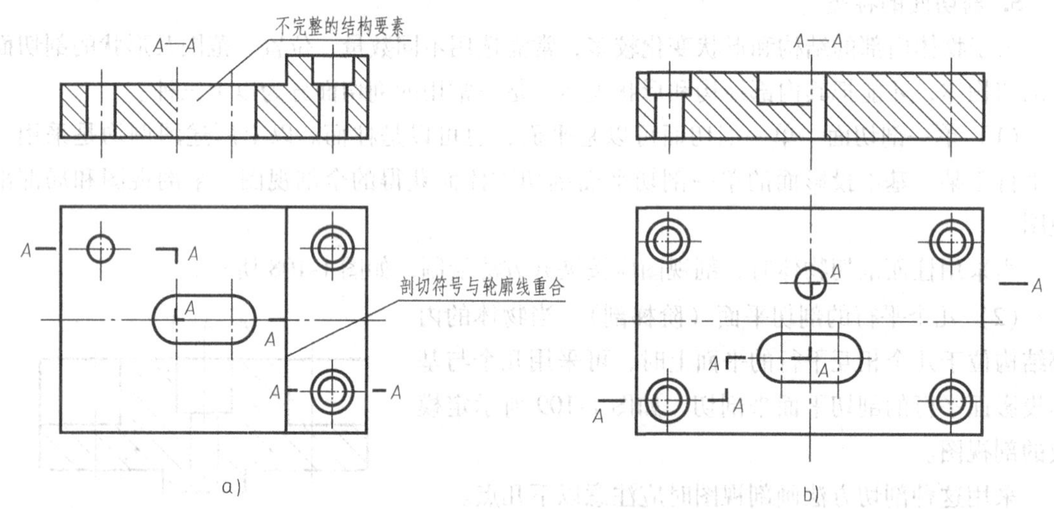

图 1-110 画阶梯剖的注意事项

a）剖切符号的错误画法 b）阶梯剖的特例

（3）几个相交的剖切平面（旋转剖） 当物体的内部结构和形状用单一剖切面不能表达完全，且该物体在整体上又具有回转轴时，可采用两个或两个以上相交的剖切平面（交线垂直于某一基本投影面）剖开物体，然后将被剖切平面剖开的结构及其有关部分旋转到与选定的投影面平行再进行投射，以得到剖视图，如图 1-111 所示。

采用这种剖切方法画剖视图时应注意以下几点。

1）剖视图的上方应标注“×—×”作为剖视图的名称，相应视图上应在剖切平面的起讫和转折处画出剖切符号，并注写与剖视图名称相同的字母，且在起始和终了处的剖切符号端部画上箭头表示投射方向，如图 1-111 所示。但当剖视图按投影关系配置，中间又没有其他图形隔开时，可省略箭头，如图 1-112 所示。

2）应按“先剖切、后旋转”的方法绘制剖视图，如图 1-111 所示孔位置和图 1-112 所示柱形沉孔的位置，必须与旋转后的位置保证投影关系。

3）在剖切平面后的其他结构，一般仍按原来位置投射画出，如图 1-112 所示凸台。

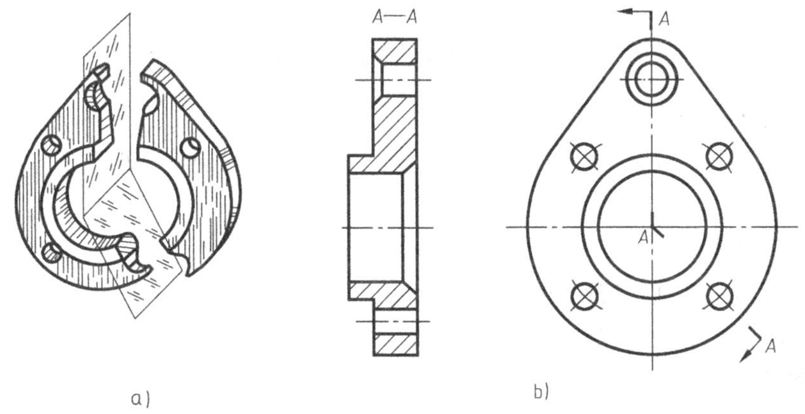

图 1-111 旋转剖的形成、剖视图和标注

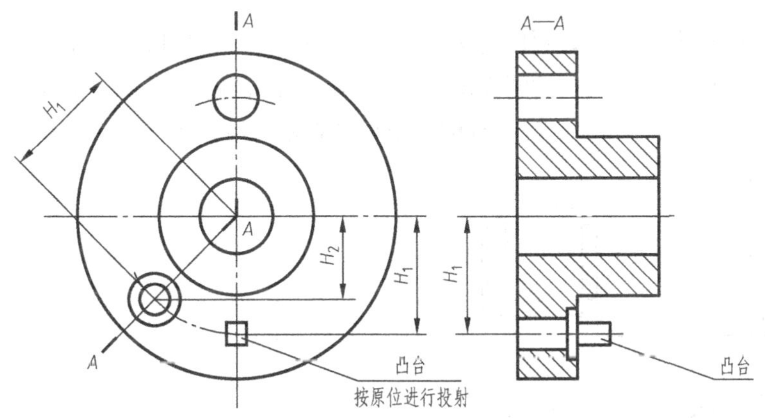

图 1-112 旋转剖

三、断面图

1. 断面图的概念

假想用剖切面将物体的某处切断，仅画出该剖切面与物体接触部分的图形，称为断面图，简称为断面，如图 1-113 所示。

断面图和剖视图的主要区别是断面图仅画出断面的形状，剖视图不仅要画出断面的形状，而且还要画出剖切面后面完整的投影，如图 1-113 所示。

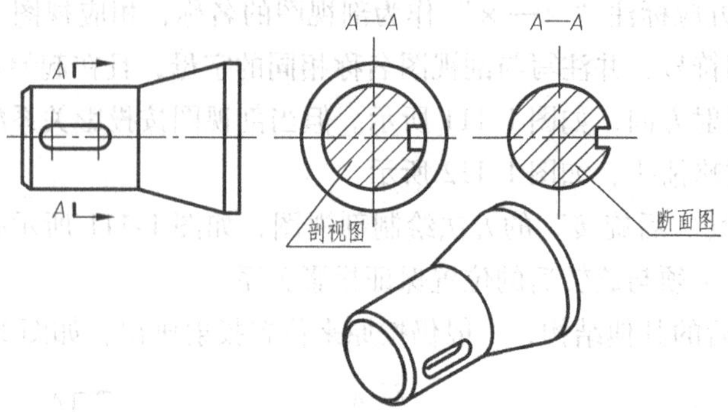

图 1-113　断面图和剖视图的主要区别

2. 断面图的表达内容

断面图表达物体上的某一局部断面形状，如肋板、轮辐、键槽、小孔及各种型材的断面形状。

3. 断面图的种类

（1）移出断面图　画在视图外面。

（2）重合断面图　画在视图之内。

4. 断面图的识读

（1）典型移出断面图的识读要点

1）根据剖切符号和剖切线（细点画线，可省略）找剖切位置及字母，对应字母找断面图。

2）不对称的移出断面图必须用箭头表示投射方向，如图 1-113 所示 *A—A* 断面图。

3）画在剖切位置延长线上的断面图，可以不加标注，但必须用剖切线（细点画线）表示剖切位置，如图 1-114 所示。若不对称，则只能省略字母，如图 1-115 所示。

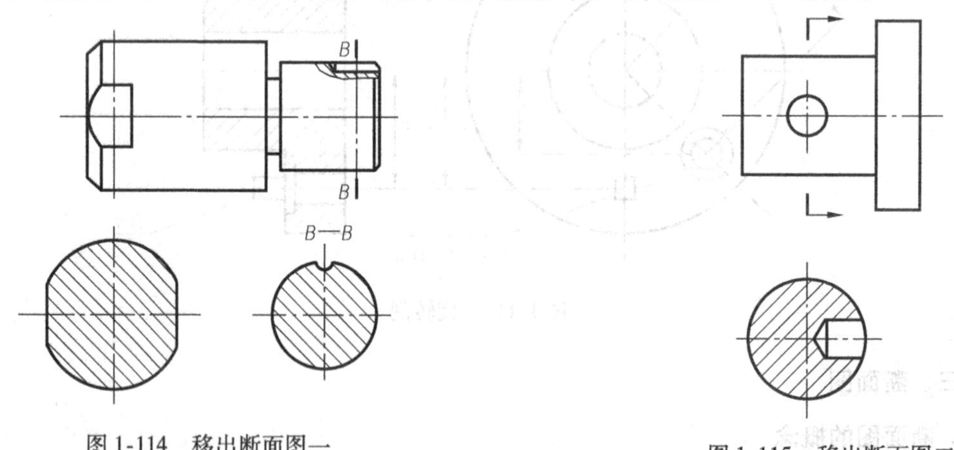

图 1-114　移出断面图一

图 1-115　移出断面图二

4）画在其他位置的断面图，若断面对称时可以省略箭头，如图 1-114 所示。

5）剖切平面通过回转面形成孔或凹坑的轴线时，断面图按剖视图绘制，如图 1-115 所示。

(2) 典型重合断面图的识读要点

1) 重合断面图用细实线画在视图之内，当视图中轮廓线与重合断面图的图形重叠时，视图中的轮廓线仍应连续画出，不可间断，如图 1-116 所示。

2) 对称的重合断面图不必标注，不对称的重合断面图需用箭头表示投射方向，在不致引起误解时可省略标注，如图 1-116 所示。

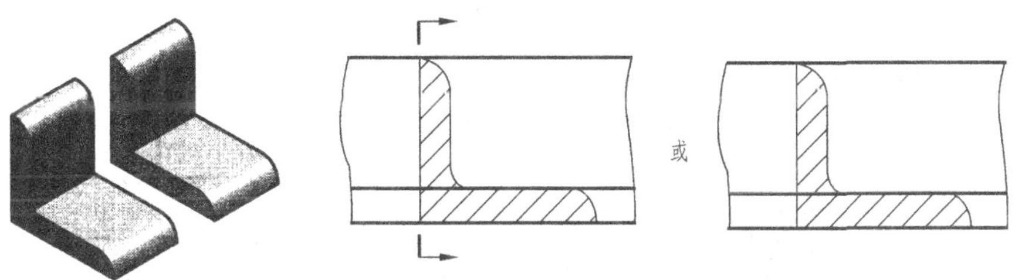

图 1-116 重合断面图

四、局部放大图和简化画法

1. 局部放大图

(1) 概念 将物体上的部分结构用大于原图形所采用的比例画出的图形称为局部放大图。

(2) 局部放大图的表达内容 局部放大图主要用于物体上在视图中表达不清楚的细小结构或不便于标注的部分。局部放大图可以画成视图、剖视图和断面图。

(3) 局部放大图的识读（图 1-117）。

1) 视图上被细实线圈住的就是要放大的部位。

2) 物体上只有一个被放大部位时，只需在局部放大图上注明采用的比例。

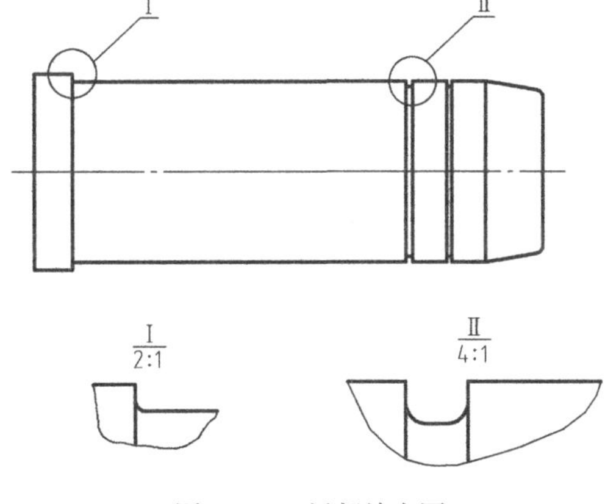

图 1-117 局部放大图

3) 同一物体上被放大的部位有多处时，必须由罗马数字依次标明，并且在局部放大图的上方标注相应的罗马数字和放大比例。

4) 同一物体对称或结构相同的放大部位只需画一个。

2. 简化画法

1) 均匀分布的相同结构。对于若干个相同的、均匀分布的结构，可以仅画出一个或几个，其余用细点画线或“+”表示其位置，如图 1-118 所示。

2) 较长的物体。轴、型材、连杆等，沿长度方向形状一致，或按一定规律变化时，可断开缩短绘制，但按实际长度标注尺寸，如图 1-119 所示。

3) 相贯线、截交线的简化画法。视图中的相贯线、截交线可以简化，用圆弧代替，也可采用模糊画法，如图 1-120 所示。

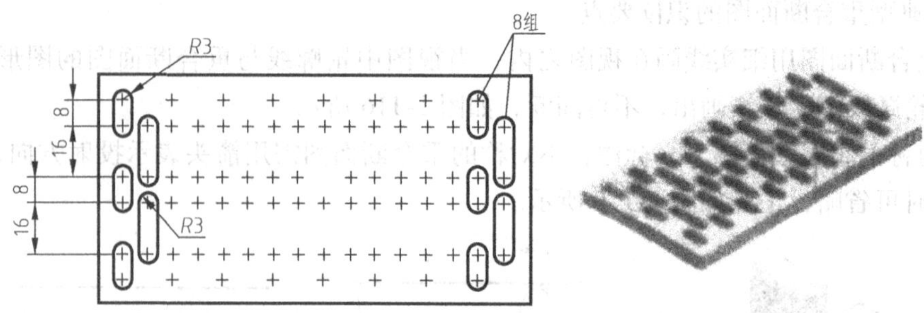

图 1-118　均匀分布的相同结构的简化画法

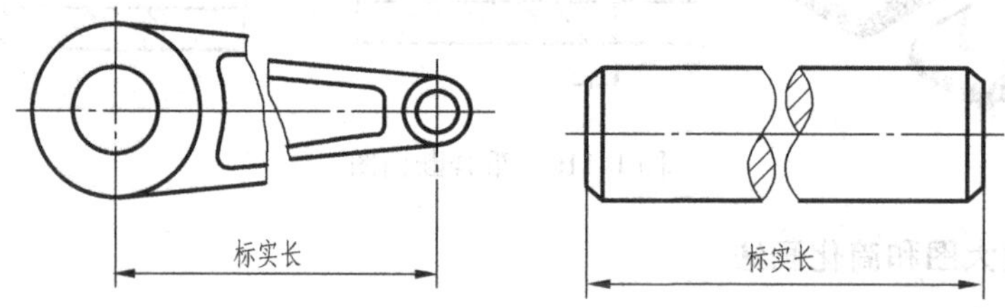

图 1-119　较长物体的断开画法

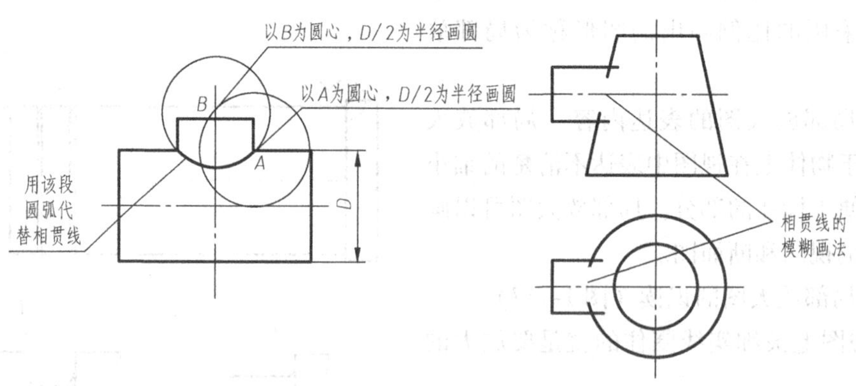

图 1-120　相贯线的简化画法

4）对称结构的局部视图及平面的简化画法。对称结构的局部视图，可以配置在视图上所需表示物体局部结构附近，并用细实线将两者相连；为减少视图或剖视图，对回转体上的平面，可以用细实线绘出对角线（称平面符号）表示，如图 1-121 所示。

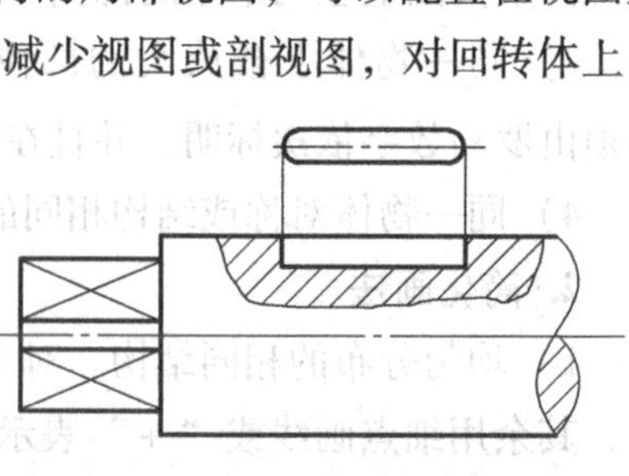

图 1-121　对称结构的局部视图及平面的简化画法

5）对称图形的画法。在不致引起误解时，对于对称物体的视图可只画一半或 1/4，并在对称中心线的两端画出两条与其垂直的平行细实线，如图 1-122 所示。

6）物体上的一些较小的结构及斜度结构等，如在一个图形中已表达清楚时，在其他图形中可简化或省略，如图 1-123a、b 所示，其中型材（如角钢、工字钢、槽钢等）中的小斜度结构按小端

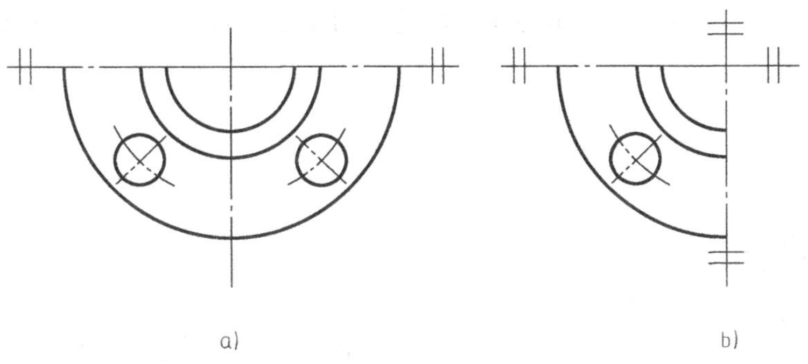

图 1-122 对称图形的画法

画出，如图 1-123b 所示。

7）与投影面倾斜角度小于或等于 30°的圆或圆弧，其投影可用圆或圆弧代替，如图 1-123c所示。

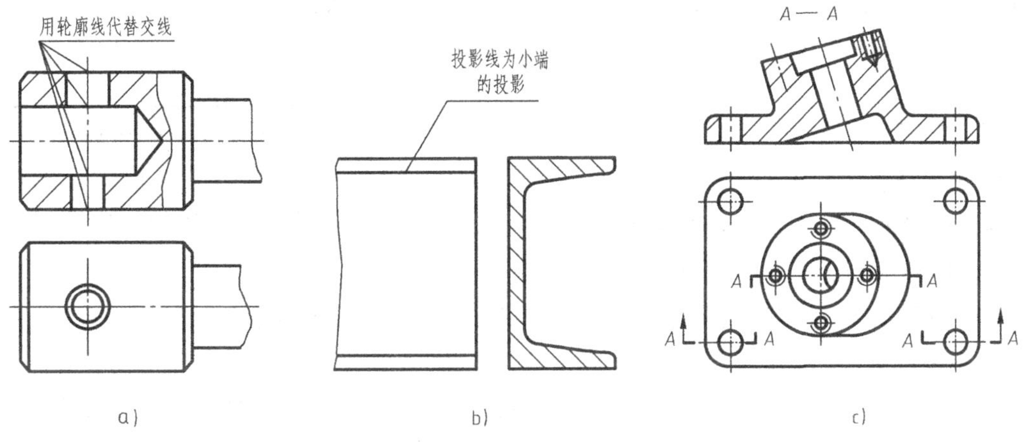

图 1-123 较小结构和图的画法

8）在不致引起误解时，图样中的小圆角、锐边的小倒圆或 45°小倒角允许省略不画，但必须注明尺寸，或者在技术要求中加以说明，如图 1-124 所示。

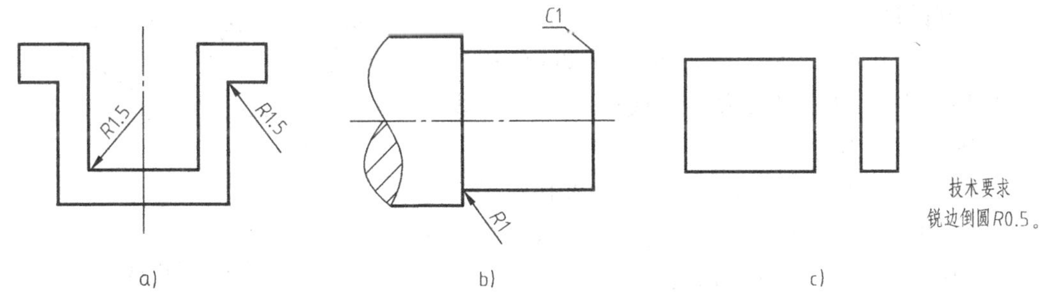

图 1-124 小圆角、小倒角的画法

9）网状结构。物体上有滚花或槽沟等网状结构时，可在轮廓线附近用粗实线完全或部分地表示出来，并在图中或技术要求中注明这些结构的具体要求，如图 1-125 所示。

10）初始轮廓。当有必要表示物体成形前的初始轮廓时，应用细双点画线绘制，如图1-126所示。

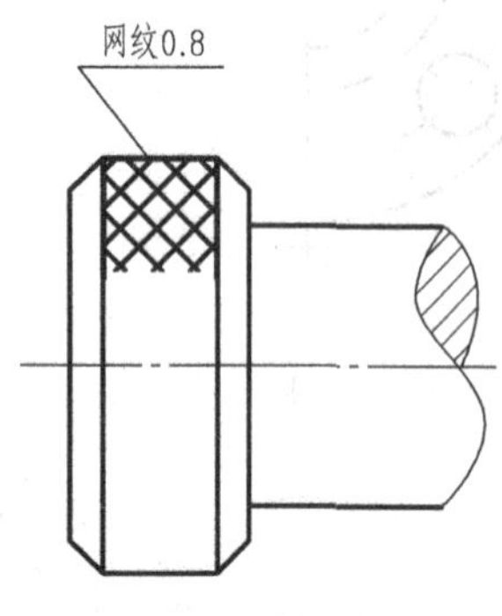

图1-125　网状结构的画法

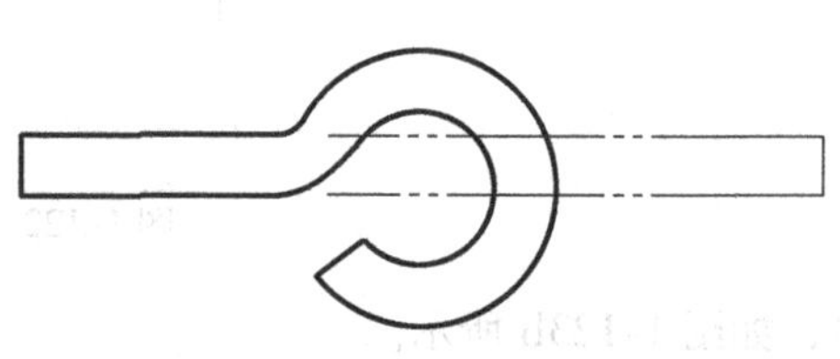

图1-126　初始轮廓的画法

11）镜像零件。对于左右手零件或装配件，允许只画出其中一件，另一件在图形下方用文字注写必要的说明，如图1-127所示。

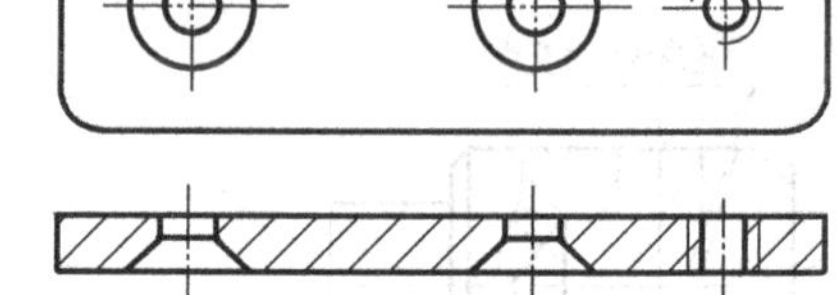

图1-127　镜像零件的画法

任务实施

1. 形状分析

落料凹模的外形为一个长和宽相等的长方体，中间有一个凹模刃口，3个挡料销圆柱孔和两个直径稍大的定位销圆柱孔，还有4个安装螺钉的梯形孔，位于长方体的四个角。

2. 视图选择

选择图1-128所示的箭头方向作为主、俯视图方向。俯视图可以把各孔的形状及位置表达很清楚。因内部孔比较多，所以主视图采用剖视图来表达，根据各孔的位置情况，考虑采用三个互相平行的剖切平面。主、俯视图确定以后，落料凹模的形状已经表达很清楚，所以没有必要采用其他的视图。

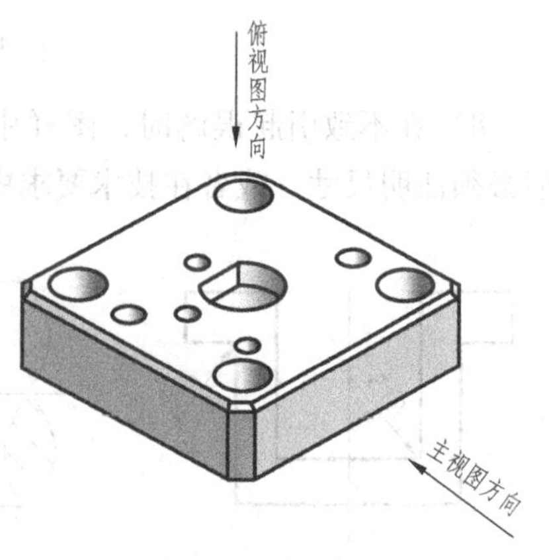

图1-128　视图选择

3. 绘制图形

1）绘制长方体的主俯视图，如图1-129a所示。

2）根据各孔的位置及大小完成俯视图（虚线不画），如图1-129b所示。

3）确定三个剖切平面的位置，画出剖切符号，并在剖切平面开始、转折和结束处标注相同的字母*A*，在主视图的上方标注*A—A*，如图1-129c所示。

4）根据剖切位置完成主视图，未剖到的孔不必画出，如图1-129d所示。

5）在主视图上实体部分画上剖面符号，如图1-129e所示。

6）检查无误后加深轮廓线，如图1-129f所示。

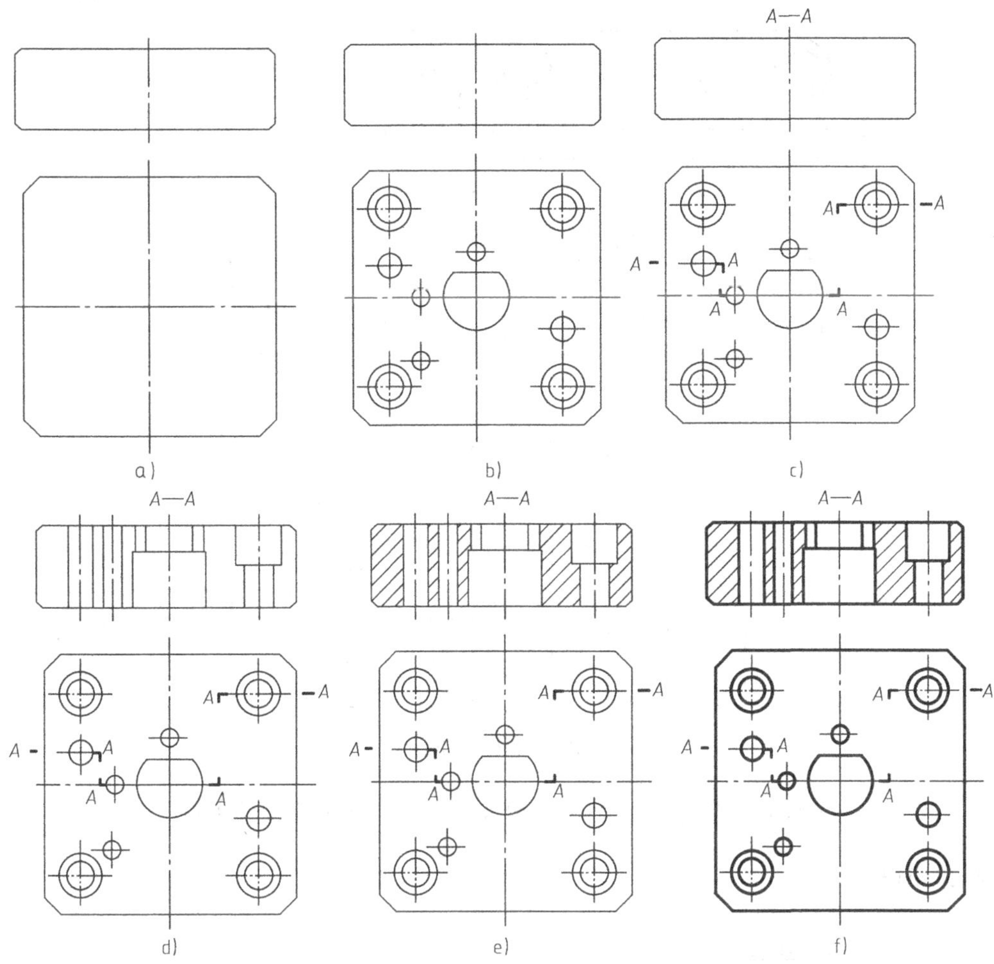

图 1-129　落料凹模视图的绘图步骤

任务九　识读压板的图形（第三角画法）

任务描述

压板的外形为 L 形，经常成对使用，在注射模具中形成 T 形导滑槽，如图 1-130 所示。本任务要求根据所给图形想象压板的立体形状。

任务分析

GB/T 17451—1998《技术制图　图样画法　视图》规定：“技术图样应采用正投影法绘制，并优先采用第一角画法。”世界上大多数国家，如中国、法国、英国、德国等都是采用第一角画法。但是，美国、加拿大、日本、澳大利亚等则采用第三角画法。为了便于国际技术交流与合作，我国在《技术制图　投影法》中规定：“必要时，允许使用第三角画法。”

从压板的三个图形的放置形式上可以看出，该零件的表达没有采用第一角画法，而是采

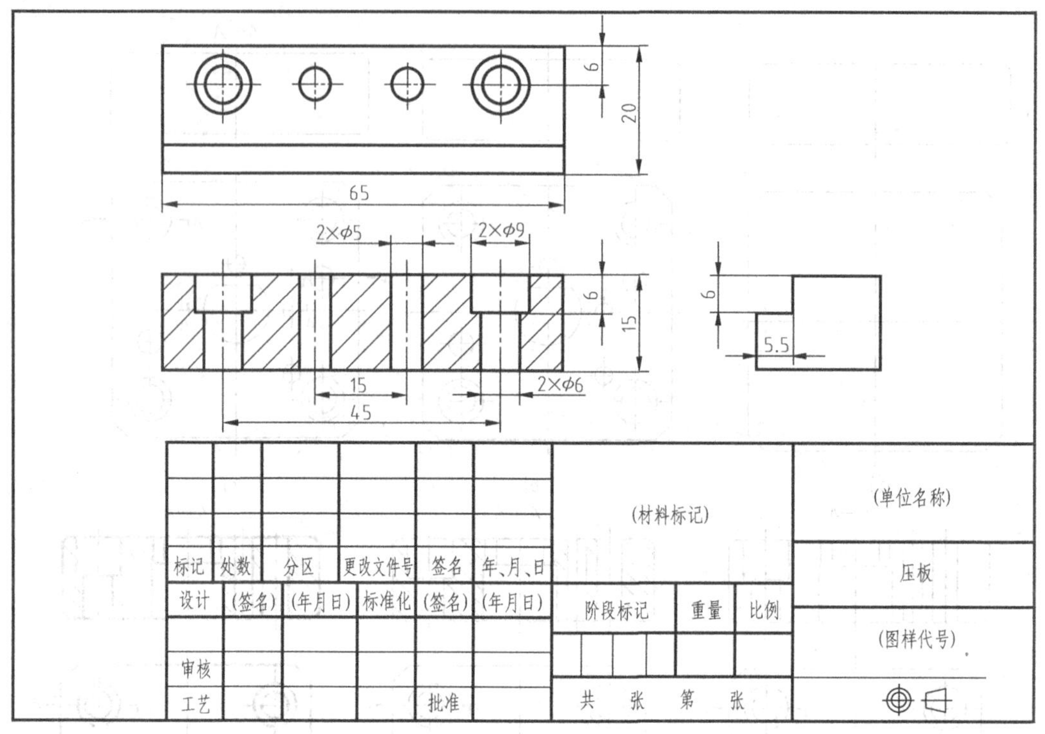

图 1-130　压板

用了第三角画法。因此，掌握第三角画法的相关知识是完成本任务的关键。

相关知识

一、空间的划分与角

三个互相垂直的投影面 *V*、*H*、*W*，将 *W* 面左侧空间划分为四个区域，按顺序分别称为第一角、第二角、第三角、第四角，如图 1-131a 所示。

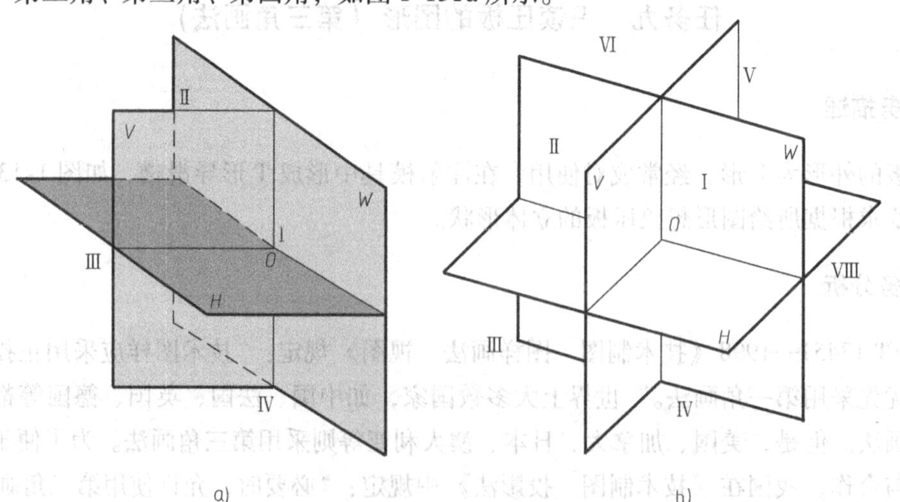

图 1-131　空间的划分与角

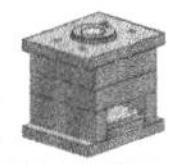

右侧也有四个分角，分别为第五角、第六角、第七角、第八角，如图 1-131b 所示。

二、第一角画法与第三角画法

将物体放在第一角中，用正投影法绘制图形，称为第一角画法；在第三角中，用正投影法绘制图形，称为第三角画法，如图 1-132 所示。

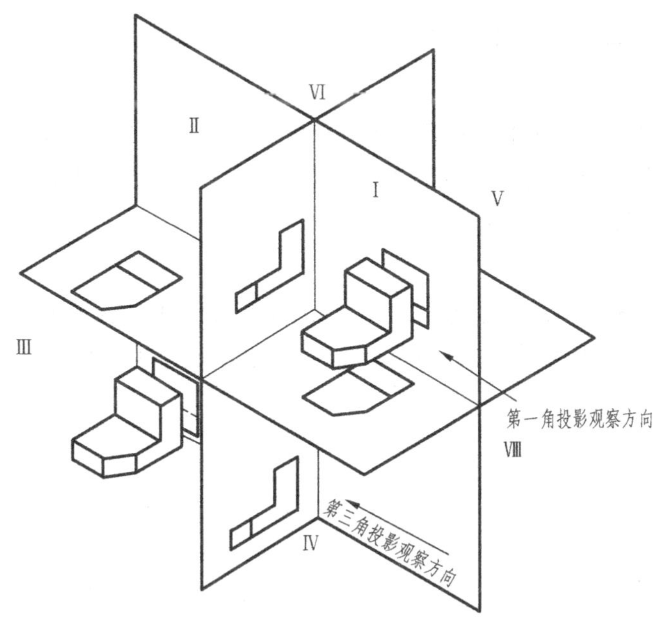

图 1-132　第一角画法与第三角画法

第三角画法的展开过程跟第一角画法不一样，如图 1-133 所示。

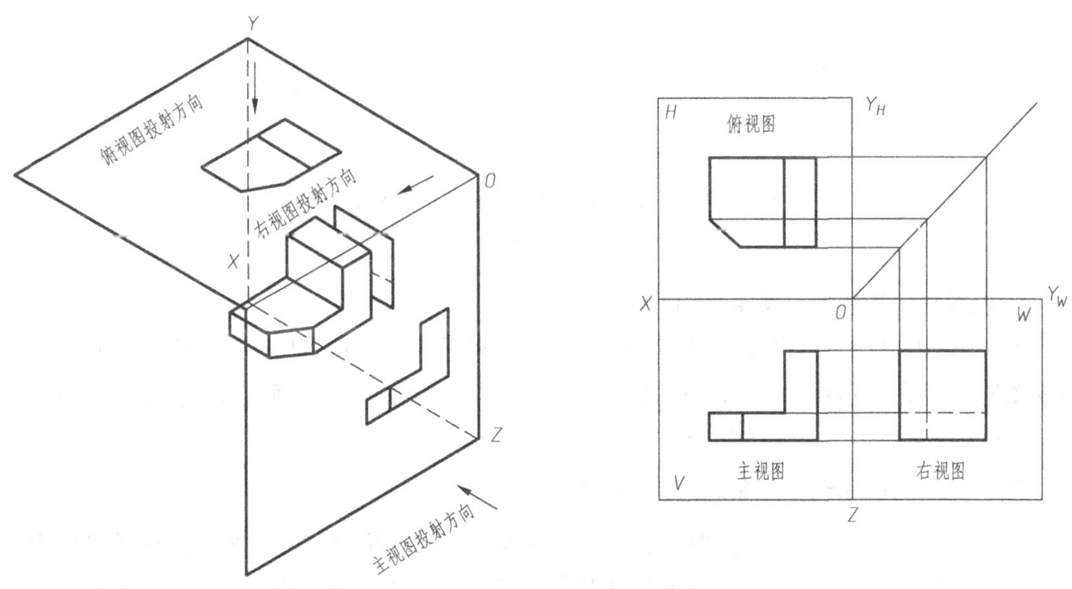

图 1-133　第三角画法的展开

V 面保持不动。

H 面绕 OX 轴向上旋转 90°，与 V 面重合。

W 面绕 OZ 轴向右旋转 90°，与 V 面重合。

与第一角画法类似，采用第三角画法的三视图也有下述特性：主、俯视图长对正；主、右视图高平齐；俯、右视图宽相等。

三、第一角画法与第三角画法的比较

1. 物体、投影面、观察者之间的关系不同

在第一角画法中，物体处于观察者和投影面之间，即观察者—物体—投影面。

在第三角画法中，投影面处于观察者和物体之间（把投影面看作是透明的），即观察者—投影面—物体，如图 1-132 和图 1-133 所示。

2. 视图的配置不同

由于物体、投影面、观察者之间的关系不同，采用的展开方法不同，所以视图的配置关系也不相同。除主、后视图外，其他视图一一对应相反，即上下对调，左右颠倒，如图 1-134所示。

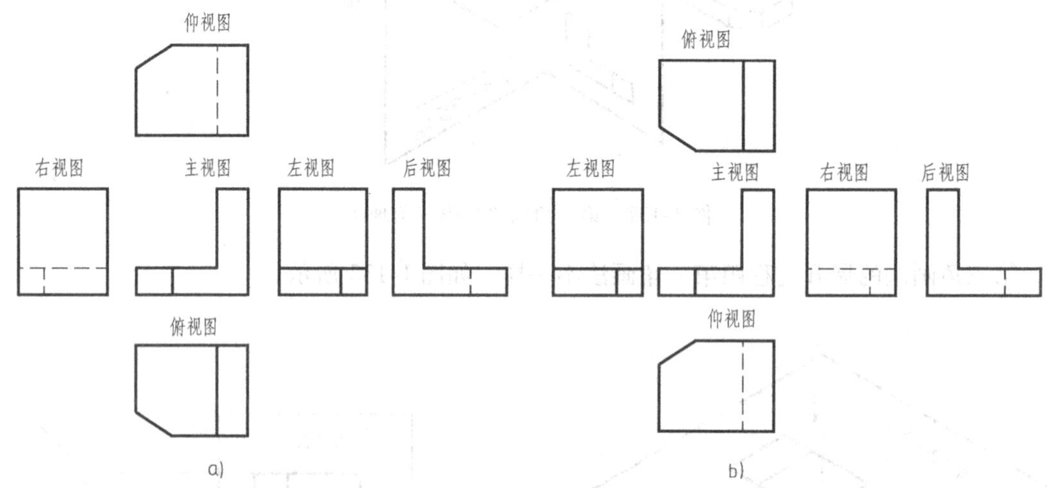

图 1-134　第一角画法与第三角画法的六个基本视图

a）第一角画法　b）第三角画法

3. 视图与物体的方位关系不同

由于视图的配置关系不同，所以第三角画法中的俯视图、仰视图、左视图、右视图靠近主视图的一侧表示物体的前面，远离主视图的一侧表示物体的后面，这与第一角画法的“里后外前”正好相反，如图 1-135 所示。

四、第一角画法和第三角画法识别符号

国际标准（ISO）中规定，当采用了第一角画法或第三角画法时，必须在标题栏中专设的格内画出相应的识别符号。由于我国采用第一角画法，不需画出识别符号。当采用第三角画法时，必须画出识别符号，如图 1-136 所示。

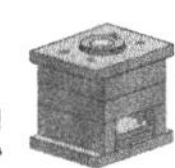

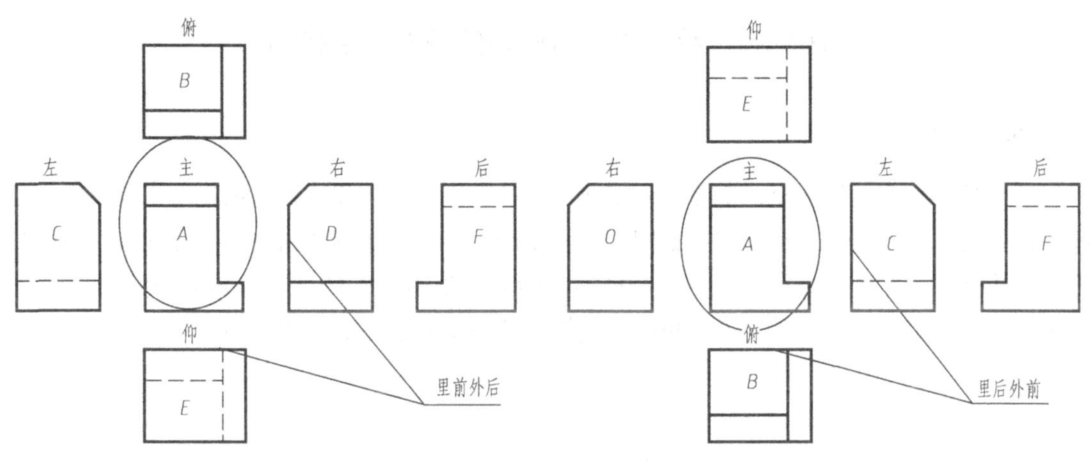

图 1-135 视图与物体的方位关系
a）第三角画法 b）第一角画法

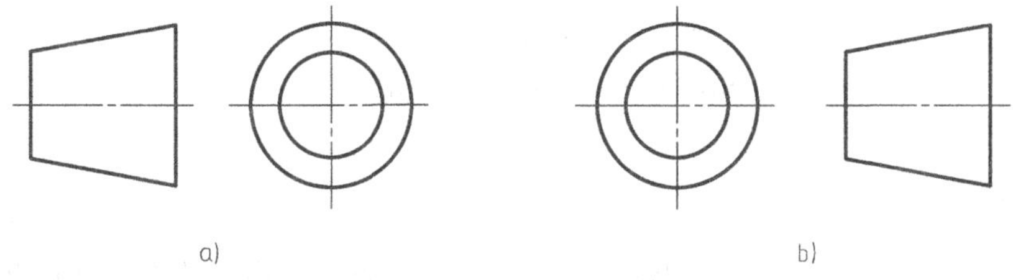

图 1-136 第一角画法和第三角画法的识别符号
a）第一角画法 b）第三角画法

任务实施

1. 看标题栏

由标题栏中的识别符号可知，绘制压板的图形时采用了第三角画法。

2. 分析图形

该压板共采用了三个图形表达，其中主视图采用了全剖视图，主要表达压板上两个阶梯孔和两个圆柱销孔的内部形状；俯视图和右视图采用基本视图，主要表达各孔的分布情况和压板的外形。

3. 综合想象

由给出的主、俯、右三个视图，可以得出压板的立体形状，如图 1-137 所示。

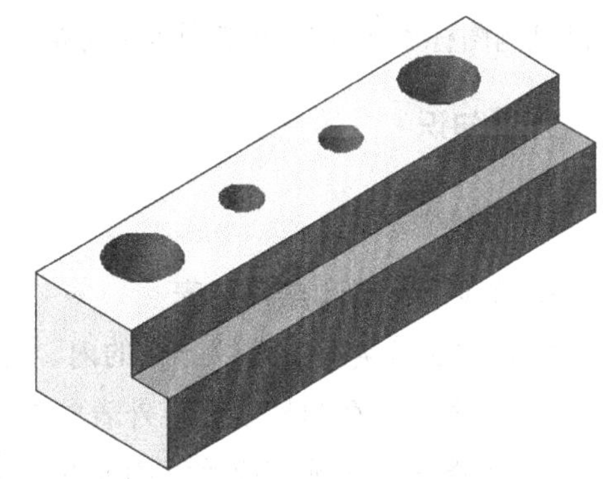

图 1-137 压板立体图

任务十　绘制螺纹紧固件的图形及连接图

任务描述

不论是注射模还是冲模，都需要对组成模具的各个零件之间进行准确定位，部分零件之间还需要用螺纹紧固件连接牢固，如图 1-138a 所示。在模具中常用的是内六角圆柱头螺钉。根据被连接件的厚度和材料不同，可选择不同的内六角圆柱头螺钉，如图 1-138b 所示。本任务要求按规定画法绘制常用内六角圆柱头螺钉的图形并能完成其连接图。

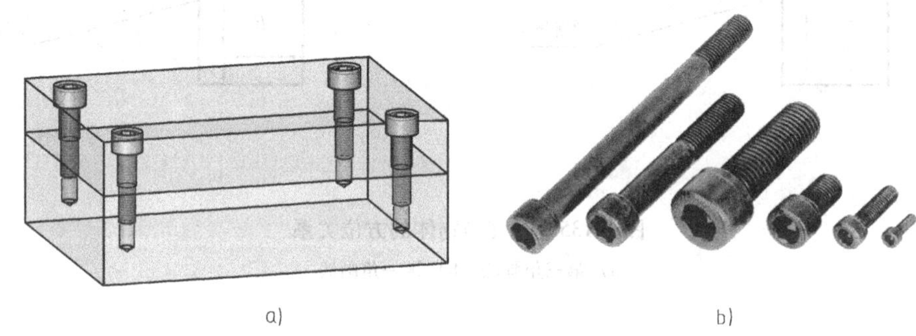

图 1-138　模具常用螺纹紧固件

a）螺纹紧固件连接立体图　b）各种规格的内六角圆柱头螺钉

任务分析

螺纹紧固件要想将两零件连接牢固，在其外表面上都带有沿着螺旋线形成的具有相同断面形状的连续凸起和沟槽，机械制图上把这种结构称为螺纹，并且对螺纹的结构和尺寸都进行了标准化，所以螺纹紧固件是一种标准件，有专门的工厂进行加工，直接购买使用即可。

为简化作图，提高作图效率，国家标准对螺纹结构要素规定了特殊表示法（含画法和注法），其余部分要按投影关系绘制，因此完成本任务的关键是学会螺纹结构的规定画法，并掌握螺纹紧固件的规定标记格式。

实际的模具图中可不对这些零件绘制详细结构，只需写出其规定标记形式，根据标记查阅机械制图标准手册即可得到各部分的结构和相关尺寸。

相关知识

一、螺纹

1. 螺纹的分类和结构要素

（1）螺纹分类　按螺纹分布的内、外回转面分为外螺纹和内螺纹

1）外螺纹。在圆柱或圆锥外表面上加工的螺纹称为外螺纹。

2）内螺纹。在圆柱或圆锥内表面上加工的螺纹称为内螺纹。

按生产实际应用分为连接螺纹、传动螺纹和专门用途螺纹。

（2）螺纹的结构要素

1）牙型。牙型是指在通过螺纹轴线剖开的断面上，螺纹的轮廓形状。它由牙顶、牙底和牙侧构成，牙型上两相邻牙侧间的夹角称为牙型角，如图 1-139a 所示。

常见的螺纹牙型有三角形、矩形、梯形、锯齿形等，如图 1-139 所示。

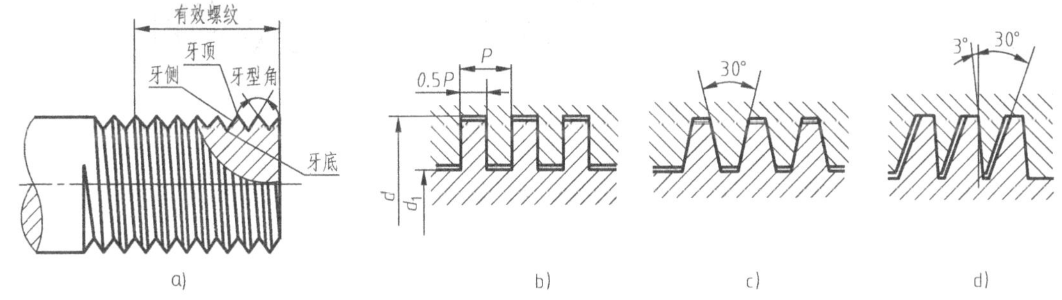

图 1-139　螺纹牙型

a）三角形　b）矩形　c）梯形　d）锯齿形

2）直径。螺纹的直径有大径（d、D）、中径（d_2、D_2）和小径（d_1、D_1）之分，如图 1-140 所示。

大径是指通过外螺纹牙顶（或内螺纹牙底）的假想圆柱面的直径，分别用 d、D 表示。

小径是指通过外螺纹牙底（或内螺纹牙顶）的假想圆柱面的直径，分别用 d_1、D_1 表示。

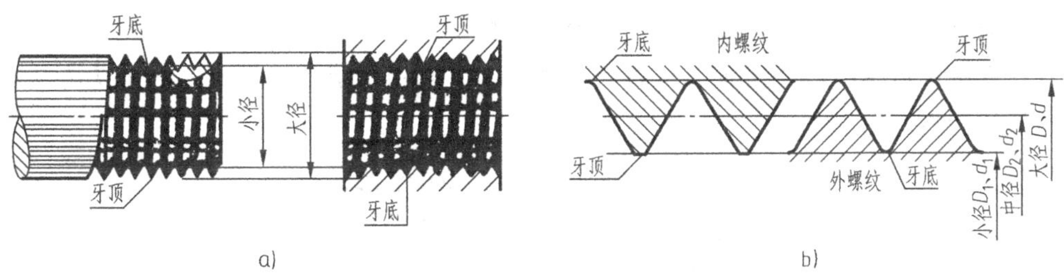

图 1-140　螺纹直径

a）大径、小径　b）中径

中径是指在外螺纹（或内螺纹）的大径与小径之间，假想有一圆柱面或圆锥面的直径，它的母线通过牙型上沟槽和凸起宽度相等处，分别用 d_2、D_2 表示

提　示

标准螺纹大径的基本尺寸称为公称直径，是代表螺纹尺寸的直径。

3）线数（n）。螺纹有单线和多线之分。沿一条螺旋线形成的螺纹称为单线螺纹；沿两条或两条以上在轴向等距分布的螺旋线形成的螺纹称为多线螺纹，如图 1-141 所示。

4）螺距和导程，如图 1-142 所示。

螺距（P）是指相邻两牙在中径线上对应两点间的轴向距离。

导程（Ph）是指同一螺旋线上的相邻两牙在中径线上对应两点间的轴向距离。

由图 1-142 可知 Ph、P 和 n 之间存在以下的关系。

多线螺纹：$P=Ph/n$　　单线螺纹：$P=Ph$

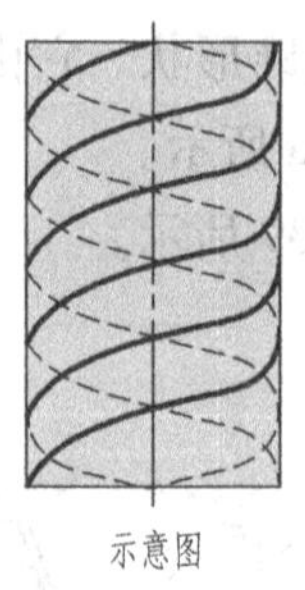

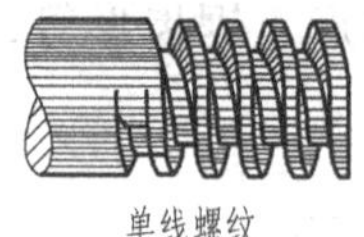

图 1-141 螺纹线数

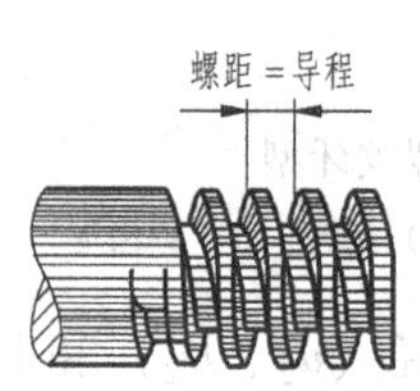

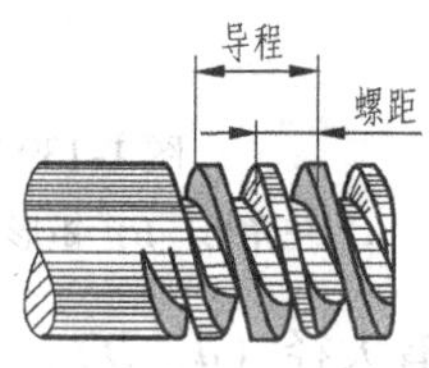

图 1-142 螺距和导程

5）旋向。内、外螺纹旋合时的旋转方向称为旋向，有左旋、右旋之分。

右旋螺纹：顺时针方向为旋入时，称为右旋螺纹。

左旋螺纹：逆时针方向为旋入时，称为左旋螺纹。

判断方法：将螺纹沿轴线垂直放置，如图 1-143 所示，螺纹为左高右低的为左旋螺纹，右高左低的为右旋螺纹。

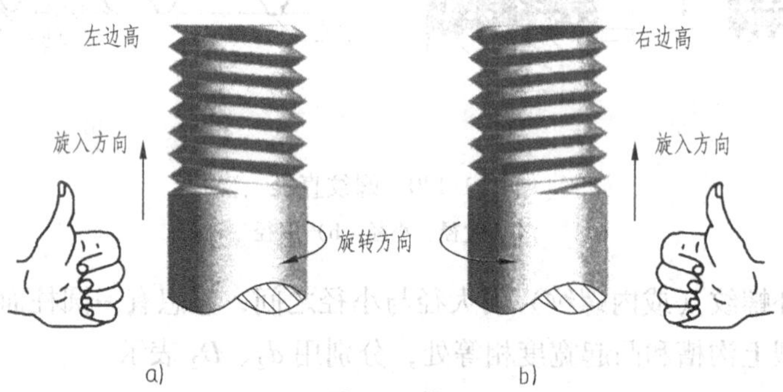

图 1-143 螺纹的旋向

a）左旋 b）右旋

2. 螺纹的规定画法

外螺纹、内螺纹及内、外螺纹旋合的画法，如图 1-144 和图 1-145 所示。

在螺纹的规定画法中要注意以下几点。

1）主视图要画倒角，在垂直于螺纹轴线的投影面的视图中倒角投影省略不画，只画约 3/4 表示牙底的细实线圆。

2）视图与剖视图的螺纹终止线、大小径线型的变化及剖面线的画法。

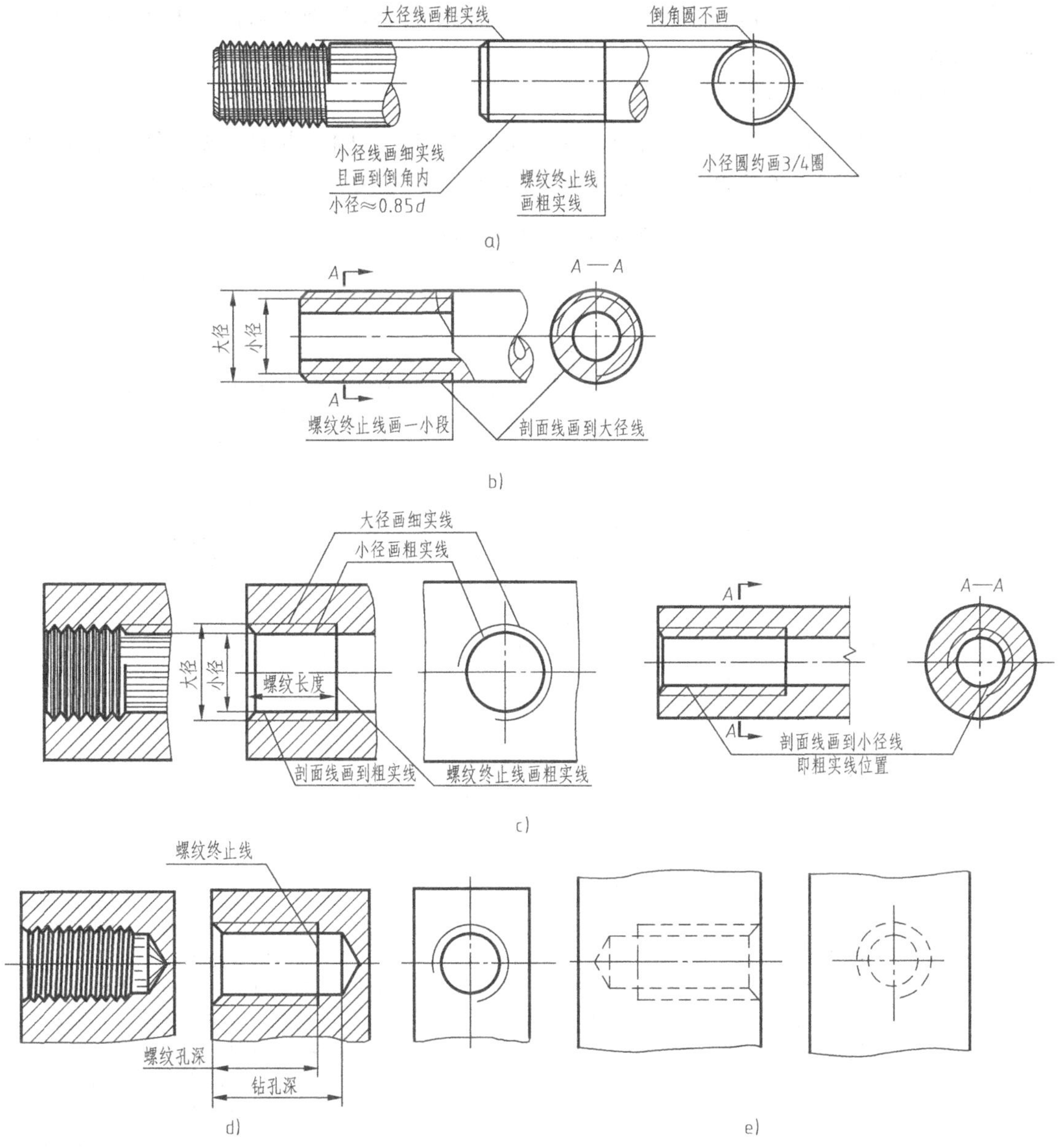

图 1-144　螺纹的画法

a）外螺纹的规定画法　b）外螺纹的剖视画法　c）螺纹通孔的剖视画法　d）螺纹不通孔的剖视画法　e）螺纹视图的画法

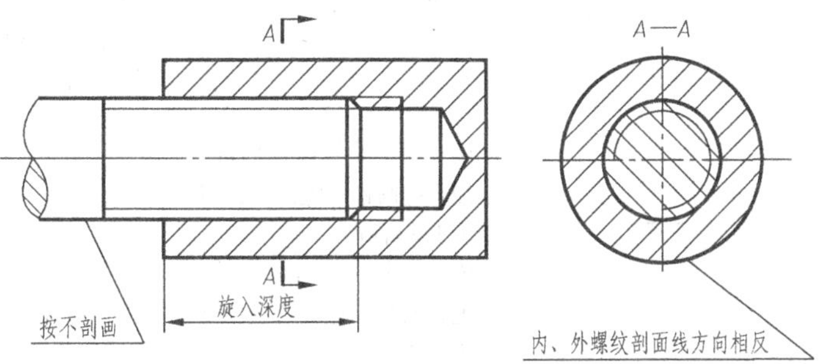

图 1-145　内、外螺纹旋合的画法

3）内、外螺纹旋合时，在剖视图中旋合部分要按外螺纹的画法画，要注意大小径的线型变化及对应关系。

3. 螺纹的标记及标注

由于螺纹的规定画法不能表示螺纹的种类和螺纹的其他要素，因此需要熟知国家标准所规定的标记格式和相应代号的含义。常见螺纹的种类、标记及标注方法，见表1-18。

表1-18 常见螺纹的种类、标记及标注方法

<table>
<tr><th colspan="2">螺纹种类</th><th>标注示例</th><th>代号含义</th><th>要点说明</th></tr>
<tr><td rowspan="6">连接螺纹</td><td rowspan="2">普通螺纹</td><td>M20-5g6g-S</td><td>粗牙普通外螺纹，公称直径为20mm，右旋，中径、顶径公差带代号为5g、6g，短旋合长度</td><td rowspan="2">1)粗牙螺纹不标注螺距，螺距可以到标准中查得；细牙螺纹必须标注螺距
2)右旋省略不标注，左旋以“LH”表示(各种螺纹都是如此)
3)中径、顶径公差带相同时，只标注一个公差带代号
4)旋合长度分长(L)、中(N)、短(S)三种，中等旋合长度不标注
5)螺纹标记应直接标在大径的尺寸线或延长线上</td></tr>
<tr><td>M20×2-6H-LH</td><td>细牙普通内螺纹，公称直径为20mm，螺距为2mm，左旋，中径、顶径公差带代号为6H，中等旋合长度</td></tr>
<tr><td rowspan="4">管螺纹</td><td>G3/4A</td><td>55°非密封管螺纹，尺寸代号为3/4，公差等级代号为A级、右旋</td><td rowspan="4">1)55°非密封管螺纹，其内外螺纹都是圆柱管螺纹
2)对于55°非密封管螺纹，外螺纹的公差等级代号分为A、B两级，内螺纹不标记
3)55°密封管螺纹，只标注螺纹特征代号、尺寸代号和旋向
4)管螺纹一律标注在引出线上，引出线应由大径处引出或由对称中心线引出
5)55°非密封管螺纹特征代号用G表示。55°密封管螺纹特征代号；Rc表示圆锥内螺纹；Rp表示圆柱内螺纹；R表示圆锥外螺纹</td></tr>
<tr><td>Rc1/2</td><td>55°密封圆锥内螺纹，尺寸代号为1/2，右旋</td></tr>
<tr><td>Rp3/4LH</td><td>55°密封圆柱内螺纹，尺寸代号为3/4，左旋</td></tr>
<tr><td>$R_1$1/2或$R_2$1/2</td><td>$R_1$1/2表示与圆柱内螺纹相配合的圆锥外螺纹，尺寸代号为1/2，右旋
$R_2$1/2表示与圆锥内螺纹相配合的圆锥外螺纹，尺寸代号为1/2，右旋</td></tr>
</table>

（续）

螺纹种类		标注示例	代号含义	要点说明
传动螺纹	梯形螺纹	Tr36×12(P6)-7h	梯形螺纹，公称直径为36mm，双线，导程为12mm，螺距为6mm，右旋，中径公差带代号为7h，中等旋合长度	1）两种螺纹只标注中径公差带代号 2）旋合长度只有中等旋合长度（N）和长旋合长度（L）两组 3）中等旋合长度不标注
	锯齿形螺纹	B40×7LH-8g	锯齿形螺纹，公称直径为40mm，单线，螺距为7mm，左旋，中径公差带代号为8g，中等旋合长度	

二、螺纹紧固件

螺纹紧固件有螺栓、螺柱、螺钉、螺母、垫圈等。它们是标准件，结构、形式、尺寸大小都已标准化。在GB/T 1237—2000《紧固件标记方法》中对紧固件产品的标记方法进行了规范，只要知道其规定标记就可以从有关标准中查得。常用螺纹紧固件的简化标记，见表1-19。

表1-19 常用螺纹紧固件的简化标记

名称	立体图	画法及规格尺寸	简化标记及说明
六角头螺栓		l, d	螺栓 GB/T 5782 M12×80 表示螺纹规格 d=M12、公称长度 l=80mm、性能等级为8.8级、表面氧化、产品等级为A级的六角头螺栓
双头螺柱		b_m, l, d	螺柱 GB/T 899 M10×40 表示两端均为粗牙普通螺纹，d=10mm、l=40mm、性能等级为4.8级、不经表面处理、B型、b_m=1.5d的双头螺柱
开槽沉头螺钉		l, d	螺钉 GB/T 68 M8×30 表示螺纹规格 d=M8、公称长度 l=30mm、性能等级为4.8级、不经表面处理的A级开槽沉头螺钉

（续）

名称	立体图	画法及规格尺寸	简化标记及说明
内六角圆柱头螺钉		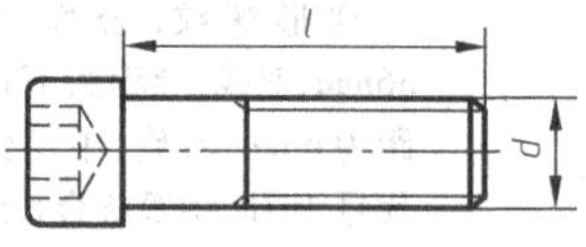	螺钉 GB/T 70.1 M5×20 表示螺纹规格 d=M5、公称长度 l=20mm、性能等级为8.8级、表面氧化的A级内六角圆柱头螺钉
开槽圆柱头螺钉	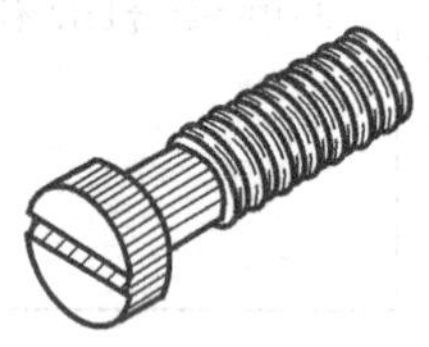	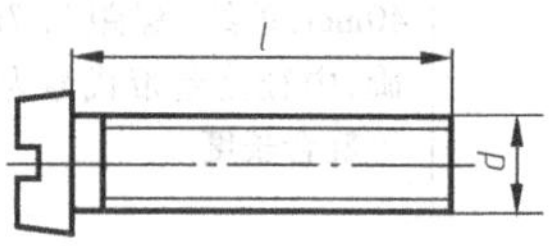	螺钉 GB/T 65 M5×20 表示螺纹规格 d=M5、公称长度 l=20mm、性能等级为4.8级、不经表面处理的A级开槽圆柱头螺钉
六角螺母	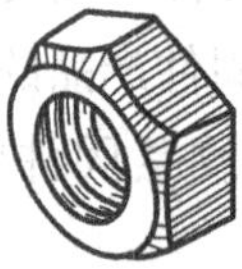	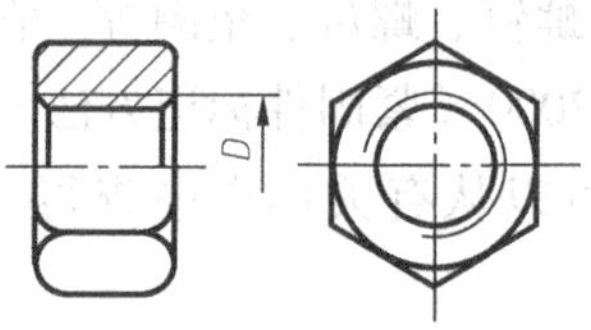	螺母 GB/T 41 M12 表示螺纹规格 D=M12，性能等级为5级、不经表面处理、产品等级为C级的六角螺母
平垫圈	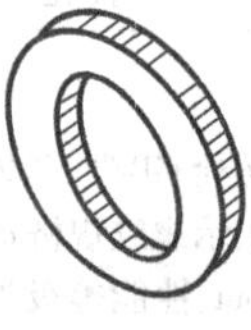	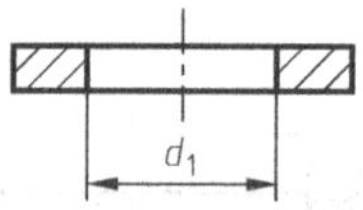	垫圈 GB/T 97.1 10 表示标准系列、公称规格10mm、由钢制造的硬度等级为200HV级、不经表面处理、产品等级为A级的平垫圈
弹簧垫圈	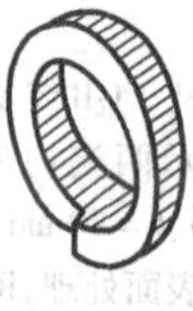	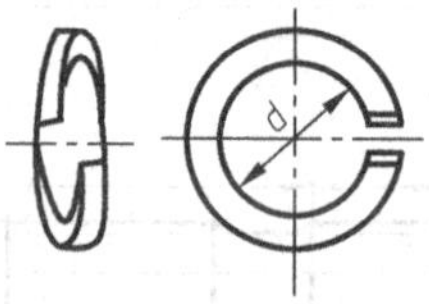	垫圈 GB/T 93 10 表示公称规格10mm，材料为65Mn、表面氧化的标准型弹簧垫圈

1. 常用螺纹紧固件的画法

画螺纹紧固件一般有两种方法。

（1）查国家标准画出 根据已知螺纹紧固件的规格尺寸，从相应的标准中查得各部分尺寸后画出（太麻烦，不推荐使用）。

（2）按比例画法画出 除螺纹紧固件的公称长度 l 需要计算，并查有关标准选标准值外，其余各部分尺寸都按与螺纹公称直径 d（或 D）成一定比例确定（简单易画，建议使用）。常用螺纹紧固件的比例画法见表1-20。

表 1-20 常用螺纹紧固件的比例画法

名称	比例画法	名称	比例画法
螺栓	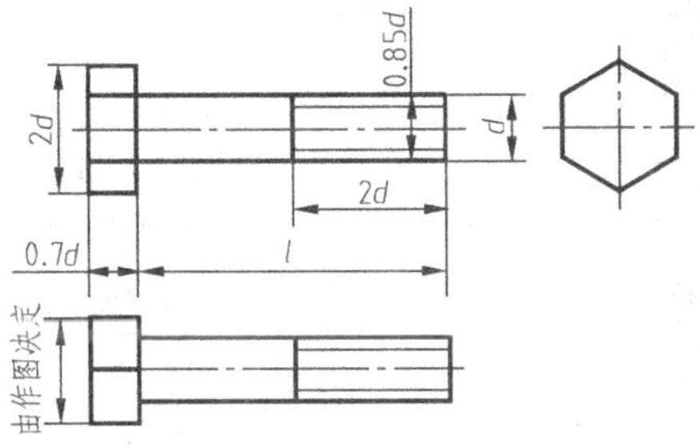	螺母	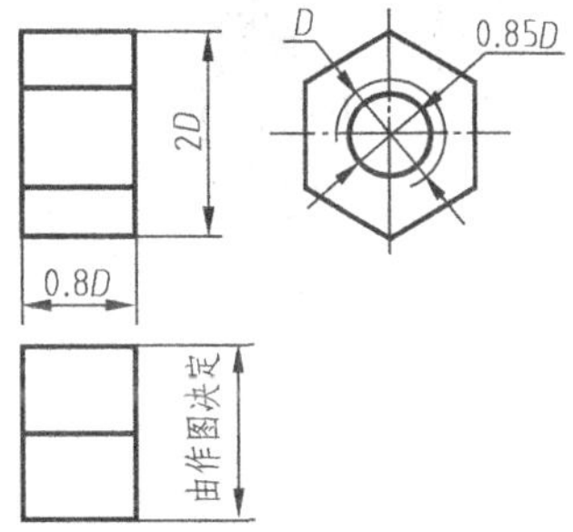
双头螺柱	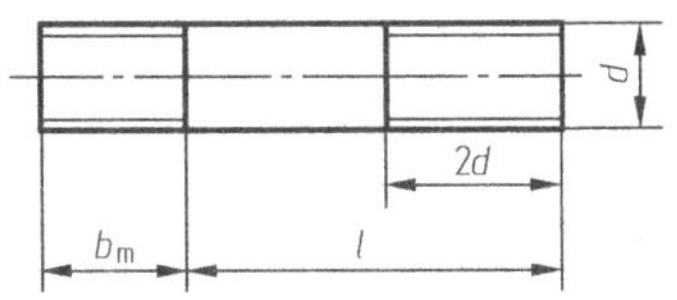	内六角圆柱头螺钉	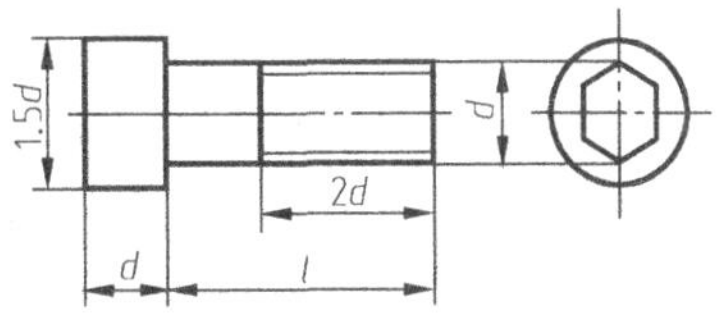
开槽圆柱头螺钉	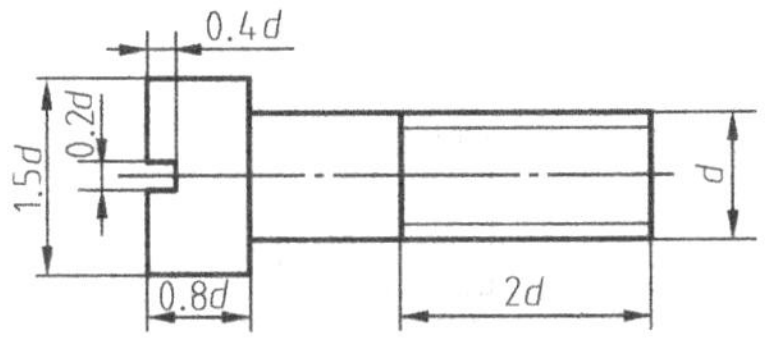	开槽沉头螺钉	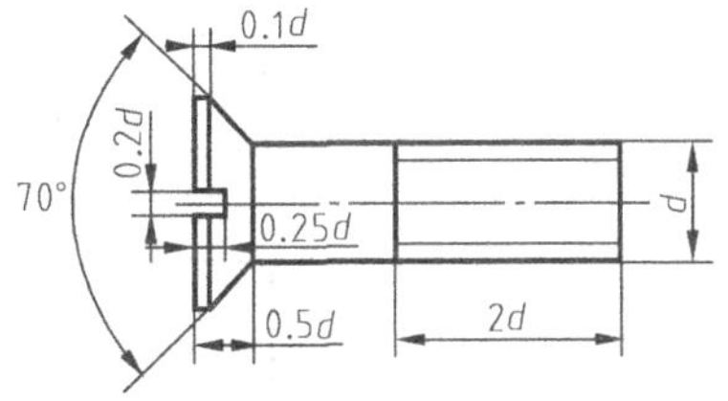
平垫圈	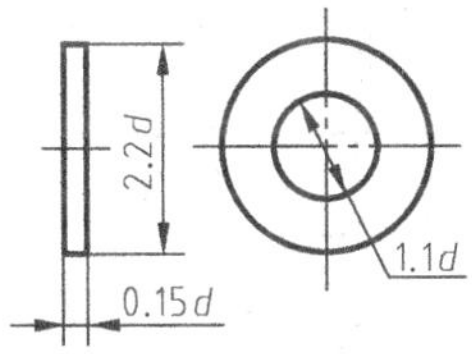	弹簧垫圈	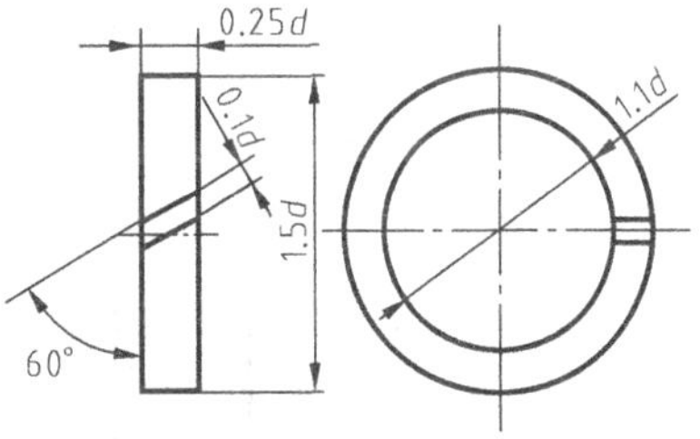

2. 螺纹紧固件连接图的画法

常见的螺纹紧固件连接形式有螺栓连接、双头螺柱连接、螺钉连接，如图 1-146 所示。采用哪种连接形式按需要确定。但不管采用哪种连接形式，其画法都应遵循以下规定。

1）被连接的两零件的接触面只画一条线，不接触面必须画两条线。

2）在剖视图中，相互接触的两个零件的剖面线方向要相反；同一个零件在各剖视图中，剖面线的方向和间隔都应一致。

3）在剖视图中，当剖切平面通过紧固件的轴线时，紧固件按不剖绘制。

（1）螺栓连接　用来连接不太厚并能钻成通孔（通孔直径 d_0 大于螺杆直径，一般 $d_0=1.1d$）的零件，用于经常拆卸的场合，其简化画法如图 1-147 所示。

（2）双头螺柱连接　适用于连接一薄一厚两零件、不适合螺栓连接的场合。在较厚的零件上加工出螺纹不通孔，在较薄的零件上加工出通孔，双头螺柱的旋入端穿过通孔拧在螺

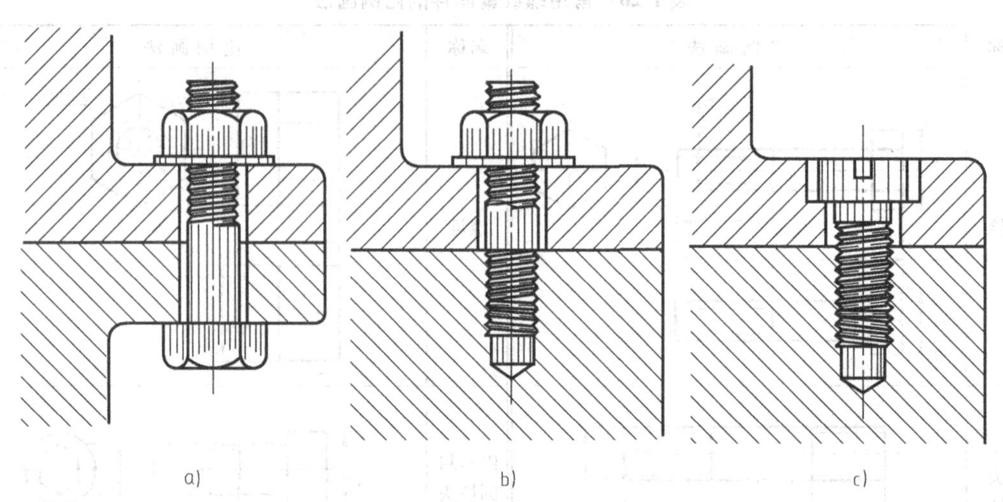

图 1-146 常见的螺纹紧固件连接形式

a）螺栓连接 b）双头螺柱连接 c）螺钉连接

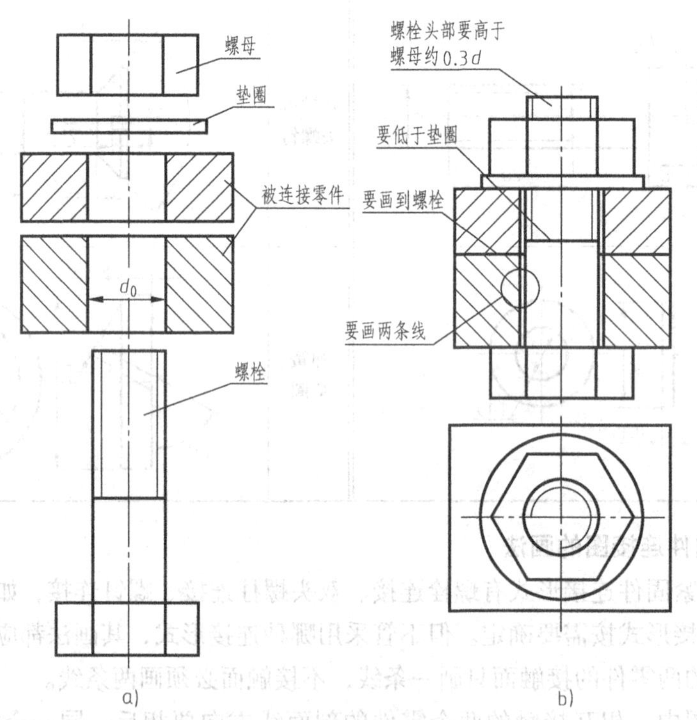

图 1-147 螺栓连接的简化画法

a）连接前 b）连接后

纹孔上，在另一紧固端装上垫圈，再拧上螺母将两零件连接在一起，其简化画法如图 1-148 所示。

（3）螺钉连接 一般适用于受力不大又不需要经常拆装，而且被连接件之一较厚的情况下的零件之间的连接。连接时，较薄的零件加工出通孔，较厚的零件加工出螺纹不通孔，将螺钉直接拧入零件的螺纹孔中，依靠螺钉头部压紧被连接件，其简化画法如图 1-149 所示。

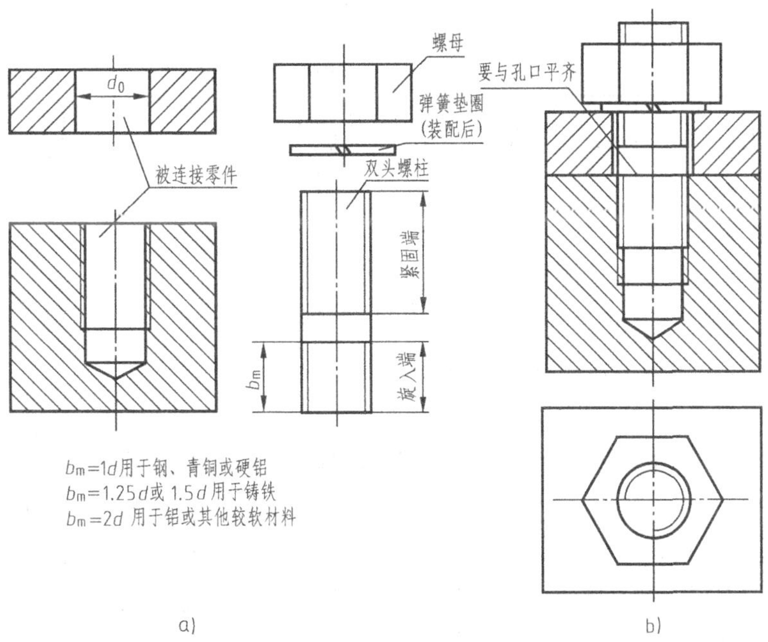

图 1-148　双头螺柱连接的简化画法
a）连接前　b）连接后

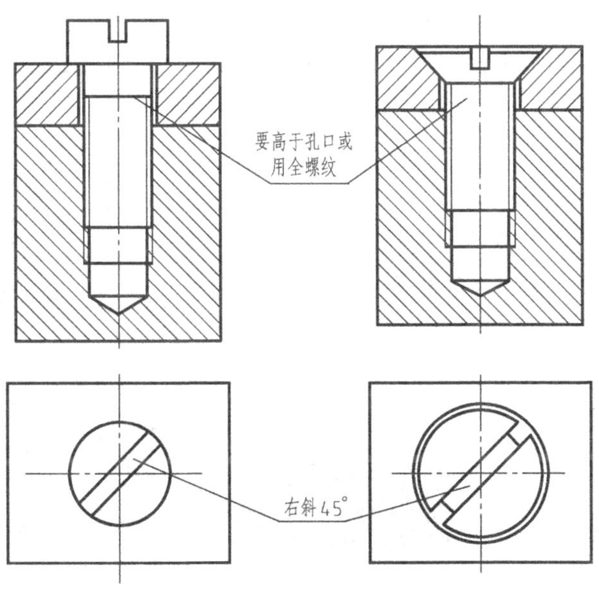

图 1-149　螺钉连接的简化画法

任务实施

1）完成内六角圆柱头螺钉 GB/T 70.1　M5×20 的图形。

① 根据螺钉标记 GB/T 70.1　M5×20 查标准确定各部分尺寸。

② 选择合适的图形表达内六角圆柱头螺钉，如图 1-150 所示。

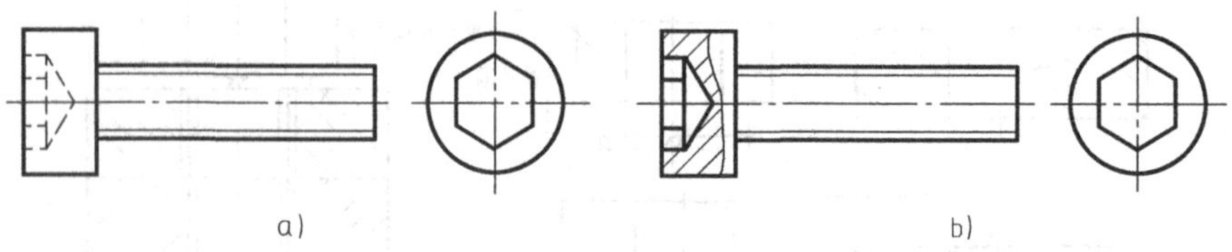

图 1-150　内六角圆柱头螺钉的图形

a）视图形式　b）局部剖形式

2）完成模具中用内六角圆柱头螺钉连接两零件的连接图。

① 根据两零件连接厚度，选择合适的内六角圆柱头螺钉。

② 按规定绘制其连接图。内六角圆柱头螺钉是标准件，在装配图中，为了画图方便，常采用比例画法，即以螺纹公称直径 d 为标准，将螺纹连接件的各部分尺寸折合成一定的比例关系，然后再画图。在装配图中，螺纹不通孔可不画出钻孔深度，仅按有效螺纹部分的深度画出，如图 1-151 所示。这样，只要知道螺纹的公称直径，无须查表，即可通过比例关系计算出各部分的近似尺寸，从而轻松画图。

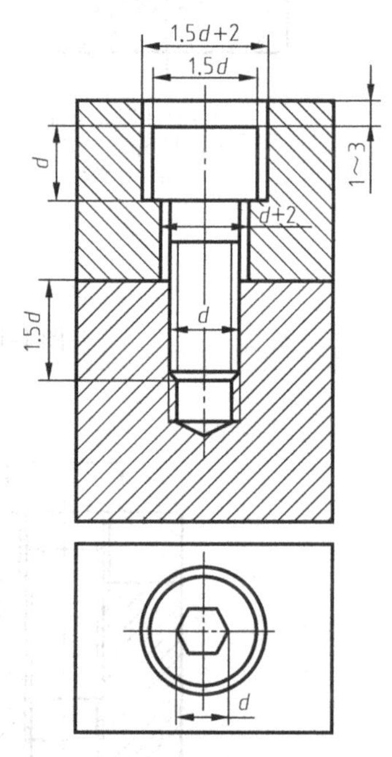

图 1-151　内六角圆柱头螺钉连接图

知识拓展

模具中常用的其他螺纹连接件

1）内六角无头螺钉与内六角圆柱头螺钉一样起连接作用，如图 1-152a 所示。

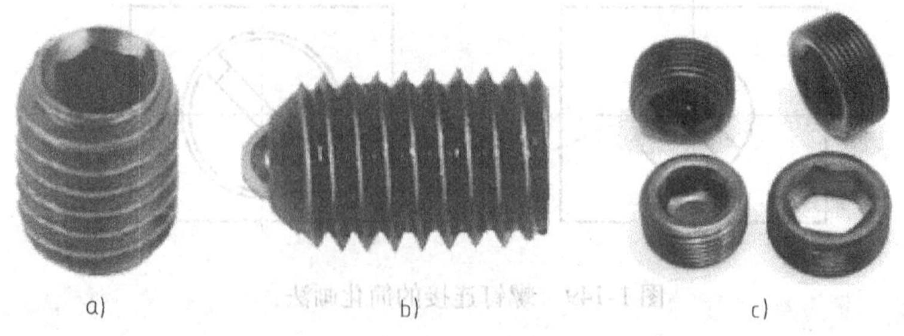

图 1-152　模具中常用的其他螺纹连接件

a）内六角无头螺钉　b）钢珠螺钉　c）喉塞

2）钢珠螺钉如图 1-152b 所示。钢珠螺钉的前端有一颗活动钢珠，因为螺钉里面有弹簧，所以钢珠受压会下沉，在模具上用于活动件的准确定位。

3）喉塞是一种止转螺钉，如图 1-152c 所示，常用于注射模的冷却系统中。

任务十一　绘制圆柱螺旋压缩弹簧的图形

任务描述

弹簧是用途很广的常用零件。它主要用于减振、夹紧、储存能量和测力等方面。弹簧的特点是去掉外力后，能立即恢复原状。常用弹簧如图 1-153 所示。在模具中，常用弹簧为某些零件提供弹力从而使其复位。圆柱螺旋压缩弹簧是模具中应用最广的一种弹簧。本任务要求根据规定尺寸绘制圆柱螺旋压缩弹簧的图形。

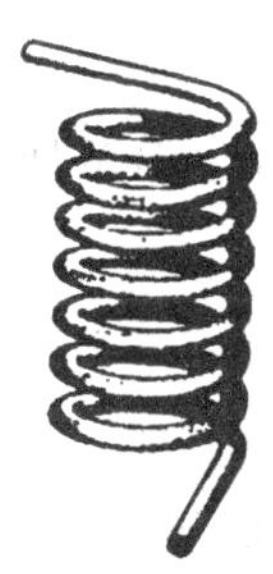

图 1-153　常用弹簧

任务分析

圆柱螺旋压缩弹簧整体可以分成两部分——两端的支承部分和中间等距离的有效部分。因有效圈部分是有规律的重复结构，绘图时可以简化，所以完成本任务的关键是了解弹簧各部分的名称和尺寸，学会其简化画法。

相关知识

一、弹簧的分类（图 1-154）

二、圆柱螺旋压缩弹簧各部分的名称及代号（图 1-155）

1. 四个直径

1）簧丝直径（d）是指弹簧丝的直径。

2）弹簧外径（D_2）是指弹簧的最大直径。

3）弹簧内径（D_1）是指弹簧的最小直径。

4）弹簧中径（D）是指弹簧的平均直径，$D=(D_1+D_2)/2=D_1+d=D_2-d$。

2. 三个圈数

1）有效圈数（n）。保持相等距离的圈数。

2）支承圈数（n_z）。为使弹簧工作平稳，将弹簧两端并紧磨平部分的圈数。

支承圈仅起支承作用，常用的有 1.5 圈、2 圈和 2.5 圈三种，以 2.5 圈居多。

3）弹簧总圈数（n_1）。弹簧的有效圈数与支承圈数之和，即 $n_1 = n + n_z$。

3. 节距（t）

除两端支承圈外，弹簧上相邻两圈对应两点之间的轴向距离。

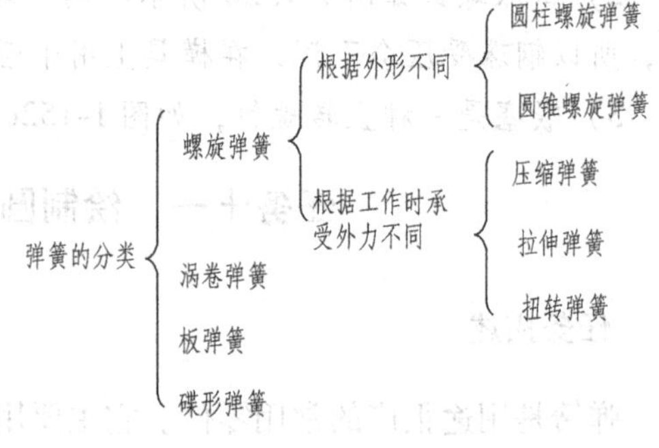

图 1-154 弹簧的分类

4. 弹簧的自由高度和展开长度

1）弹簧的自由高度（H_0）。弹簧未受载荷时的高度，$H_0 = nt + (n_z - 0.5)d$。

2）弹簧的展开长度（L）。制造弹簧所需簧丝的长度。

5. 弹簧的旋向

弹簧有左旋和右旋之分。

三、圆柱螺旋压缩弹簧的规定画法

1）弹簧可以画成视图、剖视图和示意图三种形式，如图 1-156 所示。

2）弹簧在平行于轴线投影面上的视图中，各圈的轮廓不必按螺旋线的真实投影画出，而用直线来代替螺旋线的投影。

3）弹簧均可画成右旋，但左旋弹簧不论画成左旋还是右旋，一律要加注左旋说明。在有特定的右旋要求时也应注明右旋。

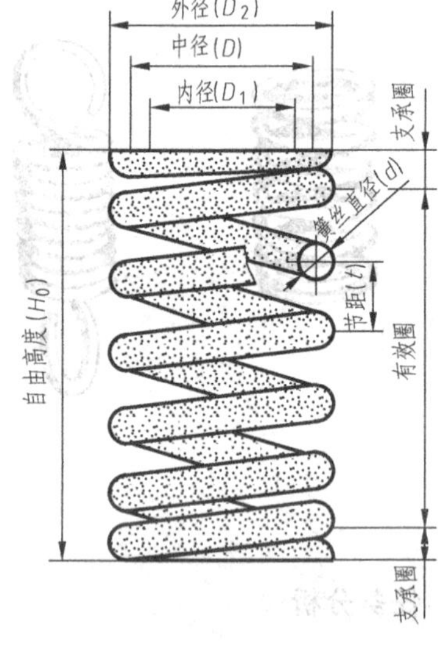

图 1-155 圆柱螺旋压缩弹簧各部分的名称及代号

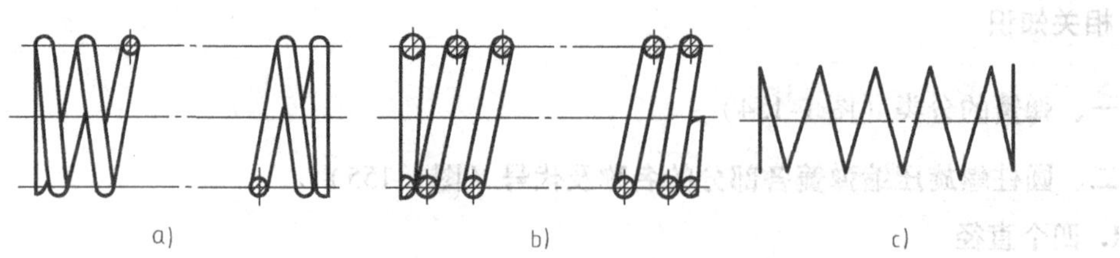

图 1-156 弹簧的表达形式

a）视图 b）剖视图 c）示意图

4）有效圈数在 4 圈以上的弹簧，中间各圈可以省略，只画出其两端的 1 ~ 2 圈（不包括支承圈)，中间只需用通过簧丝断面中心的细点画线连起来。省略后，允许适当缩短图形的长度，但应注明弹簧设计要求的自由高度。

5）弹簧在装配图中的画法。

① 弹簧各圈用省略画法后，其后面结构按不可见处理。可见轮廓线只画到簧丝的断面轮廓线或簧丝断面的中心线处，如图 1-157a 所示。

② 在弹簧被剖切时，若簧丝直径 $d \leqslant 2$mm，其断面可以用涂黑的方法来表示，如图 1-157b所示；当簧丝直径 $d \leqslant 1$mm 时，也可采用示意画法，如图 1-157c 所示。弹簧内部还有零件时，为了便于表达，则可按图 1-157d 所示的示意图形式绘制。

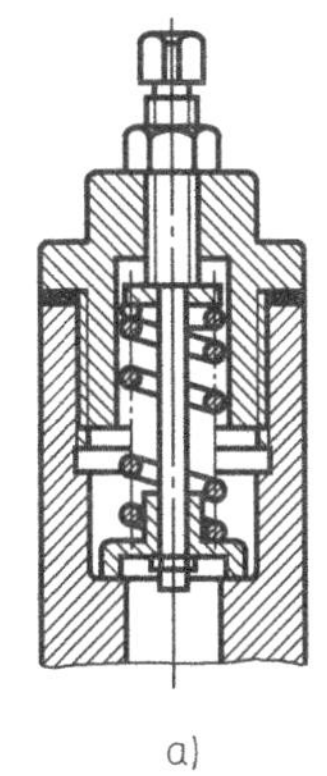
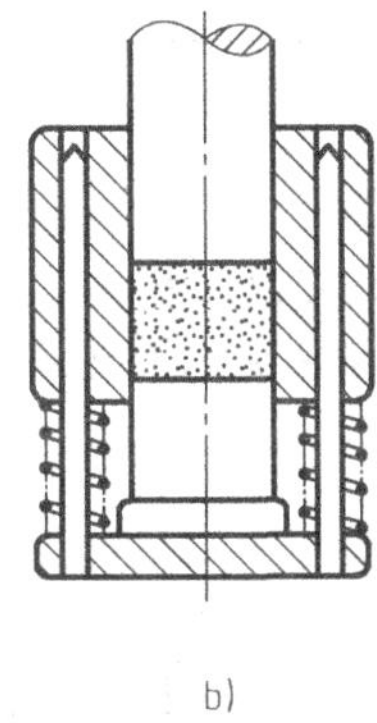
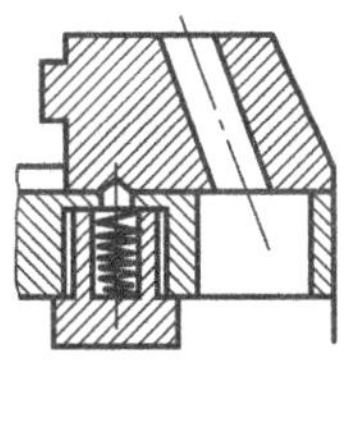
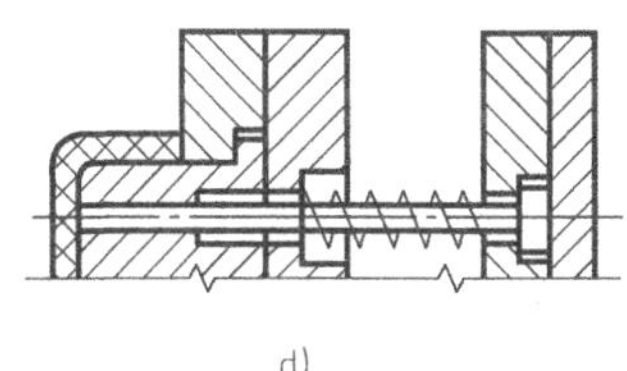

a)　b)　c)　d)

图 1-157　弹簧在装配图中的画法

6）模具中弹簧的习惯画法。在模具行业中，常用的标准弹簧是矩形截面弹簧，如图 1-158 所示。

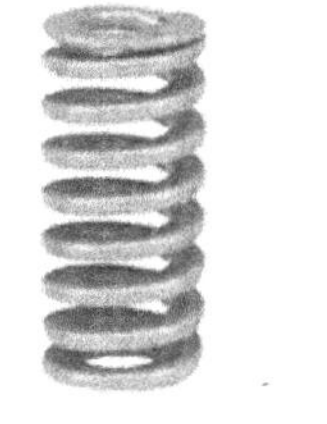
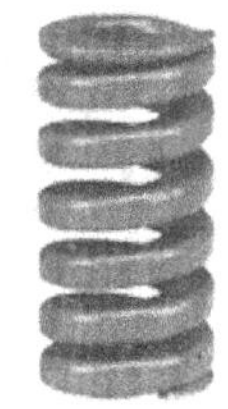

图 1-158　模具标准弹簧

模具弹簧有不同的颜色，代表着弹簧的载荷等级，反映压缩弹簧的压缩量以及弹力的大小。常用模具弹簧的颜色有黄色、蓝色、红色、绿色、茶色，所代表的载荷等级依次是较小荷重 KF、轻荷重 KL、中荷重 KM、重荷重 KH、超重荷重 KB。茶色在不同的标准中还被称为棕色、橙色等。模具弹簧的颜色是用烤漆或喷绘加工上的，外表美观，用来区分模具弹簧的规格，标志各种技术参数，方便生产以及顾客的选购。

大多数人习惯采用简化画法画弹簧，即用细双点画线表示弹簧的外形轮廓，中间用交叉的细双点画线表示。当弹簧个数较多时，在俯视图中可只画一个弹簧，其余只画窝座，如图 1-159 所示。

橡胶弹簧是用橡胶制造的带孔或不带孔的圆柱状弹性体，是模具中常用的另一种弹簧，如图 1-160 所示。

橡胶弹簧的画法如图 1-161 所示。

任务实施

根据圆柱螺旋压缩弹簧的外径 D_2、簧丝直径 d、节距 t 和圈数等即可计算出弹簧的中径 D 和自由高度 H_0，从而绘制出弹簧的视图，其绘制步骤见表 1-21。

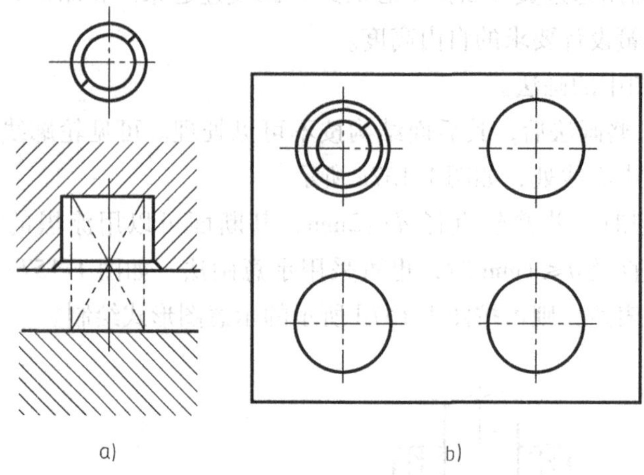

图 1-159　模具中弹簧的习惯画法

a）弹簧主视图的简化画法　b）弹簧俯视图的简化画法

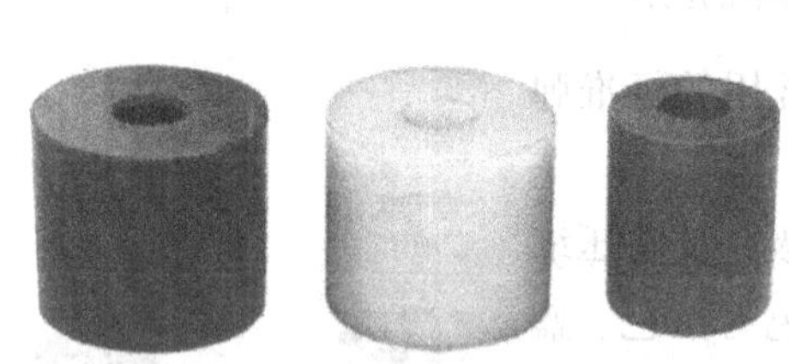

图 1-160　橡胶弹簧

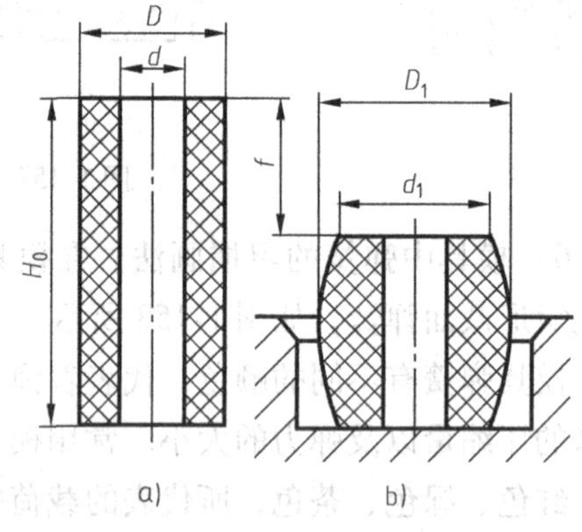

图 1-161　橡胶弹簧的画法

a）自由状态　b）受力状态

表 1-21　圆柱螺旋压缩弹簧的绘制步骤

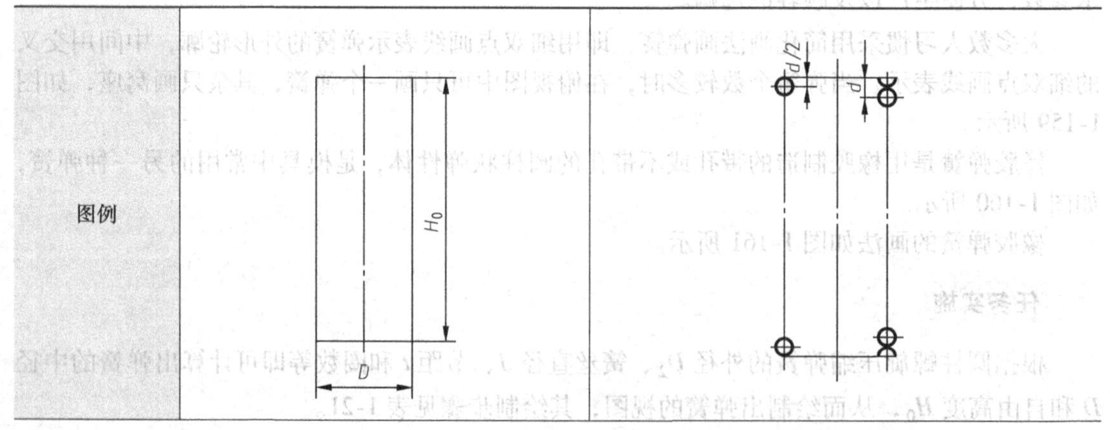

（续）

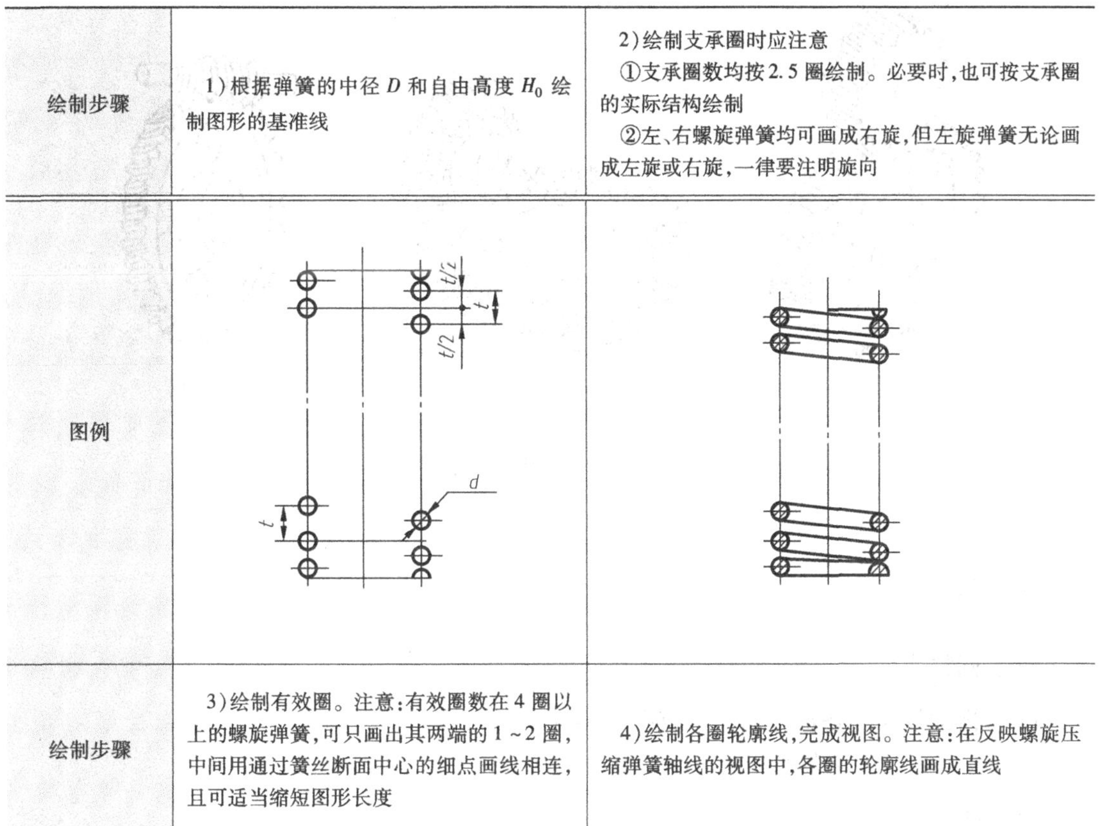

绘制步骤	1）根据弹簧的中径 D 和自由高度 H_0 绘制图形的基准线	2）绘制支承圈时应注意 ①支承圈数均按 2.5 圈绘制。必要时，也可按支承圈的实际结构绘制 ②左、右螺旋弹簧均可画成右旋，但左旋弹簧无论画成左旋或右旋，一律要注明旋向
图例	t/2　t　t/2　t　d	
绘制步骤	3）绘制有效圈。注意：有效圈数在 4 圈以上的螺旋弹簧，可只画出其两端的 1～2 圈，中间用通过簧丝断面中心的细点画线相连，且可适当缩短图形长度	4）绘制各圈轮廓线，完成视图。注意：在反映螺旋压缩弹簧轴线的视图中，各圈的轮廓线画成直线

＊任务十二　绘制圆柱齿轮的图形

任务描述

齿轮是机械传动中应用最广的一种传动件。它不仅可以传递动力，而且可以用来改变轴的转速和旋转方向，往往用于需要旋转的模具中。

常用的齿轮副按两轴的相对位置不同分为如下三种。

（1）圆柱齿轮　用于两平行轴之间的传动，如图 1-162a 所示。

（2）锥齿轮　用于两相交轴之间的传动，如图 1-162b 所示。

（3）蜗杆蜗轮　用于两交错轴之间的传动，如图 1-162c 所示。

本任务要求根据图 1-162a 所示直齿圆柱齿轮传动的示意图，绘制单个齿轮的图形。

任务分析

齿轮一般由轮体和轮齿两部分组成。在画法中，轮体结构按真实投影绘制，轮齿是在齿轮加工机床上用专用刀具加工出来的，一般不需要画出它的真实投影，国家标准规定了它的画法。

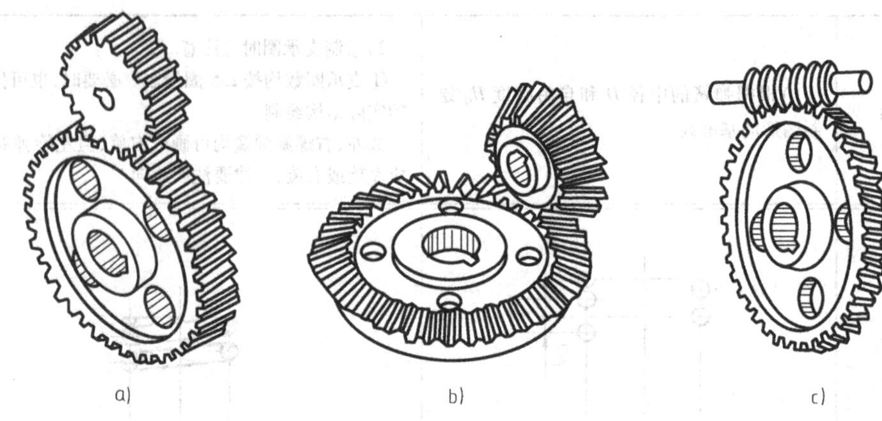

图 1-162　常用的齿轮副

a）圆柱齿轮　b）锥齿轮　c）蜗杆蜗轮

相关知识

一、圆柱齿轮

1. 直齿圆柱齿轮各部分的名称及有关参数

标准直齿圆柱齿轮各部分的名称及有关参数如图 1-163 所示。

（1）几何要素

1）齿顶圆。通过轮齿顶部的圆，直径用 d_a 表示。

2）齿根圆。通过轮齿根部的圆，直径用 d_f 表示。

3）分度圆是一个约定的假想圆。在该圆上，齿厚 s 等于齿槽宽 e（s 和 e 均指弧长）。分度圆直径用 d 表示。它是设计、制造齿轮时计算各部分尺寸的基准圆。

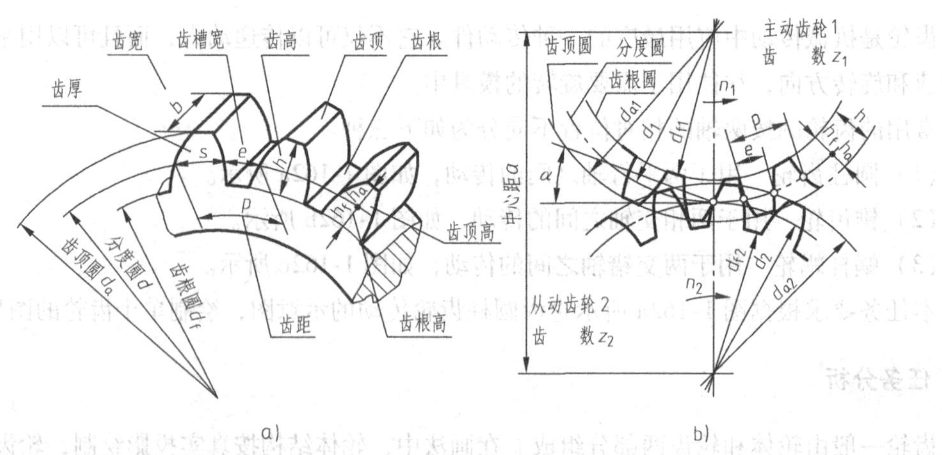

图 1-163　标准直齿圆柱齿轮各部分的名称及有关参数

a）齿轮各部分名称　b）齿轮传动图

4）齿顶高 h_a。齿顶圆与分度圆之间的径向距离。

5）齿根高 h_f。齿根圆与分度圆之间的径向距离。

6）齿高 h。齿顶圆与齿根圆之间的径向距离。

7）齿厚 s。一个齿的两侧齿廓之间所夹分度圆弧长。

8）齿槽宽 e。一个齿槽的两侧齿廓之间所夹分度圆弧长。

9）齿距 p。相邻两齿同侧齿廓之间的分度圆弧长。

10）齿宽 b。齿轮轮齿的轴向宽度。

（2）基本参数

1）齿数 z。一个齿轮的轮齿总数。

2）模数 m。齿轮设计和制造的重要参数。在分度圆上

$$\pi d = pz \quad 即\ d = \frac{pz}{\pi}$$

由此可见：分度圆直径是个无理数，这给设计和制造带来了极大的不便，于是人们就把 p/π 作为一个整体先确定下来，把它称为模数，用 m 表示，即

$$m = p/\pi$$

所以

$$d = mz$$

如果 m 是一个有理数，则其他参数就都是有理数，这样就方便多了。在国家标准中，模数不仅是有理数，而且已经标准化，见表1-22。

表1-22　齿轮标准模数系列（优先选用第一系列）　　（单位：mm）

第一系列	1　1.25　1.5　2　2.5　3　4　5　6　8　10　12　16　20　25　32　40　45
第二系列	1.125　1.375　1.75　2.25　2.75　3.5　4.5　5.5（6.5）　7　9　11　14　18　22　28　36　45

3）压力角 α。齿廓曲线与分度圆的交点处的径向与齿廓在该点处的切线所夹的锐角，其大小影响齿轮传动的效率。

4）传动比 i。主动齿轮的转速 n_1 与从动齿轮转速 n_2 之比，即

$$i = n_1/n_2 = z_2/z_1$$

5）中心距 a。两圆柱齿轮轴线之间的最短距离，即

$$a = (d_1 + d_2)/2 - m(z_1 + z_2)/2$$

2. 标准直齿圆柱齿轮的尺寸计算

在设计齿轮时，要先确定模数和齿数，其他各部分尺寸都可由模数和齿数计算出来。标准直齿圆柱齿轮各部分尺寸的计算公式，见表1-23。

表1-23　标准直齿圆柱齿轮各部分尺寸的计算公式

名称及代号	计算公式	名称及代号	计算公式
模数 m	（设计确定）	齿高 h	$h = h_a + h_f = 2.25m$
齿数 z	（设计确定）	齿顶圆直径 d_a	$d_a = d + 2h_a = m(z+2)$
分度圆直径 d	$d = mz$	齿顶圆直径 d_f	$d_f = d - 2h_f = m(z-2.5)$
齿顶高 h_a	$h_a = m$	中心距 a	$a = (d_1 + d_2)/2 = m(z_1 + z_2)/2$
齿根高 h_f	$h_f = 1.25m$		

3. 圆柱齿轮的规定画法

在 GB/T 4459.2—2003 中规定了齿轮的简化画法。

（1）单个圆柱齿轮的画法

1）视图的画图要点。两个视图表达即可，如图 1-164a 所示。

齿顶圆（线）用粗实线绘制。

齿根圆（线）用细实线绘制，也可省略不画。

分度圆（线）用细点画线绘制，分度线要超出图形轮廓线 3～5mm。

2）剖视图的画图要点。在剖视图中，轮齿一律按不剖处理，齿根线画成粗实线，其他不变，如图 1-164b 所示。

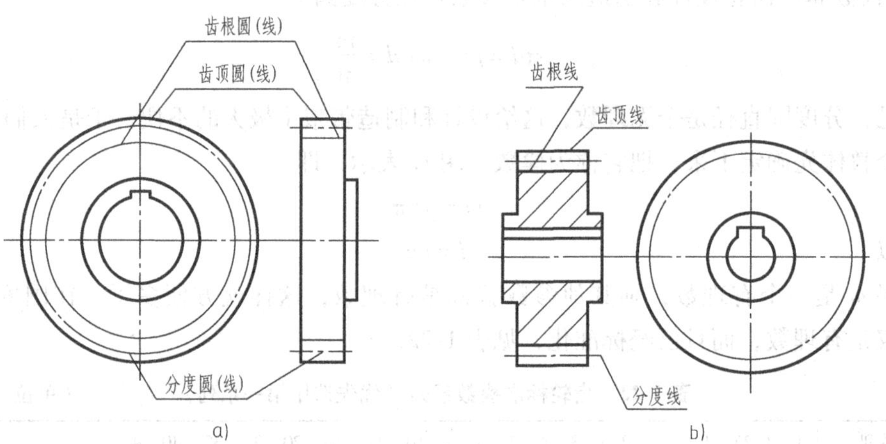

图 1-164　单个圆柱齿轮的画法

a）视图的画法　b）剖视图的画法

可采用半剖视图及局部剖视图来表达（适合于斜齿轮、人字形齿轮），在视图部分用三条与轮齿方向一致的细实线表示轮齿方向，如图 1-165 所示。

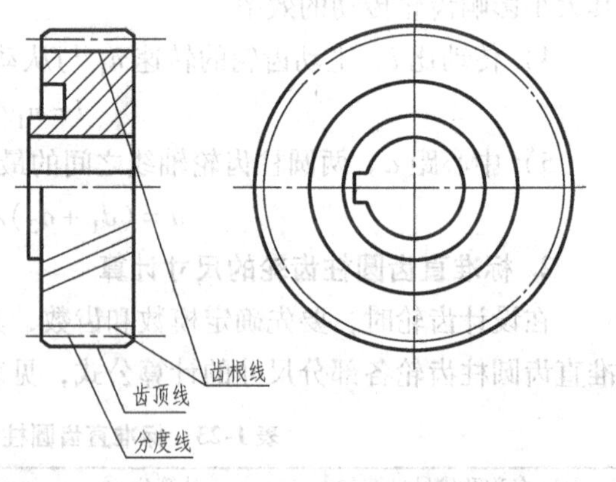

图 1-165　半剖视图表达斜齿轮

（2）圆柱齿轮啮合的画法

1）画图要点。正确啮合时，两齿轮分度圆相切。

2）投影为圆的视图。与画两个单独齿轮一样，如图 1-166a 所示。啮合区内两分度圆相切，齿顶圆可省略不画，如图 1-166b 所示。

3）投影为非圆的视图。与画两个单独齿轮一样。但要注意：啮合区内分度线变成一条节线，画粗实线，如图 1-166c 所示。

4）投影为非圆的剖视图。与画两个单独齿轮一样，如图 1-167a 所示。

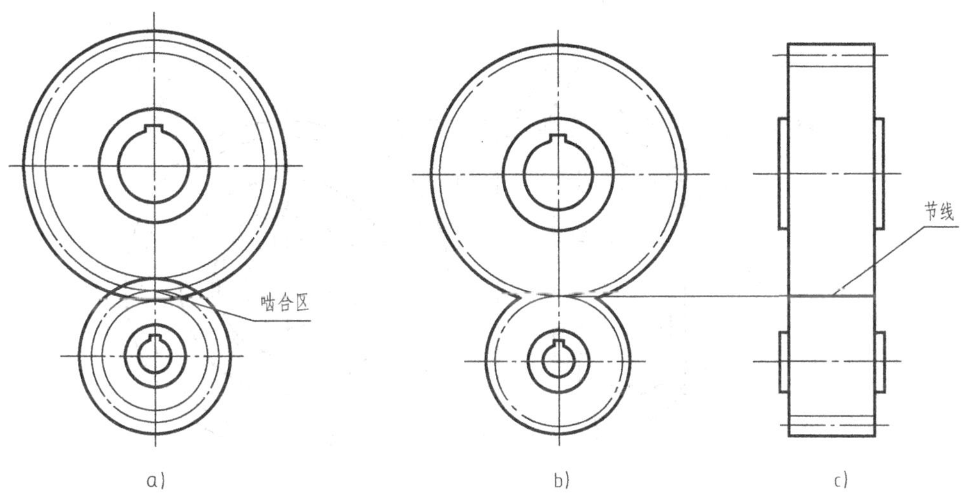

图 1-166 圆柱齿轮啮合的视图画法

注意啮合区内五条线，如图 1-167b 所示。

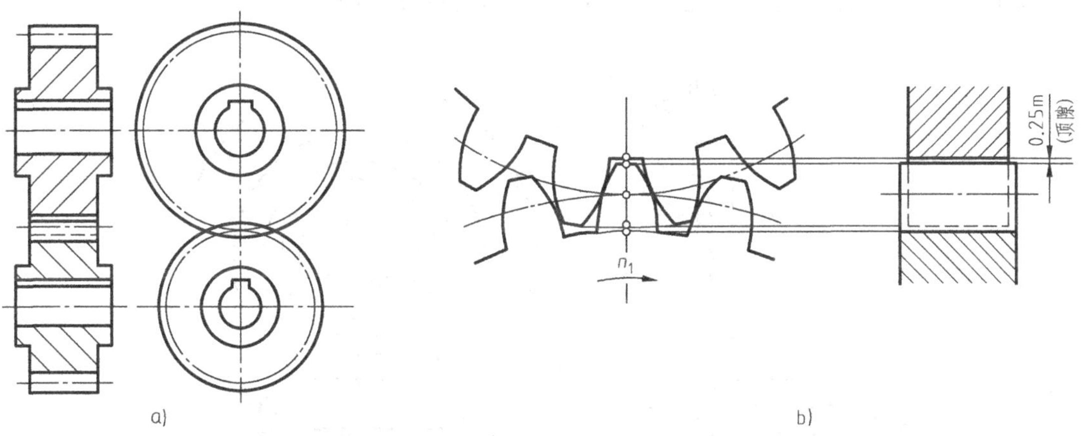

图 1-167 圆柱齿轮啮合的剖视图画法

分度线：两分度线重合，画一条细点画线。

齿根线：画粗实线（两条）。

齿顶线：一条画粗实线，一条画虚线。

二、锥齿轮

1. 单个锥齿轮的画法

单个锥齿轮通常用两个视图表达。平行于齿轮轴线的视图采用全剖视图；在投影为圆的视图中，只画大、小端齿顶圆和大端分度圆。锥齿轮各部分的名称和画法如图 1-168 所示。

2. 锥齿轮啮合的画法

锥齿轮啮合的画法与圆柱齿轮啮合的画法基本相同，如图 1-169 所示。

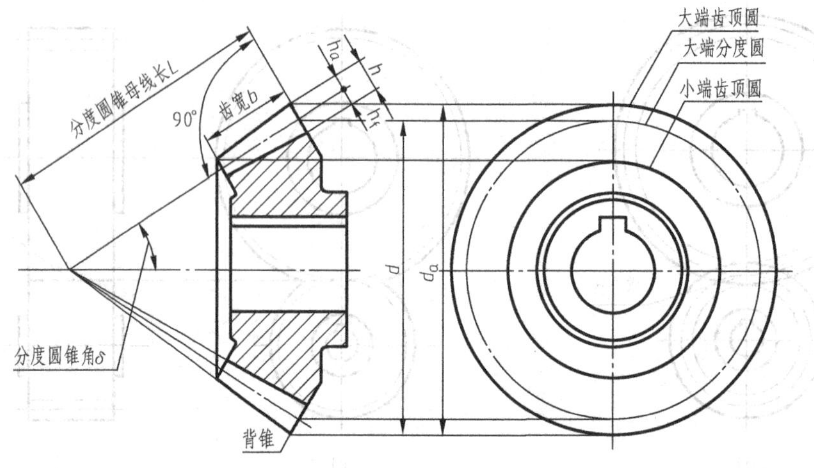

图 1-168　锥齿轮各部分的名称和画法

三、蜗杆传动

蜗杆传动主要用于垂直交叉两轴之间的传动，一般情况下蜗杆为主动件，蜗轮为从动件。蜗杆和蜗轮的齿向是螺旋形的，蜗轮的轮齿顶面制成凹弧形。

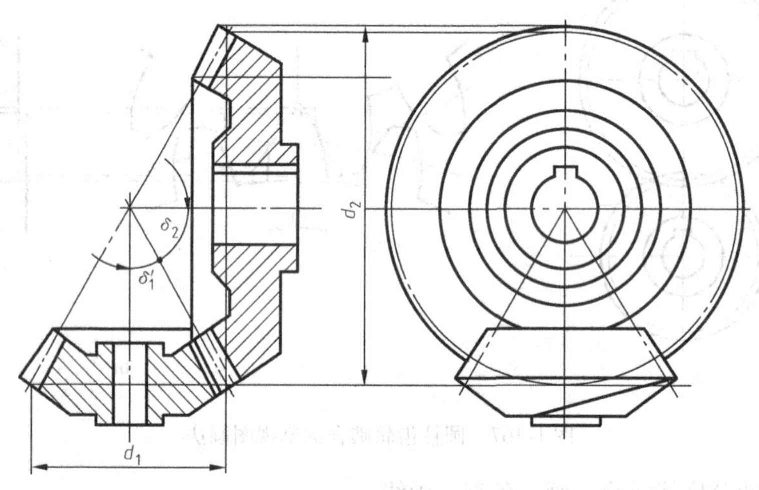

图 1-169　锥齿轮啮合的画法

1. 蜗杆的画法

蜗杆的画法与齿轮的画法基本相同，如图 1-170 所示。

蜗杆的齿顶圆和齿顶线用粗实线绘制，分度圆和分度线用细点画线绘制。在剖视图中，齿根圆和齿根线用粗实线绘制，如图 1-170a 所示；在未剖的视图中，齿根圆和齿根线用细实线绘制或省略不画，如图 1-170b 所示。

2. 蜗轮的画法

如图 1-171 所示，蜗轮的画法与圆柱齿轮的画法基本相同，其主视图一般画成全剖视

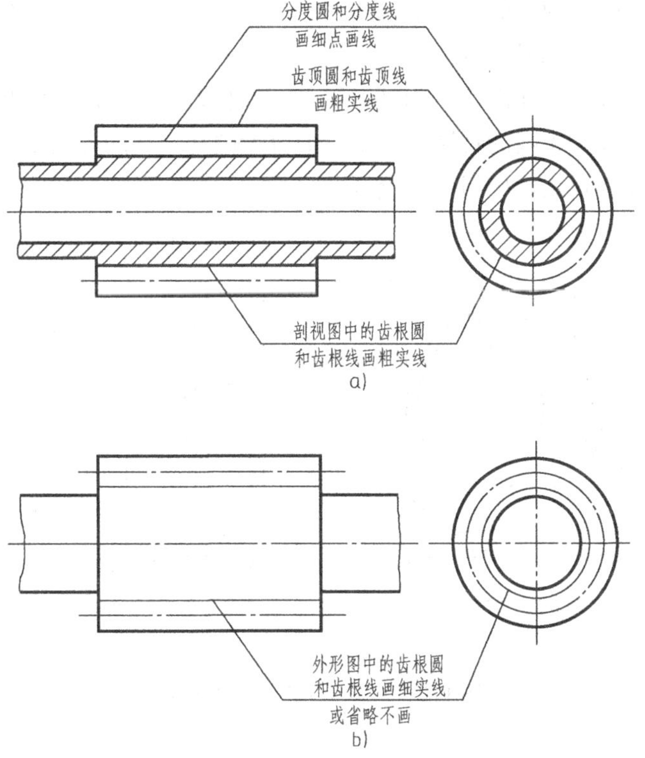

图 1-170 蜗杆的画法

图，齿顶线圆弧、齿根线圆弧用粗实线绘制，分度线圆弧用细点画线绘制；在蜗轮投影为圆的视图中，只画出分度圆和最外圆，不画齿顶圆与齿根圆。

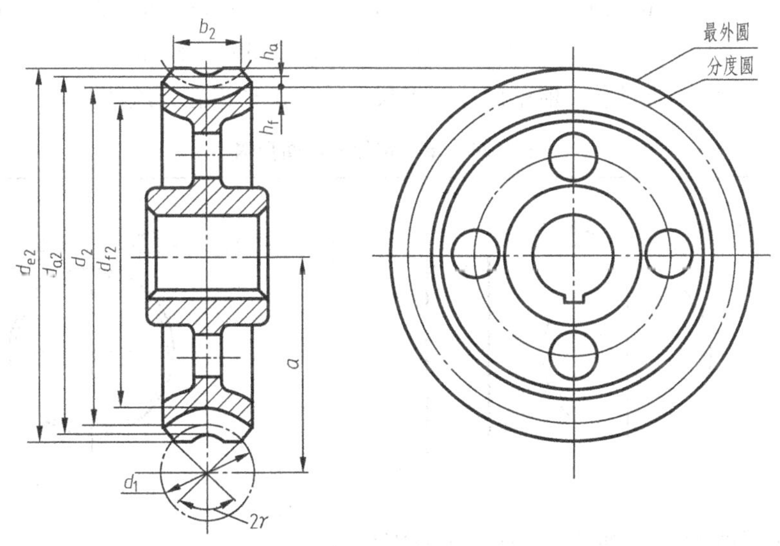

图 1-171 蜗轮的画法

3. 蜗杆蜗轮啮合的画法

蜗杆蜗轮啮合的剖视图如图 1-172a 所示。在蜗杆投影为圆的视图上，蜗轮被蜗杆遮挡的部分不画；在蜗轮投影为圆的视图上，蜗轮的分度圆和蜗杆的分度线相切，在啮合区内的齿顶圆（或齿顶线）都可省略不画。

蜗杆蜗轮啮合的外形图如图 1-172b 所示。在蜗杆投影为圆的视图上，蜗轮被蜗杆遮住的部分不画；在蜗轮投影为圆的视图上，蜗轮的分度圆和蜗杆的分度线相切，蜗轮在啮合区内的最大外圆和蜗杆齿顶线都用粗实线绘制。

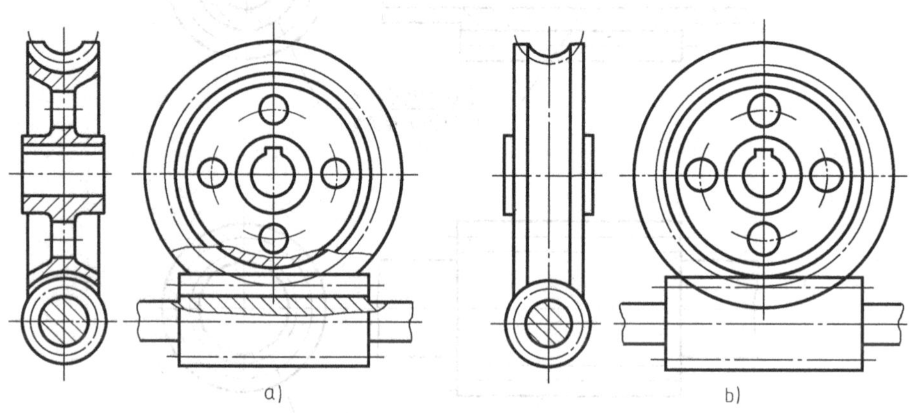

图 1-172　蜗杆蜗轮啮合的画法

任务实施

1）已知齿轮为标准直齿圆柱齿轮，$m=2\text{mm}$，$z=20$，齿宽 $b=40\text{mm}$，根据公式计算有关尺寸。

$$d=mz=2\text{mm}\times 20=40\text{mm}\qquad d_a=m(z+2)=2\text{mm}\times(20+2)=44\text{mm}$$

$$d_f=m(z-2.5)=2\text{mm}\times(20-2.5)=35\text{mm}$$

2）绘制单个齿轮的图形。根据计算所得尺寸绘制圆柱齿轮，绘图步骤见表 1-24。

表 1-24　单个齿轮的绘图步骤

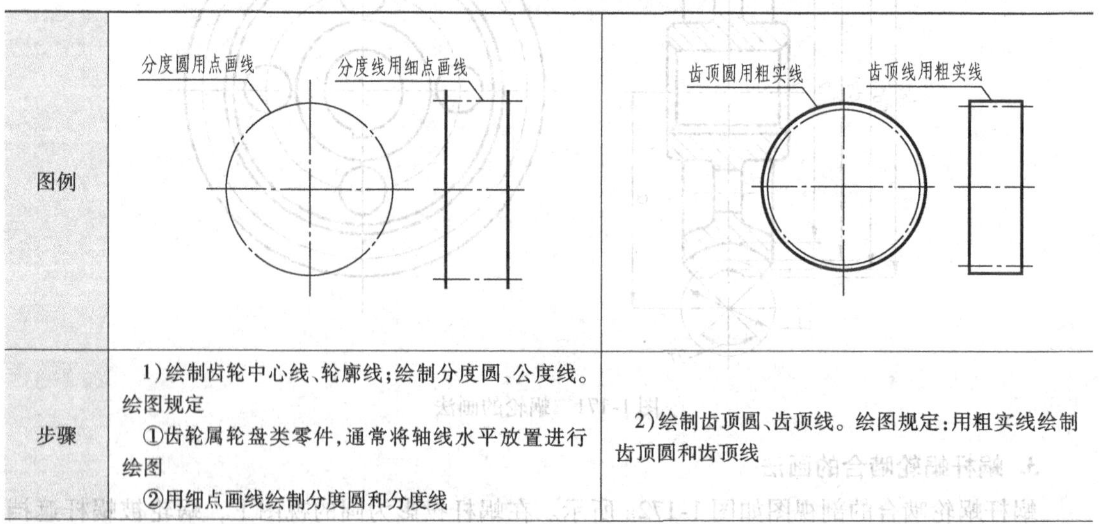

图例		
步骤	1)绘制齿轮中心线、轮廓线;绘制分度圆、公度线。绘图规定 ①齿轮属轮盘类零件,通常将轴线水平放置进行绘图 ②用细点画线绘制分度圆和分度线	2)绘制齿顶圆、齿顶线。绘图规定:用粗实线绘制齿顶圆和齿顶线

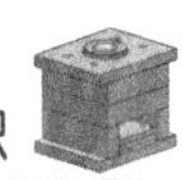

（续）

图例	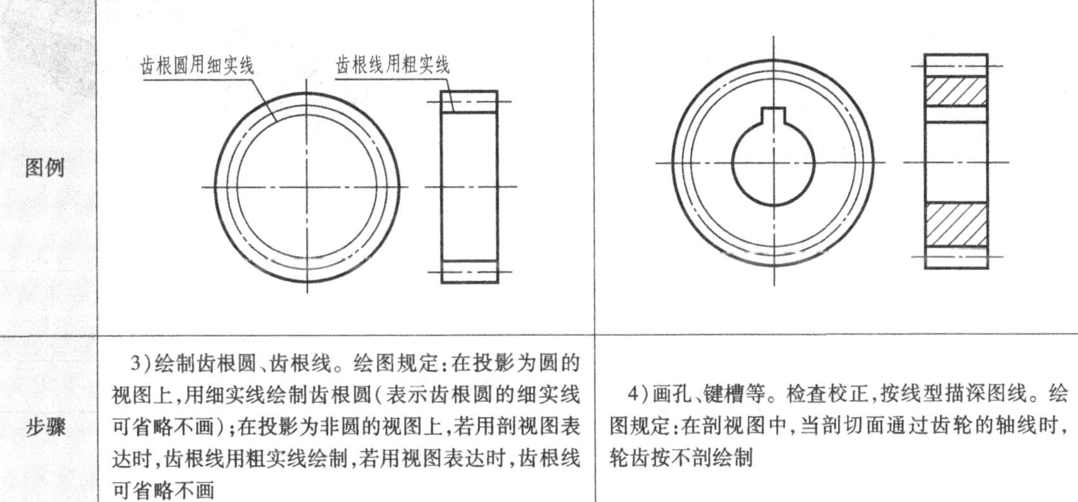	
步骤	3）绘制齿根圆、齿根线。绘图规定：在投影为圆的视图上，用细实线绘制齿根圆（表示齿根圆的细实线可省略不画）；在投影为非圆的视图上，若用剖视图表达时，齿根线用粗实线绘制，若用视图表达时，齿根线可省略不画	4）画孔、键槽等。检查校正，按线型描深图线。绘图规定：在剖视图中，当剖切面通过齿轮的轴线时，轮齿按不剖绘制

知识拓展一

键　和　销

一、键

在机械传动中，齿轮转动是应用最广泛的一种传动形式，主要用于改变轴的转速和旋转方向，因此齿轮与轴之间必须可靠连接，其连接方式主要是键连接如图 1-173 所示，其中键是标准件。

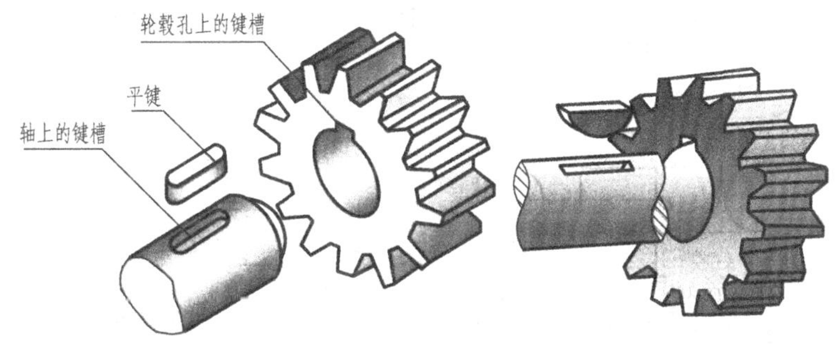

图 1-173　齿轮和轴的连接

1. 连接过程

在被连接的轴上和轮毂孔上加工出键槽，先将键嵌入轴上的键槽内，再对准齿轮轮毂孔上的键槽（该键槽是穿通的），将它们装配在一起，便可达到连接的目的。

2. 键的分类

键有普通平键、半圆键，钩头楔键、花键等，如图 1-174 所示。

3. 常用键的形式及标记

常用键的形式及标记，见表 1-25。

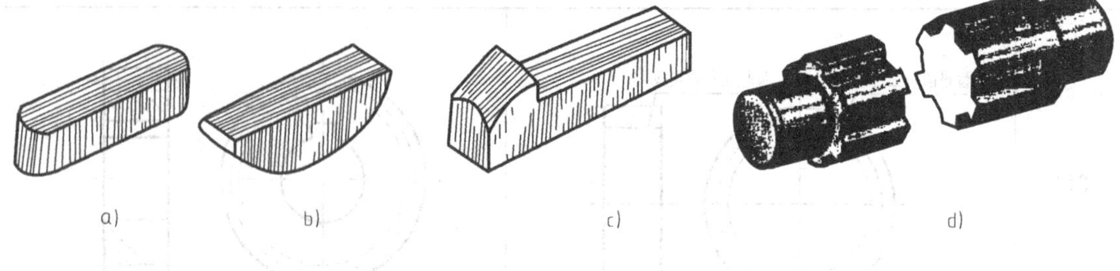

图 1-174 键的分类

a）普通平键 b）半圆键 c）钩头楔键 d）花键

表 1-25 常用键的形式及标记

名称	图例	标记示例
普通平键	h, s, b, L	$b=16\text{mm}$、$h=10\text{mm}$、$L=50\text{mm}$ 普通 A 型平键的标记 GB/T 1096 键 16×10×50
半圆键	b, D, h, s	$b=10\text{mm}$、$h=13\text{mm}$、$D=32\text{mm}$ 普通型半圆键的标记 GB/T 1099.1 键 10×13×32
钩头楔键	h, 45°, 1:100, h, h, h_1, b, b, L	$b=18\text{mm}$、$h=11\text{mm}$、$L=50\text{mm}$ 钩头楔键的标记 GB/T 1564 键 18×50

4. 键的连接图的画法

（1）普通平键 普通平键是应用最广泛的一种键，其又分为 A 型（圆头）、B 型（方形）和 C 型（单圆头）三种形式，如图 1-175 所示。

普通平键在工作时，其两个侧面为工作面，即其两个侧面与轴、轮毂孔上键槽的侧面接触，键的底面与轴上键槽的底面接触。轴上及轮毂孔上的键槽，如图1-176所示。

普通平键连接图，如图1-177所示。绘制普通平键连接图时，应遵循以下规定。

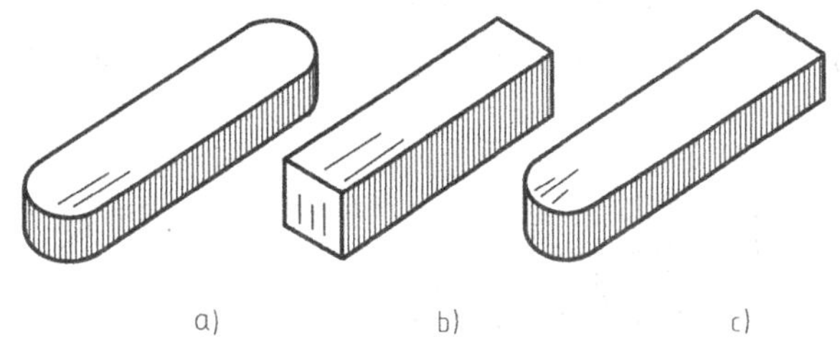

图1-175　普通平键的形式

a) A型　b) B型　c) C型

1) 由于普通平键的侧面是工作面，连接时与键槽接触，按照机械制图国家标准的规定，接触表面应画一条线。

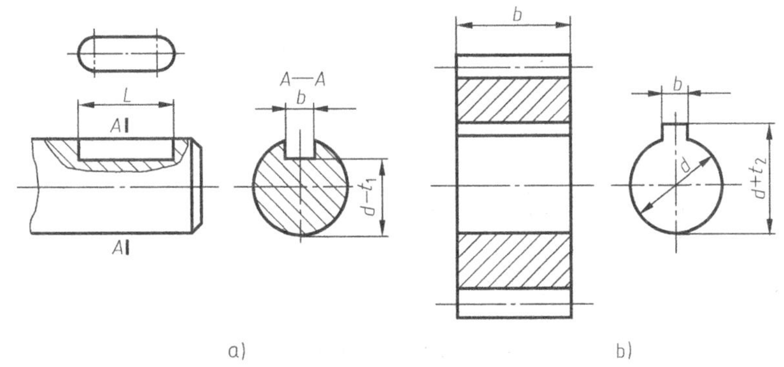

图1-176　轴上及轮毂孔上键槽的画法

a) 轴的视图　b) 齿轮的视图

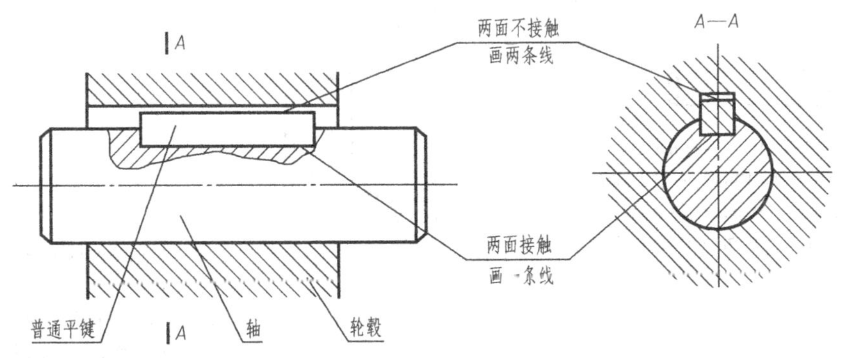

图1-177　普通平键连接图

2) 键在安装时应首先嵌入轴上的键槽中，因此键与轴上键槽的底面之间也是接触表面，也应画一条线。

3) 键顶端与轮毂孔上的键槽顶面之间有间隙，应画两条线，即分别画出它们的轮廓线。

4) 在反映键长的视图中，轴采用局部剖视图。由于此时是纵向剖切键，所以键按不剖处理。横向剖切键时，键上应画剖面线，键的倒角或圆角一般省略不画。

(2) 半圆键　半圆键也是一种常用的连接键，其工作原理与普通平键相同，键的两侧面为工作面。半圆键的画法也与普通平键一样，如图1-178所示。

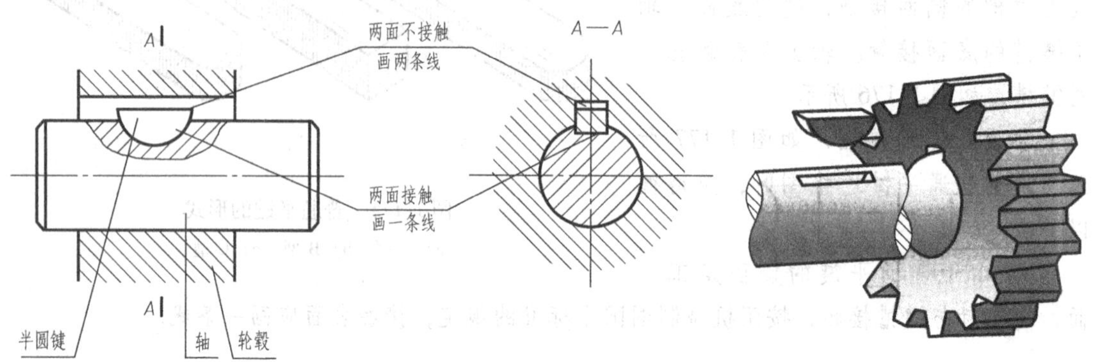

图1-178　半圆键连接图

二、销

1. 结构

销主要用于零件间的连接和定位，按结构分为圆柱销和圆锥销两种。

2. 常用销的标记及连接图

常用销的标记及连接图见表1-26。

表1-26　常用销的标记及连接图

名称	形式及规定标记	连接图	说明
圆柱销	销　GB/T 119.1　10 m6×80 公称直径 d=10mm、公差为m6、公称长度 l=80mm，材料为钢、不经淬火、不经表面处理的圆柱销		根据销的标记就可以查出销的形式和尺寸 剖切平面沿销的轴线剖切时，按不剖画；垂直轴线剖切时，要画剖面线
圆锥销	销　GB/T 117　10×100 公称直径 d = 10mm、公称长度 l=100mm、材料为35钢、热处理硬度28～38HRC、表面氧化处理的A型圆锥销。圆锥销公称尺寸指小端直径		

知识拓展二

滚动轴承

轴要想带动齿轮转动，必须要由轴承支承。因滚动轴承能大大减小轴与孔之间的摩擦，所以得到了广泛应用。常用的滚动轴承如图 1-179 所示。

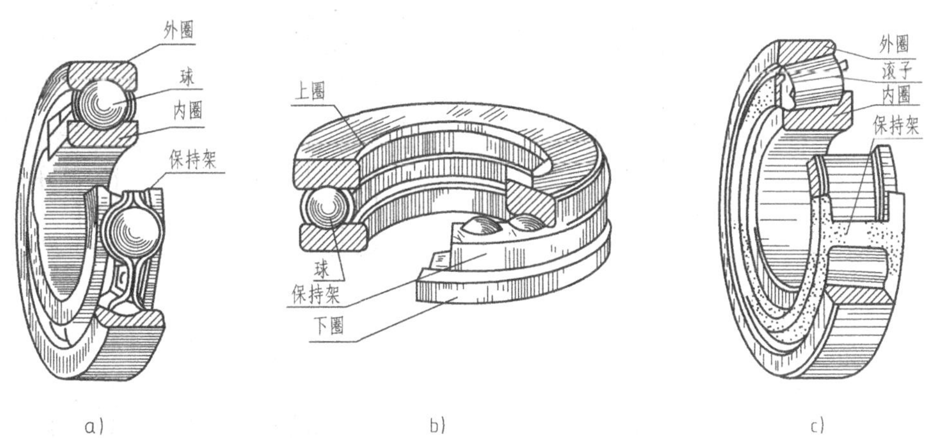

图 1-179 常用的滚动轴承

a）向心轴承 b）推力轴承 c）向心推力轴承

1. 组成

滚动轴承一般由内圈（或上圈）、外圈（或下圈）、滚动体、保持架四部分组成，是一种标准件，如图 1-179 所示。在工作时，轴承外圈装在机座孔内，一般不动；轴承内圈装在轴上，随轴转动。

2. 规定画法

国家标准规定滚动轴承的表达方法有通用画法、规定画法和特征画法三种。

（1）通用画法 在剖视图中，当不需确切地表示滚动轴承的外形轮廓、载荷特性和结构特征时，可用图 1-180所示的通用画法绘制。通用画法适用于表达各种类型的滚动轴承。

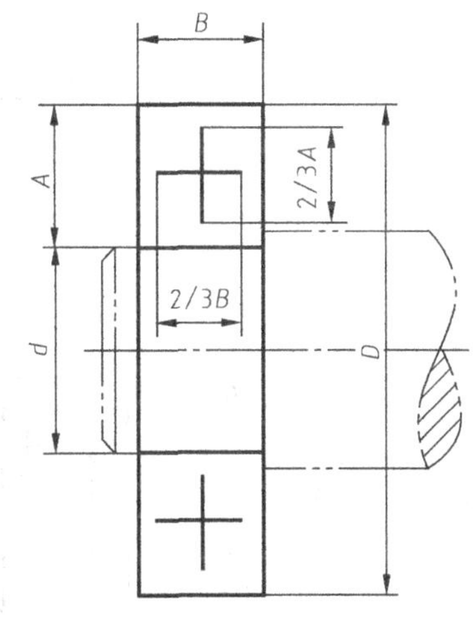

图 1-180 通用画法

画法规定：用矩形线框及位于中央正立的十字形符号表示，矩形线框和十字符号的线型均为粗实线。画图时需要 D、d、B 和 A 四个尺寸。

（2）特征画法 当只需要表示滚动轴承的形状特征时，可采用特征画法。

（3）规定画法 当需要表达滚动轴承的主要结构时，可采用规定画法。采用规定画法绘制滚动轴承的剖视图时，轴承的滚动体不画剖面线，其内外圈的一侧可画上方向、间隔相同的剖面线，另一侧可以按通用画法绘制。

常用滚动轴承的特征画法和规定画法见表 1-27。

表 1-27　常用滚动轴承的特征画法和规定画法

名称和标准号	查表主要数据	特征画法	规定画法	装配示意图
深沟球轴承 GB/T 276—2013	*D* *d* *B*	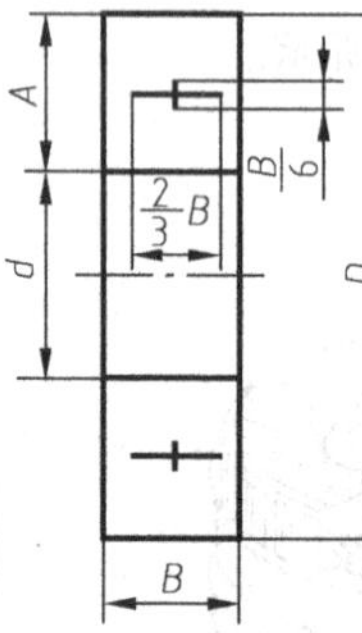	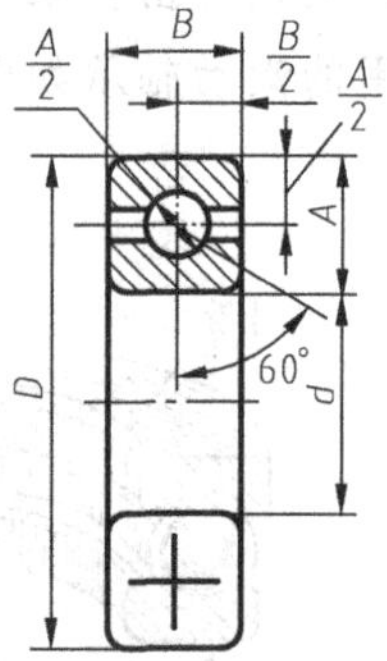	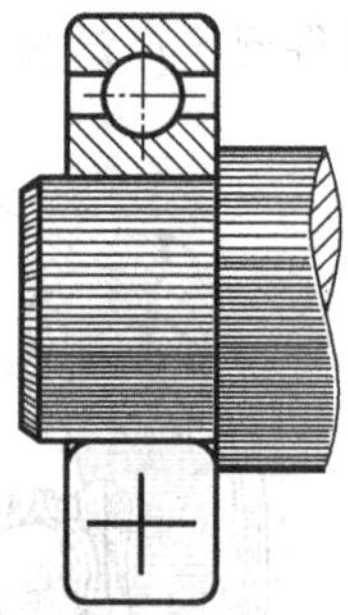
圆锥滚子轴承 GB/T 297—2015	*D* *d* *B* *T* *C*	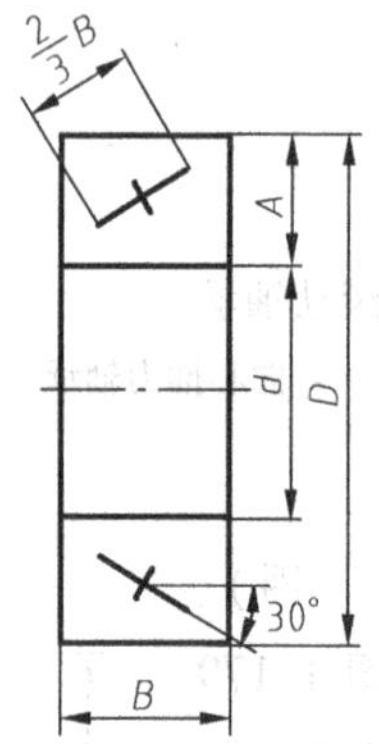	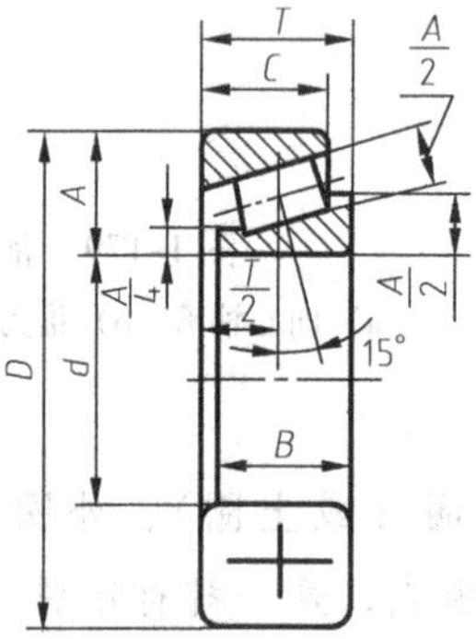	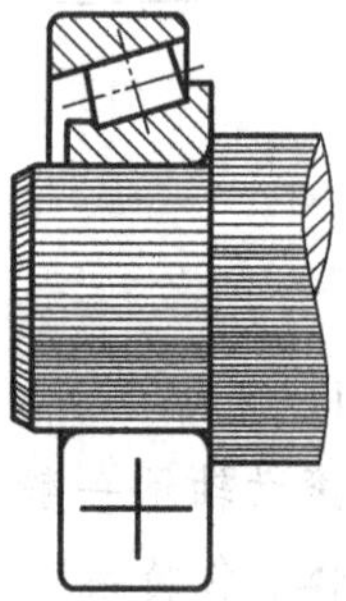
推力球轴承 GB/T 301—2015	*D* *d* *T*	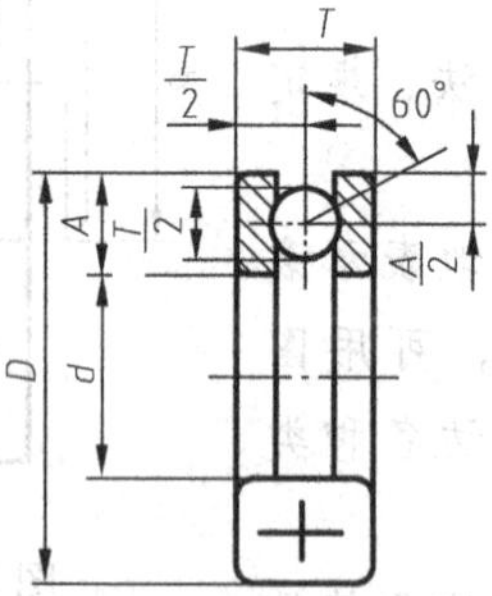	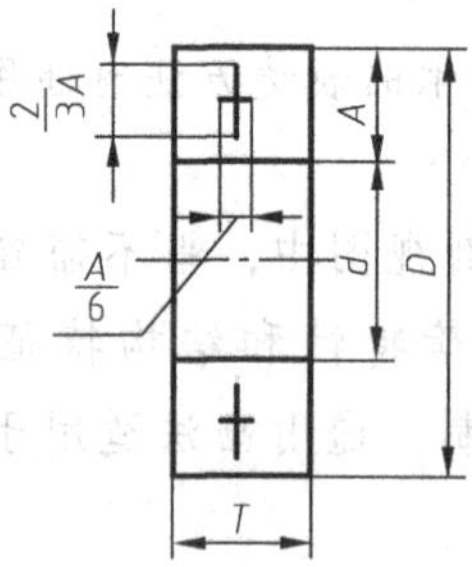	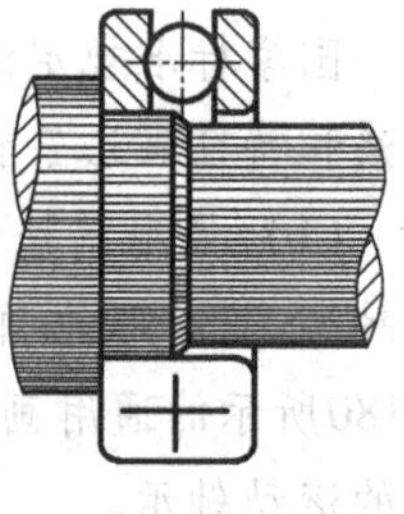

滚动轴承轴线垂直于投影面时的画法如图 1-181 所示。

3. 滚动轴承的代号

轴承是标准件，不需画零件图，其结构尺寸、公差等级用规定的代号表示，需要时根据要求从标准中查取。

滚动轴承的基本代号由一组数字构成，这组数字代表了滚动轴承的类型代号、尺寸系列代号和内径代号。下面举例说明轴承代号的含义。

1）说明“滚动轴承6204”的含义。

6——表示类型代号：深沟球轴承。

2——表示尺寸系列代号：宽度系列代号0省略，直径系列代号为2。

04——表示内径代号：$d=4\times5\text{mm}=20\text{mm}$。

2）说明“滚动轴承31312”的含义。

3——表示类型代号：圆锥滚子轴承。

13——表示尺寸系列代号：宽度系列代号为1，直径系列代号为3。

12——表示内径代号：$d=12\times5\text{mm}=60\text{mm}$。

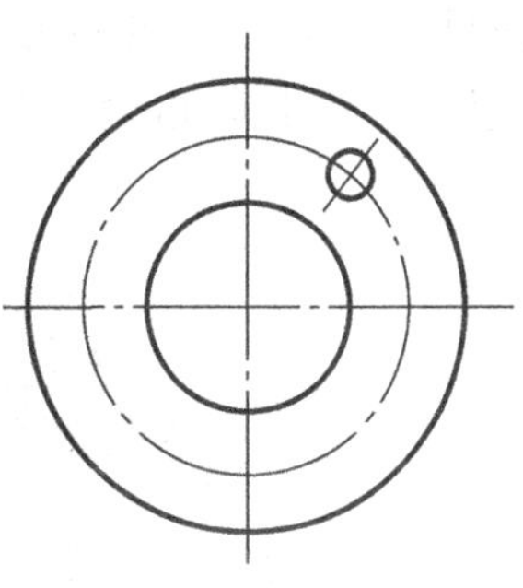

图1-181　滚动轴承轴线垂直于投影面时的画法

一般情况下，滚动轴承的类型代号、尺寸系列代号和内径代号可从相应的标准中查取。当内径代号是00、01、02、03时，内径尺寸为10mm、12mm、15mm、17mm；内径代号数字为04~96时，内径尺寸=代号数字×5。

项目三　尺寸标注

任务一　单个正投影图的尺寸标注

任务描述

完成圆片复合模中上模座正面图形的尺寸标注，如图1-182所示（上模座的立体图如图1-183所示），要求符合国家标准中尺寸标注的有关规定。

任务分析

图形只能表达物体的形状，而尺寸才能表达物体的大小。图1-182所示的上模座正面图形是一个平面图形，因此掌握平面图形上尺寸标注的有关规定是完成本任务的关键。

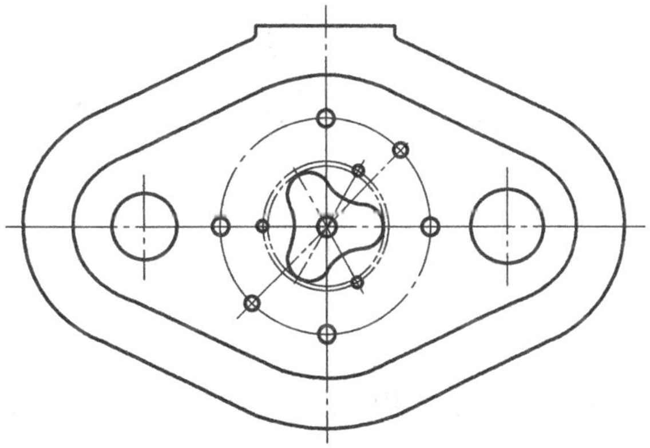

图1-182　上模座正面图形

相关知识

平面图形上尺寸标注的基本要求：正确、完整、清晰。

一、尺寸标注的正确性

所谓正确是指所注尺寸要符合国家标准关于尺寸标注的统一规定。尺寸的组成，尺寸标注的基本规则，常见的角度、圆的直径及圆弧的半径标注方法在项目一中已经介绍过，下面介绍一些尺寸标注的特例。

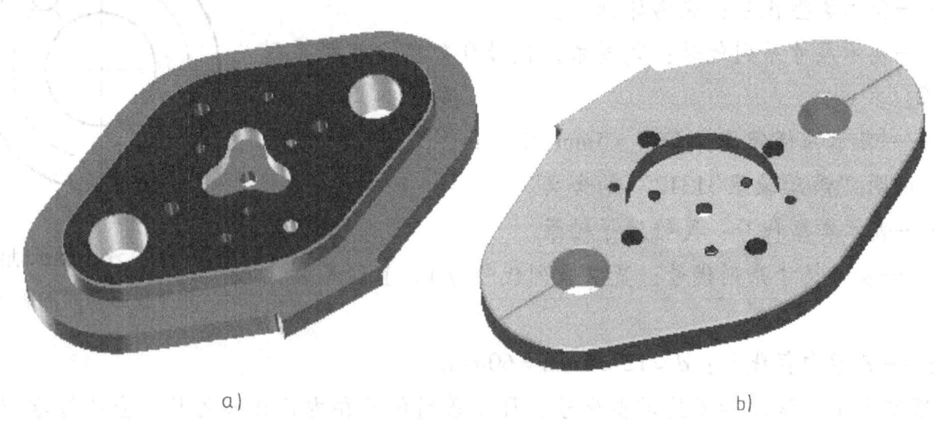

图 1-183　上模座的立体图

a）正面　b）反面

1）对称零件的尺寸标注，如图 1-184 所示。

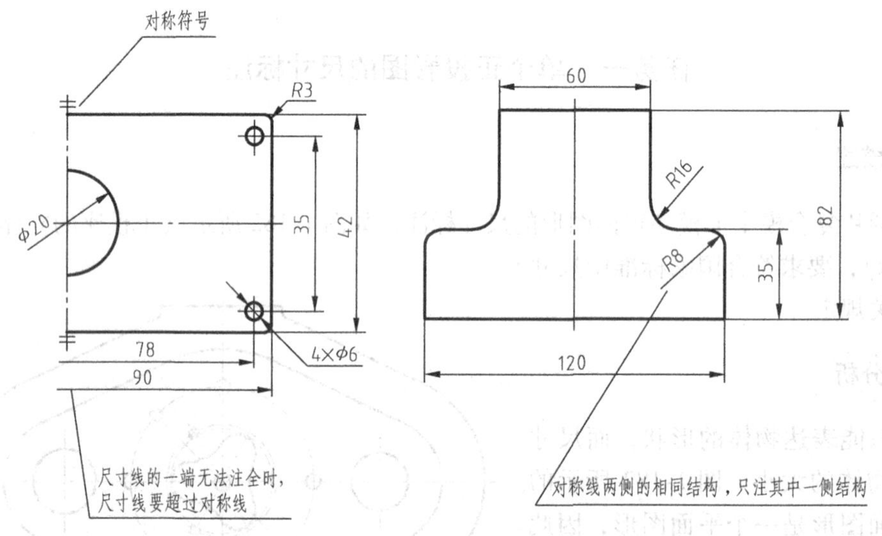

图 1-184　对称零件的尺寸标注

2）均匀分布的相同要素（如孔）的尺寸标注，如图 1-185 所示。图 1-185 中“EQS”表示均布。

3）弦长、板厚等的标注，见表 1-28。

二、尺寸标注的清晰性

所谓清晰是指尺寸要恰当布局，便于查找和看图，不会发生误解和混淆。为保证尺寸标注的清晰性，标注时应该注意以下几点。

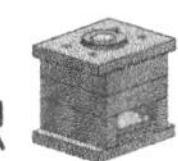

1）尺寸应尽量标注在图形的外面，以免尺寸线和尺寸数字与图线交错重叠，影响看图。当尺寸数字不可避免被图线通过时，图线必须断开，如图 1-186 所示。

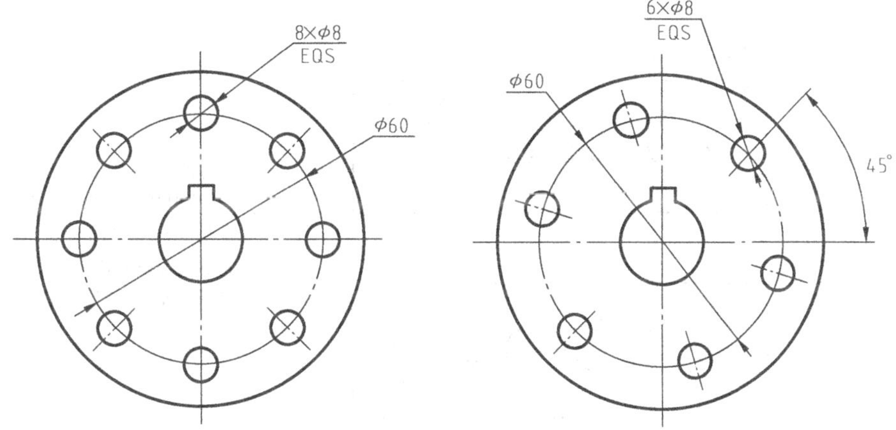

图 1-185　均匀分布的相同要素（如孔）的尺寸标注

表 1-28　弦长、板厚等的标注

项目	图　例	说　明
弦长和弧长	30　a)　⌒30　b)　150　⌒495　R170　150　c)	标注弦长的尺寸界线应平行于该弦的垂直平分线，标注弧长的尺寸界线应平行于该弧所对圆心角的角平分线，如左图 a、b 所示；当弧度较大时，也可沿径向引出，如左图 c 所示 标注弧长时，在尺寸数字前加注“⌒”
板状零件的厚度	t2	标注板状零件的厚度时，可在尺寸数字前加注符号“*t*”
半径尺寸有特殊要求时的注法	40　12h9　R	当需要指明半径尺寸是由其他尺寸所确定时，应用尺寸线和符号“*R*”标出，但不要注写尺寸数字

（续）

项目	图　例	说　明
大小不同的同类要素的尺寸标注	2×ϕ4　2×ϕ6　ϕ8　ϕ10 2×ϕ4　2×ϕ6　ϕ8　ϕ10　A　B　C　B　A　D	有的零件具有多组不同尺寸的孔，其中某些孔的尺寸相差不大，给看图带来一些困难。此时，可对直径不同的各组孔用涂色、字母、阴影线等来加以区别，如左图所示

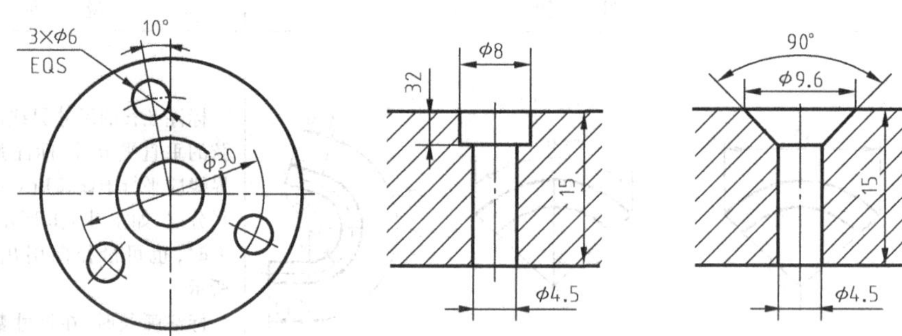

图 1-186　图线通过尺寸数字时必须断开

2）平行排列的尺寸，为避免尺寸线、尺寸界线互相交错，应使小尺寸靠近图形，较大的尺寸依次向外分布，如图 1-187 所示的尺寸 17 和尺寸 26。

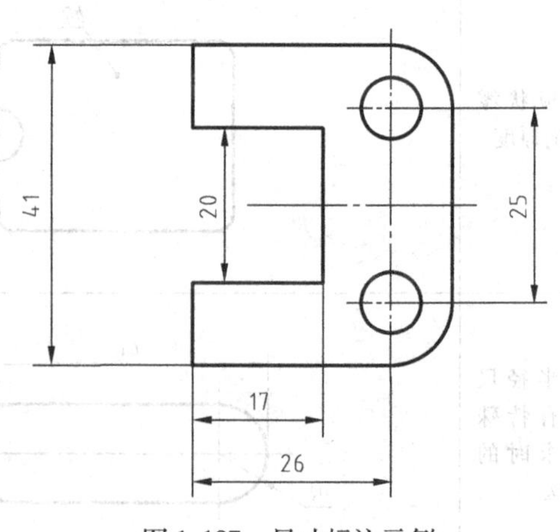

图 1-187　尺寸标注示例

三、尺寸标注的完整性

所谓完整是指所注的尺寸必须能完全确定图形的形状、大小及其相对位置，不遗漏、不重复。平面图形中的尺寸按其作用可分为定形尺寸和定位尺寸。

1. 定形尺寸

确定图形中各几何要素形状大小的尺寸，如图 1-188 所示的尺寸 125、70、29、ϕ12、*R*2.5、*R*30.5。

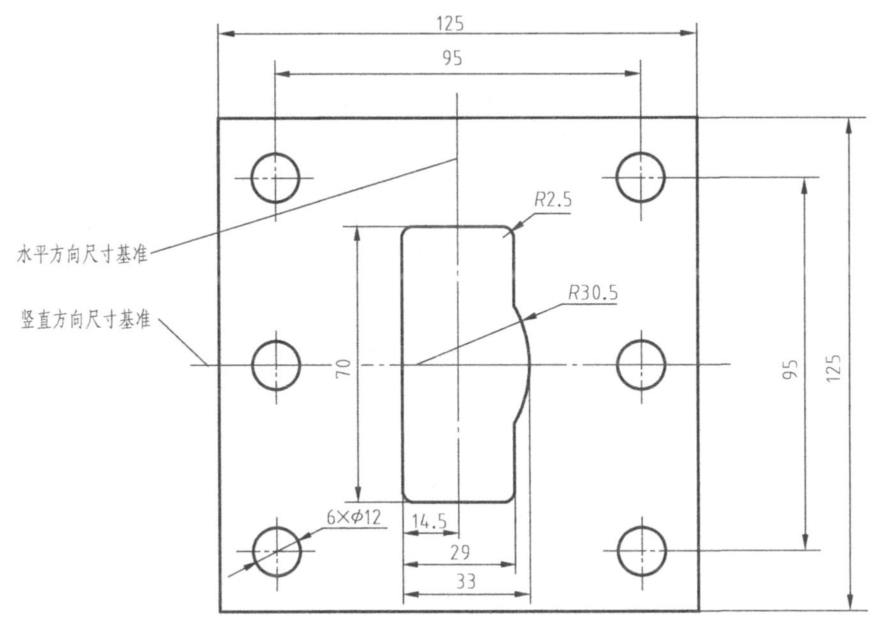

图 1-188　凹模板

2. 定位尺寸

确定图形中各组成部分之间相对位置的尺寸，如图 1-188 所示尺寸 95 确定了 6 个 ϕ12mm 孔的圆心位置。

3. 尺寸基准

标注定位尺寸的起始点。平面图形上有水平和竖直两个方向，所以平面图形上的基准分为水平方向尺寸基准和竖直方向尺寸基准，其一般为图形的轴线、中心线或较长的轮廓线，如图 1-188 所示凹模板的水平和竖直两个方向的尺寸基准。

任务实施

1. 图形分析

上模座正面形状大体为左右对称图形，中间结构为环形均布结构。

2. 分部分标注尺寸

1）中间小孔定形尺寸 ϕ15 及花形槽定形尺寸 ϕ84、*R*15. 5、*R*33 和定位尺寸 120°的标注，如图 1-189 所示。

2）小孔尺寸的标注如图 1-190 所示。

3 个 ϕ8. 5mm 均布孔：定形尺寸 ϕ8. 5，定位尺寸 ϕ91。

4 个 ϕ13mm 均布孔：定形尺寸 ϕ13，定位尺寸 ϕ150。

2 个 ϕ10mm 的定位孔：定形尺寸 ϕ10，定位尺寸 45°。

3）左右对称两大孔、上模座外形及凸起部分的尺寸标注，如图 1-191 所示。

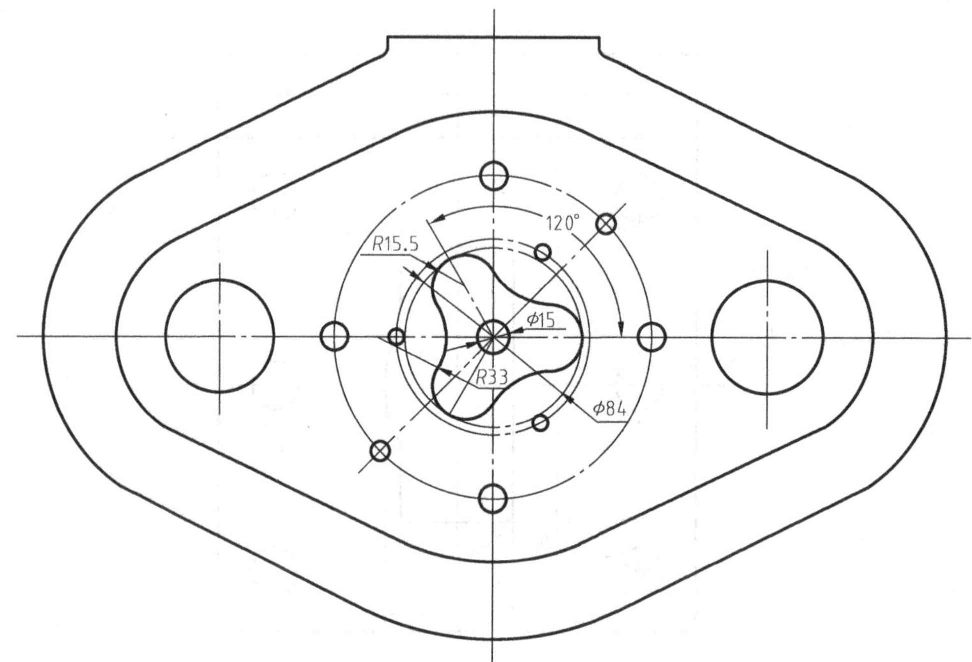

图 1-189 中间小孔及花形槽尺寸的标注

左右对称两大孔：定形尺寸 φ47，定位尺寸 260。

上模座外形：定形尺寸 *R*85、*R*3、*R*140、100，定位尺寸 140。

凸起部分：定形尺寸 *R*50、*R*105，定位尺寸 260。

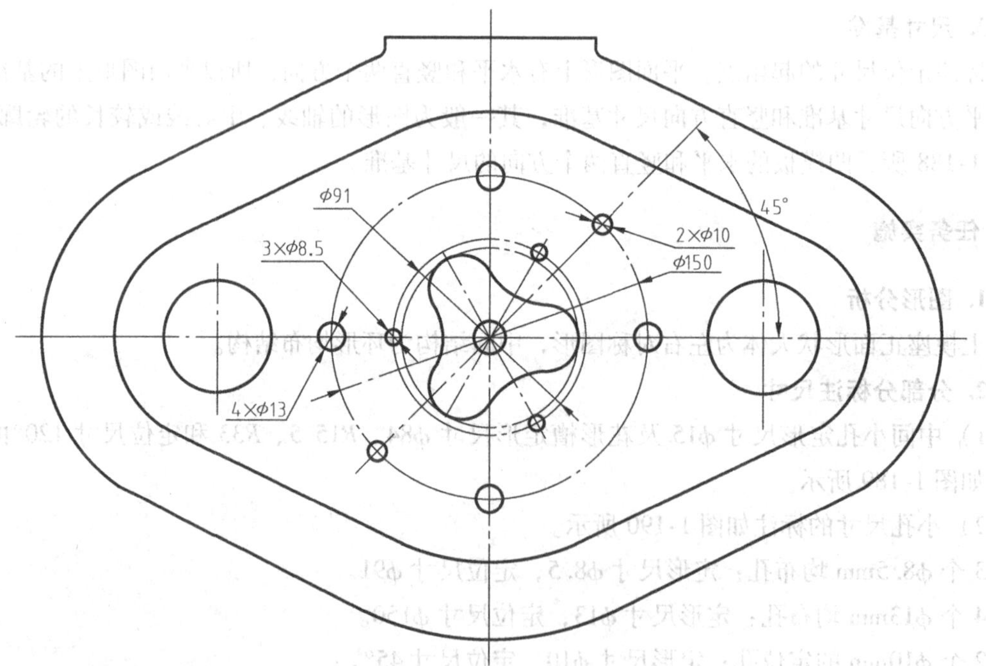

图 1-190 小孔尺寸的标注

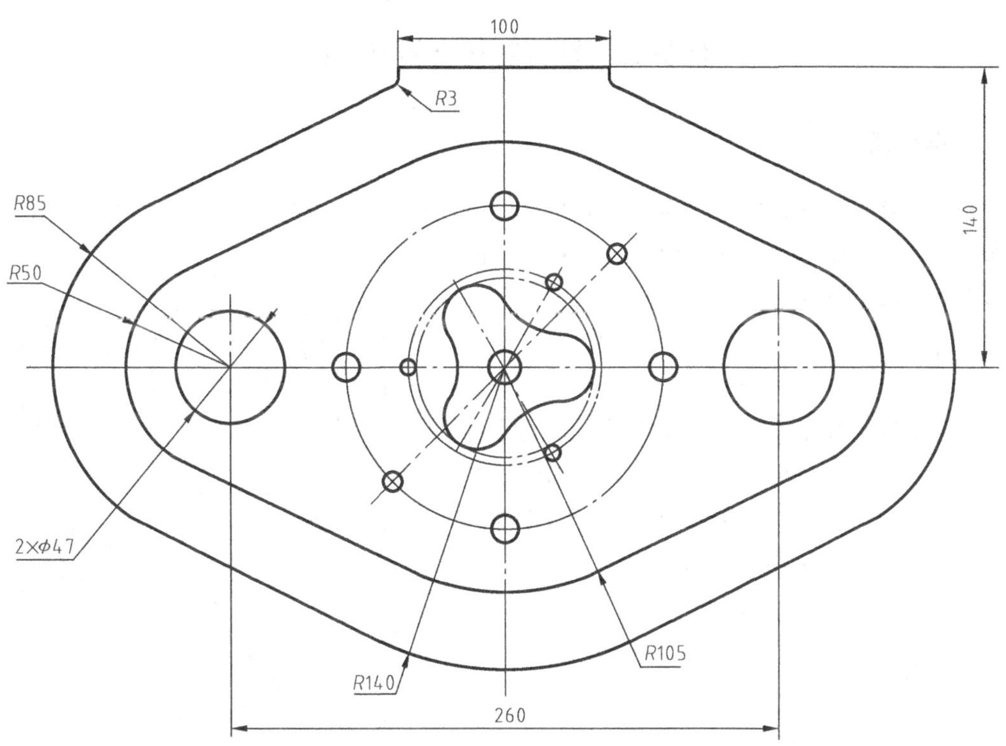

图 1-191 左右对称两大孔、上模座外形及凸起部分的尺寸标注

4）检查尺寸是否完整，对尺寸位置进行适当调整，使标注清晰美观，如图 1-192 所示。

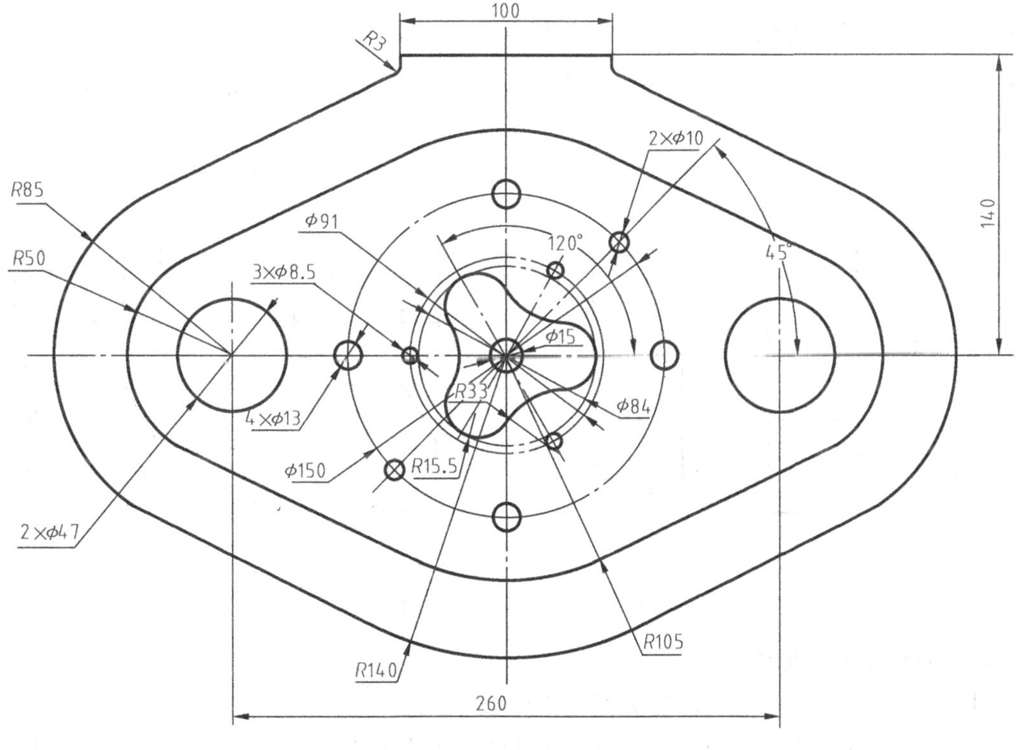

图 1-192 上模座的完整尺寸

任务二　零件图样上的尺寸标注

任务描述

表达清楚落料凹模的形状需要图 1-193 所示的主、俯两个视图，其中主视图采用全剖视图来表达其内部结构。本任务要求在落料凹模的图形上完成尺寸标注。

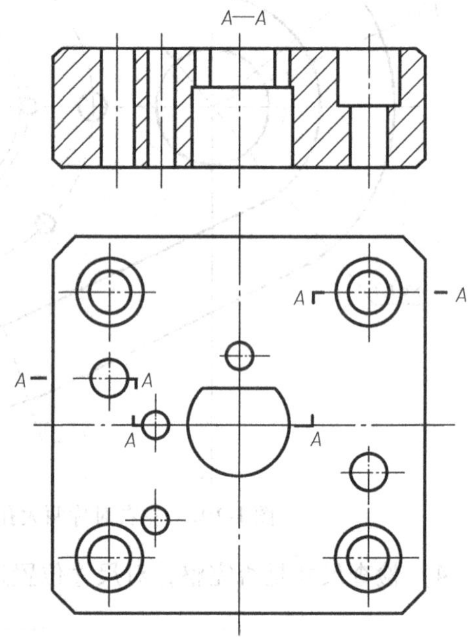

图 1-193　落料凹模的图形

任务分析

零件图样是加工零件、检验零件是否合格的重要依据。零件的单个正投影图上只能标注清楚零件两个方向的尺寸，要想完全表达清楚零件的形状和大小，需要对组成零件的各部分进行长、宽、高三个方向的尺寸标注。

相关知识

一、常用的尺寸标注

1. 棱柱的尺寸标注

棱柱的大小通常用长、宽、高三个方向的尺寸来确定。一般是在可以反映上下底面实形的视图上标注出其长和宽，在另外一个可以反映其特征的视图上标注高，如图 1-194a 所示。

对于六棱柱，一般是标注出对边的尺寸，也可以标注出外接圆直径，如图 1-194b 所示。

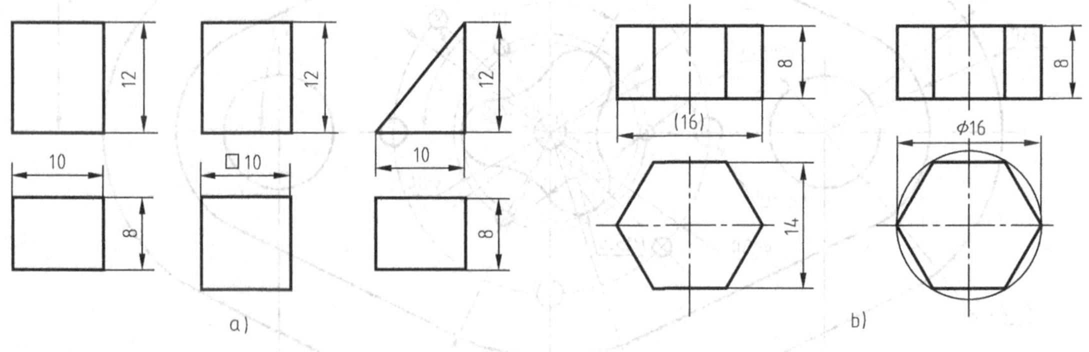

图 1-194　棱柱的尺寸标注

2. 回转体的尺寸标注

圆柱、圆锥和圆台，应标注底圆直径和高度尺寸，并在直径数字前加注直径符号“ϕ”。在标注圆球尺寸时，在直径数字前加注圆球直径符号“$S\phi$”。直径尺寸一般标注在非圆视图上。当尺寸集中标注在一个非圆视图上时，一个视图即可表达清楚它们的形状和大小，如图 1-195 所示。

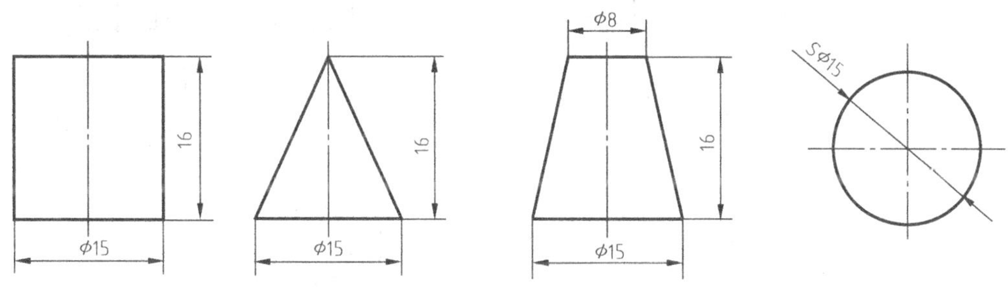

图 1-195 回转体的尺寸标注

3. 截切体的尺寸标注

在标注截切体的尺寸时，除应标出定形尺寸外，还应标出确定截平面位置的尺寸。由于截平面在形体上的相对位置确定后，截交线即被唯一确定，因此对截交线不应再标注尺寸，如图 1-196 所示。

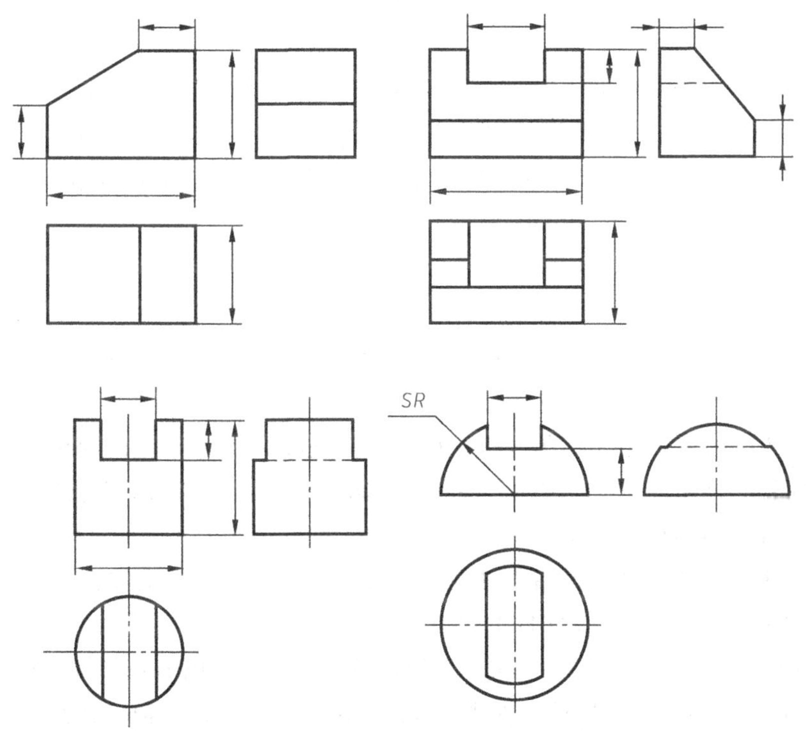

图 1-196 截切体的尺寸标注

4. 相交立体的尺寸标注

相交立体除应标注出相交基本形体的定形尺寸外，还应标注出确定两相交基本形体的定位尺寸。当定形、定位尺寸标注全后，则两相交体的交线（相贯线）即被唯一确定，因此，

对相贯线不要再标注出尺寸，如图 1-197 所示。

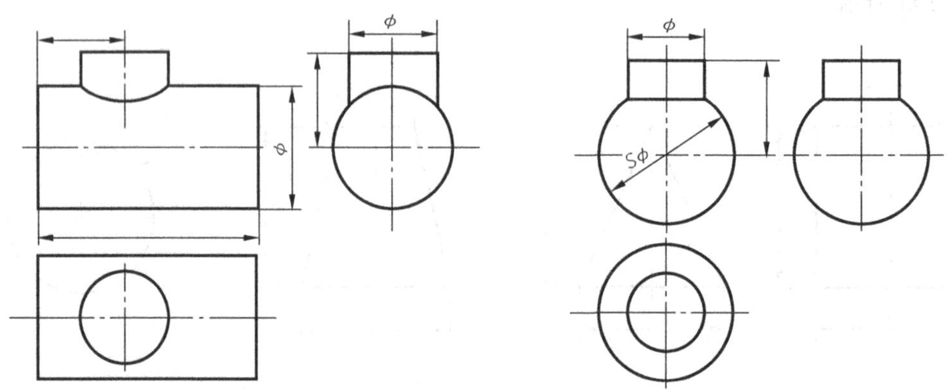

图 1-197　相交立体的尺寸标注

二、零件图样上的尺寸分类和尺寸基准

1. 尺寸分类

尺寸按作用可分为定形尺寸、定位尺寸、总体尺寸三类。定形、定位尺寸在上一个任务中已经介绍过。总体尺寸是指确定零件总长、总宽、总高的尺寸。

2. 尺寸基准

零件图样上标注定位尺寸时也需要尺寸基准，其是零件上标注尺寸的起始位置，或者说是度量尺寸的起始点。由于任何零件都有长、宽、高三个方向的尺寸，所以每个方向至少要有一个尺寸基准。选择基准时，一般把零件上较大的加工平面（底面或端面）、轴线、对称平面或某个点等几何元素作为尺寸基准。

基准有设计基准和工艺基准两种。

（1）设计基准　设计基准是根据零件在机器中的作用和结构特点，为保证零件的设计要求而选定的一些基准。它一般是用来确定零件在机器中位置的接触面、对称面、回转面的轴线等。

如图 1-198 所示微动机构中的螺杆，其径向是通过螺杆与支座上的轴孔处于同一条轴线来定位的，而轴向是通过轴肩左端面与轴套的右端面来定位的，所以螺杆的回转轴线和轴肩端面 A 就是其在径向和轴向的设计基准。

（2）工艺基准　工艺基准是指零件在加工过程中，用于装夹定位、测量、检验零件已加工面时所选定的基准，主要是零件上的一些面、线或点。

如图 1-199 所示，在车床上加工螺杆上的螺纹时，夹具是以 $\phi6$ 的圆柱面定位的，测量长度时以端面 B、C 为起点，因此，轴线和 B、C 端面分别是加工螺杆时的工艺基准。

三、零件图样上尺寸标注的基本要求

零件图样上的尺寸要求标注正确、完整、清晰和合理。前面的任务中已经介绍过正确、完整、清晰地标注尺寸的问题，这里主要介绍合理标注尺寸的基本知识。

所谓合理标注尺寸，要满足以下两点。

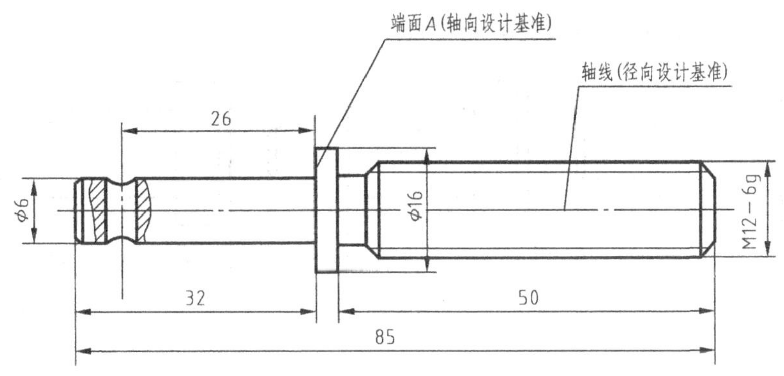

图 1-198　螺杆的设计基准

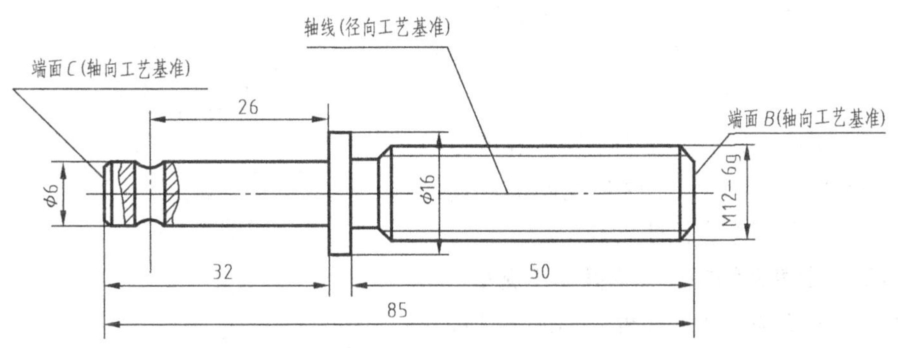

图 1-199　螺杆的工艺基准

1）满足设计要求，以保证机器的质量。

2）满足工艺要求，以便于加工制造和检测。

1. 正确选择尺寸基准

从设计基准出发标注尺寸，能保证设计要求；从工艺基准出发标注尺寸，则便于加工和测量。因此，最好使设计基准和工艺基准重合。当设计基准和工艺基准不重合时，所注尺寸应在保证设计要求的前提下，满足工艺要求。

设计基准和工艺基准一致，可以减少误差的影响。标注尺寸时，重要的尺寸从设计基准标注，以保证设计要求；一些次要的尺寸则从工艺基准标注，以便于加工和测量。

2. 尺寸链中应留出一个尺寸不标注，以形成开链

同一方向上的一组尺寸顺序排列时，连成一个封闭回（环）路，其中每一个尺寸均受到其余尺寸的影响，这种尺寸回路称为尺寸链。尺寸链中的每一个尺寸均称为一个环。图 1-200中的 a、d、e、c 为一个尺寸链。

标注尺寸时，每个尺寸链中均应有一环不标注尺寸，此环称为终结环或尾环。这是因为加工某一表面时，将受到同一尺寸链中几个尺寸的约束，标注不当时容易产生矛盾，甚至造成废品。因此，设计时通常将某一个最不重要的尺寸空出不注，如图 1-200b 所示。

但有时为了给设计、加工、检测或装配提供参考，也可经计算后把尾环的尺寸加上括号（称为参考尺寸）标注出来，如图 1-200c 所示。

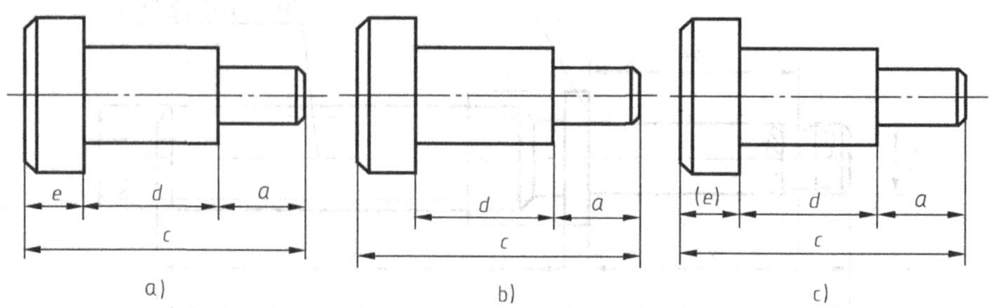

图 1-200　尺寸链

3. 重要尺寸必须直接标注

重要尺寸是指零件上对机器（或部件）的使用性能和装配质量有直接影响的尺寸。这些尺寸必须在图样上直接注出。

如图 1-201 所示，灭火器壳上腰形孔的定位尺寸 28 是重要尺寸，确定了腰形孔距离底面的高度，必须在零件图上直接注出。

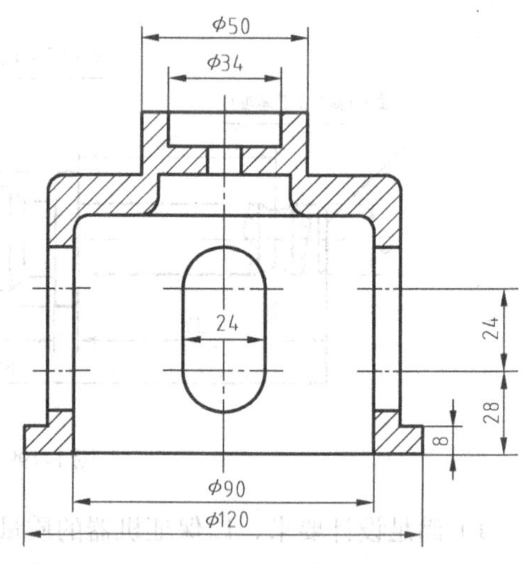

图 1-201　灭火器壳

4. 尽量符合零件的加工要求并便于测量

除重要尺寸必须直接标注外，标注零件尺寸时，应尽可能与加工顺序一致，并便于测量，如图 1-202 所示。

5. 配作尺寸的尺寸标注

模具零件在装配时的加工尺寸应标注在装配图上，如必须标注在零件图上时，应在有关的尺寸旁注明“配作”“装配后加工”“与 × 配作”等字样或在技术要求中说明，见表 1-29 中锥销孔的尺寸标注。

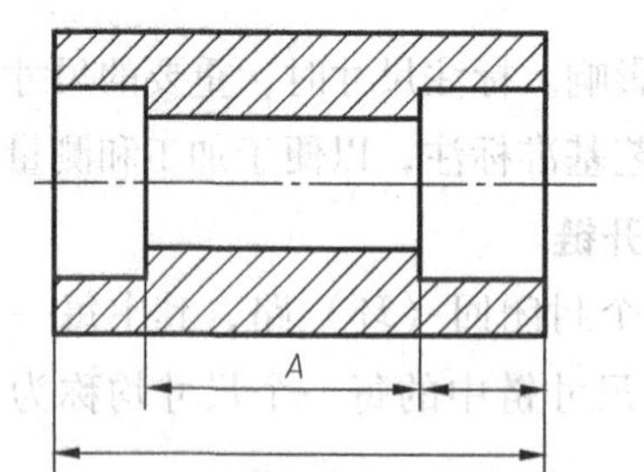

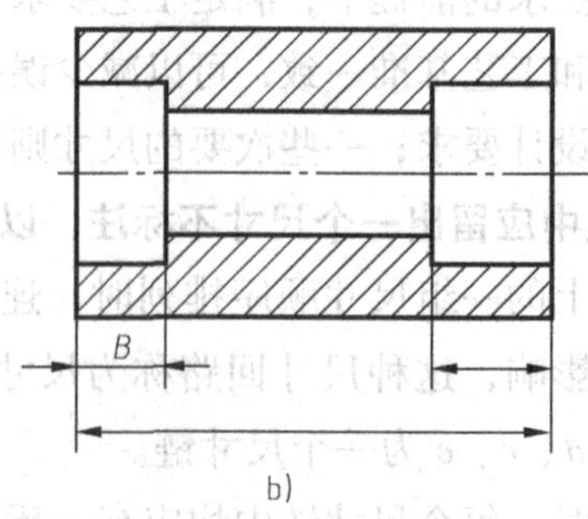

图 1-202　尺寸便于测量

a）不易测量　b）容易测量

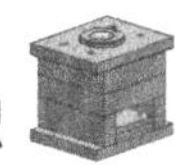

6. 常见模具零件工艺结构的尺寸标注

1）孔（光孔、螺纹孔、沉孔）的尺寸标注已标准化，国家标准要求标注尺寸时，应尽可能使用符号和缩写词。各种孔的标注见表 1-29。

表 1-29 各种孔的标注

类型		旁注法及简化注法	普通注法	说明
光孔	一般孔	4×ϕ4↧10 4×ϕ4↧10	4×ϕ4 10	4×ϕ4↧10 表示直径为4mm 均匀分布的 4 个光孔，光孔深为 10mm
	锥销孔	2×锥销孔ϕ4 配作 2×锥销孔ϕ4 配作	无普通注法	锥销孔都采用旁注法，所注直径是指配作的圆锥销的公称直径为 4mm（小端直径），2 个锥销孔在两零件装在一起后加工
沉孔	锥形沉孔	6×ϕ6.6 ⌵ϕ13×90° 6×ϕ6.6 ⌵ϕ13×90°	90° ϕ13 6×ϕ6.6	6×ϕ6.6 表示直径为 6.6mm 均匀分布的 6 个孔。⌵为锥形沉孔（埋头孔）符号，锥形沉孔直径为 ϕ13mm，锥角为 90°
	柱形沉孔	4×ϕ6.6 ⌴ϕ11↧6.8 4×ϕ6.6 ⌴ϕ11↧6.8	ϕ11 6.8 4×ϕ6.6	⌴是柱形沉孔及锪平沉孔符号。柱形沉孔直径为 ϕ11mm，深度为 6.8mm
	锪平沉孔	4×ϕ6.6 ⌴ϕ13 4×ϕ6.6 ⌴ϕ13	ϕ13 4×ϕ6.6	锪平面 ϕ13mm，锪平深度不必标注，一般锪平到不出现毛坯面为止

（续）

类型		旁注法及简化注法	普通注法	说明
螺纹孔	通孔	3×M6-6H　3×M6-6H	3×M6-6H	3×M6 表示直径为 6mm，均匀分布的 3 个螺纹孔，6H 为中径、顶径的公差带代号
	不通孔	3×M6 ↧10 孔↧12EQS　3×M6 ↧10 孔↧12EQS	3×M6 EQS　10　12	10 表示螺纹孔的螺纹深度为 10mm，孔↧12 表示钻孔深度为 12mm，EQS 是均匀分布的意思

2）倒角和倒圆。为便于装配和操作安全，常在轴和孔的端部加工出 45°、30°或 60°的倒角。当角度为 45°时，可在倒角高度尺寸数字前加注符号“*C*”，如图 1-203 所示的 *C*2。非 45°的倒角必须分别标注出倒角的高度和角度尺寸，如图 1-203 所示。

为避免因应力而产生裂纹，在阶梯轴或阶梯孔的转折处，常用圆环面过渡，这种过渡的圆环面称为倒圆，如图 1-203 所示的 *R*2。

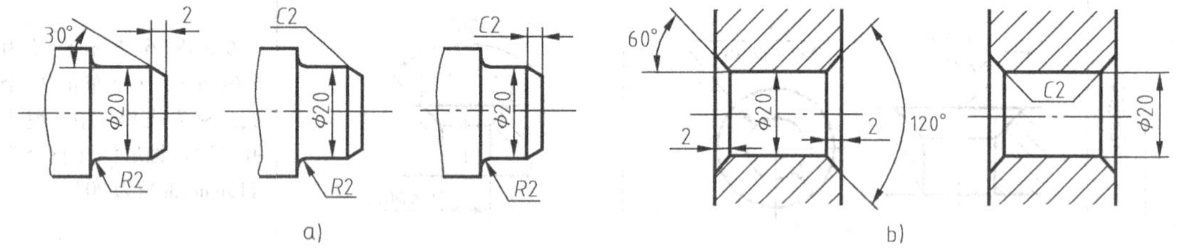

图 1-203　倒角和倒圆的尺寸标注

a）轴的倒角和倒圆　b）孔的倒角

3）退刀槽和砂轮越程槽。车削螺纹时，为便于螺纹车刀的退出，需要在螺纹终端加工出退刀槽；而在磨削时，为了使砂轮可以稍稍越过加工面，常常在零件的待加工面的终端预先加工出沟槽，这个结构称为砂轮越程槽。一般退刀槽和砂轮越程槽可按“槽宽 × 直径”或“槽宽 × 槽深”的形式标注。退刀槽和砂轮越程槽的尺寸标注如图 1-204 所示。

7. 同一基准出发的尺寸标注

从同一基准出发的尺寸，本来需要画出许多互相平行的尺寸线，这样就显得占用空间较多，且又容易看错，为了简化，可标注成图 1-205 所示的形式。

任务实施

1. 选择尺寸基准

落料凹模外形为一长方体，内部结构前后、左右基本上成对称分布，所以长度、宽度基

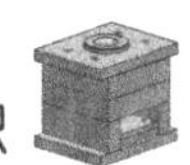

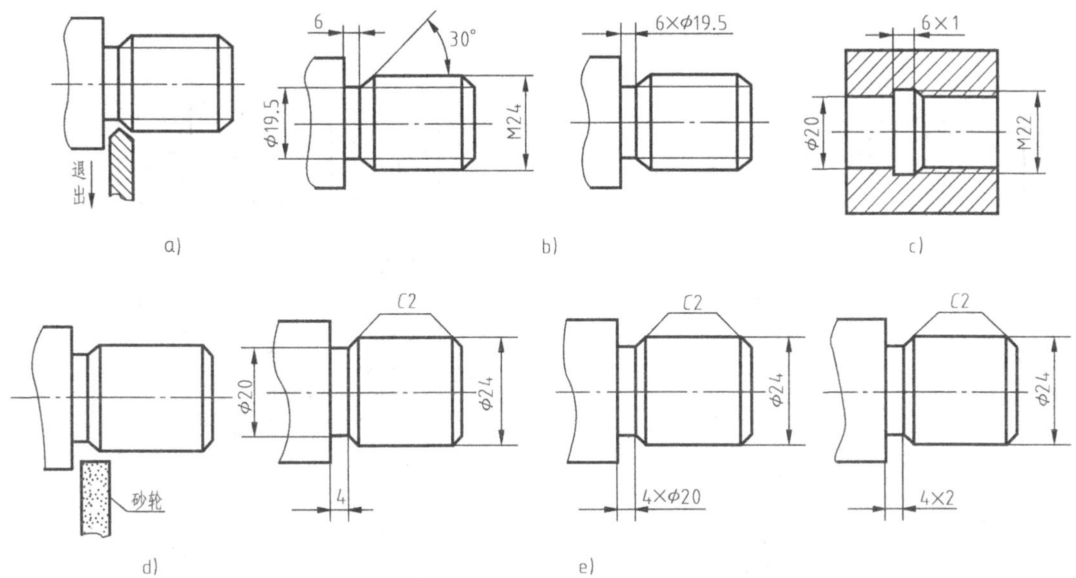

图 1-204　退刀槽和砂轮越程槽的尺寸标注

a）退刀槽　b）外螺纹退刀槽的尺寸标注　c）内螺纹退刀槽的尺寸标注

d）砂轮越程槽　e）砂轮越程槽的尺寸标注

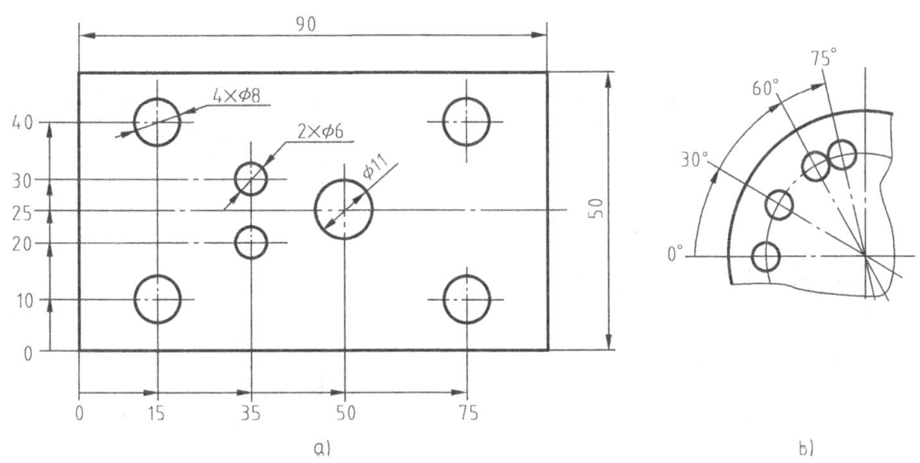

图 1-205　同一基准出发的尺寸标注

准分别为落料凹模左右对称面、前后对称面。考虑到工作情况，高度基准为落料凹模的顶面，如图 1-206 所示。

2. 分部分完成落料凹模的尺寸标注

1）标注落料凹模外形尺寸，即落料凹模的总长尺寸 80、总宽尺寸 80、总高尺寸 25，以及外形四周尺寸分别为 2 和 5 的 45°斜角，如图 1-207 所示。

2）标注落料凹模 4 个沉孔的定位尺寸 56 和 56 以及定形尺寸，可采用简化方法集中标注在俯视图上，如图 1-208 所示。

3）标注凹模刃口尺寸 φ23、φ21.74、18.74 和 8，如图 1-209 所示。

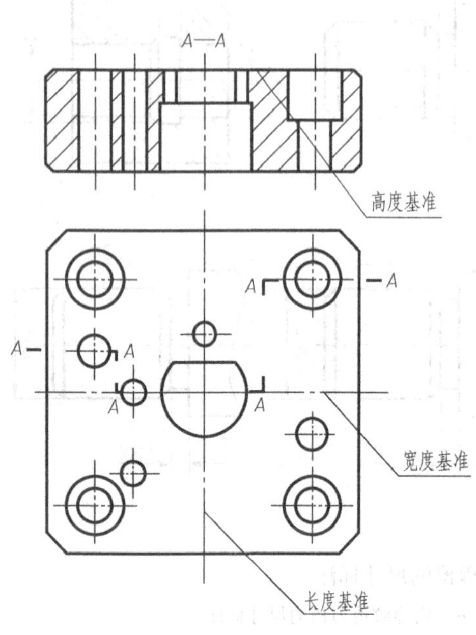

图 1-206　落料凹模的尺寸基准

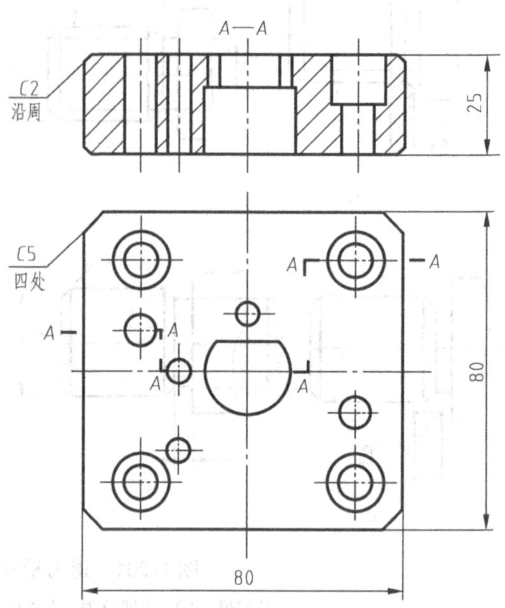

图 1-207　标注落料凹模外形尺寸及倒角尺寸

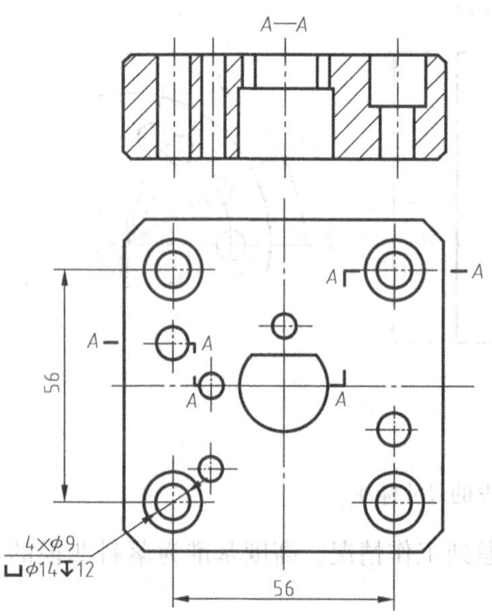

图 1-208　标注 4 个沉孔尺寸

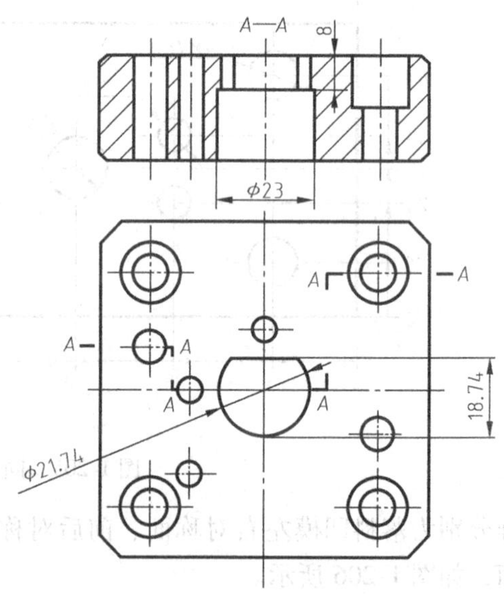

图 1-209　标注凹模刃口尺寸

4）标注 2 个定位销孔的定形尺寸 2 × ϕ8，定位尺寸 56、10、10，如图 1-210 所示。

5）标注 3 个导料销孔的定形尺寸 3 × ϕ6，定位尺寸 18、20 和 14.5，如图 1-211 所示。

6）检查各部分尺寸标注是否完整，因主视图全剖，可把各孔的定形尺寸移至主视图，使标注清晰美观，如图 1-212 所示。

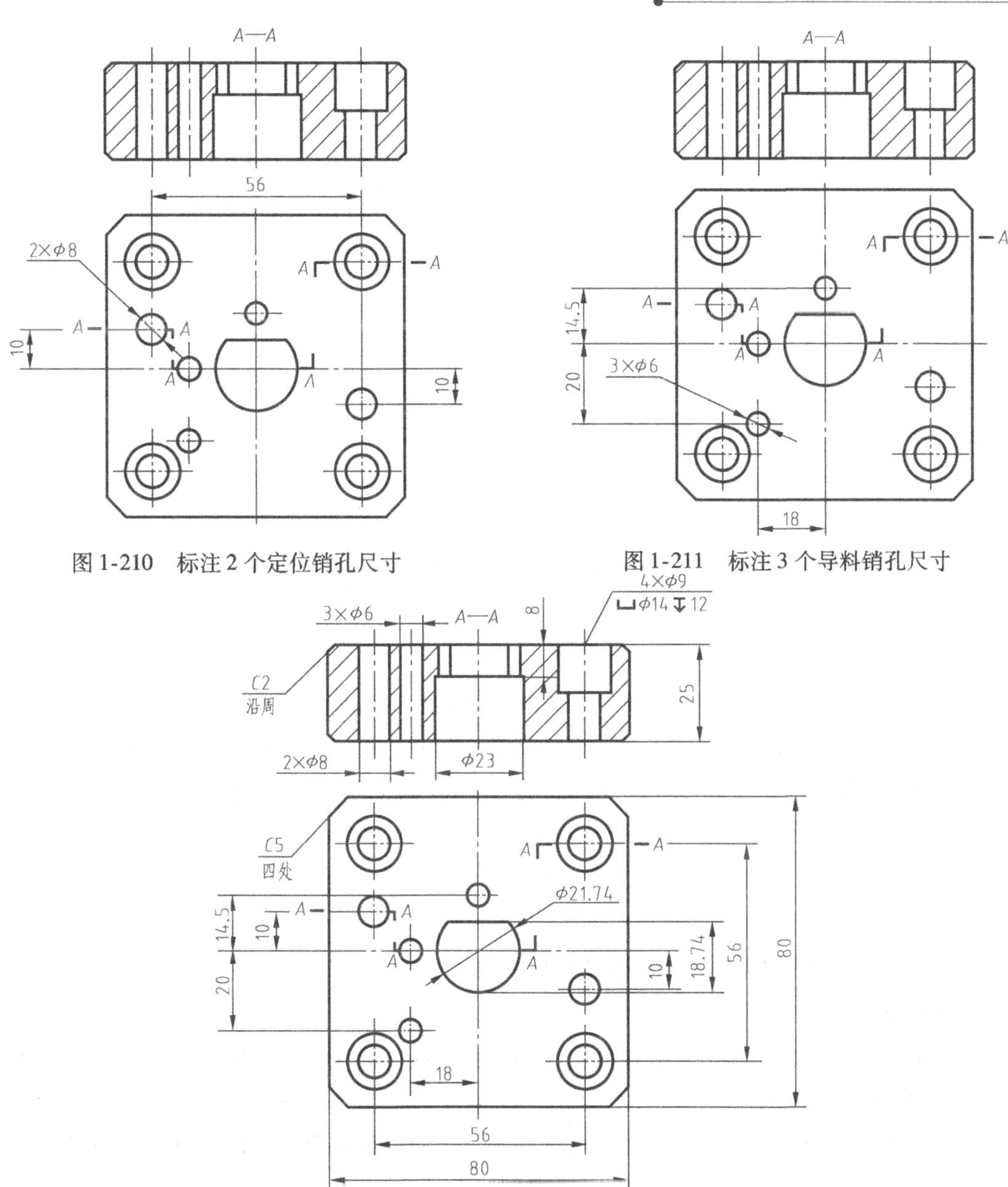

图 1-210 标注 2 个定位销孔尺寸

图 1-211 标注 3 个导料销孔尺寸

图 1-212 落料凹模的全部尺寸

项目四 技术要求

任务一 识读零件图样上的尺寸加工要求

任务描述

凸凹模的图形如图 1-213 所示，读懂图中公差尺寸的含义。

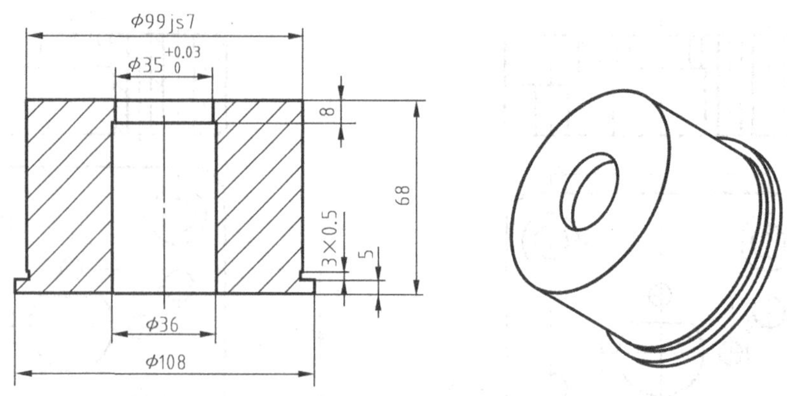

图 1-213　凸凹模的图形

任务分析

图 1-213 所示的凸凹模，工作时与凹模及工件之间频繁摩擦，磨损严重时需要及时更换，否则就会影响工件精度。同一种零件不经挑选或附加加工就能与其他零件相配合，并达到使用要求，这种性能称为互换性。

实际加工零件时，由于设备、量具、操作人员的技术水平等原因，不可能将所有零件都准确地加工成同一个指定的固定尺寸，只能将尺寸控制在某个合理的公差范围内。因此，提出了“极限与配合”的概念。详细了解机械制图关于极限与配合的有关知识是完成本任务的关键。

相关知识

一、极限与配合（GB/T 1800.1—2009）

1. 互换性和公差

从一批规格相同的零件中，不经挑选和加工，任取一件便能顺利地装配到机器中，并达到功能性要求，这种性能称为互换性。

为了保证产品的互换性，满足经济生产的要求，应使相配合的零件具有一定的尺寸变动量，这个允许的尺寸变动量称为公差。

2. 基本术语

极限与配合的常用术语见表 1-30。

3. 标准公差与基本偏差

在国家标准中，公差带由公差带大小和基本偏差组成。公差带的大小由标准公差确定，公差带的位置由基本偏差确定。

（1）标准公差和标准公差等级　标准公差是指国家标准列出的用以确定公差带大小的任一公差。国家标准把标准公差分为 20 个等级。标准公差等级代号用符号 IT 和数字组成，即 IT01、IT0、IT1、IT2、…、IT18。公差等级从小到大依次降低，数字越大公差值越大，精度越低。IT01 公差值最小，精度最高；IT18 公差值最大，精度最低。

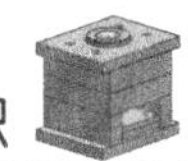

表 1-30　极限与配合的常用术语　　　　（单位：mm）

术语	定义		孔的尺寸	轴的尺寸
			$\phi 50H8(^{+0.039}_{0})$	$\phi 50f7(^{-0.025}_{-0.050})$
公称尺寸	由图样规范确定的理想形状要素的尺寸		$D=50$	$d=50$
实际尺寸	通过测量某一具体零件获得的尺寸		D_a	d_a
极限尺寸	尺寸要素允许的尺寸的两个极限值	上极限尺寸	$D_{max}=50.039$	$d_{max}=49.975$
		下极限尺寸	$D_{min}=50$	$d_{min}=49.950$
偏差	某一尺寸减其公称尺寸所得的代数差			
极限偏差	上极限偏差和下极限偏差。轴的上、下极限偏差代号用小写字母 es、ei 表示；孔的上、下极限偏差代号用大写字母 ES、EI 表示			
上极限偏差（ES、es）	上极限尺寸减其公称尺寸所得的代数差		$ES=D_{max}-D=0.039$	$es=d_{max}-d=-0.025$
下极限偏差（EI、ei）	下极限尺寸减其公称尺寸所得的代数差		$EI=D_{min}-D=0$	$ei=d_{min}-d=-0.050$
尺寸公差（简称为公差）	上极限尺寸减下极限尺寸之差，或是上极限偏差减下极限偏差之差。它是允许的尺寸变动量，是一个没有符号的绝对值		$T_D=D_{max}-D_{min}=ES-EI=0.039$	$T_d=d_{max}-d_{min}=es-ei=0.025$
零线	在极限与配合的图解中，表示公称尺寸的一条直线，以其为基准确定偏差和公差。通常，零线沿水平方向绘制，正偏差位于其上，负偏差位于其下		孔公差带；+0.039；上极限偏差 ES=0.039；下极限偏差 EI=0；零线；偏差；+；0；−	
公差带	在公差带图解中，由代表上极限偏差和下极限偏差的两条直线所限定的一个区域。它由公差大小和其相对零线的位置来确定		上极限偏差 es=−0.025；下极限偏差 ei=−0.050；轴公差带；$\phi 50$	

国家标准将公称尺寸分段，每一尺寸段的公差等级规定一公差值。同一公差等级公称寸不同，那么公差值也不同，但认为具有相同精度。表 1-31 列出了模具中常用的标准公差数值。

表 1-31　模具中常用的标准公差数值

公称尺寸/mm		标准公差等级											
		IT4	IT5	IT6	IT7	IT8	IT9	IT10	IT11	IT12	IT13	IT14	IT15
大于	至	μm								mm			
—	3	3	4	6	10	14	25	40	60	0.10	0.14	0.25	0.40
3	6	4	5	8	12	18	30	48	75	0.12	0.18	0.30	0.48
6	10	4	6	9	15	22	36	58	90	0.15	0.22	0.36	0.58
10	18	5	8	11	18	27	43	70	110	0.18	0.27	0.43	0.70
18	30	6	9	13	21	33	52	84	130	0.21	0.33	0.52	0.84
30	50	7	11	16	25	39	62	100	160	0.25	0.39	0.62	1.00
50	80	8	13	19	30	46	74	120	190	0.30	0.46	0.74	1.20

（续）

公称尺寸/mm		标准公差等级											
		IT4	IT5	IT6	IT7	IT8	IT9	IT10	IT11	IT12	IT13	IT14	IT15
大于	至	μm								mm			
80	120	10	15	22	35	54	87	140	220	0.35	0.54	0.87	1.40
120	180	12	18	25	40	63	100	160	250	0.40	0.63	1.00	1.60
180	250	14	20	29	46	72	115	185	290	0.46	0.72	1.15	1.85
250	315	16	23	32	52	81	130	210	320	0.52	0.81	1.30	2.1
315	400	18	25	36	57	89	140	230	360	0.57	0.89	1.40	2.30
400	500	20	27	40	63	97	155	250	400	0.63	0.97	1.55	2.50

（2）基本偏差　基本偏差是指极限与配合中确定公差带相对于零线位置的那个极限偏差。它可以是上极限偏差或下极限偏差，一般是指靠近零线的那个极限偏差。当公差带在零线以上时，下极限偏差为基本偏差；当公差带在零线以下时，上极限偏差为基本偏差。

国家标准已制定了基本偏差代号，对孔用大写字母 A、B、…、ZC 表示，对轴用小写字母 a、b、…、zc 表示，各 28 个，构成基本偏差系列，如图 1-214 所示。

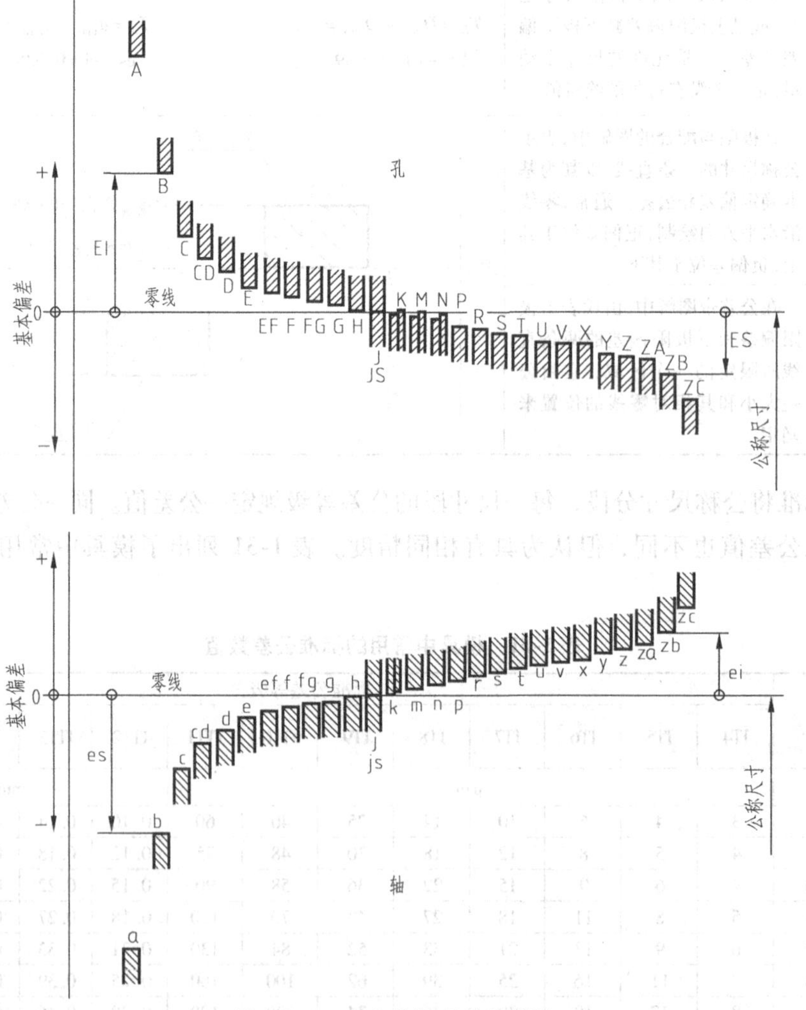

图 1-214　基本偏差系列示意图

公差带代号用基本偏差代号和公差等级数字表示。孔与轴的公差带代号如图 1-215 所示。

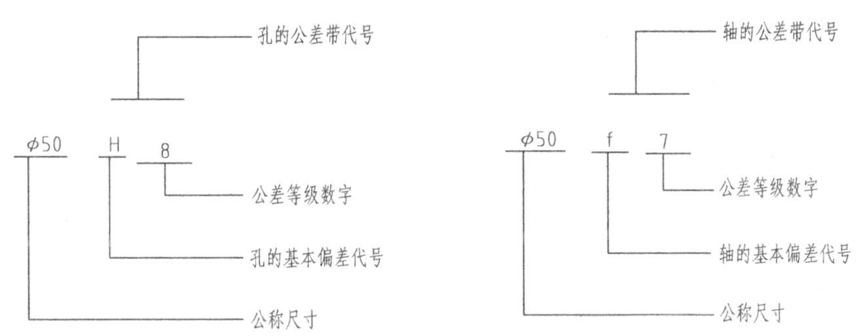

图 1-215 孔与轴的公差带代号

4. 配合

配合是指公称尺寸相同、相互结合的孔和轴公差带之间的关系。公差带的相对位置不同，孔和轴的配合松紧程度就不同，从而满足不同的装配和使用需求。

（1）间隙和过盈　用来表示孔和轴的配合松紧程度。孔的尺寸减去相配合的轴的尺寸的值，为正时是间隙，配合较松；为负时是过盈，配合较紧。

（2）配合的类型

1）间隙配合。具有间隙的配合称为间隙配合，即孔的下极限尺寸大于或等于轴的上极限尺寸的配合，包括最小间隙等于零的配合。此时，孔的公差带在轴的公差带之上，如图 1-216a所示。模具中导套与导柱的配合为间隙配合。

2）过盈配合。具有过盈的配合称为过盈配合，即孔的上极限尺寸小于或等于轴的下极限尺寸的配合，包括最小过盈等于零的配合。此时，孔的公差带在轴的公差带之下，如图 1-216c所示。模具中导套与模座的配合为过盈配合。

3）过渡配合。可能具有间隙或过盈的配合称为过渡配合。此时，孔的公差带与轴的公差带相互交叠，如图 1-216b 所示。模具中凸模与固定板的配合为过渡配合。

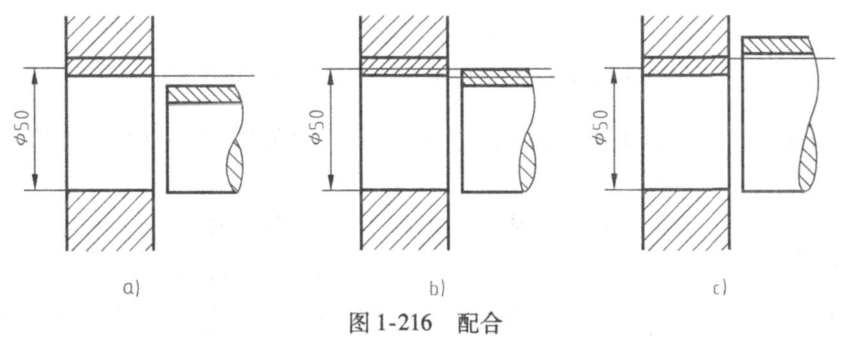

图 1-216 配合

a）间隙配合 b）过渡配合 c）过盈配合

5. 配合制度

同一极限制的孔和轴组成配合的一种制度。国家标准规定，孔、轴配合时有两种制度，即基孔制配合和基轴制配合。

（1）基孔制配合　基本偏差为一定的孔的公差带，与不同基本偏差的轴的公差带形成的各种配合的一种制度。基孔制的孔的下极限尺寸与公称尺寸相等（即基本偏差代号为H），孔的下极限偏差为零，如图1-217所示。

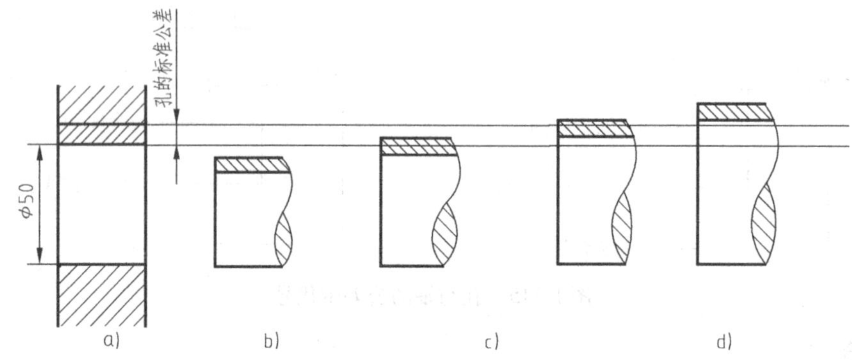

图1-217　基孔制
a）基孔制的基准孔　b）间隙配合　c）过渡配合　d）过盈配合

（2）基轴制配合　基本偏差为一定的轴的公差带，与不同基本偏差的孔的公差带形成的各种配合的一种制度。基轴制的轴的上极限尺寸与公称尺寸相等（即基本偏差代号为h），轴的上极限偏差为零，如图1-218所示。

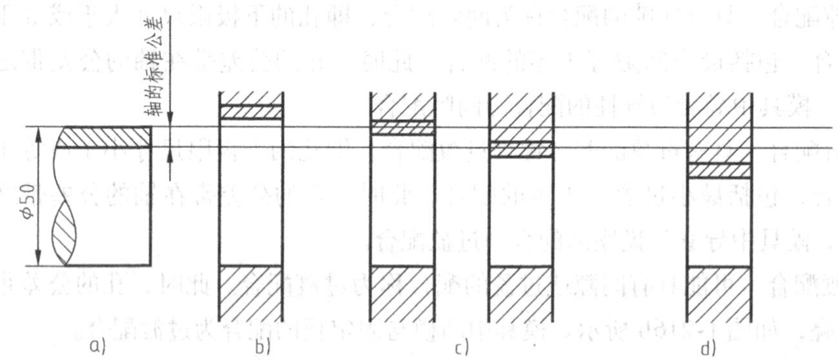

图1-218　基轴制
a）基轴制的基准轴　b）间隙配合　c）过渡配合　d）过盈配合

在一般情况下，优先选用基孔制配合。模具设计中常用配合与特性及应用举例，见表1-32。

表1-32　模具设计中常用配合与特性及应用举例

常用配合	配合特性及应用举例
H6/h5、H7/h6、H8/h7	间隙定位配合，如导柱与导套、凸模与导板、套式浮顶器与凹模的配合等
H6/m5、H7/k6、H7/m6、H8/k7	过渡配合，用于要求较高的定位，如凸模与凸模固定板、导套与模座、导套与固定板、模柄与模座的配合等
H7/p6、H7/r6、H7/s6、H7/u6、H6/r5	过盈配合，以最好的定位精度满足零件的刚性和定位要求，如圆凸模与固定板、导套与模座的固定、导柱与固定板的固定、斜楔与上模的固定等

二、极限与配合在图样上的标注

1. 零件图中公差尺寸的标注

公差尺寸在零件图中的表示有三种形式，可根据具体需要选用。

1）标注公差带代号，如图 1-219a 所示。在公称尺寸右边标注公差带代号，此时基本偏差代号字体与公差等级数字字体的高度相同。这种注法适合于大批量生产，采用专用量具检验零件尺寸的场合。

2）标注极限偏差，如图 1-219b 所示。在公称尺寸的右边标注极限偏差，此时上极限偏差标注在公称尺寸的右上方，下极限偏差标注在公称尺寸的同一水平线上，极限偏差数值的字体应比公称尺寸的字体小一号。当上、下极限偏差数值不相同时，极限偏差的小数点必须对齐，小数点后的位数也必须相同；当其中一个极限偏差为零时，可直接用数字“0”注出，但需注意与另一个极限偏差的个位上的数“0”对齐位置；当上、下极限偏差数值相同、符号不同时，可在极限偏差数值与公称尺寸之间注出“±”符号，极限偏差数值的字体高度应与公称尺寸的字体高度相同，如 50±0.015。这种注法主要用于单件和小批量生产，使用通用量具测量检验的场合，可减少查表的时间。

3）公差带代号与极限偏差一起标注，如图 1-219c 所示。公差带代号和极限偏差依次标注在公称尺寸的右边，此时极限偏差应加注圆括号。这种标注形式集中了前两种标注形式的优点，常用于产品转产较频繁的生产中。

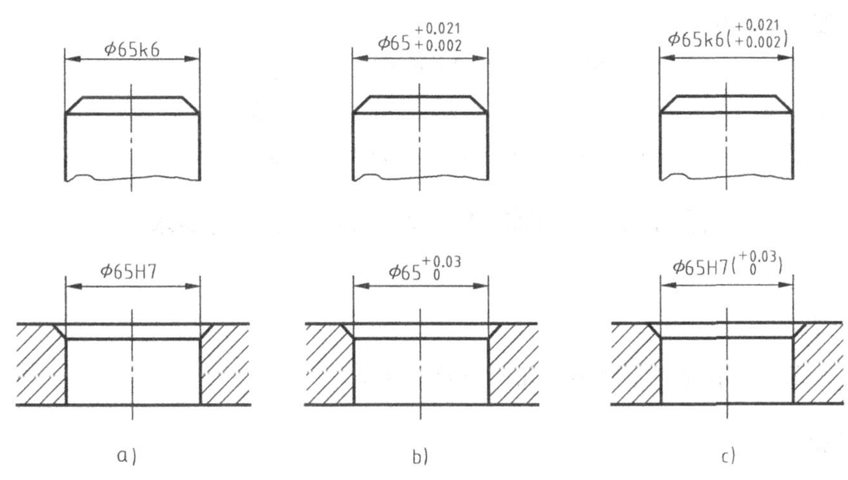

图 1-219 零件图中公差尺寸的标注

2. 装配图中配合代号的标注

配合在装配图中的表示有两种形式，相同的公称尺寸后跟孔、轴公差带代号表示，孔、轴公差带代号写成分数形式，分子为孔公差带代号，分母为轴公差带代号，如图 1-220 所示。

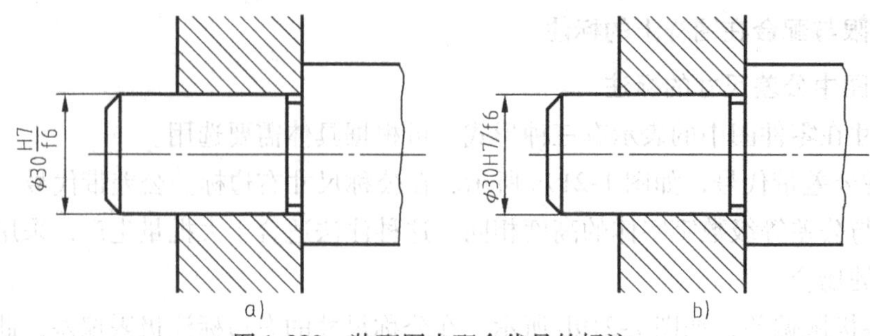

图 1-220　装配图中配合代号的标注

任务实施

1. 找出图 1-213 中尺寸

图 1-213 中标注的公称尺寸有 ϕ35、ϕ99、3×0.5、5、8、68、ϕ36、ϕ108，其中 ϕ35、ϕ99 是带有公差的尺寸。

2. 计算或查国家标准求图 1-213 中尺寸的极限尺寸和尺寸公差

1）尺寸 ϕ35 的上极限偏差 ES = 0.03mm、下极限偏差 EI = 0mm。

由 $ES = D_{max} - D$ 可得 $D_{max} = D + ES = 35mm + 0.03mm = 35.03mm$。

由 $EI = D_{min} - D$ 可得 $D_{min} = D + EI = 35mm$。

尺寸公差 $T_D = ES - EI = 0.03mm - 0mm = 0.03mm$

2）ϕ99js7 中 js 为基本偏差代号、7 为标准公差等级数字，查国家标准和计算得

上极限偏差 es = 0.017mm，下极限偏差 ei = −0.017mm。

上极限尺寸 $d_{max} = d + es = 99mm + 0.017mm = 99.017mm$。

下极限尺寸 $d_{min} = d + ei = 99mm + (-0.017mm) = 98.983mm$。

尺寸公差 $T_d = es - ei = 0.017mm - (-0.017mm) = 0.034mm$。

任务二　识读零件图样上的几何公差要求

任务描述

读懂图 1-221 所示导柱零件图中几何公差的含义。

任务分析

在模具零件加工时不但会产生尺寸误差，而且还会产生形状和位置误差。实际加工零件时，要求相同规格的每个零件都具有相同的形状误差和几何要素间的位置误差是不可能的，只能把形状误差和相互位置误差控制在某些几何公差范围内。“几何公差”即旧标准的“形状与位置公差”。

如果模具零件存在严重的几何误差，将造成模具装配困难，影响模具的质量，因此对于要求精度较高的模具，其零件除给出尺寸公差外，还应根据设计要求，合理定出几何误差的最大允许值。模具加工时看懂图样上对各零件几何误差的要求对保证模具精度，降低生产成

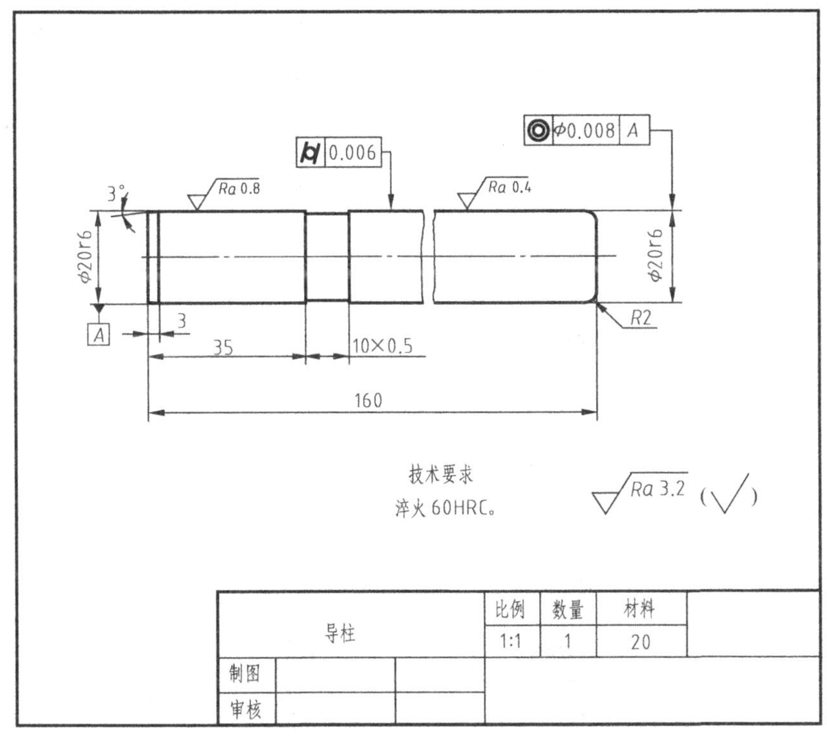

图 1-221　导柱零件图

本非常重要。

相关知识

一、几何公差（GB/T 1182—2008）的相关知识

为了保证加工后零件之间的可装配性，除了要控制零件某些关键要素的尺寸公差外，还需对一些要素给出几何公差，即形状、方向、位置和跳动公差。构成零件的点、线或面称为要素。要素分为被测要素和基准要素。被测要素是指给出了几何公差的要素。基准要素是指用来确定被测要素的方向、位置、跳动的要素。

1）几何公差的几何特征符号见表 1-33；几何公差的部分附加符号见表 1-34。

2）几何公差代号及基准。在零件图中，几何公差一般用几何公差代号标注，只有当无法采用代号标注或采用代号标注过于复杂时，才允许在技术要求中用文字说明几何公差要求。

几何公差代号由几何公差框格、指引线、几何特征符号、公差数值、其他有关符号、基准字母等组成。几何公差框格有两格或多格，其可以水平放置，也可以垂直放置，从左至右依次填写几何特征符号、公差数值（单位为 mm）、基准字母，如图 1-222a 所示。几何公差框格的推荐宽度为：第一格等于框格高度，第二格与标注内容的宽度相适应，第三格及以后各格也应与有关的字母宽度相适应，如图 1-222a 所示。

表 1-33　几何公差的几何特征符号

公差类型	几何特征	符号	有无基准
形状公差	直线度	⏤	无
	平面度	⏥	无
	圆度	○	无
	圆柱度	⌭	无
	线轮廓度	⌒	无
	面轮廓度	⌓	无
方向公差	平行度	∥	有
	垂直度	⊥	有
	倾斜度	∠	有
	线轮廓度	⌒	有
	面轮廓度	⌓	有
位置公差	位置度	⌖	有或无
	同心度(用于中心点)	◎	有
	同轴度(用于轴线)	◎	有
	对称度	⌯	有
	线轮廓度	⌒	有
	面轮廓度	⌓	有
跳动公差	圆跳动	↗	有
	全跳动	⌰	有

表 1-34　几何公差的部分附加符号

说　明	符　号
被测要素	
基准要素	A　A

图 1-222b 所示为基准。字母标注在基准方格内，与一个涂黑或空白的三角形相连以表示基准。涂黑的和空白的基准三角形含义相同。基准方格的推荐尺寸应与几何公差框格的高度保持一致。

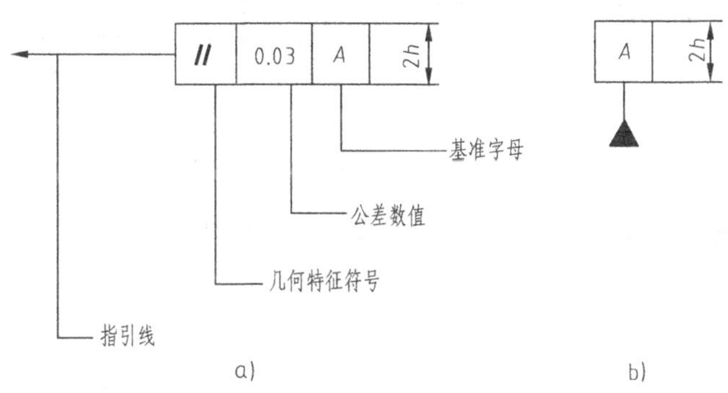

图 1-222　几何公差框格与基准

二、几何公差的标注

1）标注几何公差时，用指引线连接被测要素和几何公差框格，如图 1-222a 所示。指引线（细实线）可从框格的任意一侧引出，终端带箭头。引出段必须垂直于框格，指引线的指示箭头方向应与几何公差数值的方向（即几何公差带的宽度或直径方向）相一致。指引线指向被测要素时允许折弯，但不得多于两次。

2）被测要素的标注。

① 当被测要素是轮廓线或轮廓面时，指引线箭头指向该要素的轮廓线或其延长线，应与尺寸线明显错开，如图 1-223a、b 所示。

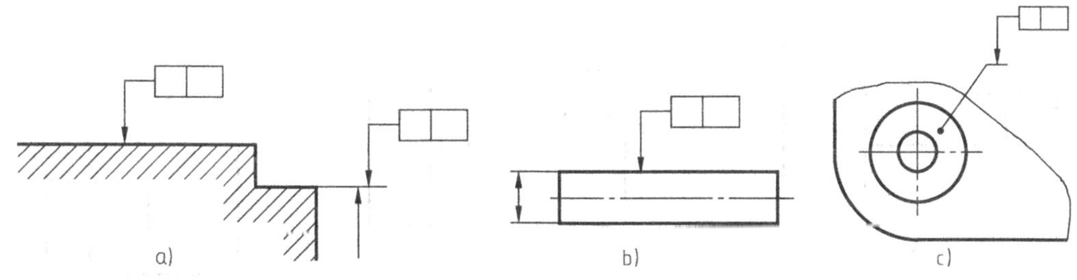

图 1-223　被测要素是轮廓线或轮廓面

② 当被测要素是轮廓面时，箭头也可指向引出线的水平线，引出线引自被测面，如图 1-223c 所示。

③ 当被测要素是中心线、中心面或中心点时，箭头应位于相应尺寸线的延长线上，如图 1-224 所示。

3）基准要素的标注。

① 当基准要素是轮廓线或轮廓面时，基准三角形放置在基准要素的轮廓线或其延长线上，并应明显地与尺寸线错开，如图 1-225a 所示。

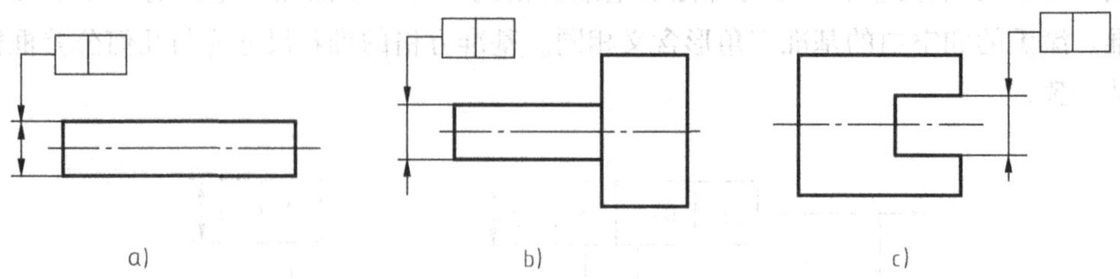

图 1-224 被测要素是中心线或中心面

② 当基准要素是轮廓面时，基准三角形也可放在引出线的水平线上，引出线引自基准面，如图 1-225b 所示。

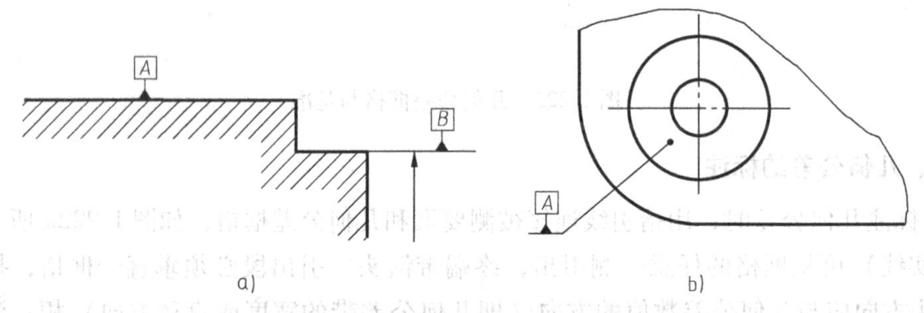

图 1-225 基准要素是轮廓线或轮廓面

③ 当基准要素是尺寸要素确定的中心线、中心面或中心点时，基准三角形应放置在该尺寸线的延长线上，如图 1-226 和图 1-227 所示。当没有足够的位置标注基准要素尺寸的两个尺寸箭头时，则其中一个箭头可用基准三角形代替，如图 1-226 和图 1-227 所示。

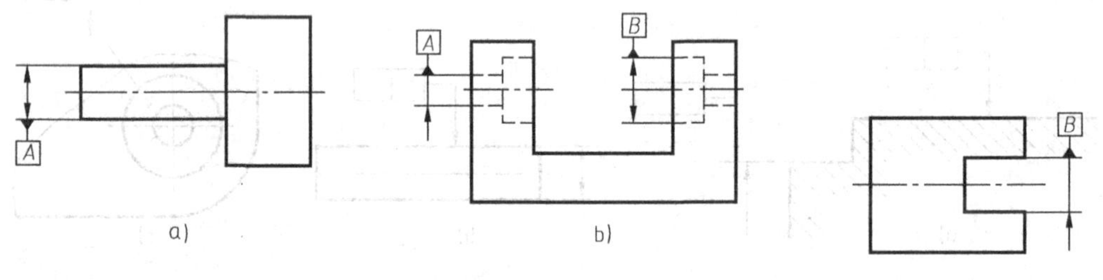

图 1-226 基准要素是中心线

图 1-227 基准要素是中心面

任务实施

1. 分析零件

导柱与导套一起配套使用，在模具中可保证上、下模有精确的位置关系。它们主要起到导向的作用。一般导柱安装在下模座，采用过盈配合，导柱的另一端（零件的右端）在导套里滑动，与导套是间隙配合的关系。零件两端有倒角与圆角，以便于导柱相对下模座或导套的导入。该零件主要是在车床上加工，为了加工时便于看图，按加工位置确定主视图，将轴线水平放置。图 1-228 所示为导柱的立体图。

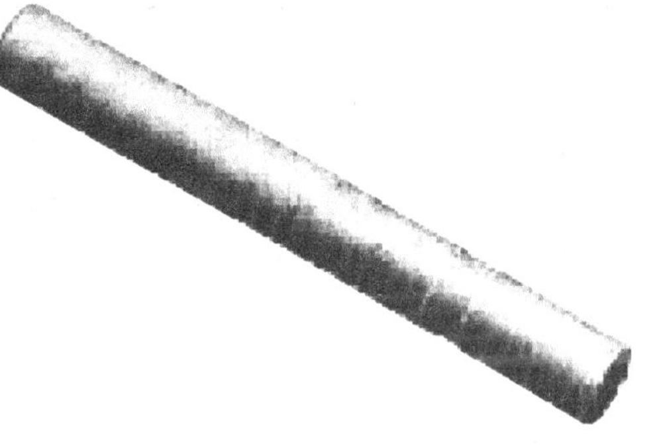

图 1-228　导柱的立体图

2. 识读零件图中标注的各项几何公差

|⌭|0.006| 表示圆柱度公差（形状公差），即导柱右端 ϕ20r6 圆柱面的圆柱度公差为 0. 006mm，其公差带是半径差为 0. 006mm 的两同轴圆柱面之间的区域。

|◎|ϕ0.008|A| 表示同轴度公差（位置公差），即导柱右端 ϕ20r6 圆柱体的轴线相对基准 *A*（左端 ϕ20r6 圆柱体的轴线）的同轴度公差为 ϕ0. 008mm，其公差带是与基准 *A* 同轴且直径为 0. 008mm 的圆柱面内的区域。

任务三　识读零件图样上的表面结构要求

任务描述

读懂图 1-229 所示上模座零件图中表面结构要求的含义。

任务分析

在模具零件的加工过程中，由于刀具和零件之间的切削作用下的塑性变形，刀具、零件和机床的振动等原因的影响，零件表面会留下许多凸峰和凹谷所组成的痕迹。零件被加工表面上存在的这些峰谷的高低程度和间距状况会影响零件的配合性质、定位精度、疲劳强度、耐蚀性、密封性等，其反映的是零件加工表面上的微观几何形状误差。因此要根据零件表面的工作情况，合理选择和标注表面结构要求，以便保证产品质量，同时也可提高经济效益。

相关知识

一、表面结构概述

在加工零件的过程中，由于受到刀具与被加工面之间的摩擦、金属塑性变形及机床的振动等因素的影响，在零件的加工表面上总是存在着宏观和微观的几何形状误差。将一个指定平面与实际表面相交所得到的轮廓称为表面轮廓，如图 1-230 所示。

国家标准规定，用中线制（轮廓法）评定可将表面轮廓分为原始轮廓（*P* 轮廓）、粗糙度轮廓（*R* 轮廓）、波纹度轮廓（*W* 轮廓）等。对于机械零件表面结构来说，表面粗糙度轮廓参数从下列两项中选取。

（1）轮廓的算术平均偏差 *Ra*　在一个取样长度内，纵坐标值的绝对值的算术平均值，如图 1-231 所示。

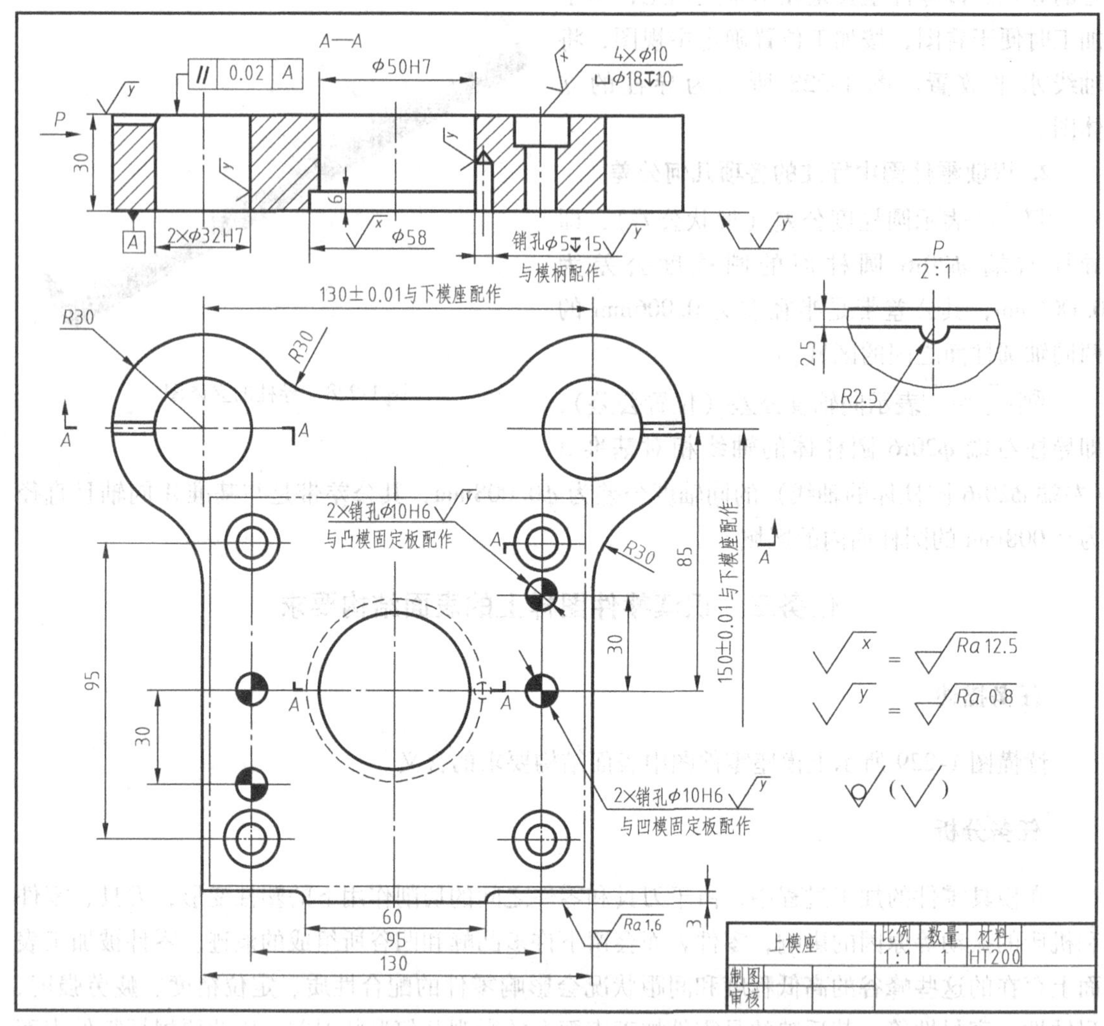

图 1-229　上模座零件图

（2）轮廓的最大高度 *Rz*　在一个取样长度内，最大轮廓峰高和最大轮廓谷深之和（即轮廓峰顶线与轮廓谷底线之间的距离），如图 1-232 所示。

表面结构的轮廓评定参数 *Ra* 和 *Rz* 常用的数值为 0.2μm、0.4μm、0.8μm、1.6μm、3.2μm、6.3μm、12.5μm、25μm、50μm。

有关检验规范的基本术语如下。

（1）取样长度和评定长度

1）取样长度。在基准线上选取的进行测量的一段长度称为取样长度。国家标准对取样长度大小有规定，不能过短也不能过长。

2）评定长度。在基准线上用于评定轮廓的、包含一个或几个取样长度的测量段称为评定长度。

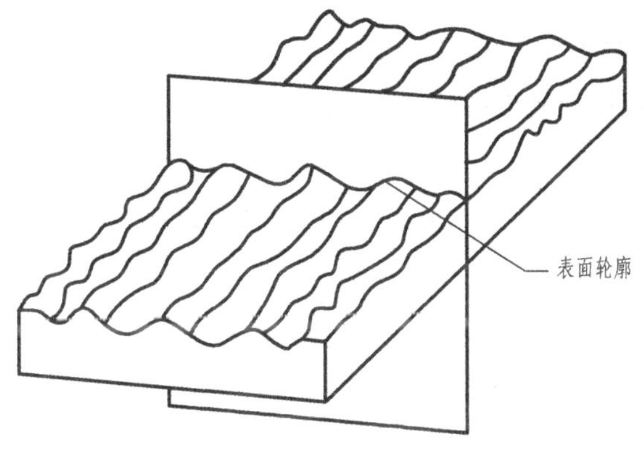

图 1-230 表面轮廓

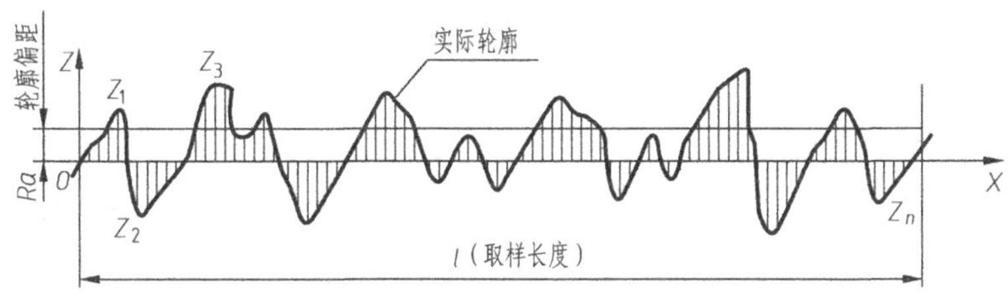

图 1-231 轮廓的算术平均偏差 *Ra*

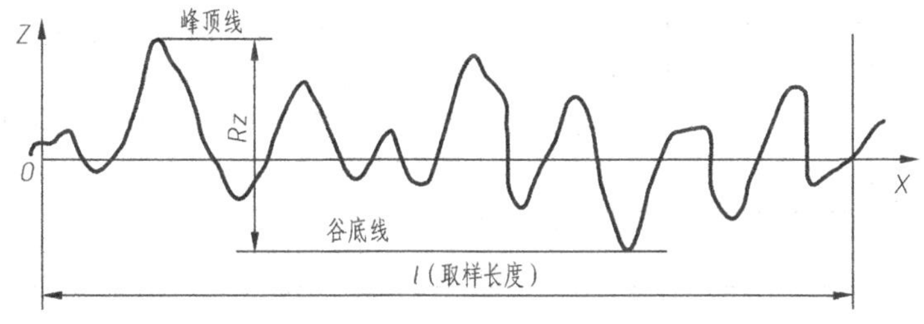

图 1-232 轮廓的最大高度 *Rz*

参数代号后注明取样长度个数，未注明时默认为 5 个取样长度，如 *Rz* 0.4、*Ra* 3 0.8、*Rz* 1 3.2 分别表示评定长度为 5 个（默认）、3 个、1 个取样长度。

（2）判断规则　完工零件的表面按检验规范测得轮廓参数值后，需与图样上给定的极限值比较，以判断零件表面是否合格。判断规则有两种。

1）16% 规则。当图样中给出上、下限值要求（或只给上限值），运用此规则时，被检的整个表面上测得的全部参数值中，超过上限值或下限值的个数不多于总个数的 16%，则该表面是合格的。此规则为默认规则，如 *Ra* 0.8。

2）最大规则。运用此规则时，被检的整个表面上测得的参数值一个也不应超过给定值。参数代号后注写“max”字样，如 Ra max 0.8。

二、表面结构的表示法

在图样中，对表面结构的要求可用几种不同的符号表示。表面结构的图形符号及其含义见表 1-35。

表 1-35 表面结构的图形符号及其含义

名称	图形符号	含义
基本图形符号	√	仅用于简化代号标注，无补充说明时不能单独使用
扩展图形符号	（去除材料符号）	指定表面是用去除材料的方法获得的，如车、铣、钻、磨、剪切、抛光、腐蚀、电火花加工、气割等
	（不去除材料符号）	指定表面是用不去除材料的方法获得的，如铸、锻、冲压变形、热轧、冷轧、粉末冶金等
完整图形符号	（三个完整图形符号）	当要求标注表面结构特征的补充信息时，应在扩展图形符号的长边上加一横线。左边 3 个符号依次用于“允许任何工艺”“去除材料”和“不去除材料”
工件轮廓各表面的图形符号	（工件轮廓符号示例）	当在图样某个视图上构成封闭轮廓的各表面有相同的表面结构要求时，应在完整图形符号上加一圆圈，标注在图样中零件的封闭轮廓线上。如果标注会引起歧义，则各表面应分别标注

表面结构的图形符号画法及对应的尺寸要求如图 1-233 所示。符号的线宽 d' 为数字和字母高度的 1/10，$H_1 \approx 1.4h$，$H_2 \approx 3h$，其中 h 为字高，具体尺寸详见 GB/T 131—2006。

为了明确表面结构要求，在完整图形符号中，除了标注表面结构参数和数值外，必要时还需标注传输带、取样长度、加工工艺、表面纹理和方向、加工余量等补充要求。它们应注写在图 1-234 所示的指定位置。

位置 a：注写表面结构的单一要求，或注写第一个表面结构要求。

位置 b：注写第二个表面结构要求，如果要注写第三个或更多个表面结构要求，图形符号应在垂直方向扩大，以空出足够的空间位置。

位置 c：注写加工方法、表面处理、涂层或其他加工工艺要求等，如车、铣、磨、镀等。

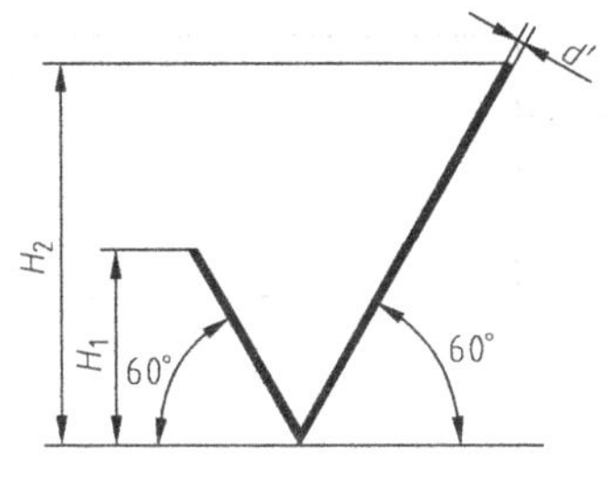

图 1-233　表面结构的图形符号画法及对应的尺寸要求

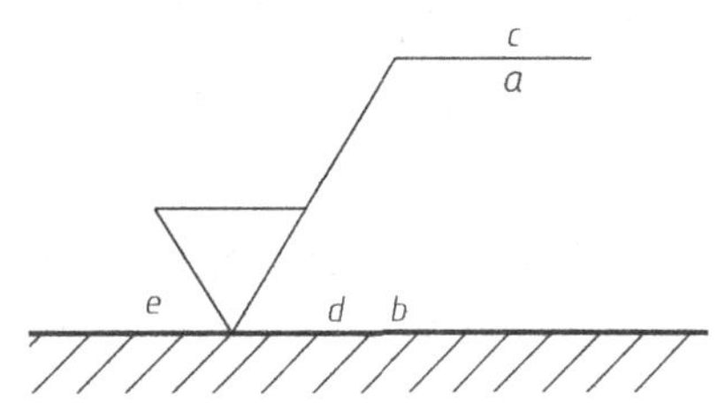

图 1-234　补充要求的注写位置

位置 d：注写表面纹理和方向。

位置 e：注写加工余量，数值以 mm 为单位。

在标注轮廓参数时，必须标注出参数代号 *Ra*、*Rz* 等，不得省略。为避免误解，在参数代号和极限值之间应插入空格，如 *Ra* 0.8。

三、表面结构要求在图样上的注法

在同一张零件图上，每一表面一般只标注一次表面结构要求，并尽可能标注在相应的尺寸及其公差的同一个视图上。除非另有说明，否则所标注的表面结构要求是对完工零件的表面要求。

1. 表面结构符号、代号的标注位置与方向

标注的总原则是：根据 GB/T 4458.4 的规定，表面结构的注写和读取方向应与尺寸的注写和读取方向一致，如图 1-235 所示。

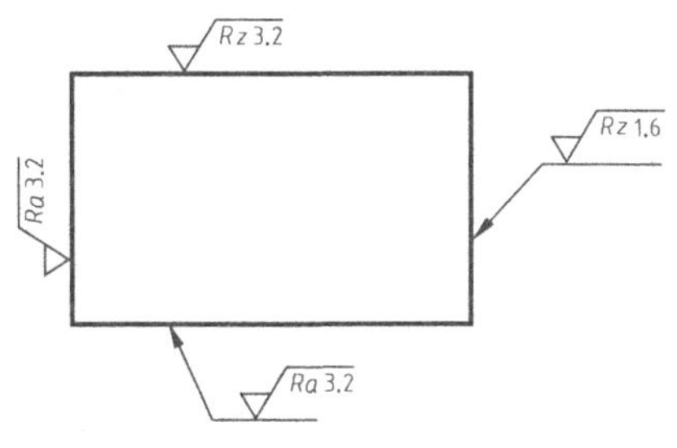

图 1-235　表面结构要求的注写方向

（1）标注在轮廓线或指引线上　表面结构要求可标注在轮廓线上，其符号应从材料外指向并接触表面；必要时，表面结构符号也可用带箭头或黑点的指引线引出标注，如图 1-236所示。

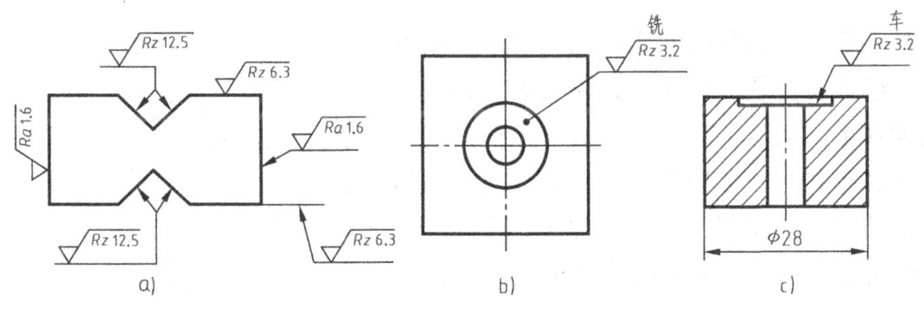

图 1-236　表面结构要求的标注一

（2）标注在特征尺寸的尺寸线上　在不致引起误解时，表面结构要求可以标注在给定的尺寸线上，如图 1-237 所示。

（3）标注在几何公差的框格上　表面结构要求可标注在几何公差框格的上方，如图 1-238 所示。

（4）标注在尺寸界线、轮廓线的延长线上　表面结构要求可以直接标注在尺寸界线、轮廓线的延长线上，或用带箭头的指引线引出标注，如图 1-239 所示。

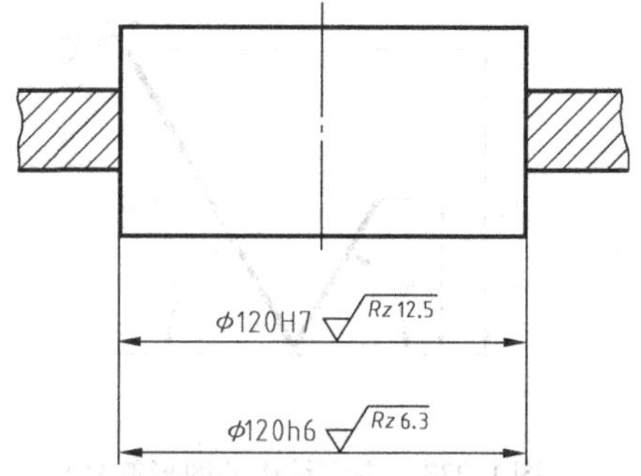

图 1-237　表面结构要求的标注二

2. 表面结构要求的简化注法

（1）零件有相同表面结构要求的简化注法

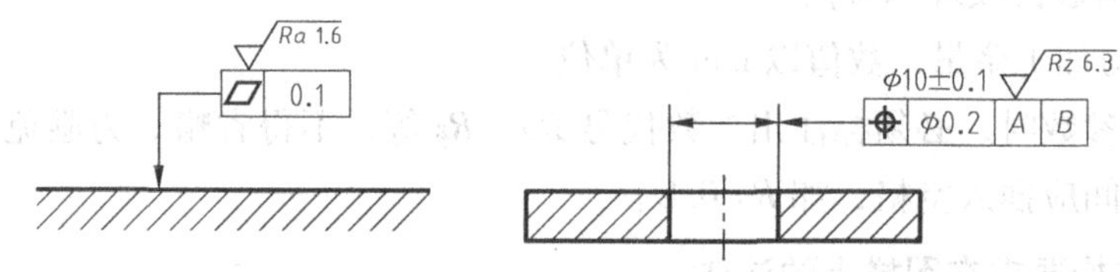

图 1-238　表面结构要求的标注三

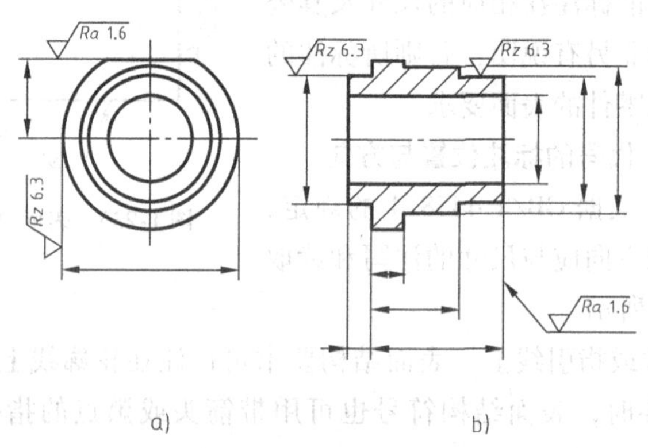

图 1-239　表面结构要求的标注四

如果零件的多数表面有相同的表面结构要求，则可在图样的标题栏附近统一标注，并在表面结构要求的符号后面加上圆括号，圆括号内给出无任何其他标注的基本图形符号，如图 1-240 所示；或在圆括号内给出图中已给出的几个不同的表面结构要求，如图 1-241 所示。不同的表面结构要求应直接标注在图形中。

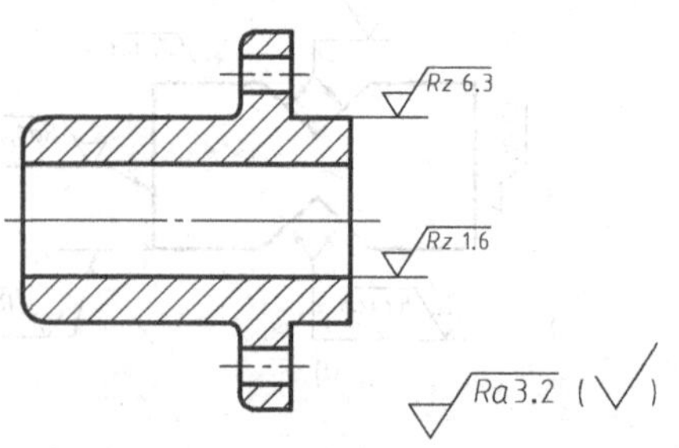

图 1-240　表面结构要求的简化注法一

当零件的全部表面有相同的表面结构要求时，可在图样的标题栏附近统一标注表面结构要求，如

图 1-242 所示。

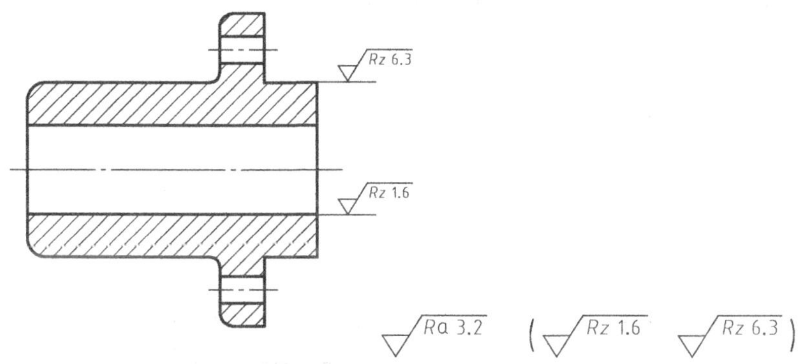

图 1-241 表面结构要求的简化注法二

（2）多个表面有相同表面结构要求的简化注法

1）用带字母的完整符号，以等式的形式，在图形或标题栏附近，对有相同表面结构要求的表面进行简化标注，如图 1-243 所示。

2）只用表面结构符号，如用基本符号、扩展符号，以等式的形式给出对多个表面相同的表面结构要求，如图 1-244 所示。

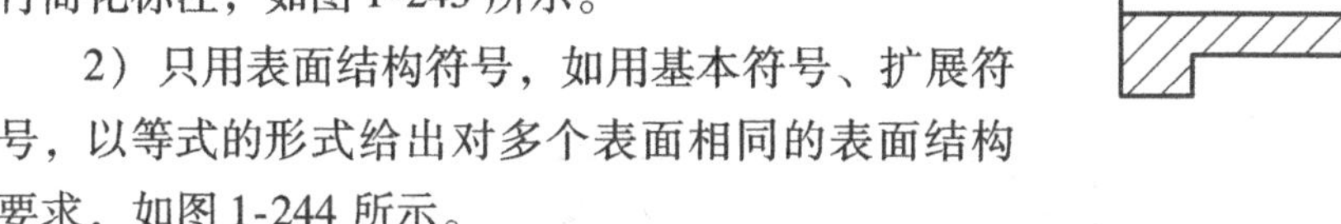

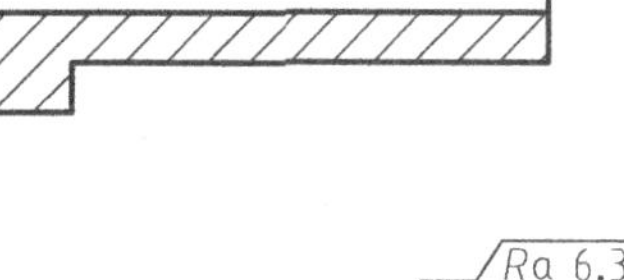

图 1-242 表面结构要求的简化注法三

3. 两种或多种工艺获得的同一表面的表面结构要求的注法

由两种或多种工艺方法获得的同一表面，当需要明确每种工艺方法的表面结构要求时，可按图 1-245 所示注法进行标注。

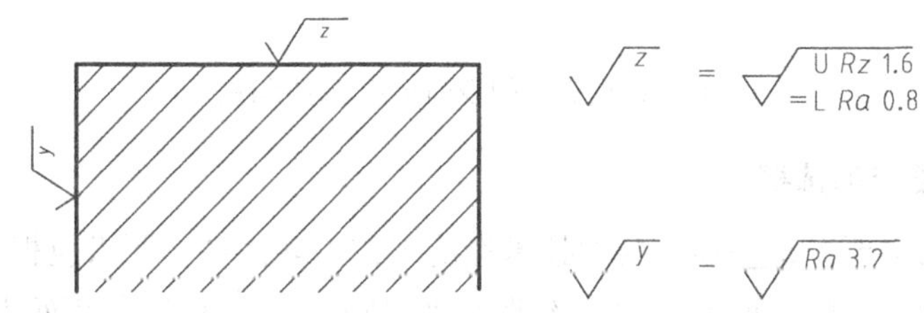

图 1-243 表面结构要求的简化注法四

= Ra 3.2　　= Ra 3.2　　= Ra 3.2

a)　　b)　　c)

图 1-244 表面结构要求的简化注法五

a）未指定工艺方法 b）要求去除材料 c）不允许去除材料

4. 键槽、倒角的表面结构要求的注法

键槽、倒角的表面结构要求的注法如图 1-246 所示。

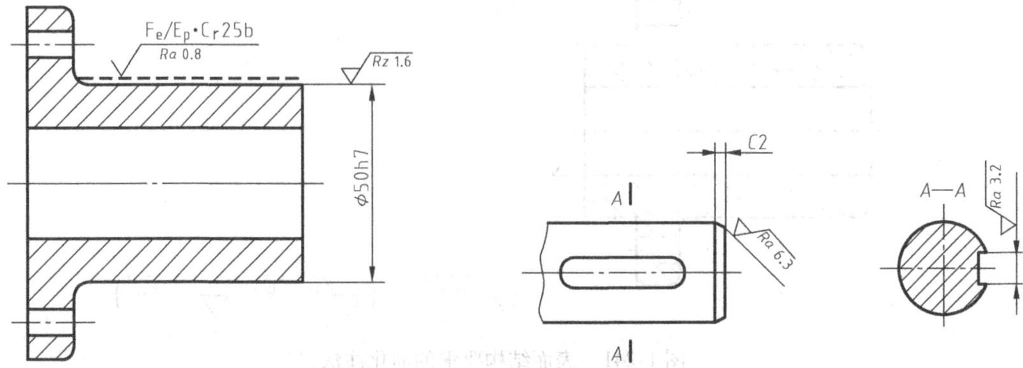

图 1-245　多种工艺表面的表面结构要求的注法　　图 1-246　键槽、倒角的表面结构要求的注法

5. 连续表面的表面结构要求的注法

轮齿等重复要素的表面结构要求，只需标注一次，如图 1-247 所示。

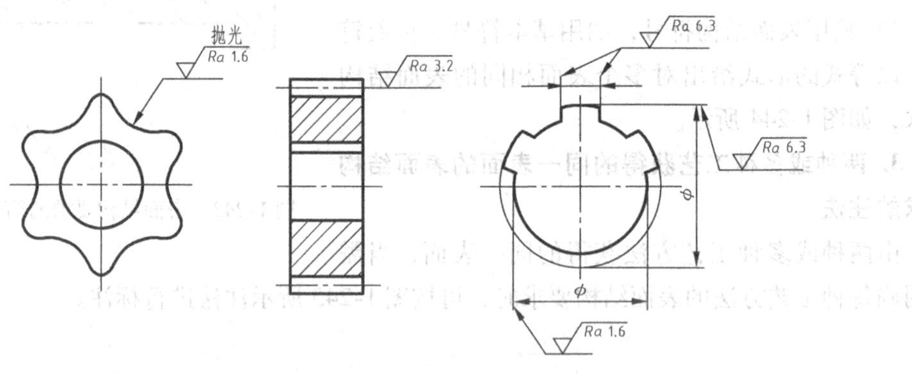

图 1-247　连续表面的表面结构要求的注法

四、表面结构要求的选择

正确确定表面结构要求是一项重要的技术经济工作。表面结构要求应根据零件表面的作用和要求确定。接触面与配合面的表面结构要求要高些，自由表面的表面结构要求要低些。合理选择表面结构要求，涉及许多专业知识，初学者可参照同类产品的相应零件图用类比法确定。表面结构要求的使用范围见表 1-36。

表 1-36　表面结构要求的使用范围

表面粗糙度轮廓参数 Ra/μm	使用范围
0.2	抛光的成形面或平面
0.4	①成形的凸模和凹模刃口 ②圆柱表面和平面的刃口 ③滑动和精确导向的表面

（续）

表面粗糙度轮廓参数 Ra/μm	使 用 范 围
0.8	①成形的凸模和凹模刃口 ②凸、凹模镶块的接合面 ③过盈配合和过渡配合的表面——用于热处理零件 ④支承定位和紧固表面——用于热处理零件 ⑤磨削加工的基准平面 ⑥要求准确的工艺基准表面
1.6	①内孔表面——在非热处理零件上配合用 ②底板平面
3.2	①不磨削加工的支承、定位和紧固表面——用于非热处理零件 ②底板平面
6.3～12.5	不与冲压零件及模具工作零件表面接触的表面
25	粗糙、不重要的表面

任务实施

1. 分析零件

对于有些模具的模座，如果采用标准模架，则由模架制造厂商完成模座的上下表面、两侧的导柱（导套）孔等结构的加工，用户只需根据实际情况加工螺纹通孔、定位销孔、落料孔等结构，画图时只需把这些结构表达在图样上，并标注加工部位的尺寸及其所需的技术要求。上模部分的全部零件都固定在上模座上，并与压力机的模柄相连。

图 1-229 所示上模座没有采用标准模架，因此除了完成具有导套孔结构的上模座的常规加工外，用户可根据实际情况进一步加工螺钉通孔、定位销孔等。本零件根据模具的装配要求，一共加工了 4 个螺钉阶梯通孔、2 个与凸模固定板配作的销孔、2 个与凹模固定板配作的销孔、1 个与模柄装配后再一起配作的销孔。图 1-248 所示为上模座的立体图。

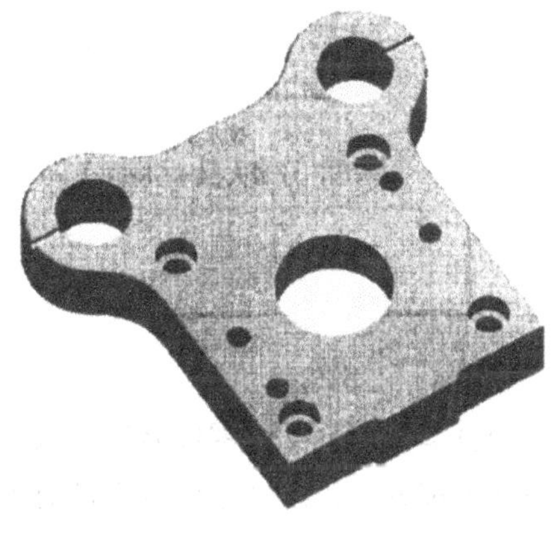

图 1-248 上模座的立体图

2. 识读表面结构要求

1）该零件上下表面的表面结构要求 Ra 为 0.8μm。

2）2 个与导套配合的孔，表面结构要求 Ra 为 0.8μm。

3）5 个销孔，表面结构要求 Ra 为 0.8μm。

4）与模柄配合的孔，表面结构要求 Ra 为 0.8μm。

5）ϕ58mm 沉孔及 4 个螺钉阶梯通孔，表面结构要求 Ra 为 12.5μm。

6）前面 60mm×3mm 的凸台，表面结构要求 Ra 为 1.6μm。

任务四　识读零件图样上的材料及其热处理要求

任务描述

读懂图1-249所示上模垫板零件图中的材料和热处理要求。

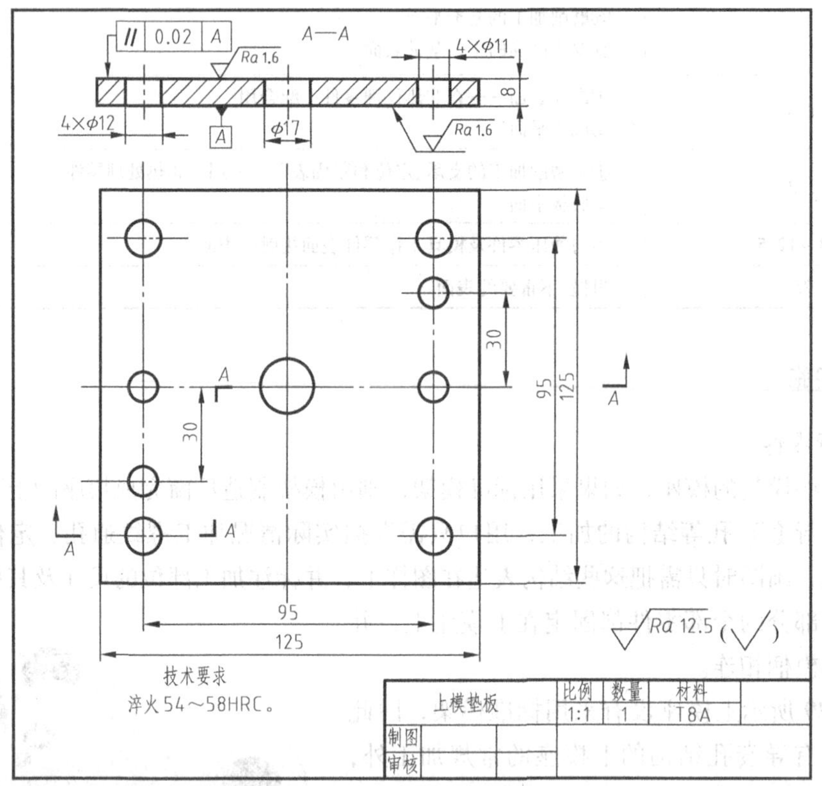

图1-249　上模垫板零件图

任务分析

模具零件图除了对零件表面结构、尺寸公差、几何公差有要求外，还要合理选择零件材料及热处理方法，以满足模具零件对工作性能的要求。

相关知识

一、材料的选取

标题栏内的材料栏主要注写模具零件材料的牌号。模具零件材料的选用，主要是根据模具的生产批量、复杂程度、工作条件及工作环境、结构特点及尺寸大小以及模具成本等因素来考虑。一般原则是在保证零件的使用条件下，尽可能节约贵重钢材。

二、技术要求

用规定的代号、数字、文字等表示零件在制造和检验过程中应达到的技术指标，称为技

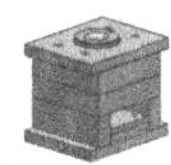

术要求。技术要求的主要内容包括尺寸公差、几何公差、表面结构要求、材料与热处理工艺等。

模具热处理是利用加热、保温、冷却等手段，使金属内部组织发生变化，从而使模具零件获得所需要强度、韧性、耐磨性等各种力学性能的一种工艺过程。模具热处理对模具的性能与使用寿命影响很大，因此通常要把热处理方法及热处理后表面所应达到的硬度表达出来。对于类似这些不便注写在视图中、但在制造时又必须保证的条件和技术要求等，都应用文字注明在图样下方的“技术要求”中。对材质的要求、表面处理、表面涂层及表面修饰（如锐边倒钝、清砂等）、未注倒圆半径的说明、个别部位的修饰加工要求和其他的特殊要求等，应根据不同的零件、不同的加工方法和不同的要求而有所区别。

任务实施

1. 分析零件

上模垫板安放在冲孔凸模的上方，在模具工作时，其作用是直接承受和扩散凸模传递的压力，以降低模座所受的单位压力，避免模座受到强冲击，保护模座免被凸模端面压陷。上模垫板形状比较简单、规则，其主视图按工作位置放置，俯视图反映各个孔的形状及相对位置。它有 4 个 ϕ12mm 的通孔、1 个 ϕ17mm 的通孔、4 个 ϕ11mm 的通孔。图 1-250 所示为上模垫板的立体图。

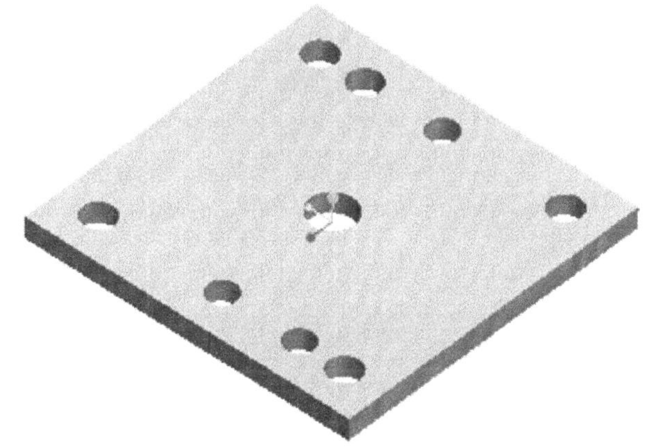

图 1-250　上模垫板的立体图

2. 识读上模垫板零件图的材料及热处理要求

1）上模垫板零件的材料是 T8A，为高级优质碳素工具钢，碳的质量分数为 0.8%。

2）零件加工完后要求进行淬火热处理，洛氏硬度值为 54～58HRC。

单元总结

图样是工人加工零件、检验零件是否合格的重要依据，在实际生产中有着重要作用，是设计人员和技术工人之间进行交流的一种“语言”。因此，掌握制图基础知识对每个模具制造技术人员来说都是非常重要的。

本单元要求在了解国家制图标准的前提下，重点掌握以下内容。

1）正投影法作图基础；模具中常用零件的三视图画法，并具备一定的空间想象和思维能力。

2）采用国家标准规定的表达方法表达清楚零件的结构形状。

3）常用零件及零件上常用结构的特殊画法及标记。

4）看懂图样上的制造及检验要求。

本单元中大部分零件都是模具中经常用到的零件，实际应用过程中它们之间有着密切的联系。对于图样中的技术要求部分，要想真正理解这些技术要求的意义，还需要同学们在实践中进行积累。

单元二 模具零件图

单元导入

一套完整的模具由若干个模具零件组成，如图 2-1 所示。

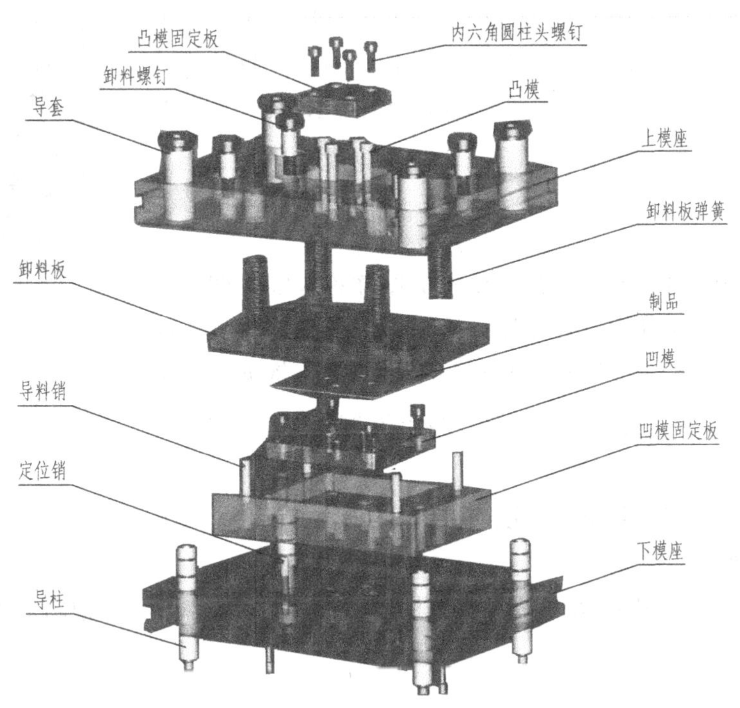

图 2-1　冲模

组成模具的零件可分为标准件、常用件及一般零件。标准件是指结构、规格及技术要求全部标准化的零件，由专门的厂家生产，具有完全的互换性，如图 2-1 所示模架（上、下模座、导套、导柱）、销、螺钉。模具标准化可促进模具工业的发展，促进技术交流，简化模具设计，缩短生产周期。常用件是指那些结构、规格及技术要求只有部分标准化的零件，它们不具有完全的互换性，但却是使用专用刀具加工生产的，具有一定的通用性，如齿轮、图 2-1 所示卸料板弹簧等零件。而一般零件则是指那些既不具有互换性又不具有通用性的零件，如图 2-1 所示凸模、凹模、凸模固定板、凹模固定板。

对于齿轮、弹簧等常用件，以及螺钉、键、销、滚动轴承等标准件在单元一中已进行过具体介绍，所以本单元主要研究模具专用零件，具体包括以下两个项目。

项目一　模具一般件

项目二　模具标准件

项目一　模具一般件

任务一　绘制模具零件图

任务描述

在中小型冲模中，模柄是连接上模部分与压力机的零件，模柄的轴线与模具压力中心重合。图 2-2 所示模柄是压入式模柄，其与上模座采用过渡配合，并加销防转。因此，当模柄装配好后再一起配作销孔。现根据图 2-2 所示模柄立体图及使用要求，绘制模柄零件图。

图 2-2　模柄立体图

任务分析

表达零件的结构、大小及技术要求的图样称为零件图。零件图既要反映出设计者的设计意图，又要考虑到制造的可能性与合理性。因此，零件图是制造和检验零件的唯一依据，是生产中的重要技术文件。能根据模具零件特点绘制出符合要求的模具零件图是模具设计人员必须掌握的技能之一。

一张完整的模具零件图通常应包括的基本内容如图 2-3 所示。

1. 一组图形

选用一组适当的视图、剖视图、断面图等图形，能正确、完整、清晰地表达零件各部分的结构形状。

2. 全部尺寸

正确、完整、清晰、合理地标注出零件在制造和检验过程中所需要的尺寸。

3. 技术要求

用一些规定的符号、代号、标记或文字说明，标注出零件在制造、检验和使用过程中应达到的各项技术指标。

4. 标题栏

说明零件的名称、材料、比例、数量、图号以及制图、审核人员等。

零件图中的尺寸、技术要求的标注方法及标题栏的相关内容在单元一中已详细介绍过，因此完成本任务的关键是如何选择合适的图形来表达模柄的形状。

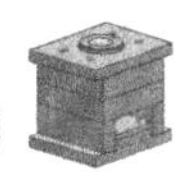

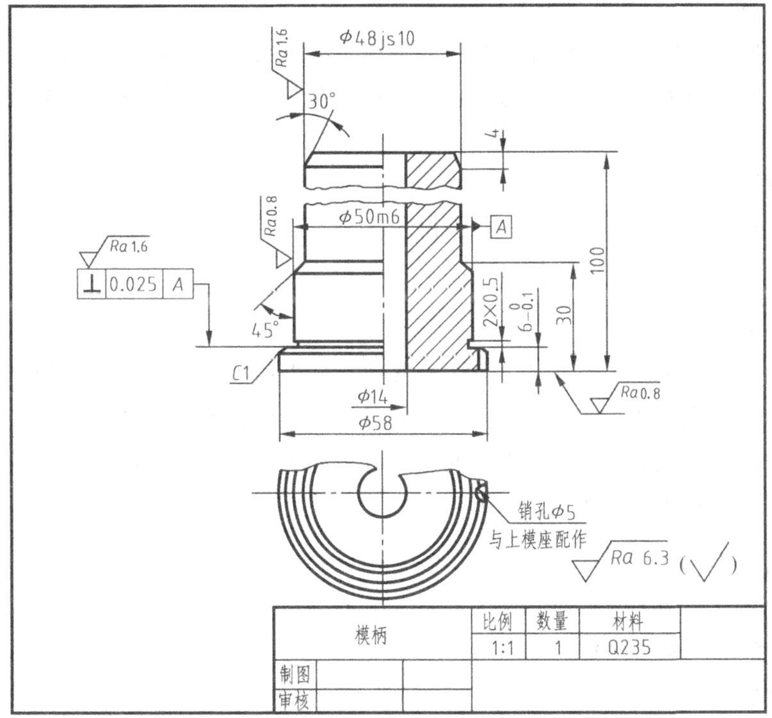

图 2-3　模柄零件图

相关知识

模具零件的图形除了要正确、完整、清晰地表达零件的全部结构形状外，还应考虑符合生产要求，方便读图。因此，必须对零件的结构及其形状特点进行分析，要尽可能地了解零件在模具中的作用、位置以及其加工方法，合理地选择主视图和其他视图，并适当地选用基本视图、剖视图、断面图及其他各种表达方法。

一、主视图的选择

主视图是零件图上最重要的一个视图，主视图选择得好与否，直接影响到画图与识图。因此，在表达零件时，首先应确定主视图，然后再确定其他视图。

一般来说，零件主视图的选择应符合总装图位置原则、工作位置原则、加工位置原则和形状特征原则。

1. 总装图位置原则

模具装配图的主视图通常按工作位置来放置（如冲模），但也有的主视图按旋转 90°来放置（如塑料注射模），所以零件图的主视图应尽量按其在总装配图中的方位画出，而不要任意地旋转或颠倒，以免因画错而影响装配。

2. 工作位置原则

主视图应尽量符合零件的工作（安装）位置。为了在设计过程中核对零件间的相关尺寸和在装配时方便对照图样，模具零件的主视图最好采用该零件所在的工作位置。

3. 加工位置原则

有些零件如轴、套、模具杆等，大部分是在车床或磨床上进行加工的，因此一般将此类零件按轴线水平放置画出主视图。这种画法便于在加工时直接进行图物对照，减少加工差错。

4. 形状特征原则

主视图是主要视图，最好使人一看主视图就能大致了解该零件的形状，因此主视图应能明显地反映零件主要结构形状及各组成形体之间的相互关系。

二、其他视图的选择

通常仅用一个视图是不能把零件的结构形状完全表达清楚的，还需要配合其他视图来表达主视图尚未表达清楚的部位。因此，可根据零件的复杂程度和内外结构全面考虑所需要的其他视图，使每个视图都有一个表达的重点。需注意的是：采用的视图数目不宜过多，且尽可能少用虚线，力求制图简便。

任务实施

一、模柄视图方案的选择

1. 结构分析

模柄是轴类零件，由同轴线、不同直径的多段回转体组成，为阶梯形结构，主要在车床上加工而成。

2. 放置位置

轴类零件在机械制图画法中多采用轴线水平放置画出主视图，但是现在考虑到该零件在模具工作时是竖直放置的，为了方便模具行业的设计者核对图样，习惯上模柄零件的主视图采用工作位置竖放。

3. 视图选择

（1）主视图　上端圆柱部分为模柄的工作部分，与压力机上滑块的模柄孔配合，下端面是模柄安装时的轴向定位表面，中间有一放置打杆的圆形通孔，因此模柄的主视图采用半剖视图表达中间的空心结构（打杆从此孔经过）。

（2）其他视图　为了进一步表示单边有个配作的销孔，因此用俯视图表达。为了节省图纸空间，俯视图采用了断开画法，主视图也采用了断开画法。确定方案后，绘制模柄零件图，如图 2-3 所示。

二、标注尺寸及公差要求

1. 选择尺寸基准

模柄作为轴类零件，径向设计基准是轴线。因下端面是模柄安装时的轴向定位表面，所以选模柄的下端面为轴向设计基准。

2. 考虑设计要求标注主要尺寸

以轴线为主要基准，标注出各段圆柱的直径尺寸，如外圆尺寸 $\phi58$、$\phi50$、$\phi48$ 及内孔尺寸 $\phi14$。

轴向以模柄下端面为设计基准，标注尺寸为 ϕ58 轴段的长度尺寸 6、尺寸为 ϕ48 轴段的下端面定位尺寸 30、模柄总长尺寸 100。

在俯视图上标注与上模座配作的销孔尺寸 ϕ5。

3. 考虑工艺要求标注一般尺寸

标注尺寸为 ϕ58 轴段的上端面倒角尺寸 *C*1、砂轮越程槽尺寸 2×0.5、尺寸为 ϕ50 轴段的上端面与 ϕ48 轴段下端面的过渡斜面倾角尺寸 45°、尺寸为 ϕ48 轴段的上端面去锐边距离尺寸 4 和角度尺寸 30°。

4. 考虑配合要求标注公差尺寸

尺寸为 ϕ58 轴段与上模座孔的配合为基轴制，其长度方向的公差尺寸为 $6_{-0.1}^{\ 0}$；尺寸为 ϕ50 轴段与上模座孔之间采用基孔制过渡配合，加注公差带代号 m6；尺寸为 ϕ48 轴段要与压力机上的模柄孔配合，一般采用基孔制过渡配合，加注公差带代号 js10。。

5. 综合检查

确保尺寸标注合理、完整，如图 2-3 所示。

三、标注表面结构要求及几何公差要求

1. 标注表面结构要求

模柄下端面及尺寸为 ϕ50m6 轴段圆柱面要求磨削，表面结构要求 *Ra* 为 0.8μm；尺寸为 ϕ58 轴段的上端面及 ϕ48js10 轴段圆柱面要求精车，表面结构要求 *Ra* 为 1.6μm；其余表面结构要求 *Ra* 为 6.3μm。

2. 标注几何公差要求

为保证模具正常工作，对尺寸为 ϕ58 轴段的上端面相对尺寸为 ϕ50m6 轴段轴线的垂直程度做出了垂直度要求。

具体标注如图 2-3 所示。

四、填写标题栏

填写零件的名称、材料、比例、数量等。

此零件的名称为模柄，材料为 Q235，比例为 1:1，数量为 1，如图 2-3 所示。

知识拓展

零件上常见的工艺结构

绝大多数模具零件都是通过机械加工、铸造加工而成的，因此绘制零件图时，除了满足零件的工作性能之外，还要考虑机械加工、铸造加工时具有合理的工艺性。

1. 机械加工

（1）倒角和倒圆　为了便于零件的装配，去掉毛刺、锐边，在轴和孔的端部一般加工出倒角；对于阶梯轴，为了便于装配或防止应力集中，常把轴肩处加工成倒圆，如图 2-4 所示。

（2）退刀槽与砂轮越程槽　退刀槽和砂轮越程槽的作用是为了使刀具或砂轮能够顺利地退出加工件，如图 2-5 所示。螺纹根部如果不留退刀槽，螺纹就会加工不完整，影响旋合。

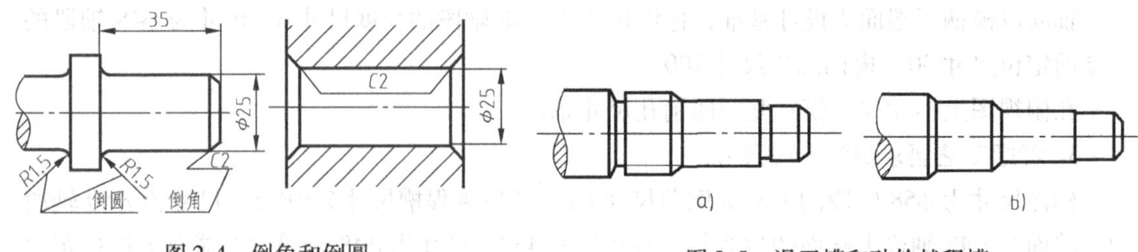

图 2-4 倒角和倒圆

图 2-5 退刀槽和砂轮越程槽
a) 合理 b) 不合理

(3) 凸台与凹坑 为了使零件在装配时表面接触良好，并减少加工面积，改善工艺性，常在零件上设计出凸台和凹坑结构，如图 2-6 所示。

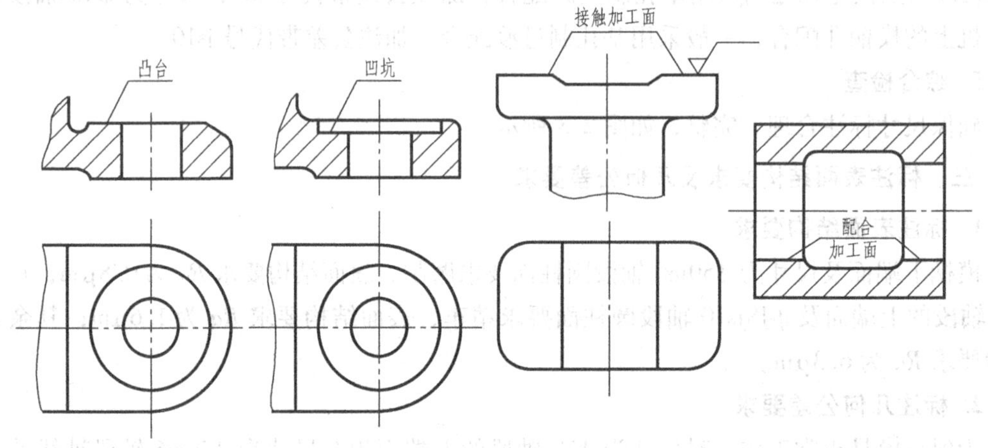

图 2-6 凸台和凹坑

2. 铸造加工

(1) 起模斜度和铸造圆角 为了起模方便，一般沿着起模方向做成一定斜度，称为起模斜度。若无特殊要求，起模斜度不必画出，也不必标注。为防止铸造过程中，浇注时的金属液体将砂型尖角处冲坏和避免铸件在冷却收缩时在尖角处产生裂纹，铸件各表面相交处都做成圆角，如图 2-7 所示。

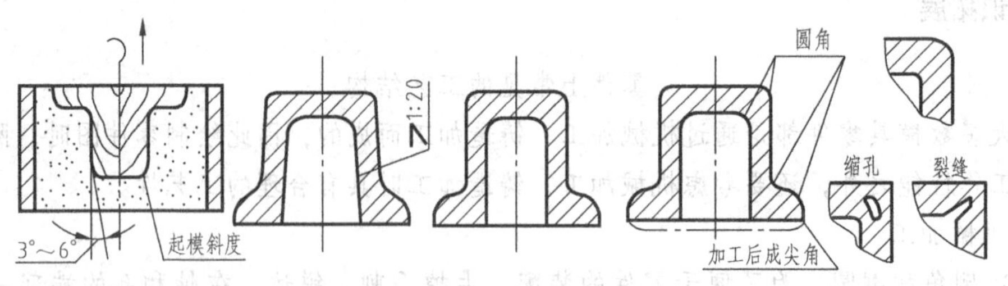

图 2-7 起模斜度和铸造圆角

(2) 铸件壁厚 为避免浇注后零件各部分因冷却速度不同而产生缩孔、裂纹等缺陷，所以要尽可能地使壁厚均匀或逐渐变化，如图 2-8 所示。

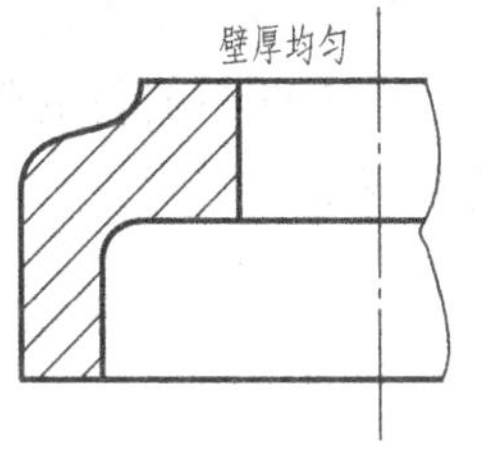

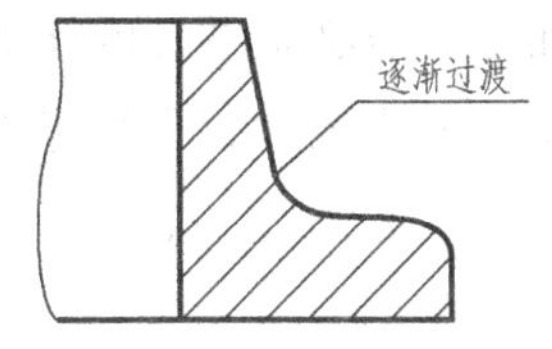

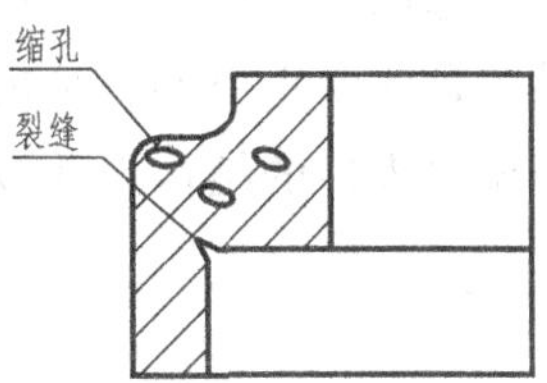

图 2-8　铸件壁厚

任务二　识读模具零件图

任务描述

读懂图 2-9 所示凸凹模零件图。

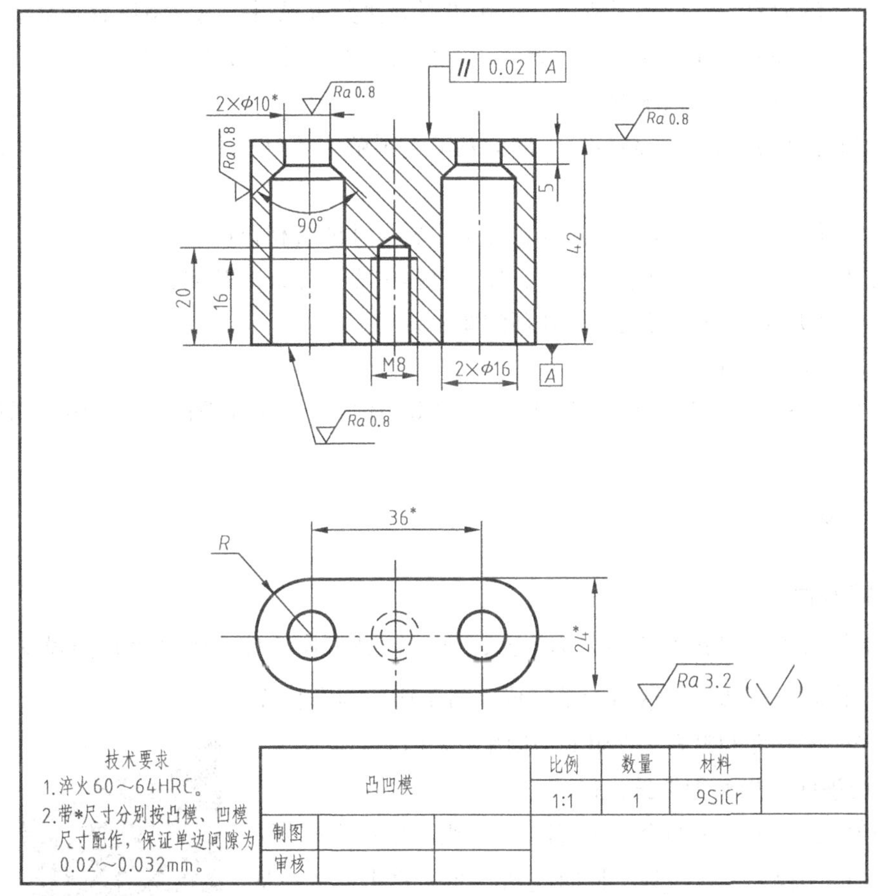

图 2-9　凸凹模零件图

任务分析

在生产过程中，先根据零件图要求的材料及尺寸准备好零件坯料，然后按照图中的尺寸和技术要求选用适当的加工方法进行零件加工，最后根据技术要求检验零件是否合格。因此读懂零件图是非常重要的，是模具加工人员必须掌握的技能之一。读零件图的目的就是根据零件图想象出零件的结构形状及作用，分析尺寸，了解零件的技术要求等。

相关知识

读零件图的方法和步骤如下。

第一步：读标题栏。

通过标题栏可以了解零件的名称、材料、比例、数量等。从名称有时可以判断该零件在模具中的作用，还可判断大概属于哪一类零件；从材料可以大致了解其加工方法，选择什么样的刀具等。

第二步：分析视图，想象零件结构形状。

读图时，首先找出主视图，然后找出其他视图，了解各个视图的名称、主要采用的表达方法及所表达的内容。在读图过程中，应用投影规律分析视图，先看整体后看细节，先看主要部分后看次要部分，先看易的后看难的，逐个明确零件各部分的结构。

第三步：分析尺寸和技术要求。

1）分析零件的长、宽、高各个方向的基准，了解主要基准和主要尺寸、加工面与非加工面。

2）分析主要尺寸的尺寸公差要求，确定主要尺寸的合格范围。

3）分析加工表面的表面结构要求、加工过程中需要保证的几何公差要求。

4）分析机加工完成后需进行热处理的要求。

第四步：综合分析。

根据以上分析，对零件的结构形状、尺寸标注和技术要求等进行综合归纳，以便更全面地了解该零件。

任务实施

1. 读标题栏

从标题栏可以了解此零件的名称为凸凹模。它是工作零件，既是落料凸模又是冲孔凹模。模具工作时，凸凹模与落料凹模完成落料工序，与凸模完成冲孔工序。该零件的材料为9SiCr，比例为1:1。

2. 分析视图，想象零件结构形状

凸凹模零件图采用了两个基本视图。主视图采用了全剖视图，体现了凸凹模的工作位置，同时表达凸凹模的冲孔结构及固定凸凹模的螺纹孔结构。此凸凹模具有直通式凸模结构，工作部分和固定部分的形状与尺寸相同，采用螺钉吊装结构固定在垫板上。俯视图反映了凸凹模的外形结构。凸凹模的立体图如图2-10所示。

图2-10　凸凹模的立体图

3. 分析尺寸和技术要求

1）凸凹模为前后、左右对称结构，因此长度和宽度方向的设计基准为对称中心线，高度方向的设计基准为底面。

凸凹模的工作尺寸有3个，即冲孔尺寸$2\times\phi10^*$、落料尺寸24^*、36^*，带$*$的尺寸分别按凸模、凹模尺寸配作，保证单边间隙0.02～0.032mm。

2）凸凹模的工作成形面应保证表面结构要求Ra为0.8μm，凸凹模固定板上下面的表面的结构要求Ra为0.8μm，其余表面结构要求Ra为3.2μm。

3）为了保证凸凹模的安装精度，需保证凸凹模上顶面相对于下底面的平行度公差值为0.02mm。

4）零件要求进行淬火处理，洛氏硬度值为60～64HRC。

4. 综合分析

根据以上分析，对凸凹模的结构形状、尺寸标注和技术要求等进行综合归纳。

任务三　模具零件测绘

任务描述

对图2-11所示凸凹模固定板进行测绘，然后绘制零件草图和零件图。

图2-11　凸凹模固定板的立体图

任务分析

在生产过程中，当维修模具需要更换某一零件或对现有模具进行仿制时，常常需要对零件进行测绘。模具零件测绘一般是在生产现场进行的，由于受时间和场地条件的限制，不便使用绘图工具和仪器画图，需要先徒手、目测并按正确比例绘制零件草图，测量零件的尺寸和确定技术要求，然后整理草图，最后根据草图绘制零件图。因此，作为模具工程技术人员必须掌握零件测绘的基本技能。

相关知识

一、零件的测量方法

1. 测量工具

测量尺寸常用的工具有金属直尺、内卡钳、外卡钳、游标卡尺、千分尺、螺纹量规等。

2. 常用的测量方法

常用的尺寸测量方法见表2-1。

二、零件测绘的方法和步骤

1. 分析零件

对模具零件进行详细分析，了解被测零件的名称、用途、材料及制造方法等，用形体分

表 2-1　常用的尺寸测量方法

项目	图例与说明	项目	图例与说明
直线尺寸	直线尺寸一般可直接用金属直尺直接测量，若要求精确时，则用游标卡尺测量	直径尺寸	直径尺寸可用内、外卡钳间接测量或用游标卡尺直接测量。测量时应注意，内、外卡钳与回转面的接触点应是直径的两个端点
孔间距尺寸	孔间距尺寸可用内、外卡钳和金属直尺结合测量	中心高尺寸	中心高尺寸可用金属直尺或用内卡钳配合金属直尺测量，即 $H = A + d/2$（43.5mm = 18.5mm + 50mm/2）
壁厚尺寸	在无法直接测量壁厚尺寸时，可把内、外卡钳和金属直尺合并使用，将测量分两次完成，如图所示 $t = C - D$；或用金属直尺测量两次，如图所示 $h = A - B$	拓印法	对精度要求不高的曲面轮廓，可以用拓印法拓出它的轮廓形状，然后用几何作图方法求出各连接弧的尺寸和圆心位置

（续）

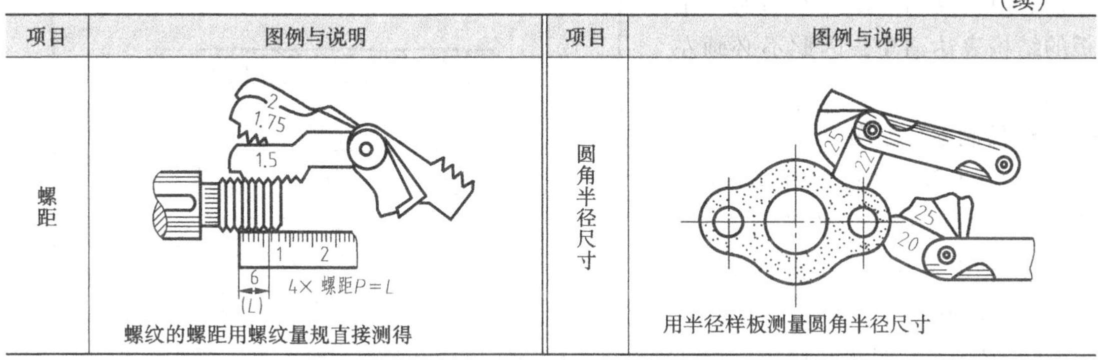

项目	图例与说明	项目	图例与说明
螺距	螺纹的螺距用螺纹量规直接测得	圆角半径尺寸	用半径样板测量圆角半径尺寸

析法分析零件结构，了解零件上各部分结构的作用。

2. 确定表达方案

根据零件结构特点选择主视图，再根据需要选择其他必要的图形。视图表达方案的要求是：正确、完整、清晰和简练。

3. 绘制零件草图

草图必须具有正规零件图所包含的全部内容，目测尺寸要合理，视图要正确，表达要完整，尺寸要齐全，图样要清晰，字体要工整，图面要整洁，技术要求要合理，并配有图框和标题栏等。

4. 由零件草图绘制零件图

画零件图之前，应反复校对、检查零件草图的内容，确保视图表达完整，尺寸齐全、不重复，相关尺寸协调，并且通过查阅相关资料补充、修改后方可绘制零件图。

三、零件测绘中应注意的事项

1）零件上的制造缺陷，如收缩、砂眼、碰伤及磨损的地方，在绘制草图时应予以修正。

2）零件上的工艺结构，如起模斜度、倒角、铸造圆角、退刀槽、砂轮越程槽等，应查阅有关国家标准或机械设计手册等来确定。

3）有配合关系的尺寸一般只需测出公称尺寸，其配合性质应在结构分析的基础上查阅相关手册来确定。没有配合关系的尺寸或不重要的尺寸，允许将测量的尺寸适当圆整到整数值。

4）冲压模具零件在图中的方位应尽量按该零件在装配图中的方位画出，不要随意旋转或颠倒。

任务实施

1. 分析零件

此零件的名称为凸凹模固定板，用途是将凸凹模固定在模座上。零件上设置有4个螺纹孔M10、2个销孔ϕ10mm、4个卸料螺钉通孔（光孔）ϕ12mm。该零件为棱柱类零件，上下底面为正方形，所选材料为45钢。

2. 确定表达方案

该零件采用主视图和俯视图表达。主视图的安放采用工作位置原则，重点表达各孔的内部形状，采用了三个平行的剖切平面剖切（阶梯剖）；俯视图重点表达各类孔的分布和位置关系。两个视图可以把凸凹模固定板的结构表达清楚，因此不必画左视图。

3. 绘制零件草图

1）画出各主要视图的作图基准线，确定各视图之间的位置。

2）画出零件内外结构形状。

3）画剖面线。

4）选定尺寸基准，画出所有尺寸的尺寸界线和尺寸线，如图2-12所示。

5）测量尺寸，并将尺寸逐个标注在尺寸线上。

6）注写技术要求，标注出表面结构要求和几何公差要求。

7）检查、填写标题栏，完成草图，如图2-13所示。

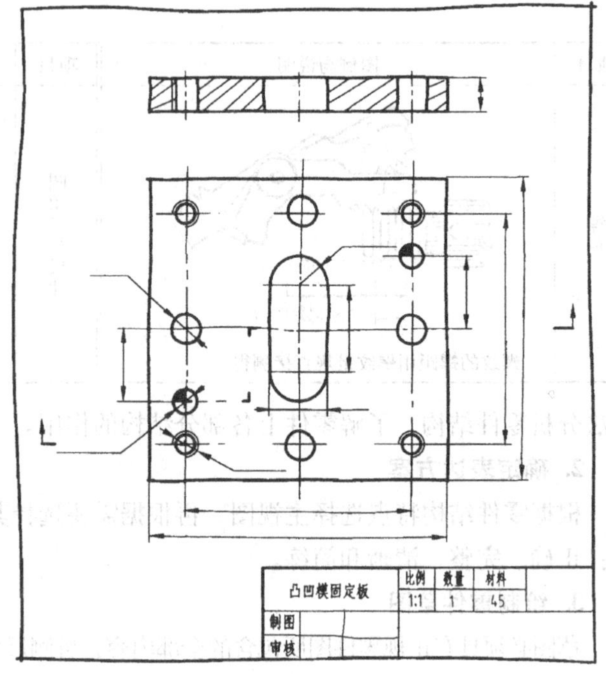

图2-12　凸凹模固定板草图一

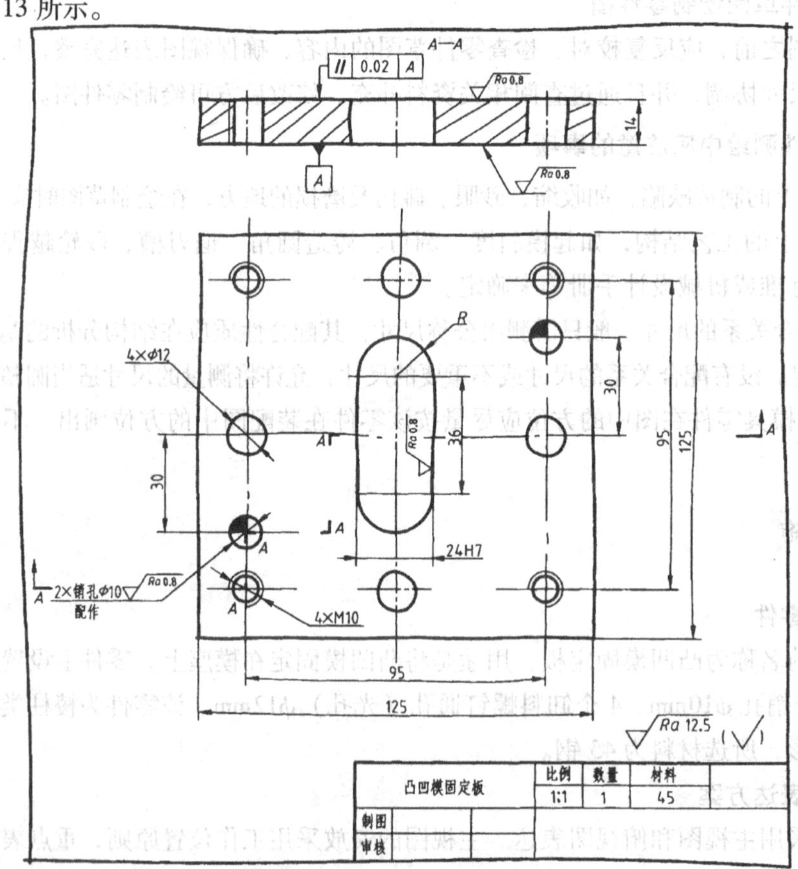

图2-13　凸凹模固定板草图二

4. 由零件草图绘制零件图

1）反复校对、检查零件草图的内容，确保视图表达完整，尺寸齐全、不重复，相关尺寸协调。

2）查阅模具标准手册，如需要则补充、修改几何公差要求及表面结构要求。

3）按草图所注尺寸完成零件图，如图 2-14 所示。

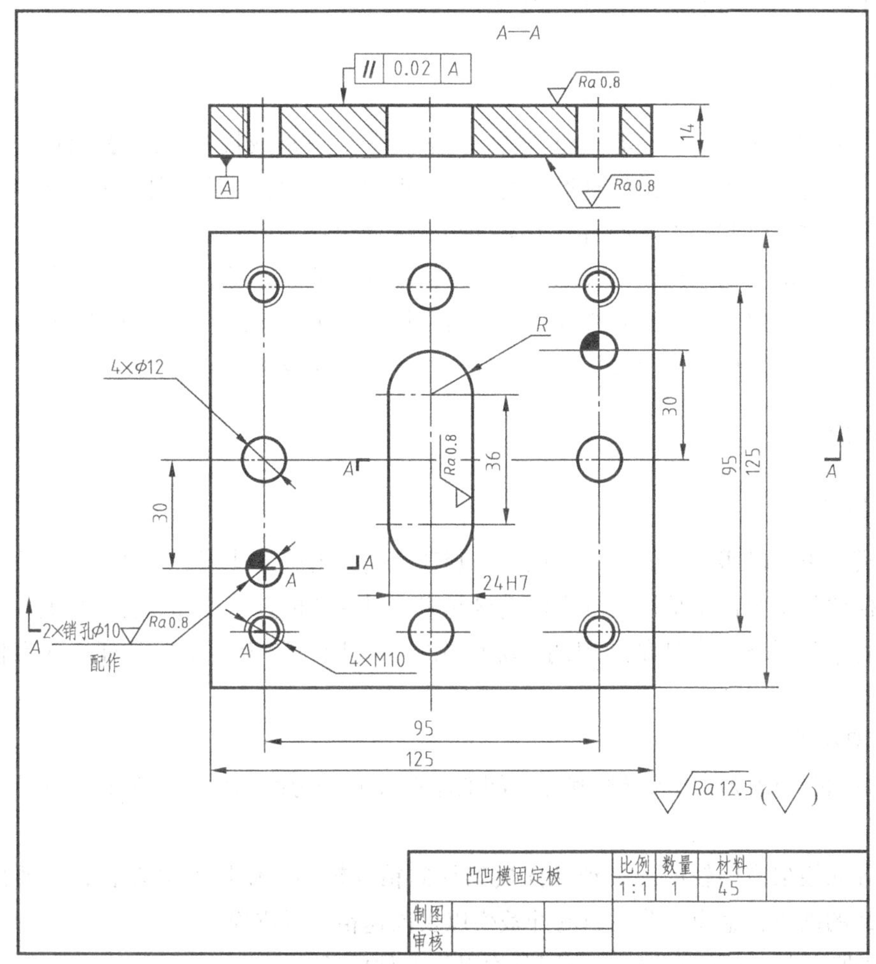

图 2-14 凸凹模固定板零件图

项目二 模具标准件

任务一 认识冲模标准件

任务描述

读懂下列各标记的含义。

1）滑动导向模架 对角导柱 200×125×170～205 Ⅰ GB/T 2851—2008

2）旋入式模柄 A 32 JB/T 7646.2—2008

3）弹簧弹顶挡料装置 6×22 JB/T 7649.5—2008

4）固定挡料销 A 10 JB/T 7649.10—2008

5）圆柱头内六角卸料螺钉 M10×50 JB/T 7650.6—2008

6）圆废料切刀 14×18 JB/T 7651.1—2008

任务分析

冲模是通过加压使金属、非金属板料或型材分离、成形或接合而制得制件的工艺装备，分为冲裁模、弯曲模等。不论哪种形式的冲模都由导向零件、工作零件、卸料零件和定位零件等基本件组成。这些基本件中有一大部分都已标准化。

模具标准件的结构、规格及技术要求都已标准化，可像普通工具一样在市场上销售和选购，模具设计时一般不需要画其零件图，只需要按规定进行标记，再根据其标记从有关标准中查取相关尺寸。因此，了解各标准件的标记及含义是完成本任务的关键。

相关知识

一、模架

冲模模架由上模座、下模座、导柱、导套和模柄等组成。冲模的全部零件都安装在模架上。冲模模架的主要作用是把模具零件连接起来，以保证模具工作部分在工作时有一个确定的相对位置。为了缩短模具制造周期，降低成本，我国已制定出模架标准，并有模架商品出售。

1. 模架种类

1）根据模架中导向用的导柱和导套间的摩擦性质分为滑动导向模架和滚动导向模架两大类。

滑动导向模架应用较广；滚动导向模架导向精度较高，使用寿命较长，主要用于高精度、高寿命的硬质合金模，薄材料的冲裁模以及高速精密级进模。

2）根据导柱安装位置和数量不同分为以下五种模架。

① 对角导柱模架。由于两个导柱、导套布置于模具的对角线上，所以上模座在导柱上滑动平稳，不但受力均衡，且能实现纵、横两个方向送料。

② 后侧导柱模架。两个导柱、导套处于模架后侧，可实现纵、横两个方向送料，操作比较方便。但由于导柱、导套偏置，易引起单边磨损，不适于浮动模柄的模具。

③ 中间导柱模架。导柱、导套布置于模具的对称线上，导向平稳、准确，但只能在一个方向送料。

④ 中间导柱圆形模架。导柱、导套安装在中心线上，左右对称布置，适用于纵向送料的单工序模、复合模及工步较少的级进模。

⑤ 四导柱模架。四个沿四角分布的导柱、导套，不但受力均衡，导向功能强，且刚度

大。它常用于大型模具或精度要求较高的冲压件以及大量生产用的自动冲压模架。

2. 标准模架标记

（1）标记格式　模架标记一般包括以下内容

1）模架类型（滑动或滚动）。

2）结构形式（导柱位置）。

3）凹模周界尺寸，以 mm 为单位。

4）模架闭合高度，以 mm 为单位。

5）模架精度等级。

6）标准编号，采用推荐性国家标准。

（2）标记示例

【示例一】　四导柱标准模架如图 2-15 所示，其标记示例：

滑动导向模架　四导柱　200 × 160 × 160 ~ 200　I　GB/T 2851—2008

表示 L = 200mm、B = 160mm、H = 160 ~ 200mm、I 级精度的冲模滑动导向四导柱模架。

模架的详细尺寸可根据凹模周界尺寸 L、B 从标准中选取，见表 2-2。

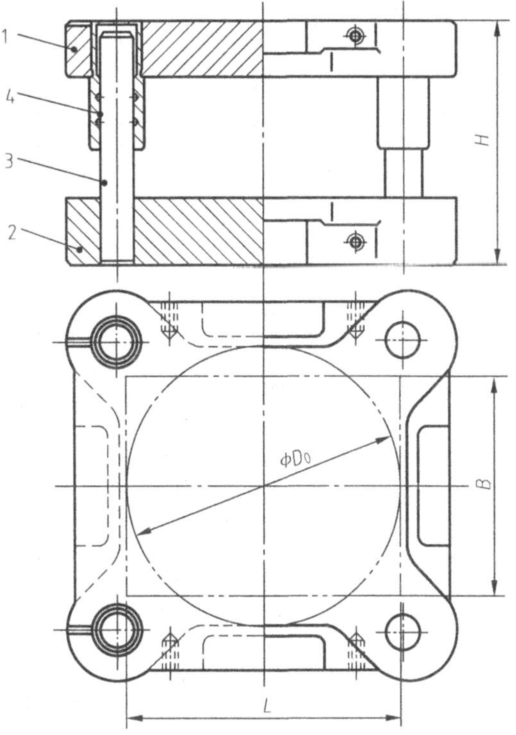

图 2-15　四导柱标准模架

1—上模座　2—下模座　3—导柱　4—导套

表 2-2　滑动导向四导柱模架（摘自 GB/T 2851—2008）　　（单位：mm）

凹模周界			闭合高度（参考）H		零件件号、名称及标准编号			
					1	2	3	4
					上模座 GB/T 2855.1	下模座 GB/T 2855.2	导柱 GB/T 2861.1	导套 GB/T 2861.3
					数量			
L	B	D_0	最小	最大	1	1	4	4
					规格			
160	125	160	140	170	160 × 125 × 35	160 × 125 × 40	25 × 130	25 × 85 × 33
			160	190			25 × 150	
			170	205	160 × 125 × 40	160 × 125 × 50	25 × 160	25 × 95 × 38
			190	225			25 × 180	
200	160	200	160	200	200 × 160 × 40	200 × 160 × 45	28 × 150	28 × 100 × 38
			180	220			28 × 170	
			190	235	200 × 160 × 45	200 × 160 × 55	28 × 180	28 × 110 × 43
			210	255			28 × 200	
250		250	170	210	250 × 160 × 45	250 × 160 × 50	32 × 160	32 × 105 × 43
			200	240			32 × 190	
			200	245	250 × 160 × 50	250 × 160 × 60	32 × 190	32 × 115 × 48
			220	265			32 × 210	

（续）

凹模周界			闭合高度（参考）H		零件件号、名称及标准编号			
					1	2	3	4
					上模座 GB/T 2855.1	下模座 GB/T 2855.2	导柱 GB/T 2861.1	导套 GB/T 2861.3
					数量			
L	B	D_0	最小	最大	1	1	4	4
					规格			
250	200	250	170	210	250×200×45	250×200×50	32×160	32×105×43
			200	240			32×190	
			200	245	250×200×50	250×200×60	32×190	32×115×48
			220	265			32×210	
315			190	233	315×200×45	315×200×55	35×180	35×115×43
			220	260			35×210	
			210	255	315×200×50	315×200×65	35×200	35×125×48
			240	285			35×230	
315	250		215	250	315×250×50	315×250×60	40×200	40×125×48
			245	280			40×230	
			245	290	315×250×55	315×250×70	40×230	40×140×53
			275	320			40×260	
400			215	250	400×250×50	400×250×60	40×200	40×125×48
			245	280			40×230	
			245	290	400×250×55	400×250×70	40×230	40×140×53
			275	320			40×260	
400	315		245	290	400×315×55	400×315×65	45×230	45×140×53
			275	315			45×260	
			275	320	400×315×60	400×315×75	45×260	45×150×58
			305	350			45×290	

【示例二】 后侧导柱标准模架如图2-16所示，其标记示例：

滚动导向模架　后侧导柱　200×160×220 0Ⅰ　GB/T 2852—2008

表示 $L=200$mm、$B=160$mm、$H=220$mm、0Ⅰ级精度的冲模滚动导向后侧导柱模架。

模架的详细尺寸可根据凹模周界尺寸 L、B 从标准中选取，见表2-3。

二、模柄

中、小型模具一般是通过模柄将上模固定在压力机滑块上。模柄作为连接上模与压力机滑块的零件，对它的基本要求是：①要与压力机滑块上的模柄孔正确配合，安装可靠；②要与上模正确、可靠连接。

1. 模柄的种类

（1）压入式模柄　模柄与上模座孔采用H7/m6过渡配合，并加销以防转动。这种模柄可较好地保证轴线与上模座的垂直度，适用于各种中、小型冲模，生产中最常见。

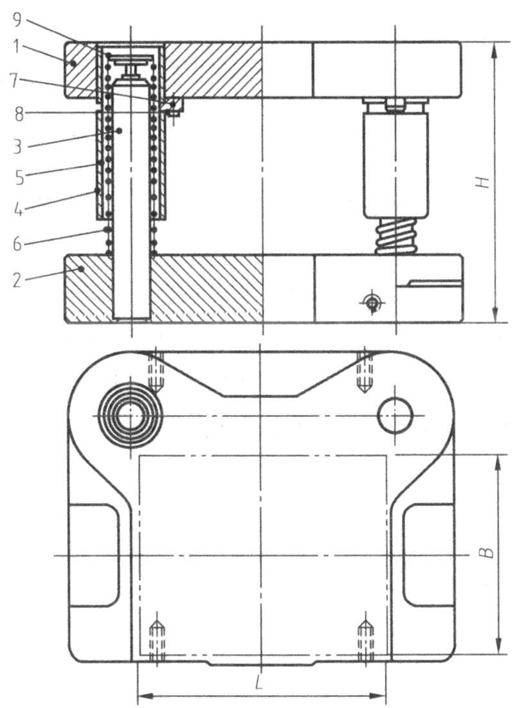

图 2-16　后侧导柱标准模架

1—上模座　2—下模座　3—导柱　4—导套　5—钢球保持圈　6—弹簧　7—压板　8—螺钉　9—限程器

表 2-3　滚动导向后侧导柱模架（摘自 GB/T 2852—2008）　　（单位：mm）

凹模周界		最大行程	设计最小闭合高度	零件件号、名称和标准编号			
				1	2	3	4
				上模座 GB/T 2856. 1	下模座 GB/T 2856. 2	导柱 GB/T 2861. 2	导套 GB/T 2861. 4
				数量			
L	*B*	*S*	*H*	1	1	2	2
				规格			
80	63	80	165	80 × 63 × 35	80 × 63 × 40	18 × 155	18 × 100 × 33
100	80			100 × 80 × 35	100 × 80 × 40	20 × 155	20 × 100 × 33
125	100			125 × 100 × 35	125 × 100 × 45	22 × 155	22 × 100 × 33
160	125	100	200	160 × 125 × 40	160 × 125 × 45	25 × 190	25 × 120 × 38
200	160	120	220	200 × 160 × 45	200 × 160 × 55	28 × 210	28 × 145 × 43

凹模周界		最大行程	设计最小闭合高度	零件件号、名称和标准编号			
				5	6	7	8
				钢球保持圈 GB/T 2861. 5	弹簧 GB/T 2861. 6	压板 GB/T 2861. 11	螺钉 GB/T 70. 1
				数量			
L	*B*	*S*	*H*	2	2	4 或 6	4 或 6
				规格			
80	63	80	165	18 × 23. 5 × 64	1. 6 × 22 × 72	14 × 15	M5 × 14
100	80			20 × 25. 5 × 64	1. 6 × 24 × 72		
125	100			22 × 27. 5 × 64	1. 6 × 26 × 72	16 × 20	M6 × 16
160	125	100	200	22 × 32. 5 × 76	1. 6 × 30 × 87		
200	160	120	220	28 × 35. 5 × 84	1. 6 × 32 × 77		

(2) 旋入式模柄　模柄通过螺纹与上模座连接，并加螺钉防止松动。这种模具拆装方便，但模柄轴线与上模座的垂直度较差，多用于有导柱的中、小型冲模。

(3) 凸缘模柄　模柄用3～4个螺钉紧固于上模座，模柄的凸缘与上模座的窝孔采用H7/js6过渡配合，多用于较大型的模具。

(4) 槽形模柄　它用于直接固定凸模，也可称为带模座的模柄，主要用于简单模中，更换凸模方便。

(5) 浮动模柄　其主要特点是压力机的压力通过凹球面模柄和凸球面垫块传递到上模，以消除压力机导向误差对模具导向精度的影响，主要用于硬质合金模等精密导柱模。

(6) 推入式活动模柄　压力机压力通过模柄接头、凹球面垫块和活动模柄传递到上模。它也是一种浮动模柄。因模柄单面开通（呈U形），所以使用时导柱导套不宜脱离。它主要用于精密模具。

2. 标准模柄标记

(1) 标记格式　模柄标记一般包括以下内容。

1) 模柄名称。

2) 结构形式。

3) 模柄直径，以mm为单位。

4) 标准编号，采用推荐性机械标准。

不同的模柄，标记内容会有所不同，具体可查阅标准。

(2) 标记示例　旋入式模柄，见表2-4。

表2-4　旋入式模柄（摘自JB/T 7646.2—2008）　（单位：mm）

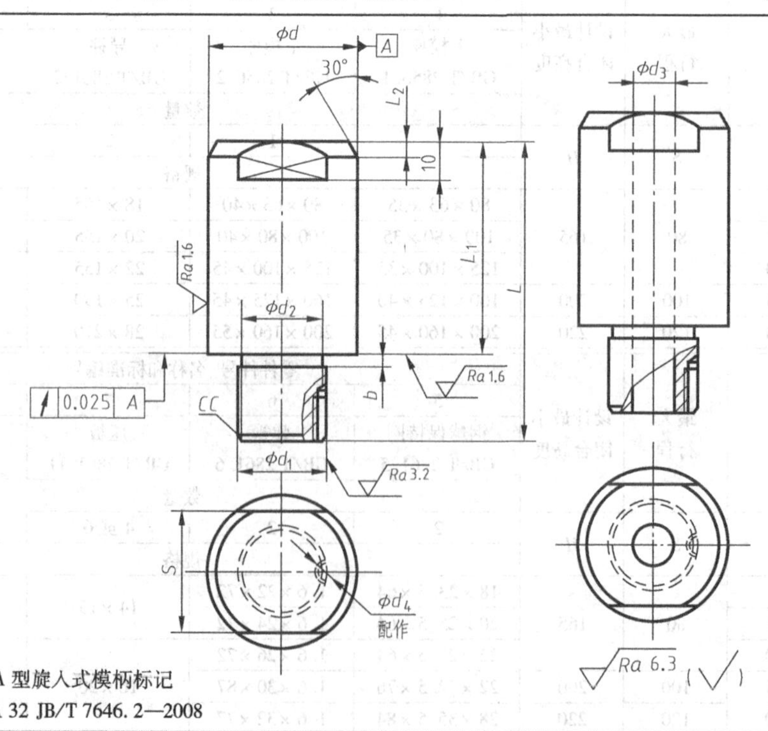

标记示例

d=32mm的A型旋入式模柄标记

旋入式模柄 A 32 JB/T 7646.2—2008

（续）

<table>
<tr><th>d
js10</th><th>d_1</th><th>L</th><th>L_1</th><th>L_2</th><th>S</th><th>d_2</th><th>d_3</th><th>d_4</th><th>b</th><th>C</th></tr>
<tr><td>20</td><td>M16×1.5</td><td>58</td><td>40</td><td>2</td><td>17</td><td>14.5</td><td rowspan="4">11</td><td rowspan="4">M6</td><td rowspan="2">2.5</td><td rowspan="2">1</td></tr>
<tr><td>25</td><td>M16×1.5</td><td>68</td><td>45</td><td>2.5</td><td>21</td><td>145.5</td></tr>
<tr><td>32</td><td>M20×1.5</td><td>79</td><td>56</td><td>3</td><td>27</td><td>18.0</td><td rowspan="2">3.5</td><td rowspan="2">1.5</td></tr>
<tr><td>40</td><td>M24×1.5</td><td rowspan="2">91</td><td rowspan="2">68</td><td>4</td><td>36</td><td>21.5</td></tr>
<tr><td>50</td><td>M30×1.5</td><td rowspan="2">5</td><td>41</td><td>27.5</td><td rowspan="2">15</td><td rowspan="2">M8</td><td rowspan="2">4.5</td><td rowspan="2">2</td></tr>
<tr><td>60</td><td>M36×1.5</td><td>100</td><td>73</td><td>50</td><td>33.5</td></tr>
</table>

推入式活动模柄，见表2-5。

表2-5　推入式活动模柄（摘自JB/T 7646.6—2008）　　（单位：mm）

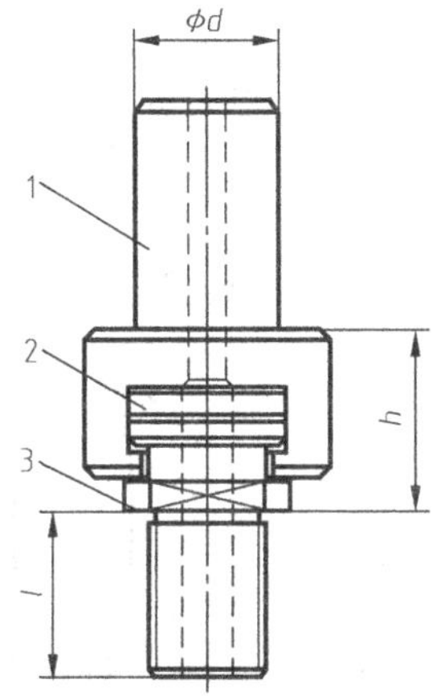

1—模柄接头　2—凹球面垫块　3—活动模柄

标记示例：

d=25mm，l=30mm的推入式活动模柄标记：

推入式活动模柄　25×30 JB/T 7646.6—2008

<table>
<tr><th colspan="3">基本尺寸</th><th rowspan="2">模柄接头</th><th rowspan="2">凹球面垫块</th><th rowspan="2">活动模柄</th></tr>
<tr><th>d</th><th>l</th><th>h</th></tr>
<tr><td rowspan="3">20</td><td>20</td><td rowspan="3">28.5</td><td rowspan="3">20</td><td rowspan="3">30×6</td><td>20×37</td></tr>
<tr><td>25</td><td>20×42</td></tr>
<tr><td>30</td><td>20×47</td></tr>
<tr><td rowspan="3">25</td><td>20</td><td rowspan="3">33.5</td><td rowspan="3">25</td><td rowspan="3">30×8</td><td>20×38</td></tr>
<tr><td>25</td><td>20×43</td></tr>
<tr><td>30</td><td>20×48</td></tr>
<tr><td rowspan="5">32</td><td>20</td><td rowspan="5">36.5</td><td rowspan="5">32</td><td rowspan="5">35×8</td><td>25×41</td></tr>
<tr><td>25</td><td>25×46</td></tr>
<tr><td>30</td><td>25×51</td></tr>
<tr><td>35</td><td>25×56</td></tr>
<tr><td>40</td><td>25×61</td></tr>
<tr><td rowspan="6">40</td><td>25</td><td rowspan="6">48.5</td><td rowspan="6">40</td><td rowspan="6">42×8.5</td><td>32×52</td></tr>
<tr><td>30</td><td>32×57</td></tr>
<tr><td>35</td><td>32×62</td></tr>
<tr><td>40</td><td>32×67</td></tr>
<tr><td>45</td><td>32×72</td></tr>
<tr><td>50</td><td>32×77</td></tr>
</table>

三、挡料装置

挡料装置的作用是保证条料有准确的送进位置。挡料装置的形式很多，有弹簧弹顶挡料装置、扭簧弹顶挡料装置、回带式挡料装置以及固定挡料销等。固定挡料销和弹簧弹顶挡料装置应用较多。

1. 固定挡料销

固定挡料销的标记内容如下。

1）名称。

2）类型（A或B）。

3）直径，以mm为单位。

4）标准编号，采用推荐性机械标准。

固定挡料销，见表2-6。

表2-6 固定挡料销（摘自JB/T 7649.10—2008）（单位：mm）

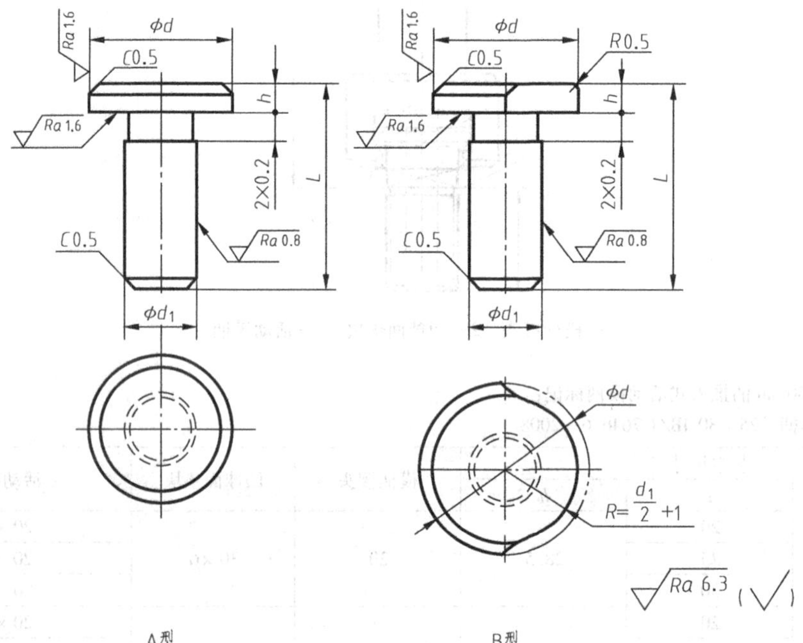

标记示例：

$d=10$mm的A型固定挡料销标记：

固定挡料销 A 10 JB/T 7649.10—2008

d h11	d_1 m6	h	L
6	3	3	8
8	4	2	10
10		3	13
16	8	3	13
20	10	4	16
25	12		20

2. 弹簧弹顶挡料装置

弹簧弹顶挡料装置的标记内容如下。

1）名称。

2）弹簧弹顶挡料销直径，以 mm 为单位。

3）弹簧弹顶挡料销长度，以 mm 为单位。

4）标准编号，采用推荐性机械标准。

弹簧弹顶挡料装置，见表 2-7。

表 2-7　弹簧弹顶挡料装置（摘自 JB/T 7649.5—2008）　　（单位：mm）

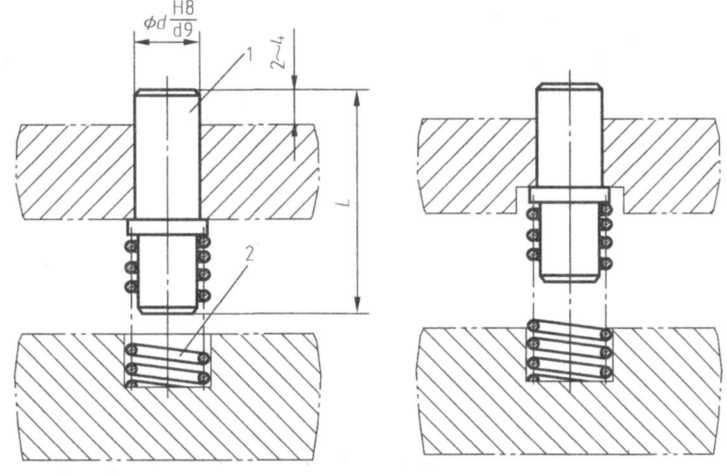

1—弹簧弹顶挡料销　2—弹簧

标记示例：

$d=6$mm，$L=22$mm 的弹簧弹顶挡料装置标记：

弹簧弹顶挡料装置　6×22　JB/T 7649.5—2008

基本尺寸		弹簧弹顶挡料销	弹簧 GB/T 2089	基本尺寸		弹簧弹顶挡料销	弹簧 GB/T 2089
d	*L*			*d*	*L*		
4	18	4×18	0.5×6×20	10	30	10×30	1.6×12×30
	20	4×20			32	10×32	
6	20	6×20	0.8×8×30	12	34	12×34	1.6×16×40
	22	6×22			36	12×36	
	24	6×24	0.8×8×30		40	12×40	
	26	6×26		16	36	16×36	2×20×40
8	24	8×24	1×10×30		40	16×40	
	26	8×26			50	16×50	
	28	8×28		20	50	20×50	2×20×50
	30	8×30			55	20×55	
10	26	10×26	1.6×12×30		60	20×60	
	28	10×28					

四、卸料装置

冲模的卸料装置是用来对条料、坯料、零件、废料进行推、卸、顶出的机构，以便下次冲压的正常进行。卸料装置中最常用的标准件为卸料螺钉、弹簧和聚氨酯弹性体。聚氨酯弹性体和圆柱头内六角卸料螺钉，见表2-8，其规格尺寸可从标准中查取。

表2-8　聚氨酯弹性体和圆柱头内六角卸料螺钉

标准件名称	图　例	标记示例
聚氨酯弹性体	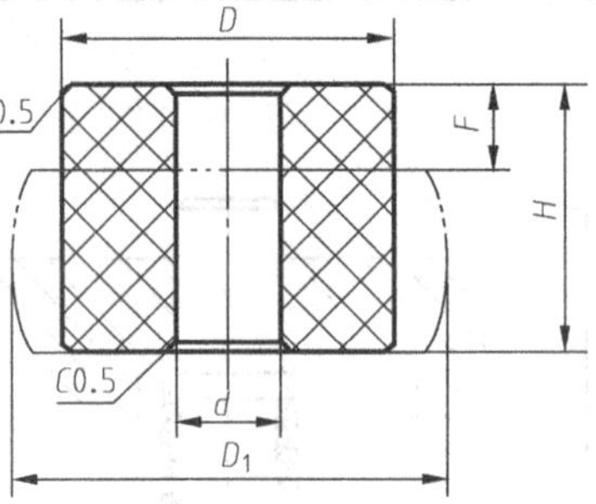	直径 $D=32$mm、$d=10.5$mm、厚度 $H=25$mm 的聚氨酯弹性体标记： 聚氨酯弹性体 32×10.5×25 JB/T 7650.9—1995
圆柱头内六角卸料螺钉	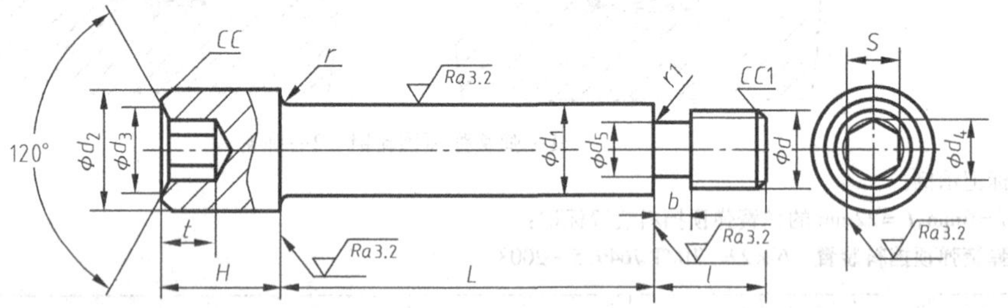 $d=$M10，$L=50$mm 的圆柱头内六角卸料螺钉标记： 圆柱头内六角卸料螺钉 M10×50　JB/T 7650.6—2008	

五、废料切刀

废料切刀主要应用在切边模上，是利用冲裁时凹模的向下运动，把已切下的废料压于切刀切削刃上，从而将其切开。对于形状简单的冲裁件，一般设置两个切刀；形状复杂的可根据实际需要来设置，也可以用弹压卸料加废料切刀来卸料。

常用的废料切刀有圆形和方形两种形式，其中圆废料切刀主要用于小型模具和切薄板废料，方废料切刀主要用于大型模具和切厚板废料。

废料切刀的刃口长度应比废料宽度大些，刃口应比凸模刃口低2.5～4倍的料厚，并且不小于2mm。

废料切刀的标记内容如下。

1）废料切刀名称（圆或方）。

2）规格尺寸，以 mm 单位：圆废料切刀为直径和高度；方废料切刀为高度。

3）标准编号，采用推荐性机械标准。

废料切刀见表 2-9 和表 2-10。

表 2-9 圆废料切刀（摘自 JB/T 7651. 1—2008）（单位：mm）

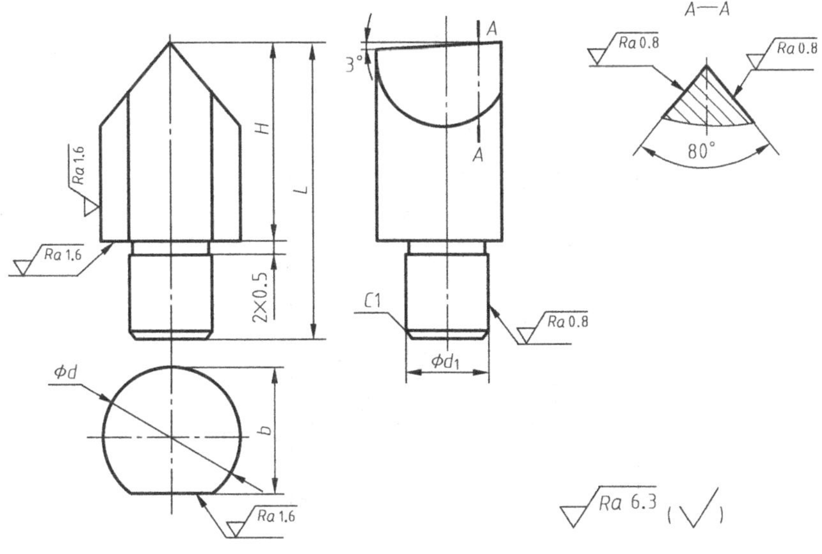

标记示例

d = 14mm、H = 18mm 的圆废料切刀标记：

圆废料切刀 14 × 18 JB/T 7651. 1—2008

d	d_1 r6	H	L	b	d	d_1 r6	H	L	b
14	8	18	30	12	24	16	28	46	22
		20	32				30	48	
		22	34				32	50	
		26	38				36	54	
20	12	24	38	18	30	20	28	53	27
		26	40				32	57	
		28	42				36	61	
		32	46				40	65	

表 2-10　方废料切刀（摘自 JB/T 7651.2—2008）　　（单位：mm）

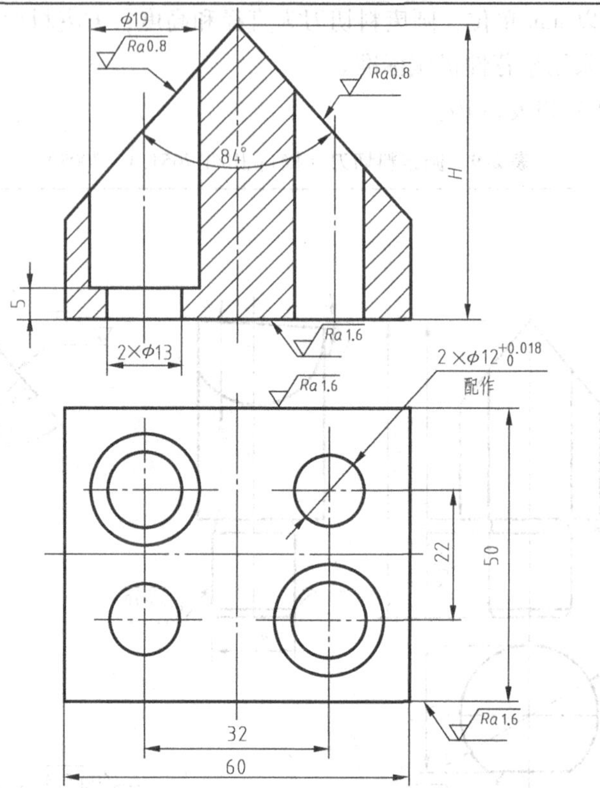

标记示例：

H=60mm 的方废料切刀标记：

方废料切刀 60 JB/T 7651.2—2008

H	45	50	55	60	65

任务实施

1）滑动导向模架　对角导柱　200×125×170～205　Ⅰ　GB/T 2851—2008 表示 L=200mm、B=125mm、H=170～205mm，Ⅰ级精度的冲模滑动导向对角导柱模架，标准为 2008 年颁布的推荐性 2851 号国家标准。

2）旋入式模柄 A 32 JB/T 7646.2—2008 表示 d=32mm 的 A 型旋入式模柄，标准为 2008 年颁布的推荐性 7646.2 号机械标准。

3）弹簧弹顶挡料装置　6×22 JB/T 7649.5—2008 表示弹簧弹顶挡料销直径 d=6mm、L=22mm 的弹簧弹顶挡料装置，标准为 2008 年颁布的推荐性 7649.5 号机械标准。

4）固定挡料销 A 10 JB/T 7649.10—2008 表示 d=10mm 的 A 型固定挡料销，标准为 2008 年颁布的推荐性 7649.10 号机械标准。

5）圆柱头内六角卸料螺钉 M10×50 JB/T 7650.6—2008 表示 d=M10、L=50mm 的圆柱头内六角卸料螺钉，标准为 2008 年颁布的推荐性 7650.6 号机械标准。

6）圆废料切刀 14×18 JB/T 7651.1—2008 表示 d=14mm，H=18mm 的圆废料切刀，

标准为 2008 年颁布的推荐性 7651. 1 号机械标准。

任务二 认识注射模标准件

任务描述

读懂下列各标记的含义。

1）模架 A 2025-50 ×40 ×70 GB/T 12555—2006

2）模架 DB 3030-50 ×60 ×90-200 GB/T 12555—2006

3）浇口套 12 ×50 GB/T 4169. 19—2006

4）推杆 5 ×200 GB/T 4169. 1—2006

5）推管 10 ×200 GB/T 4169. 17—2006

任务分析

塑料成型模是指成型塑料的工艺装备，分为压缩模、压注模及注射模，其中最常见的为塑料注射模，简称注射模。

注射模是指通过注射机的螺杆或活塞，使机筒内塑化熔融的塑料经喷嘴与浇注系统注入型腔，经过保压、冷却，固化成型制件所用的工艺装备，一般由浇注系统、成型零件、支承固定零件、推出系统等组成。这些基本零件中像冲模一样也有一大部分采用标准件，进行模具设计时可根据其标记从有关标准中查取相关尺寸。

相关知识

一、模架

注射模的模架一般由定模座板、定模板、动模板、支承板、垫块、动模座板、推杆固定板、推板、导柱、导套及复位杆等组成。注射模的全部零件都安装在模架上。其主要作用是把模具零件连接起来，以保证模具在工作时各部分有一个确定的相对位置。注射模的模架大部分也都进行了标准化，并有模架商品出售。

1. 模架种类

根据模架在模具中的应用，模架分为直浇口和点浇口两种形式。所谓浇口又称为进料口，是分流道与型腔之间的狭小通口。点浇口模架中还包括简化点浇口模架。

（1）直浇口 直浇口又称为大水口，俗称为两板模，其组成零件的名称如图 2-17 所示。按结构特征，直浇口模架又可分为以下几种。

1）基本型。基本型分为 A 型、B 型、C 型和 D 型。

A 型：定模二模板，动模二模板。

B 型：定模二模板，动模二模板，加装推件板。

C 型：定模二模板，动模一模板。

D 型：定模二模板，动模一模板，加装推件板。

2）直身基本型。所谓直身是指动、定模座板与动、定模板齐边，分为 ZA 型、ZB 型、ZC 型和 ZD 型。

3）直身无定模座板型。它分为 ZAZ 型、ZBZ 型、ZCZ 型和 ZDZ 型。

（2）点浇口　点浇口又称为细水口，点进胶方式，俗称为三板模，简单理解为在直浇口模架基础上多了一块水口料推板（推料板），其组成零件的名称如图 2-18 所示。

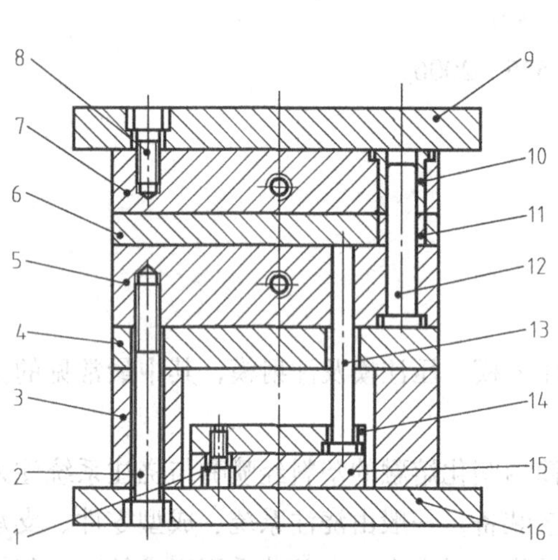

图 2-17　直浇口模架组成零件的名称

1、2、8—内六角圆柱头螺钉　3—垫块　4—支承板　5—动模板　6—推件板　7—定模板　9—定模座板　10—带头导套　11—直导套　12—带头导柱　13—复位杆　14—推杆固定板　15—推板　16—动模座板

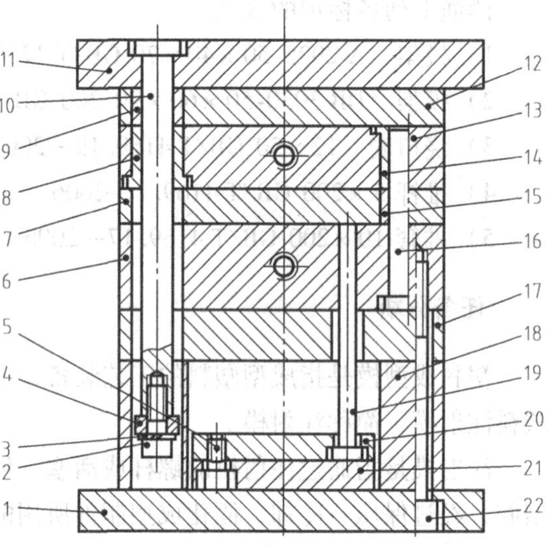

图 2-18　点浇口模架组成零件的名称

1—动模座板　2、5、22—内六角圆柱头螺钉　3—弹簧垫圈　4—挡环　6—动模板　7—推件板　8、14—带头导套　9、15—直导套　10—拉杆导柱　11—定模座板　12—推料板　13—定模板　16—带头导柱　17—支承板　18—垫块　19—复位杆　20—推杆固定板　21—推板

按结构特征，点浇口模架分为以下几种。

1）基本型。它分为 DA 型、DB 型、DC 型和 DD 型。

2）直身点浇口基本型。它分为 ZDA 型、ZDB 型、ZDC 型和 ZDD 型。

3）点浇口无推料板型。它分为 DAT 型、DBT 型、DCT 型和 DDT 型。

4）直身点浇口无推料板型。它分为 ZDAT 型、ZDBT 型、ZDCT 型和 ZDDT 型。

（3）简化点浇口　所谓简化点浇口模架是指去掉了动模板和定模板之间的四根短导柱的点浇口模架。它按结构特征分为以下几种。

1）基本型。它分为 JA 型和 JC 型。

2）直身简化点浇口型。它分为 ZJA 型和 ZJC 型。

3）简化点浇口无推料板型。它分为 JAT 型和 JCT 型。

4）直身简化点浇口无推料板型。它分为 ZJAT 型和 ZJCT 型。

2. 标准模架标记

（1）标记格式　按照 GB/T 12555—2006《塑料注射模模架》规定，模架标记内容如下。

1）名称。

2）基本型号。每一组合形式代表一个型号。

3）系列代号。同一型号中，根据定、动模板的周界尺寸（宽×长）划分系列。

4）规格。同一系列中，根据定、动模板和垫块的厚度划分规格。

① 定模板厚度 A，以 mm 为单位。

② 动模板厚度 B，以 mm 为单位。

③ 垫块厚度 C，以 mm 为单位。

5）拉杆导柱长度，以 mm 为单位。

6）本标准编号，即 GB/T 12555—2006。

（2）标记示例

【示例一】 模架 A 1825-50×40×70 GB/T 12555—2006

表示模板宽 180mm、长 250mm、A=50mm、B=40mm、C=70mm 的直浇口 A 型模架。

【示例二】 模架 DB 1820-50×60×90-200 GB/T 12555—2006

表示模板宽 180mm、长 200mm、A = 50mm、B = 60mm、C = 90mm，拉杆导柱长度为 200mm 的点浇口 B 型模架。

模架的详细尺寸可根据标记从标准中选取。表 2-11 列出了基本型模架组合尺寸。

二、浇注系统

浇注系统的作用是形成注射机喷嘴与型腔的连续进料通道，其主要组成零件为定位圈和浇口套，大部分也已标准化。

1. 定位圈

定位圈与注射机上定模固定板中心的定位孔相配合，其作用是使主流道与喷嘴和机筒对中。

1）定位圈与注射机上定模固定板中心的定位孔之间采取比较松的间隙配合，如 H11/h11 或 H11/b11。

2）对于小型模具，定位圈与定位孔的配合长度可取 8～10mm，对于大型模具则可取10～15mm。

2. 浇口套

浇口套又称为唧嘴、灌嘴、浇口灌等，是让熔融的塑料从注射机的喷嘴注入模具内部的流道组成部分，用于连接成型模具与注射机的金属配件。

浇口套前端与注射机喷嘴紧密对接，因此其尺寸应按注射机喷嘴尺寸选择。浇口套的长度按模具模板厚度尺寸选取。

国家标准规定的定位圈、浇口套标记内容如下。

1）名称。

2）规格。

3）标准编号，采用国家标准。

国家标准规定的定位圈和浇口套见表 2-12 和表 2-13。

表 2-11　基本型模架组合尺寸（摘自 GB/T 12555—2006）　　（单位：mm）

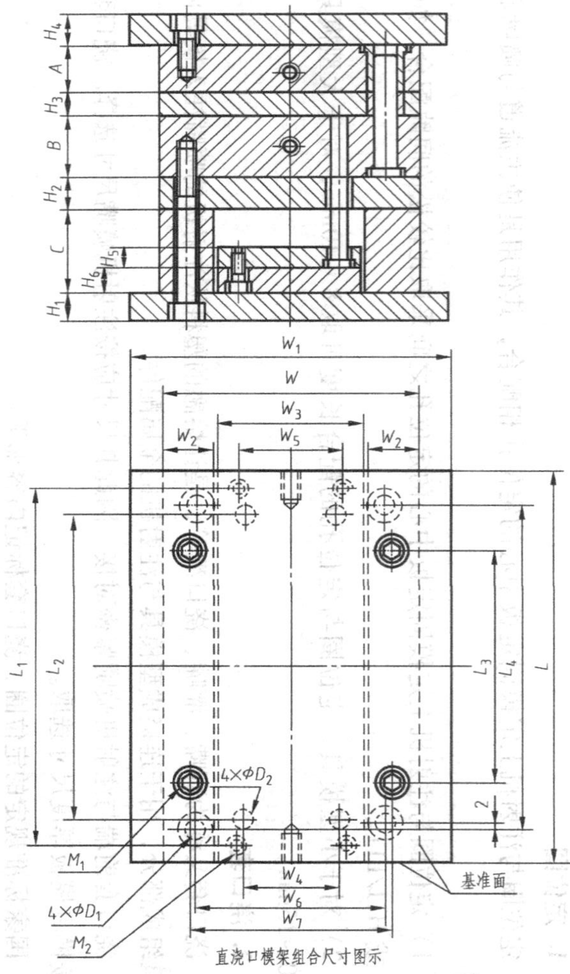

直浇口模架组合尺寸图示

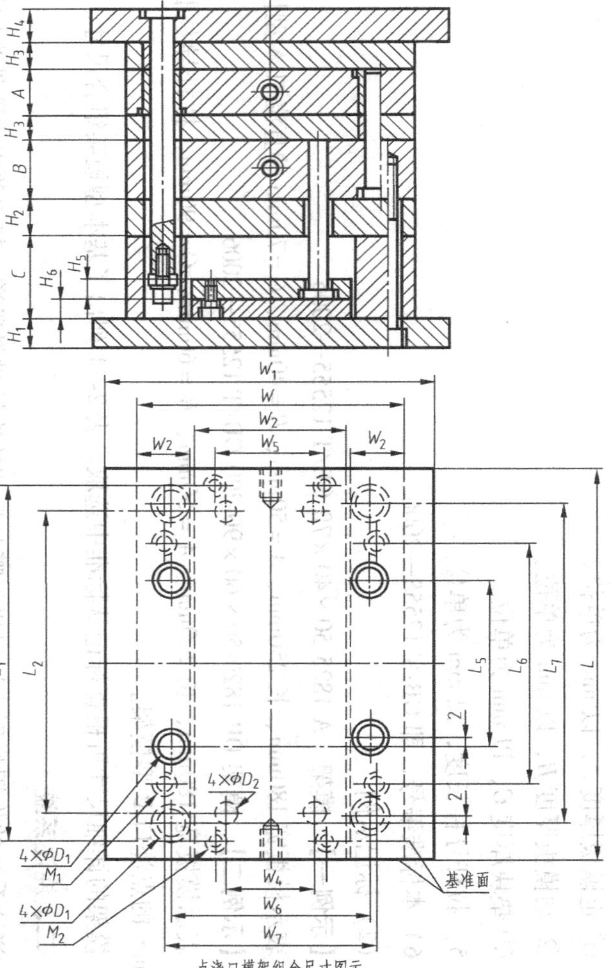

点浇口模架组合尺寸图示

代号	系列										
	1515	1518	1520	1523	1525	1818	1820	1823	1825	1830	1835
W	150					180					
L	150	180	200	230	250	180	200	230	250	300	350
W_1	200					230					
W_2	28					33					
W_3	90					110					
A、B	20、25、30、35、40、45、50、55、60、70、80					20、25、30、35、40、45、50、55、60、70、80					
C	50、60、70					60、70、80					
H_1	20					20					
H_2	30					30					
H_3	20					20					
H_4	25					30					
H_5	13					15					
H_6	15					20					
W_4	48					68					
W_5	72					90					
W_6	114					134					
W_7	120					145					
L_1	132	162	182	212	232	160	180	210	230	280	330
L_2	114	144	164	194	214	138	158	188	208	258	308
L_3	56	86	106	136	156	64	84	114	124	174	224
L_4	114	144	164	194	214	134	154	184	204	254	304
L_5	—	52	72	102	122	—	46	76	96	146	196
L_6	—	96	116	146	166	—	98	128	148	198	248
L_7	—	144	164	194	214	—	154	184	204	254	304
D_1	16					20					
D_2	12					12					
M_1	4 × M10					4 × M12				6 × M12	
M_2	4 × M6					4 × M8					

表 2-12　定位圈（摘自 GB/T 4169.18—2006）　　（单位：mm）

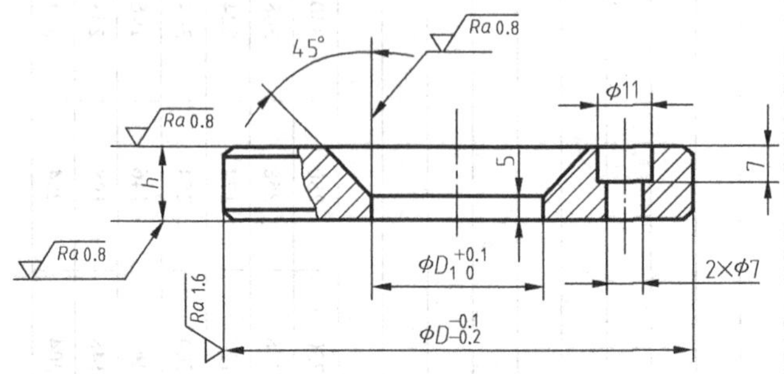

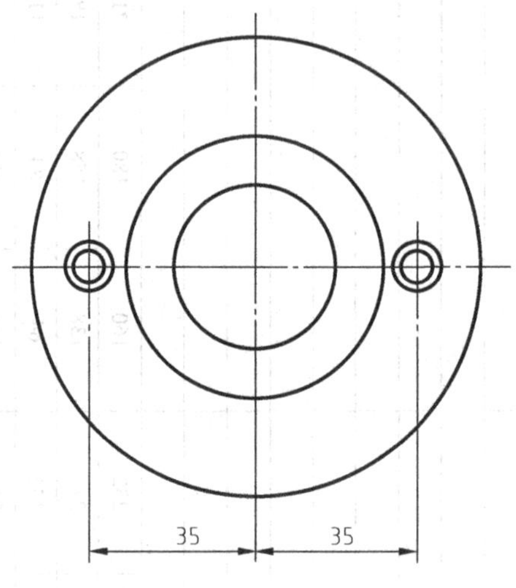

技术要求
未注倒角C1。
Ra 6.3 (√)

标记示例：
直径 D=100mm 的定位圈标记：
定位圈 100GB/T 4169.18—2006

D	D_1	h
100	35	15
120		
150		

三、推出系统

推出系统的作用是用于推出塑件或浇注系统凝料，其主要零件有推杆、推管、复位杆、推板等。

1. 推杆

推杆是使用最多的推出系统的标准件。常见推杆为圆柱头推杆，其截面为圆形。常用的推杆还有带肩推杆和扁推杆。带肩推杆的截面也为圆形，但直径有变化，常用于直径小于2mm 的推杆。扁推杆适用于薄壁部位的顶出。

表 2-13 浇口套（摘自 GB/T 4169.19—2006） （单位：mm）

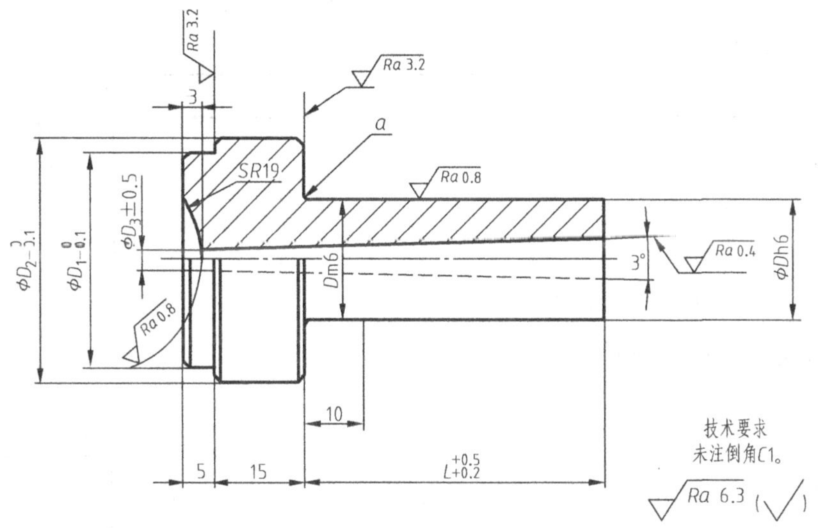

a—可选砂轮越程槽或圆角 *R*0.5 ~ *R*1。
标记示例：
直径 *D* = 12mm、长度 *L* = 50mm 的浇口套标记：
浇口套 12 × 50 GB/T 4169.19—2006

D	D_1	D_2	D_3	*L*		
				50	80	100
12	35	40	2.8	×		
16			2.8	×	×	
20			3.2	×	×	×
25			4.2	×	×	×

推杆为直杆式，可改制成拉杆或直接用作复位杆，也可作为推管的芯杆使用等。

2. 推管

推管截面为圆环形，用于圆筒状塑料制件的推出。它提供了均匀脱模力，用于一模多腔成型更为有利。推管脱模将型腔和型芯均设计在动模一边，可保证制件孔与其外圆的同心度。台阶筒体和锥形筒体只能用推管脱模。

3. 复位杆

推杆或推管将塑件推出后，必须返回其原始位置，才能合模进行下一次的注射成型。最常用的方法是复位杆回程，这种方法经济、简单，回程动作稳定可靠。它的工作过程为：当开模时，推杆向上顶出，复位杆突出模具的分型面；当模具闭合时，复位杆与定模侧的分型面接触，注射机继续闭合时，则使复位杆随同推出机构一同返回原始位置。

国家标准规定的推杆、推管、复位杆的标记内容如下。

1）名称。

2）规格。

3）标准编号，采用国家标准。

国家标准规定的推杆、推管和复位杆，见表 2-14、表 2-15 和表 2-16。

表 2-14　推杆（摘自 GB/T 4169.1—2006）　　（单位：mm）

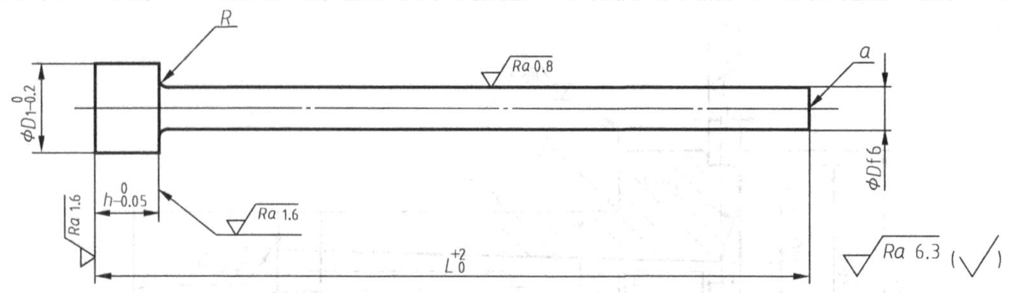

a—断面不允许留有中心孔，棱边不允许倒钝。

标记示例：

直径 *D*＝1mm、长度 *L*＝80mm 的推杆标记。

推杆　1×80　GB/T 4169.1—2006

D	D_1	h	R	L												
				80	100	125	150	200	250	300	350	400	500	600	700	800
1	4	2	0.3	×	×	×	×	×								
1.2				×	×	×	×	×								
1.5				×	×	×	×	×								
2				×	×	×	×	×	×	×	×					
2.5	5			×	×	×	×	×	×	×	×	×				
3	6	3	0.5	×	×	×	×	×	×	×	×	×	×			
4	8			×	×	×	×	×	×	×	×	×	×	×		
5	10			×	×	×	×	×	×	×	×	×	×	×		

表 2-15　推管（摘自 GB/T 4169.17—2006）　　（单位：mm）

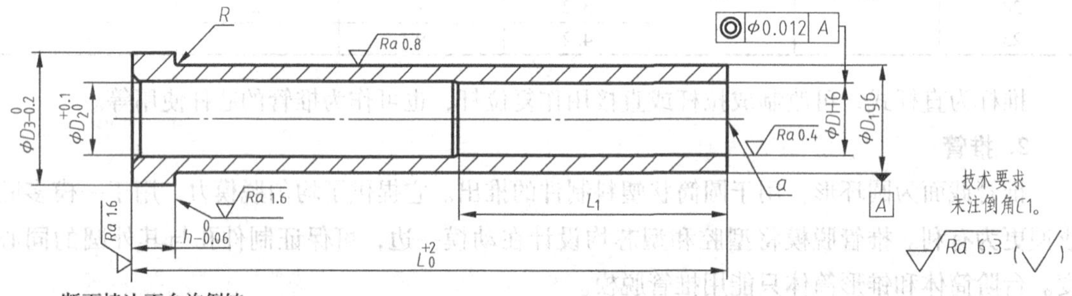

a—断面棱边不允许倒钝。

标记示例：

直径 *D*＝2mm、长度 *L*＝80mm 的推管标记：

推管　2×80　GB/T 4169.17—2006

D	D_1	D_2	D_3	h	R	L_1	L						
							80	100	125	150	175	200	250
2	4	2.5	8	3	0.3	35	×	×	×				
2.5	5	3	10				×	×	×				
3	5	3.5				45	×	×	×	×			
4	6	4.5	12	5	0.5		×	×	×	×	×	×	
5	8	5.5	14				×	×	×	×	×	×	
6	10	6.5	16					×	×	×	×	×	×
8	12	8.5	20	7	0.8			×	×	×	×	×	×
10	14	10.5	22					×	×	×	×	×	×
12	16	12.5	22						×	×	×	×	×

表 2-16 复位杆（摘自 GB/T 4169.13—2006） （单位：mm）

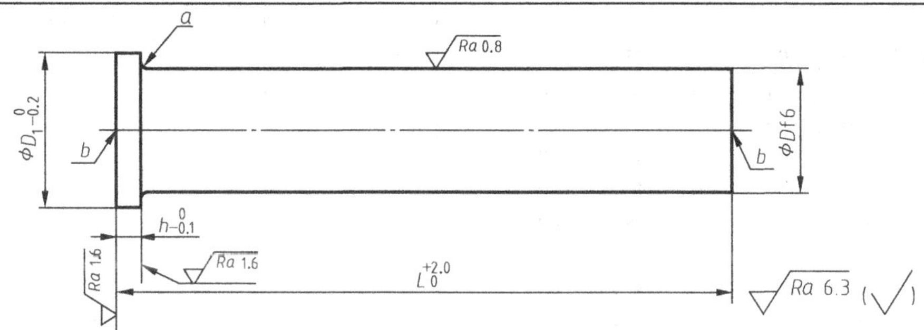

a—可选砂轮越程槽或圆角 *R*0.5 ~ *R*1。
b—断面允许留有中心孔。
标记示例：
直径 *D* = 10mm、长度 *L* = 100mm 的复位杆标记：
复位杆 10 × 100 GB/T 4169.13—2006

D	D_1	*h*	*L*									
			100	125	150	200	250	300	350	400	500	600
10	15	4	×	×	×	×						
12	17		×	×	×	×	×					
15	20		×	×	×	×	×	×				
20	25			×	×	×	×	×	×	×		
25	30	8			×	×	×	×	×	×	×	
30	35				×	×	×	×	×	×	×	×
35	40					×	×	×	×	×	×	×
40	45	10					×	×	×	×	×	×
50	55						×	×	×	×	×	×

4. 推板

推板用于支承推出复位（杆）零件，传递机床推出力，也可用作推杆固定板和热固性塑料压胶模、挤胶模和金属压铸模中的推板。

推板的标记内容与推杆、推管及复位杆一致，见表 2-17。

表 2-17 推板（摘自 GB/T 4169.7—2006） （单位：mm）

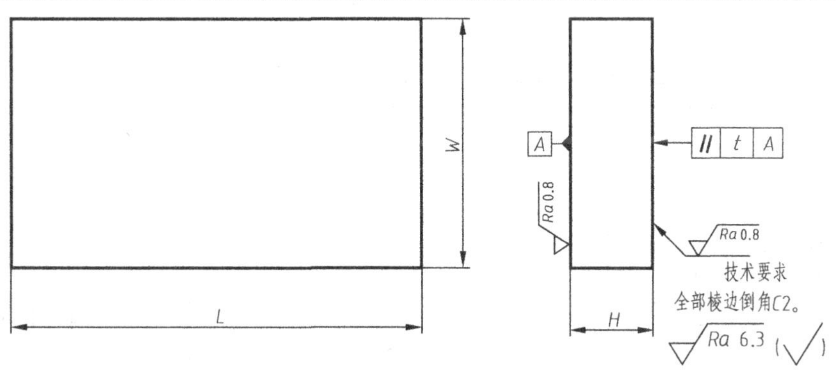

标记示例：
宽度 *W* = 90mm、长度 *L* = 150mm、厚度 *H* = 13mm 的推板标记：
推板 90 × 150 × 13 GB/T 4169.7—2006

（续）

W	L							H							
								13	15	20	25	30	40	50	60
90	150	180	200	230	250			×	×						
110	180	200	230	250	300	350			×	×					
120	200	230	250	300	350	400			×	×	×				
140	230	250	270	300	350	400			×	×	×				
150	250	270	300	350	400	450	500		×	×	×				
160	270	300	350	400	450	500			×	×	×				
180	300	350	400	450	500	550	600			×	×	×			
220	350	400	450	500	550	600				×	×	×			
260	400	450	500	550	600	700					×	×	×		

四、导向装置

导向装置的作用是确定动模、定模的相对位置，从而保证整个模具的导向精度。最常用的导向零件有导柱、导套等。

1. 导套

导套一般分为直导套和带头导套两种。

直导套主要用于厚模板中，可缩短模板的镗孔深度，在浮动模板中使用较多。导套内孔直径与导柱直径相同，标准中规定的直径范围为 $d=12\sim100$mm。导套长度的名义尺寸与模板厚度相同，实际尺寸比模板薄1mm。

安装带头导套需要垫板。安装导套时，模板上与之配合的孔径公差按H7确定，带头导套长度取决于含导套的模板厚度，其余尺寸随导套导向孔直径而定。

直导套见表2-18。

表2-18　直导套（摘自GB/T 4169.2—2006）　　（单位：mm）

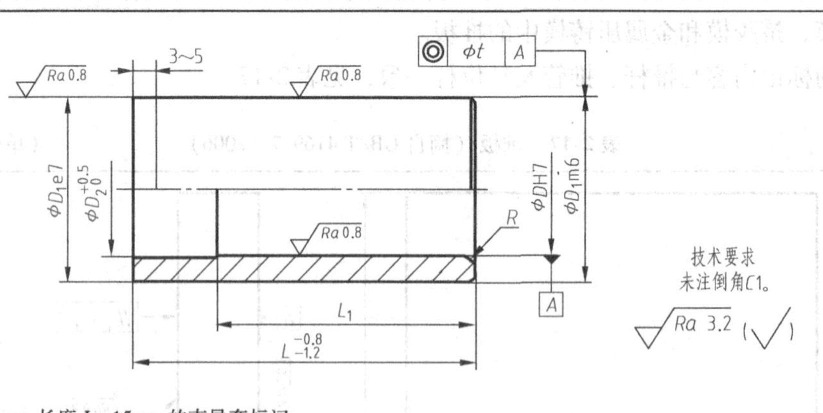

标记示例：
直径 $D=12$mm、长度 $L=15$mm 的直导套标记：
直导套　12×15　GB/T 4169.2—2006

D	12	16	20	25	30	35	40	50	60	70	80	90	100
D_1	18	25	30	35	42	48	55	70	80	90	105	115	125
D_2	13	17	21	26	31	36	41	51	61	71	81	91	101
R	1.5~2	3~4				5~6				7~8			
$L_1$①	24	32	40	50	60	70	80	100	120	140	160	180	200

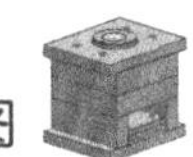

（续）

L	15	20	20	25	30	35	40	40	50	60	70	80	80
	20	25	25	30	35	40	50	50	60	70	80	100	100
	25	30	30	40	40	50	60	60	80	80	100	120	150
	30	40	40	50	50	60	80	80	100	100	120	150	200
	35	50	50	60	60	80	100	100	120	120	150	200	
	40	60	60	80	80	100	120	120	150	150	200		

① $L_1 > L$ 时，取 $L_1 = L$。

2. 导柱

常见的导柱有带头导柱和带肩导柱两种。

导柱与导套配合使用，在开模和闭模时起导向作用，使定模和动模处于相对正确位置，同时承受注射时注射机运动误差所引起的侧压力，以保证塑件精度。

导柱可以安装在动模一侧也可以安装在定模一侧，但更多的是安装在动模一侧。因为作为成型零件的主型芯多装在动模一侧，导柱与主型芯安装在同一侧，在合模时可起保护作用。

导柱长度尺寸应能保证位于动、定模两侧的型腔和型芯开始闭合前，导柱已经进入导孔的长度不小于导柱直径。

标准导柱的结构与尺寸规格可查阅标准带头导柱见表 2-19。

表 2-19　带头导柱（摘自 GB/T 4169.4—2006）　　（单位：mm）

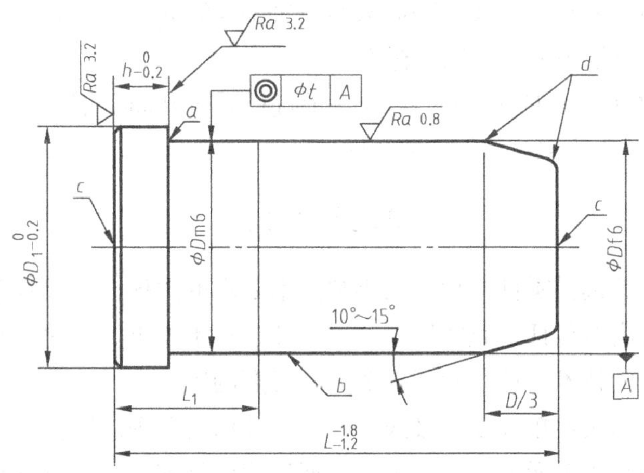

a—可选砂轮越程槽或圆角 R0.5 ~ R1。
b—允许开油槽。
c—允许保留两端的中心孔。
d—圆弧连接，R2 ~ R5。
标记示例：
直径 $D=12$mm，长度 $L=50$mm，与模板配合长度 $L_1=20$mm 的带头导柱标记：
带头导柱　12×50×20　GB/T 4169.4—2006

D	12	16	20	25	30	35	40	50	60	70	80	90	100
D_1	17	21	25	30	35	40	45	56	66	76	86	96	106
h	5	6		8			10	12	15			20	

（续）

L	50	×	×	×	×	×							
	60	×	×	×	×	×							
	70	×	×	×	×	×	×	×					
	80	×	×	×	×	×	×	×					
	90	×	×	×	×	×	×	×					
	100	×	×	×	×	×	×	×	×	×			
	110	×	×	×	×	×	×	×	×	×			
	120	×	×	×	×	×	×	×	×	×			
	130	×	×	×	×	×	×	×	×	×			
L_1	20、25、30、35、40、45、50、60、70、80、100、110、120、130、140、150、160、180、200												

任务实施

1）模架　A 2025-50×40×70 GB/T 12555—2006 表示模板宽 200mm、长 250mm、A = 50mm、B = 40mm、C = 70mm 的直浇口 A 型模架，标准为 2006 年颁布的推荐性 12555 号国家标准。

2）模架　DB 3030-50×60×90-200 GB/T 12555—2006 表示模板宽 300mm、长 300mm、A = 50mm、B = 60mm、C = 90mm、拉杆导柱长度 200mm 的点浇口 B 型模架，标准为 2006 年颁布的推荐性 12555 号国家标准。

3）浇口套　12×50 GB/T 4169.19—2006 表示直径 D = 12mm，长度 L = 50mm 的浇口套，标准为 2006 年颁布的推荐性 4169.19 号国家标准。

4）推杆 5×200 GB/T 4169.1—2006 表示直径 D = 5mm，长度 L = 200mm 的推杆，标准为 2006 年颁布的推荐性 4169.1 号国家标准。

5）推管 10×200 GB/T 4169.17—2006 表示直径 D = 10mm，长度 L = 200mm 的推管，标准为 2006 年颁布的推荐性 4169.17 号国家标准。

单元总结

模具零件图是表达模具零件结构、大小和技术要求的图样，是模具零件加工制造的主要依据。模具零件图的内容包括一组图形、全部尺寸、技术要求、标题栏四部分。模具零件图是指导模具零件加工的技术文件。除了理解一些必要的图形和尺寸外，还必须掌握模具零件图中的技术要求，包括表面粗糙度、极限与配合、几何公差等内容。

识读模具零件图是本单元的重点，主要掌握识读模具零件图的方法和步骤。

模具标准件的结构、规格及技术要求都已标准化，可像普通工具一样在市场上销售和选购，设计模具时一般不需要画零件图，只需要按规定进行标记，再根据其标记从有关标准中查取相关尺寸。

模具装配图

单元导入

在单元二中介绍过组成模具的各类零件，不论是冲模还是注射模，都是由若干个零、部件按一定的技术要求装配而成的。表示机器或部件（统称为装配体）的组成、工作原理及装配关系的图样，称为装配图。模具装配图用来表达模具的主要结构形状、工作原理及零件的装配关系。

在模具工业中，无论是新产品的设计还是原产品的改造或仿制，一般都应先画出装配图，再由装配图拆画零件图；在模具制造过程中，要根据装配图把制造出来的零件装配成装配体；在模具的使用过程和技术交流中，要根据装配图了解其性能、工作原理、使用及维修方法等。因此，装配图是工业生产和技术交流的重要技术文件。正确绘制和识读模具装配图是模具制造技术人员必须掌握的技能。

绘制和识读模具装配图是前面所有项目的综合体现，因此本单元不仅是学习新的知识，还是对以往知识的总结。

根据内容要求将本单元划分为以下两个项目。

项目一　绘制模具装配图

项目二　识读模具装配图

项目一　绘制模具装配图

任务一　模具装配图基础知识

任务描述

根据图 3-1 所示落料模装配图，了解装配图的所有内容。

任务分析

落料模是典型单工序冲裁模的一种，要想了解该模具，必须看清楚该模具装配图的所有内容，掌握国家标准对于每部分内容有哪些具体规定。

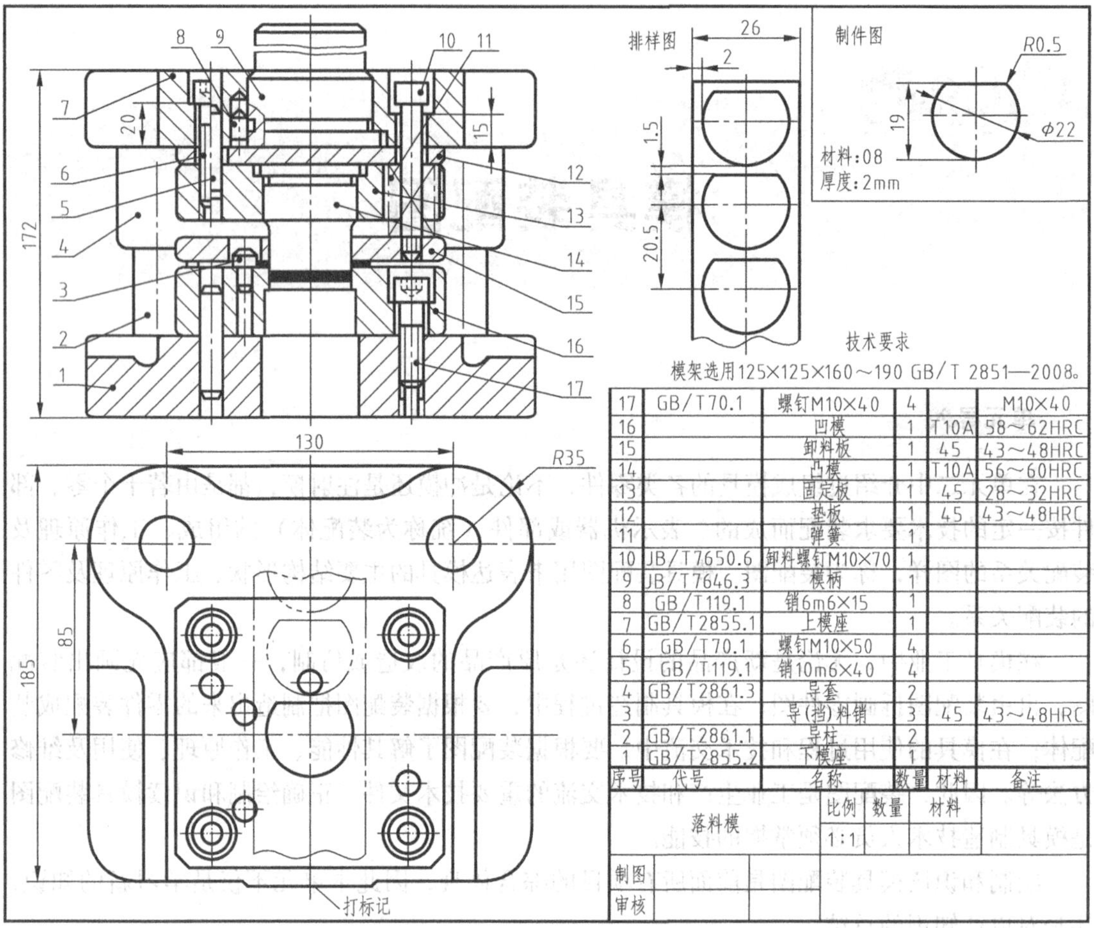

排样图

制件图

材料：08
厚度：2mm

技术要求

模架选用125×125×160～190 GB/T 2851—2008。

序号	代号	名称	数量	材料	备注
17	GB/T70.1	螺钉M10×40	4		M10×40
16		凹模	1	T10A	58～62HRC
15		卸料板	1	45	43～48HRC
14		凸模	1	T10A	56～60HRC
13		固定板	1	45	28～32HRC
12		垫板	1	45	43～48HRC
11		弹簧	1		
10	JB/T7650.6	卸料螺钉M10×70	1		
9	JB/T7646.3	模柄	1		
8	GB/T119.1	销6m6×15	1		
7	GB/T2855.1	上模座	1		
6	GB/T70.1	螺钉M10×50	4		
5	GB/T119.1	销10m6×40	4		
4	GB/T2861.3	导套	2		
3		导(挡)料销	3	45	43～48HRC
2	GB/T2861.1	导柱	2		
1	GB/T2855.2	下模座	1		

落料模	比例	数量	材料
	1:1		
制图			
审核			

图 3-1　落料模装配图

相关知识

一、模具装配图的作用

模具装配图是反映模具的工作原理、结构关系、装配关系、拆卸关系、各零件主要结构形状和作用的图样。它是进行调试、安装、生产加工、维护的主要技术文件。

二、模具装配图的内容

一张完整的模具装配图主要包括以下四部分内容。

1. 两组图形

模具装配图中有两组图形，一组用来表示模具装配体的结构形状、工作原理、零件间的装配关系和连接关系以及主要零件的结构形状等；另一组则表示模具生产的制件图（或塑件图）及排样图。

除规定的视图、剖视图、断面图等表达方法外，模具装配图还另有一些规定画法和特殊画法，用以正确、完整、清晰和简便地表达模具的工作原理、零件之间的装配关系和零件的主要结构形状。

（1）装配图的规定画法

1）相邻两零件的画法。对于相接触和相配合的两个零件的接触处，规定只画一条线；当两相邻零件的公称尺寸不相同时，即使间隙很小，也必须画两条线，这时可采用夸大画法画出，如图 3-2 所示。

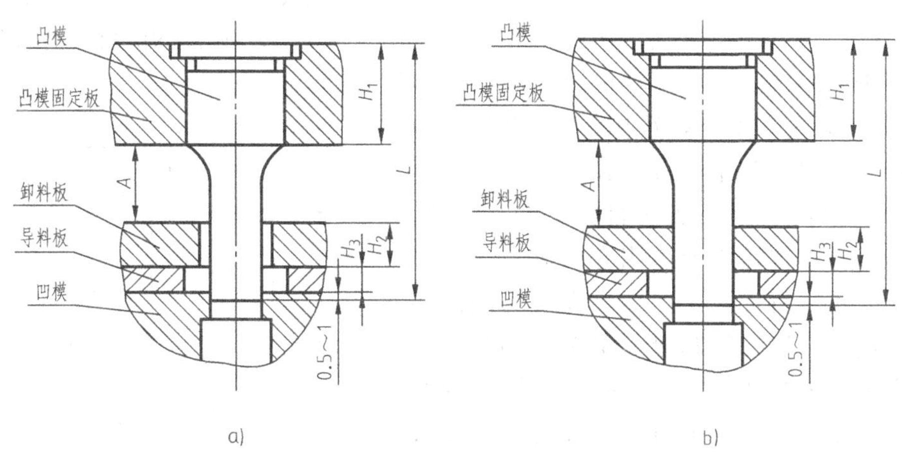

图 3-2　相邻两零件的画法

a）无导向作用　b）有导向作用

需要说明的是，在模具中，需用销定位的模板，销与模板之间只画一条线，而无需用销来定位的模板，销与模板之间则应画两条线。

2）剖面线的画法。两个或两个以上的零件相邻接时，剖面线方向相反或方向一致但剖面线间隔必须不同。同一装配图中的同一零件的剖面线倾斜方向应相同、间隔应相等。如图 3-2 所示，卸料板与导料板的剖面线是不一致的。

3）当剖切平面通过标准件（螺栓、螺母、垫圈、键、销）以及回转形成的实心件（圆形凸模、顶杆、模柄等）的基本轴线时，这些零件均按不剖绘制，即不画剖面线，如图 3-2 所示凸模。有时为了使结构清晰，非回转形成的凸模也可以不画剖面线。若需要特别表明零件的构造，如凹槽、销孔等，可用局部剖视图表示。

（2）装配图的特殊画法

1）沿接合面剖切画法和拆卸画法。为了使装配图中的某些部分表达得更清楚，可假想沿某些零件的接合面剖切或将某些零件拆卸后绘制，需要说明时可加注“拆去 × × 等”。图 3-1 所示俯视图是把上（定）模部分拿走，只画下（动）模部分。

2）假想画法。对于某些运动零件，可用双点画线画出其极限位置处轮廓。对于与本部件有关但不属于本部件的相邻零件、部件，可用双点画线表示其与本部件的连接关系，如图 3-1 俯视图所示坯料和图 3-3 所示压力机工作台。

3）简化画法。对于装配图中若干相同的零件组，如螺栓连接等，只需详细画出一组或几组，其余只需用细点画线表示其中心位置即可。

在装配图中，当剖切平面通过的某些零件为标准产品或该零件已由其他图形表示清楚时，可按不剖绘制，如冲模中的导套与导柱是标准模架的一部分，可按不剖来画。

在装配图中，在不致引起误解时，剖面符号可省略。

在装配图中，如装配关系已表达清楚，则较大面积的剖面可只沿周边画出部分剖面符号或沿周边涂色。

对于装配图中零件的工艺结构，如圆角、倒角、沟槽、凹坑、滚花、刻线及其他细节等，可省略不画，如图3-4所示螺钉头部的倒角允许省略（螺钉尾部的倒角及销的倒角建议不省略，目的是让螺纹端部及销的画法显得更直观）。

4）夸大画法。在装配图中绘制小间隙、薄垫片、较小的斜度和锥度等，如按实际尺寸画出表示不明显时，允许把它们的厚度、间隙、斜度、锥度等不按比例而适当夸大画出，突出这些部位的轮廓特征。这些细小部位的剖面线可用涂黑代替，如图3-2a所示卸料板与凸模的间隙采用了夸大画法，图3-3所示下模座的漏料孔与凹模的漏料孔采用了夸大画法，图3-1所示被剖到的条料用夸大画法画出，并用涂黑符号代替剖面线。

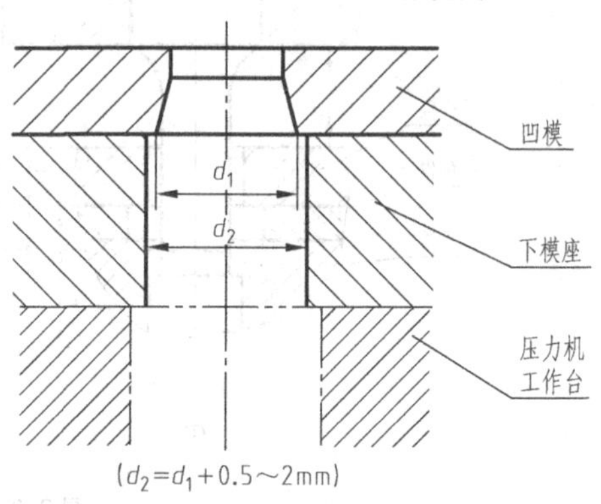

图3-3 漏料孔的夸大画法

5）内六角圆柱头螺钉和圆柱销的画法。在装配图中，销与螺钉联用时，销的直径应选用与螺钉直径相同或小一号（即如果选用M8的螺钉，则销应选用ϕ8mm或ϕ6mm）。

若内六角圆柱头螺钉和圆柱销在视图中位置重叠，却又不处于装配体的对称中心线，此时的剖视位置又比较小，则可使它们各自的中心线（细点画线）重合，并以此作为分界线，左右各画出半个零件的剖视图，如图3-4所示。

当剖视图中不易表达时，也可从俯视图中引出序号。

2. 必要的尺寸

装配图的作用与零件图不同：零件图中的尺寸必须完整，若缺少一个尺寸，零件就无法加工；而装配图上表示已经加工定形的零件，不需标注所有零件的尺寸，标注所有尺寸对装配模具是没有作用的，同时装配图会显得尺寸很多、较乱，给识读带来困难。因此，在装配图上没有必要标注所有零件的尺寸，只需标注必要的尺寸。

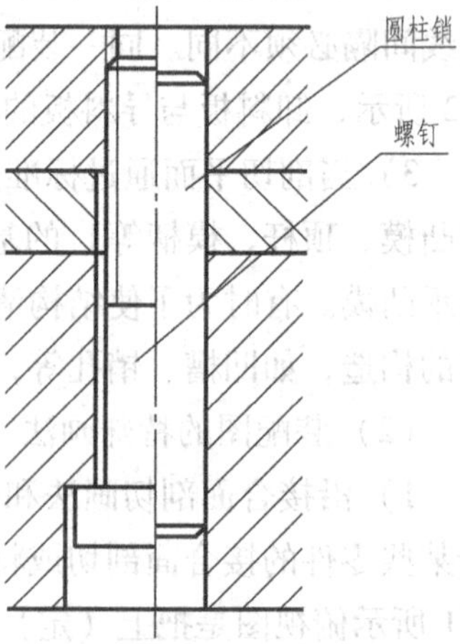

图3-4 螺钉和销的半剖画法

根据装配图拆画零件图以及装配、检验、安装、使用的需要，在装配图中必须标注出模具的性能、规格、安装、零件间的相对位置、配合要求等尺寸。

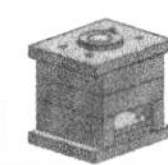

（1）性能（或规格）尺寸　表示该模具性能（或规格）的尺寸。它是模具设计的主要依据，是了解和选用该模具的依据，如图 3-1 所示制件图中的尺寸 19、$\phi22$、$R0.5$。

（2）装配尺寸　保证模具中各零件相互配合关系和相对位置的尺寸。这些尺寸是保证模具性能和质量的尺寸，主要包括配合尺寸和相对位置尺寸。

1）配合尺寸。表示零件间配合性质的尺寸（产品装配图必须标，模具装配图一般不标）。

2）相对位置尺寸。表示装配模具时需要保证的零件间相互位置尺寸。

（3）安装尺寸　把模具安装到其他设备或地基上时需要的尺寸。

（4）外形尺寸　表示模具外形的总体尺寸，即总长、总宽、总高等。它是模具包装和运输的参考尺寸，如图 3-1 所示尺寸 185、130、$R35$、172）（不含模柄高度）。

（5）其他重要尺寸　表示在设计中确定的而又未包括在上述几类尺寸之中的尺寸，要视需要而定，一般指主体零件的重要尺寸、运动件的极限位置尺寸、模具的封闭高度尺寸、安装零件需要足够的操作空间尺寸等，如图 3-1 所示尺寸 172 表示该模具的封闭高度。

以上几种尺寸在装配图中并非均需标注，要根据需要进行标注。

3. 技术要求

在装配图中可以用文字或符号注写出以下几个方面关于模具的技术要求。

（1）装配要求　装配过程中的注意事项和所要达到的要求，如装配间隙、润滑要求、喷防锈剂等。

（2）检验要求　对模具的基本性能检验，试模的条件和方法等。

（3）使用和装拆要求　对模具的维护、保养、安装及操作、使用注意事项的说明等。

在装配图中有尺寸公差、几何公差、文字技术要求，但是没有表面结构要求。因为装配图的技术要求是针对所有装配零件装成一体的指标，而每张零件图上的技术指标是每个零件应达到的指标。

4. 零件序号，明细栏和标题栏

为了便于生产及交流，装配图上必须对每种模具零件标注序号，在明细栏中对应地列出各种模具零件的序号、名称、数量、材料以及备注等。在标题栏中，填写模具名称、模具图号、绘图比例及有关人员的签名、日期等。

（1）零件序号　在装配图中，为了便于看图、装配及进行图样管理，必须对组成模具的不同零件或组件进行编号，这种编号称为序号。编写序号应遵守以下几项规定。

1）装配图中的零件都应有对应的编号，一个或一种零件只能有一个编号，只标注一次。

2）指引线的画法。零件序号与对应零件之间用细实线连接，称为指引线，指引线在零件实体轮廓内的一端画圆点，另一端画细实线短横或圆（细实线）并填写序号，序号字高比图中尺寸数字大一号或两号，如图 3-5a 所示；序号也可直接注写在指引线附近，序号字高比图中尺寸数字大一号或两号，如图 3-5b 所示。若所指部分很薄或已涂黑，不便画圆点时，可在指引线的末端画出箭头，如图 3-5c 所示。

指引线之间不能相交。当通过有剖面线的区域时，指引线尽量不与剖面线平行，必要时

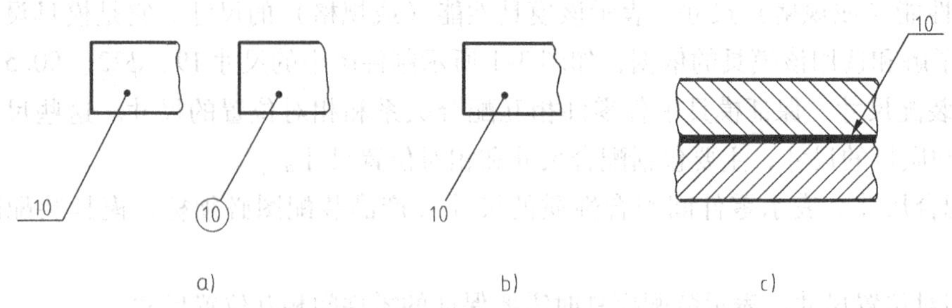

图 3-5　零件序号的编写形式一

允许画成折线，但只允许弯折一次。

3）零件的编号应有顺序地（逆时针或顺时针方向）标注在装配图的周围，整齐地水平或垂直排列。如果在整个图上无法连续时，可只在每个水平或垂直方向顺次排列。在编写序号时，应先数出零件的数量，然后进行统筹安排，尽量使各序号之间的距离均匀一致，从而达到美观的效果。

4）一组螺纹紧固件或其他零件组可以采用图 3-6 所示的标注方法。

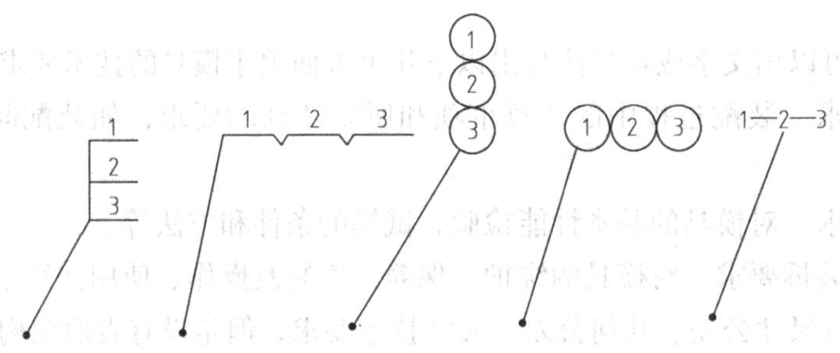

图 3-6　零件序号的编写形式二

（2）明细栏　与序号相应的还要编制明细栏。明细栏是整套模具的全部零件种类的详细目录，一般由序号、代号、名称、材料、数量、重量、备注等组成，也可按实际需要增加或减少项目。学生用明细栏格式，如图 3-7 所示。

1）代号栏。主要填写图样中相应组成部分的图样代号或标准编号（如 GB/T 119.1）。

2）名称栏。主要填写相应组成部分的名称（必要时，也可写出其形式和代号，如螺钉 M10×48）。

3）材料栏。主要填写材料的标记（如 45）。

4）备注栏。主要填写必要的附加说明（外购或外加工等）或其他有关的重要内容（如齿轮的齿数与模数等）。

明细栏一般配置在标题栏的上方，由下向上依次填写零件序号。当标题栏上方的位置不够时，可将明细栏继续移至标题栏的左边由下向上填写。当不能在标题栏的上方配置明细栏时，可将其作为装配图的续页按 A4 幅面单独给出，此时的序号则由上向下填写，标题栏仍应画出。

（3）标题栏　标题栏外框是粗实线，内部的分格线是细实线，其右边和底边与图框线重合。填写的字体除名称用 10 号字外，其余皆为 5 号字，其格式如图 3-7 所示。

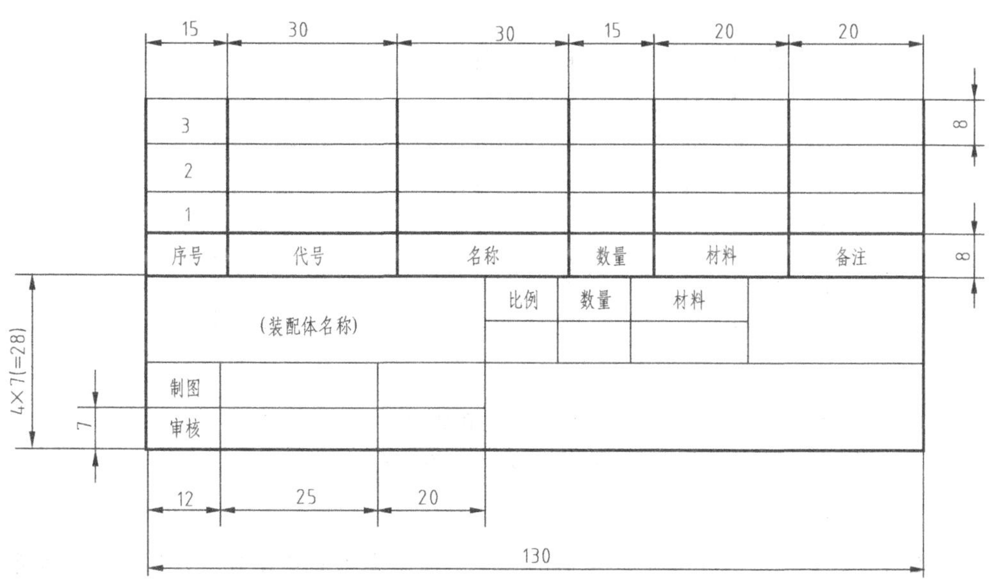

图 3-7 学生用标题栏及明细栏格式

知识拓展

模具装配结构

在设计和绘制模具装配图时，应考虑到装配结构的合理性，以保证模具的性能要求，同时也给模具零件的加工、检测、装拆等带来方便。下面针对几种常见的模具装配结构做简要介绍。

1. 接触面的要求

为了避免模具零件装配时不同表面相互干涉，两个零件在同一方向上一般只有一对接触面，否则会给加工和装配带来困难，如图 3-8 所示。

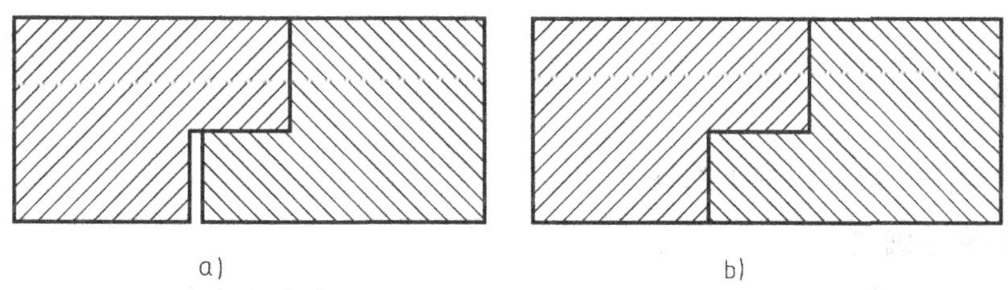

图 3-8 接触面的要求

a）结构合理 b）结构不合理

2. 轴与孔的配合

轴与孔配合且轴肩与端面接触时（如导柱与导套），在两接触面的交角处应加工出退刀槽、倒角或不同大小的倒圆，以保证两个方向的接触面均接触良好，保证装配和工作精度，如图 3-9 所示。

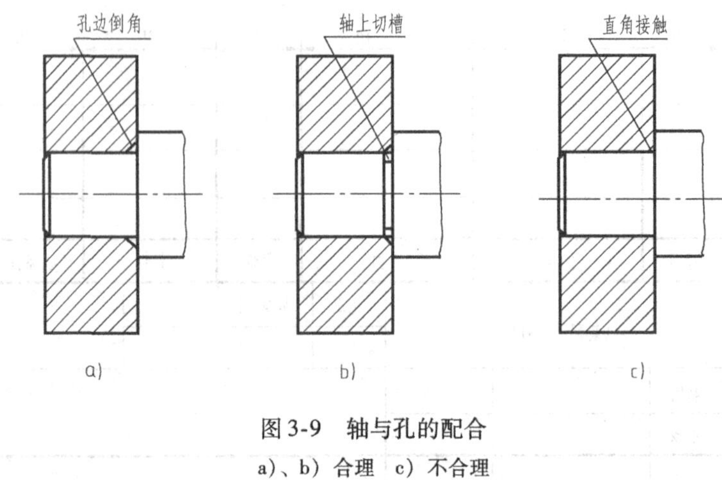

图 3-9　轴与孔的配合

a)、b）合理　c）不合理

3. 锥面的配合

由于锥面配合能同时确定轴向和径向的位置，因此当锥孔不通时，锥体顶部与锥孔底部之间应留有空隙，否则配合不稳定，如图 3-10 所示。

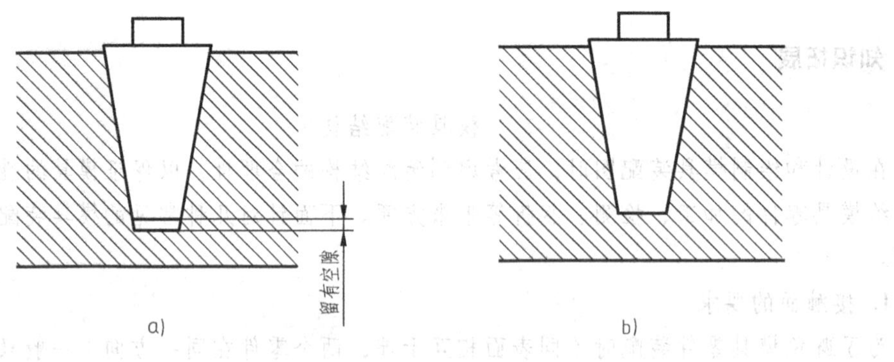

图 3-10　锥面配合

a）合理　b）不合理

任务实施

该模具装配图共包括以下 4 部分。

1. 标题栏和明细栏

从图 3-1 标题栏中可以看出，该模具为落料模，绘图比例为 1:1。

从图 3-1 明细栏中可以看出，该模具共由 17 种零件组成，每个不同的零件占一个序号，其中销、螺钉、上模座、下模座、导柱、导套等都采用标准件，对凸模、凹模、卸料板、固定板、垫板、导（挡）料销都提出了硬度要求（HRC），以提高耐磨性，保证模具的使用寿命。

2. 两组图形

从图 3-1 中可以看出，落料模装配图共由 4 个图形组成。

主视图是单一剖切面剖切得到的全剖视图。在这个视图上可以看出零件之间的连接关系、装配结构、结构关系，同时也能看到凸模、导套、模柄、导柱、上模座、下模座、固定板等重要零件的具体位置。

俯视图简洁明了，可以看到圆柱销、卸料板、导料销、凹模等的具体位置和结构。

右上角的图形为冲压成形后的制件图。从该图中可以看出冲压毛坯材料为08钢，材料厚度为2mm，制件是长为19mm、直径为22mm的大半圆形。

排样图的作用是尽可能地减少冲压毛坯的浪费，增加模具冲压制件的数量。

3. 必要的尺寸

在该装配图中可以发现如下的尺寸：$\phi22$、19、$R0.5$属于性能尺寸；85、130属于装配尺寸；185、130、$R35$、172属于外形尺寸；172为该模具的封闭高度尺寸；另外还有15和20，它们是上模座上柱形沉孔（安装螺钉和卸料螺钉）的深度尺寸。

4. 技术要求

技术要求说明该模具选用的是标准模架，规格为125×125×160~190。从图3-1中还可以看出该模具选用滑动导向、后侧导柱模架。

任务二　绘制冲裁模装配图

任务描述

根据图3-11和图3-12所示的链板复合冲裁模上模、下模的立体图，绘制模具装配图。

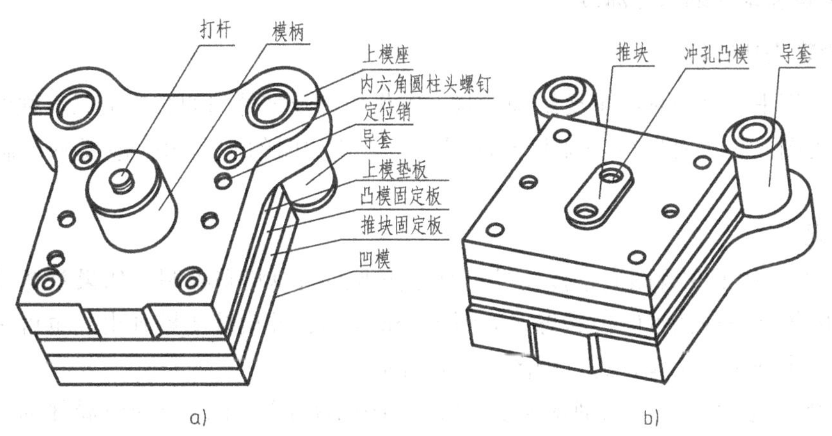

图3-11　上模的立体图

a）正面　b）反面

任务分析

模具装配图要能清楚地表达各零件之间的相互关系，包括位置关系和配合关系，除了有足够说明模具结构的视图、必要的剖视图、断面图、技术要求、标题栏和填写各个零件的明细栏等外，还有其特殊的表达要求。因此绘制模具装配图前必须对装配体有一个详细了解，

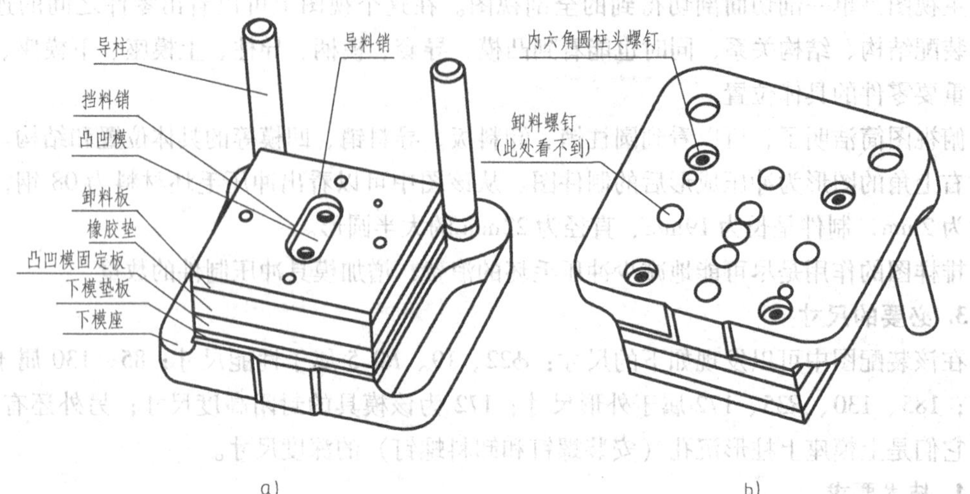

图 3-12 下模的立体图

a）正面 b）反面

确定合理的表达方案，并根据模具使用要求提出合理的技术要求。

相关知识

绘制装配图的方法与步骤如下。

一、了解装配体的工作原理

二、确定表达方案

模具视图用来表达模具的主要结构形状、工作原理及零件间的装配关系。视图一般采用主视图和俯视图，必要时也可增加其他视图。模具装配图的右上角一般要画出制件图和排样图。

1. 主视图

1）模具装配图的主视图通常按模具正对操作者的闭模状态绘制。如果是塑料注射模则必须是处于闭模状态或接近闭模状态，如图 3-13a 所示；冲模按闭模画出，也可一半处于工作状态，另一半处于非工作状态，如图 3-13b 所示。

2）主视图的表达方法。以剖视为主，可采用全剖视图、半剖视图或局部剖视图，若有局部无法表达清楚的，可以增加其他视图。

主视图重点表达模具在闭模时的工作状态及模具各零件之间的装配关系和连接关系。因为模具中的内部零件特别多，上（定）模部分的零件安装位置与下（动）模部分的零件安装位置往往不一样，零件间的位置显得错综复杂。因此，应尽量以主要零部件的装配位置作为主视图的剖切位置，其中上（定）模与下（动）模的剖切位置允许各有不同，即上（定）模采用一种剖切位置，下（动）模采用另一种剖切位置。

2. 俯视图

俯视图一般是将模具沿冲压或注射方向“打开”上（定）模，沿冲压或注射方向分别

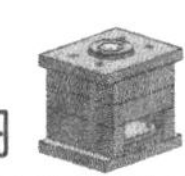

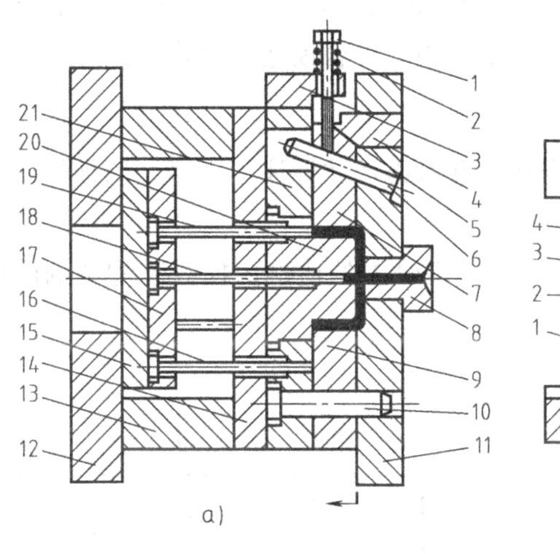

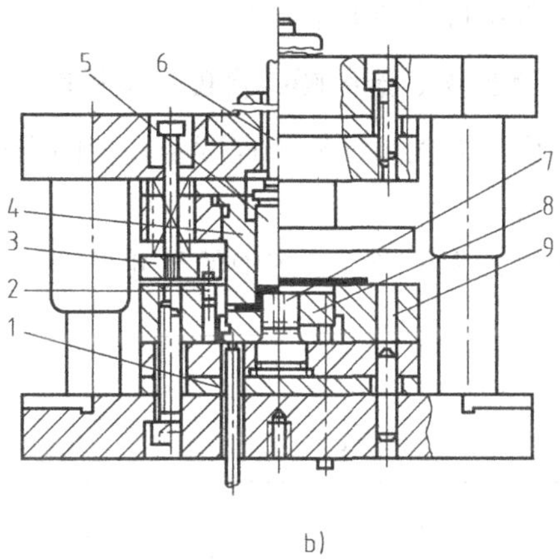

图 3-13 模具装配图的主视图

a）塑料注射模

1—螺母 2—弹簧 3—挡块
4—锁紧楔 5—滑块拉杆 6—斜导柱
7—滑块 8—定位圈 9—定模板
10—导柱 11—定模座板 12—动模座板
13—垫块 14—支承板 15—推板
16—复位杆 17—推杆固定板 18—拉料杆
19—推杆 20—型芯 21—动模板

b）冲模

1—顶杆 2—挡料销
3—卸料板 4—落料凸模
5—推件块 6—打料杆
7—拉深凸模 8—压边圈
9—落料凹模

从上往下看已打开的上（定）模和下（动）模，将主、俯视图一一对应画出。

俯视图一般只绘制出下（动）模，对于对称结构的模具，也可上（定）、下（动）模各画一半，如图 3-14 所示；需要时再绘制左（或右）视图或其他视图。

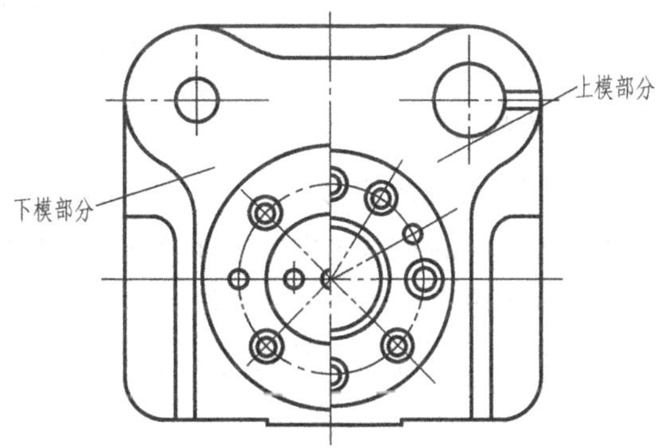

图 3-14 冲模装配图的俯视图

3. 制件图和排样图

1）制件图。制件图是经冲压或模塑成形后得到的冲压件或塑件图形，一般画在装配图的右上角，并说明材料的名称、厚度及必要的尺寸。

制件图的比例一般与模具装配图上的一致，特殊情况下可以缩小或放大。制件图的方向与冲压方向或模塑成形方向一致（即与制件在模具中的位置一致），若特殊情况下不一致时，必须用箭头注明冲压或模塑成形方向。

2）排样图。冲模中利用带状或条状坯料时，为节省坯料，需要画出制件在坯料上的排列位置图形，称为排样图。排样图一般画在装配图的右上角、制件图的下方。

排样图应包括排样方式、制件的冲裁过程、定距方式（用侧刃定距时侧刃的形状、位置)、材料利用率、步距、搭边、料宽及公差，对弯曲及卷边工序的制件要考虑材料纤维的方向，通常从排样图的剖切线上可以看出是单工序模、复合模还是级进模。

三、定比例、选图幅、合理布置视图

根据模具的大小、复杂程度及其视图表达，并考虑尺寸标注、序号、明细栏所需位置来确定图幅大小。

绘图时，为了降低绘图中的尺寸换算，尽量选用1:1的比例。模具装配图的图面布局如图3-15所示。

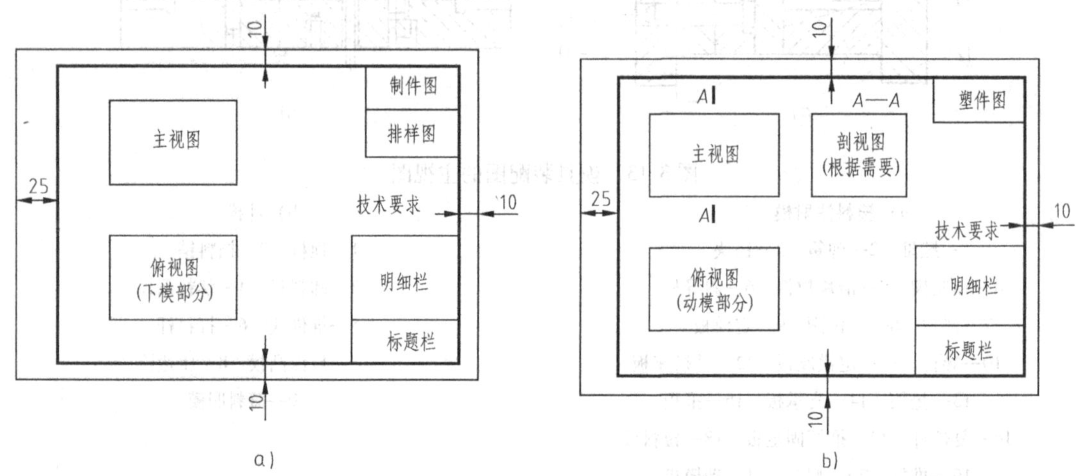

图3-15　模具装配图的图面布局

a）冲压模具装配图的图面布置　b）塑料注射模具总装配图的图面布置

四、绘制图形

1. 绘制装配体的图形

绘制各视图的基本方法是：画图时应几个视图按投影关系配合画。根据视图的数量及轮廓尺寸，画出确定各视图位置的作图基准线，同时各视图之间留有适当的间隙位置，以便标注尺寸和编写零件序号。作图基准线一般为主体件的轴线、对称线或主体件底面的投影线等。

绘制时要严格按照装配顺序：先画出主要零件，后画次要零件；先画内部结构，再由内向外画其他结构；先定零件位置，后画零件的形状；先画主要轮廓，后画细节。

2. 绘制制件图和排样图（略）

五、注写模具装配图的技术要求和标注尺寸

在模具装配图中，简要注明对该模具的相关技术要求、注意事项和技术条件等。模具装配图中要注明模具闭合尺寸、外形尺寸、特征尺寸、装配尺寸等必要尺寸。

六、编写零件序号，填写标题栏和明细栏

对每一种零件编写序号，并自下而上按顺序填写明细栏。

标题栏和明细栏的位置在装配图的右下角，若图面不够，可以另设一页，标题栏和明细栏的具体格式和相关尺寸应符合国家标准要求。

任务实施

1. 了解装配体的工作原理

该装配体是链板复合冲裁模，属于倒装式复合模。该模具采用导柱、导套来导向，以确保模具工作时得到高质量的制件。该模具寿命较长，使用安装方便，可满足大批量的工业生产要求。该模具分为两部分，分别为上模部分（图 3-11）和下模部分（图 3-12）。

上模部分由模柄、打杆、上模座、上模垫板、凸模固定板、推块固定板、凹模、定位销、内六角圆柱头螺钉、冲孔凸模、推块及导套等组成。其中，冲孔凸模固定在凸模固定板上。上模垫板安放在冲孔凸模的上方，目的是保护上模座，避免其在模具工作时受到强冲击。推块固定在推块固定板内，打杆直接作用于推块。上模座、上模垫板、凸模固定板、推块固定板、凹模分别由定位销来定位，用内六角圆柱头螺钉固定。

下模部分由挡料销、导料销、卸料板、凸凹模、橡胶垫、凸凹模固定板、下模垫板、下模座、定位销、内六角圆柱头螺钉、卸料螺钉等组成。凸凹模固定于凸凹模固定板中，同时通过螺钉把凸凹模固定在下模垫板上。卸料螺钉穿过下模座、凸凹模固定板、下模垫板、橡胶垫通过螺纹紧固在卸料板上。卸料板的作用由橡胶垫及卸料螺钉保证。下模座、凸凹模固定板、下模垫板由定位销定位，用内六角圆柱头螺钉紧固。

模具工作时，毛坯由 1 个挡料销和 2 个导料销定位。上模下行，凹模首先与毛坯接触并压紧毛坯。上模继续下行，橡胶垫被压缩，凸凹模外形轮廓作用于凹模，完成毛坯的落料，同时冲孔凸模作用于凸凹模的内孔，冲孔废料被推下，经下模座的落料孔掉落，完成冲孔。当上模上行时，原来被压缩的橡胶垫弹性得到恢复，卸料板依靠橡胶垫的弹性把卡在凸凹模外形轮廓上的制件推出。当上模上行至上止点时，打杆作用于推块，卡在凹模中的制件被顶出。至此，完成一次冲裁。

2. 确定表达方案

根据该模具结构选择主、俯两个视图来表达，如图 3-16 所示。

主视图重点反映凸凹模的工作状态、冲孔凸模的固定、各模板之间的装配关系（螺钉、销的安装情况）、卸料装置、模柄与上模座间的安装关系、凹模洞口的形状、条料的定位、落料孔的形状等。采用阶梯全剖视，剖切位置如图 3-16 所示。

俯视图将上模部分拿走，只画下模部分。

制件图反映制件的结构形状、尺寸及精度要求等，在图样右上角画出，如图 3-16 所示。

排样图表达制件在板料上的布置方法以及板料的宽度，在制件图下方画出，如图 3-16 所示

3. 定比例、选图幅、合理布置视图

根据模具的大小、复杂程度及其视图表达，并考虑尺寸标注、序号、明细栏所需位置来确定图幅大小；绘图时，为了降低绘图中的尺寸换算，选用 1:1 的比例，合理布置视图。

4. 绘制图形

绘图时，先绘制下模部分的俯视图，因为需要确定下模周界（如果是塑料注射模还需在俯视图中先确定产品的基本排位），下模周界确定好后方可确定模架的规格。当下模部分的投影基本完成后，才开始绘制主视图，这是因为下模的零件与上模零件有对应的关系。

主视图的布置与模具的工作状态一致，按先里后外、由中间往两端的次序画出。

绘图过程中要注意：俯视图和主视图往往是互相协调一起画出，不能单独画完一个视图之后再去画另一个视图。

绘制制件图和排样图，如图 3-16 的右上角所示。

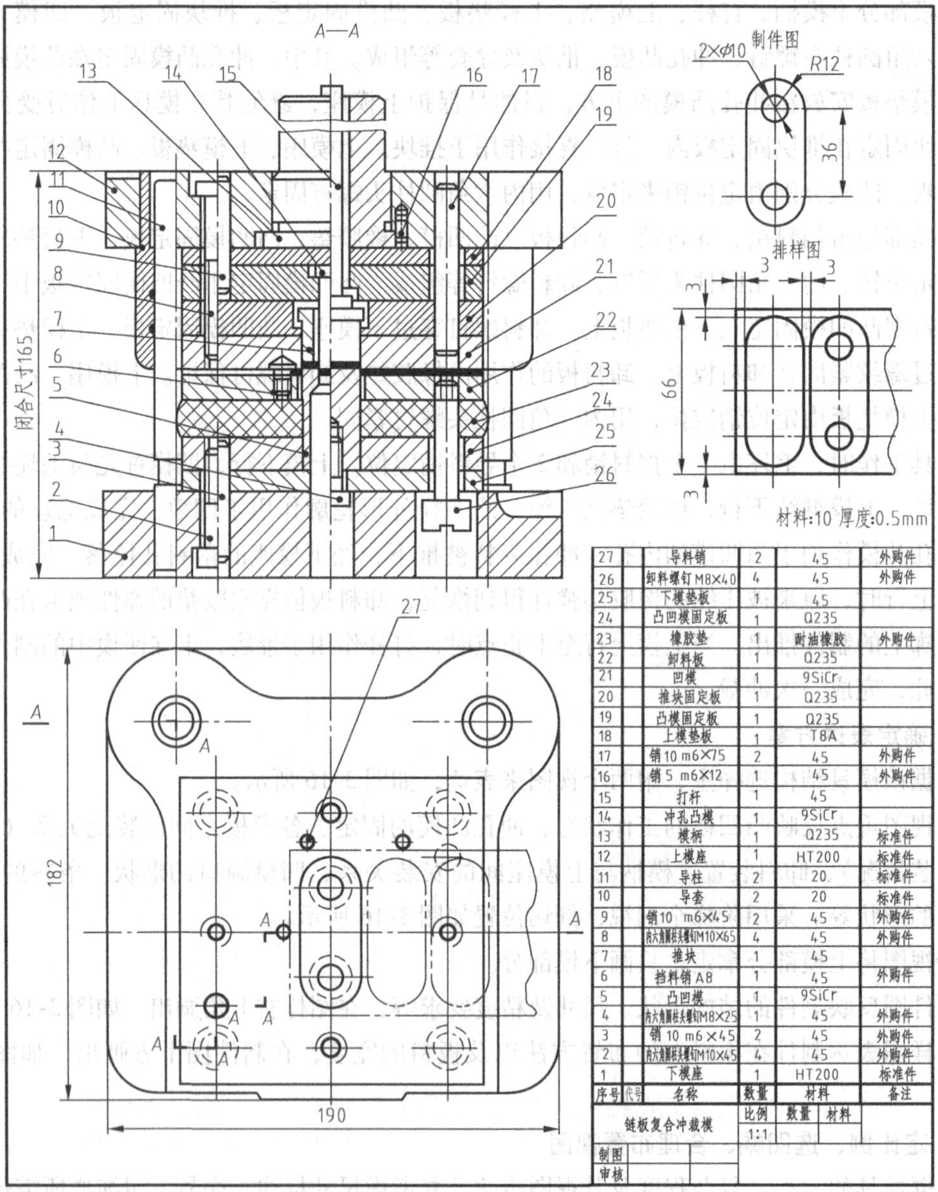

序号	代号	名称	数量	材料	备注
27		导料销	2	45	外购件
26		卸料螺钉 M8×40	4	45	外购件
25		下模垫板	1	45	
24		凸凹模固定板	1	Q235	
23		橡胶垫	1	耐油橡胶	外购件
22		卸料板	1	Q235	
21		凹模	1	9SiCr	
20		推块固定板	1	Q235	
19		凸模固定板	1	Q235	
18		上模垫板	1	T8A	
17		销 10 m6×75	2	45	外购件
16		销 5 m6×12	1	45	外购件
15		打杆	1	45	
14		冲孔凸模	1	9SiCr	
13		模柄	1	Q235	标准件
12		上模座	1	HT200	标准件
11		导柱	2	20	标准件
10		导套	2	20	标准件
9		销10 m6×45	2	45	外购件
8		内六角圆柱头螺钉M10×65	4	45	外购件
7		推块	1	45	
6		挡料销 A8	1	45	外购件
5		凸凹模	1	9SiCr	
4		内六角圆柱头螺钉M8×25	1	45	外购件
3		销 10 m6×45	2	45	外购件
2		内六角圆柱头螺钉M10×45	4	45	外购件
1		下模座	1	HT200	标准件

链板复合冲裁模	比例	数量	材料
	1:1		
制图			
审核			

图 3-16 链板复合冲裁模装配图

5. 标注必要的尺寸、注写技术要求（略）

6. 编写零件序号、填写明细栏和标题栏（略）

7. 检查无误后按规定线型描粗图形（图 3-16）

项目二　识读模具装配图

任务一　识读注射模装配图

任务描述

识读料套注射模装配图，如图 3-17 所示。

任务分析

在模具的设计、制造、检验、使用、维修及模具结构改进、技术交流等过程中，都需要识读模具装配图。因此，作为模具制造技术专业的技术人员必须熟练掌握识读装配图的技能。

识读模具装配图要从以下三个方面入手：一是通过标题栏掌握模具的名称、用途、工作原理；二是通过对视图的分析达到对各零件相对位置关系、装配关系、调整方法、拆卸顺序的了解；三是深入了解装配关系及各装配零件的结构。

相关知识

熟练地阅读装配图是每个工程技术人员必备的基本技能。识读模具装配图的目的是了解模具的性能、用途、工作原理，了解各零件间的装配关系和拆卸关系，了解各零件的主要结构形状和作用。识读模具装配图的方法和步骤如下。

一、概括了解

读装配图时首先大致浏览一下整个装配图的内容，从标题栏上了解该装配体的名称，然后从明细栏中了解零件序号和名称，根据序号的指引线找到它们在装配图中所在的大概位置，初步了解零件的名称、材料、数量、在视图中的位置及其在装配体中大致所起的作用。通过初步观察以及结合查阅说明书及有关技术资料，对该模具的结构、工作原理有个初步认识。

二、视图分析

1. 看表达方法

首先找到主视图，再根据投影关系识读其他视图，找到剖视图、断面图所对应的剖切位置，识别出表达方法的名称，明确各视图表达的重点，为下一步深入看图做准备。

2. 看装配关系

在模具装配图中，先从较能反映工作原理、装配关系的视图开始识读。该视图上会有几

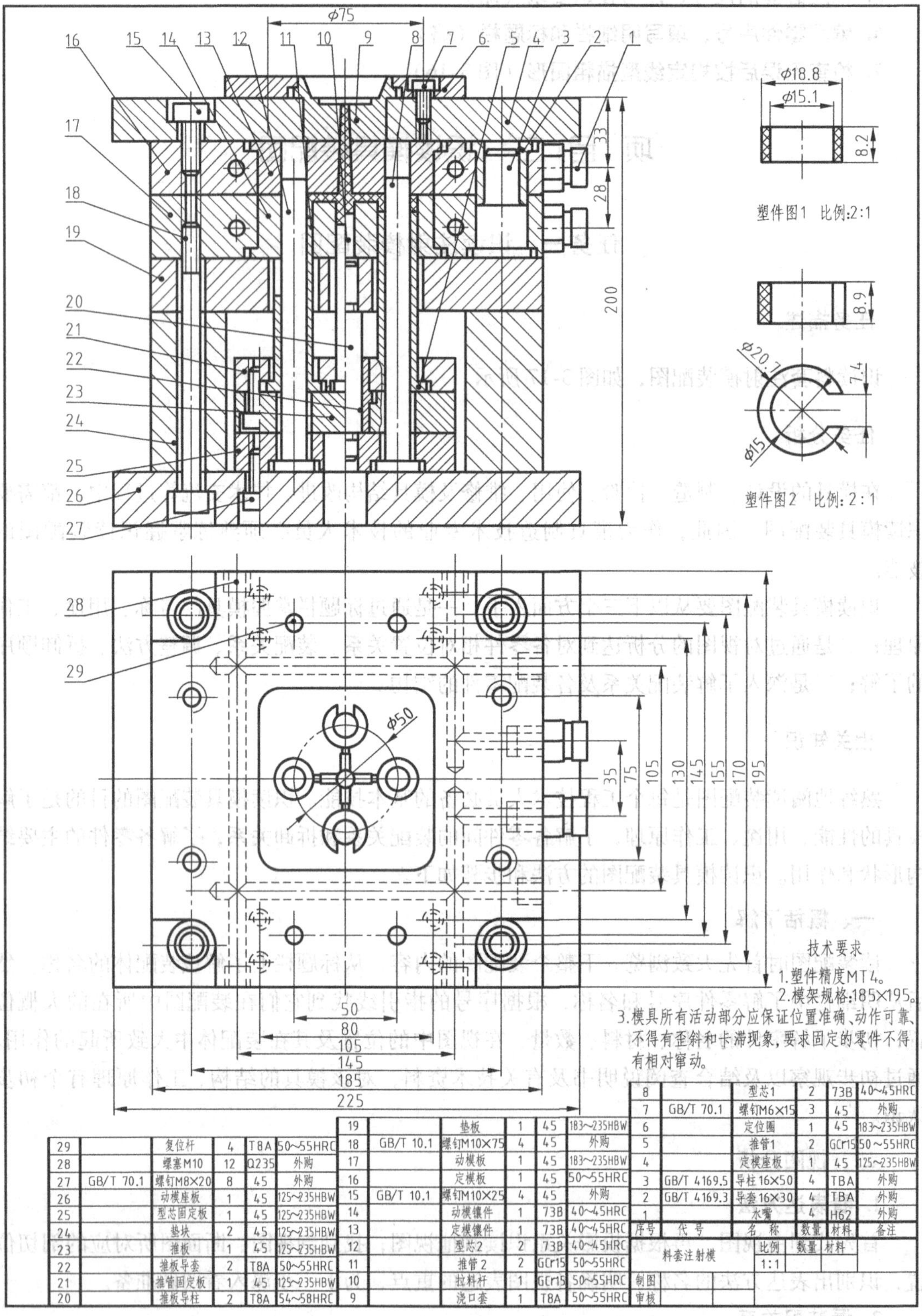

塑件图1 比例:2:1

塑件图2 比例: 2 : 1

技术要求

1.塑件精度MT4。

2.模架规格:185×195。

3.模具所有活动部分应保证位置准确、动作可靠、不得有歪斜和卡滞现象,要求固定的零件不得有相对窜动。

序号	代号	名称	数量	材料	备注
29		复位杆	4	T8A	50~55HRC
28		螺塞M10	12	Q235	外购
27	GB/T 70.1	螺钉M8×20	8	45	外购
26		动模座板	1	45	125~235HBW
25		型芯固定板	1	45	125~235HBW
24		垫块	2	45	125~235HBW
23		推板	1	45	125~235HBW
22		推板导套	2	T8A	50~55HRC
21		推管固定板	1	45	125~235HBW
20		推板导柱	2	T8A	54~58HRC
19		垫板	1	45	183~235HBW
18	GB/T 10.1	螺钉M10×75	4	45	外购
17		动模板	1	45	183~235HBW
16		定模板	1	45	50~55HRC
15	GB/T 10.1	螺钉M10×25	4	45	外购
14		动模镶件	1	73B	40~45HRC
13		定模镶件	1	73B	40~45HRC
12		型芯2	2	73B	40~45HRC
11		推管2	2	GCr15	50~55HRC
10		拉料杆	1	GCr15	50~55HRC
9		浇口套	1	T8A	50~55HRC
8		型芯1	2	73B	40~45HRC
7	GB/T 70.1	螺钉M6×15	3	45	外购
6		定位圈	1	45	183~235HBW
5		推管1	2	GCr15	50 ~55HRC
4		定模座板	1	45	125~235HBW
3	GB/T 4169.5	导柱16×50	4	TBA	外购
2	GB/T 4169.3	导套16×30	4	TBA	外购
1		水嘴	4	H62	外购

料套注射模		比例	数量	材料
		1:1		
制图				
审核				

图 3-17 料套注射模装配图

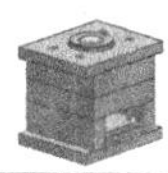

条装配干线，装配着一系列模具零件。识读模具装配图时要从其中最主要的一条装配干线入手，重点分析装配关系和拆卸顺序。

3. 分析零件

在处理好上述内容的基础上，认真看懂每一个零件的形状。识读时，借助序号指引的零件上的剖面线，利用同一零件在不同视图上的剖面线方向与间隔一致的规定，对照投影关系和相邻零件的装配情况，逐步思考出模具零件的结构形状。

分析时，一般先从主要零件着手，然后是次要零件。部分零件的具体形状表达不够清楚的，需要根据零件的作用及相邻零件的装配关系进行推想，完整构思出零件的结构形状。

三、分析工作原理

在读懂模具零件结构和模具装配关系的基础上，再进一步了解模具的工作原理。

四、分析尺寸、技术要求

按装配图的各分类尺寸，分析各尺寸的作用；技术要求中要注意公差和文字要求。

五、归纳总结

在专项分析后，把分析模具得到的内容加以归纳，明确其工作原理、装配关系、拆卸关系、零件结构、维修关系等并综合想象模具形状。

任务实施

一、概括了解

由图 3-17 可知，该模具由 29 种零件组成。由于制件较小，模具的布局比较紧凑。此模具由定模和动模两大部分组成，如图 3-18 所示。

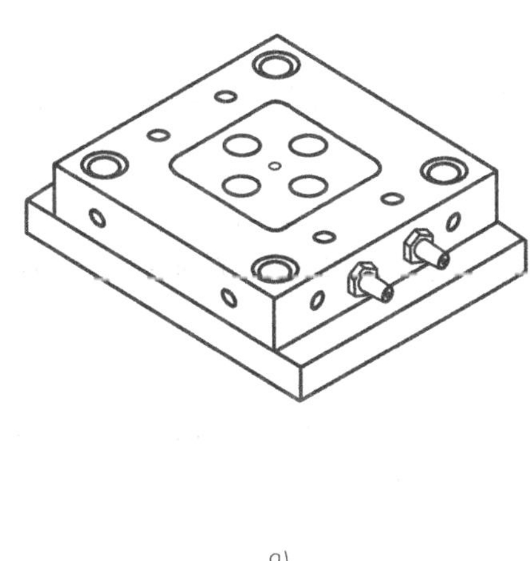

a)

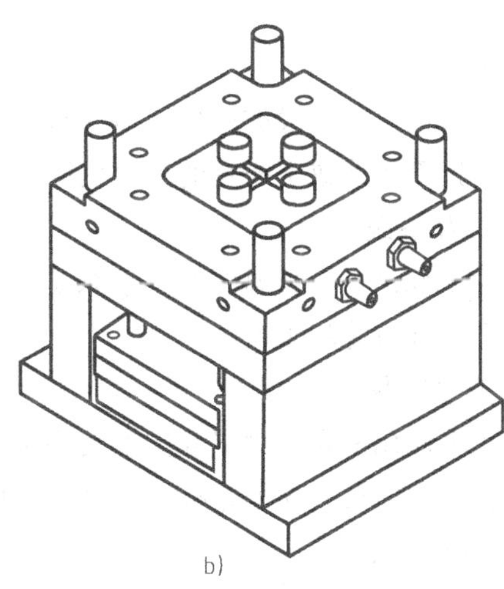

b)

图 3-18　模具结构
a）定模部分　b）动模部分

动模部分包括动模座板、动模板、动模镶件、垫块、型芯固定板、推管固定板、推板、推板导套、推板导柱、拉料杆、复位杆、导柱、螺钉、水嘴（2个）、螺塞（6个）等；定模部分包括定模座板、定模板、定模镶件、定位圈、浇口套、导套、螺钉、水嘴（2个）、螺塞（6个）等。

二、视图分析

该模具装配图的视图有主视图和俯视图。

主视图按照模具上下放置绘制，工作状态为模具闭合状态。主视图采用全剖视，重点表达型芯的固定、各模板的装配关系、推出机构的装配关系、导向装置的装配关系、浇口套与定模座板的装配关系。

俯视图习惯上将定模部分拿走，只表达模具的动模俯视部分，从中可观察到动模各装配孔的位置及冷却水道的结构。

从视图上可以看出，模具由以下几个部分组成。

1. 成型零件

成型零件是指组成型腔的零件。型腔确定塑件的形状及尺寸。如图3-17所示，模具闭合后，型腔由定模镶件、动模镶件、型芯1、型芯2组成。

2. 导向部分

导向部分可保证动模和定模在合模时、推出机构在推出时能准确定位与导向，避免与模具中其他零件发生碰撞和干涉。如图3-17所示，动模和定模部分的导向部分有导柱和导套，推出机构的导向部分有推板导套与推板导柱。

3. 浇注系统

浇注系统是熔融塑料从注射机喷嘴进入模具型腔所流经的通道。它包括主流道、分流道、浇口及冷料穴等。如图3-17所示，合模后熔融塑料由注射机喷嘴喷出、由浇口套进入，通过浇注系统引入模具型腔。

4. 推出机构

推出机构是指开模的后期，将塑件从模具中推出的机构。如图3-17所示，推板、推管固定板、推管等构成了模具的推出机构。

5. 冷却系统

冷却系统是指模具温度的调节系统，主要调节模具温度。如图3-17所示，在动模板与定模板上均开有冷却水道。

6. 支承零件

支承零件用来安装固定或支承成型零件和其他结构零件。如图3-17所示，支承零件有定模座板、定模板、动模座板、动模板、垫板、垫块、定位圈等。

7. 辅助零件

螺钉是模具的辅助零件，主要起紧固作用，如图3-17所示。

分析模具视图的表达重点后，继续对照明细栏和视图中的序号，在各视图中分离对应序号的零件。

分离过程中以主视图为中心，分清标准件与非标准件，把那些简单的标准件（如螺钉、导柱、导套等）从图中逐一分离出去，然后对非标准件（如型芯、定模镶件、动模镶件等）进行仔细分析，先简单后复杂，逐一分析。

在分离零件时，可利用剖面线的倾斜方向和间距、零件的序号、装配图的规定画法和特殊画法、投影规律等确定各个零件在各视图中对应的投影轮廓，把各零件从装配图中分离出来，从而想象出各零件的主要结构形状。如果零件的局部结构在装配图中表达得不完整，可通过分析它与有关零件的装配关系或它本身的作用后再加以确定。

该模具的主要零件形状如图 3-19 ~ 图 3-43 所示。

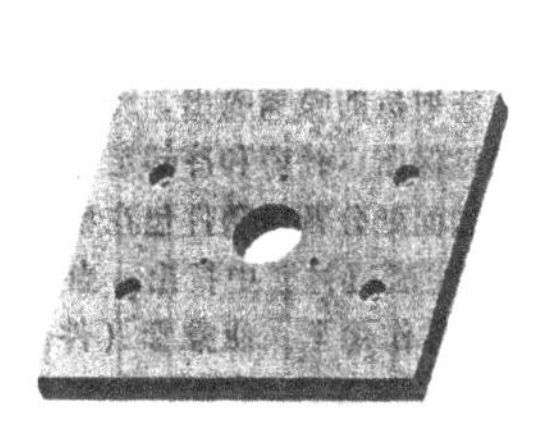

图 3-19　定模座板

图 3-20　定模板

图 3-21　动模板

图 3-22　推管 1

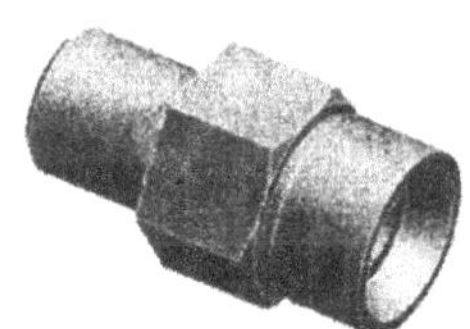

图 3-23　水嘴

图 3-24　螺塞

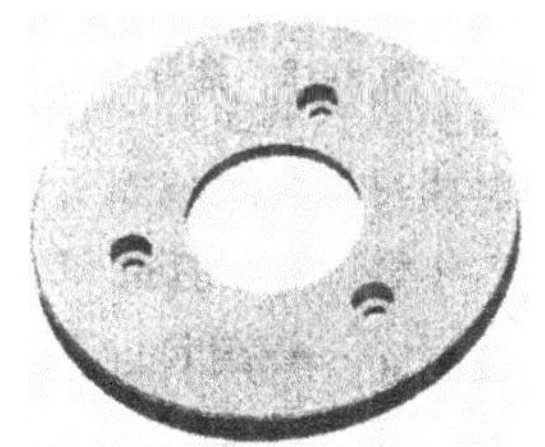

图 3-25　定位圈

图 3-26　浇口套

图 3-27　推板导套

三、分析工作原理

定模部分安装在注射机的固定板上，动模部分安装在注射机的移动模板上，在注射成型的过程中，动模随注射机上的合模系统运动。

图 3-28　推板导柱

图 3-29　定模镶件

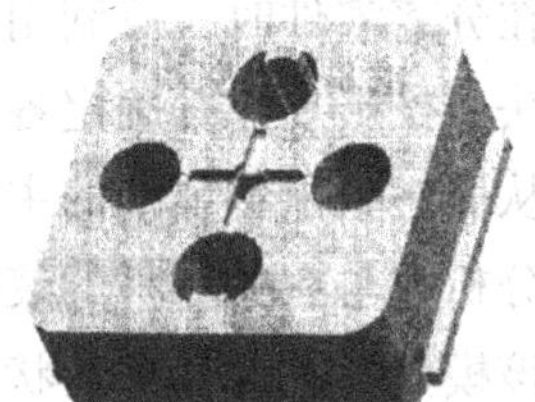
图 3-30　动模镶件

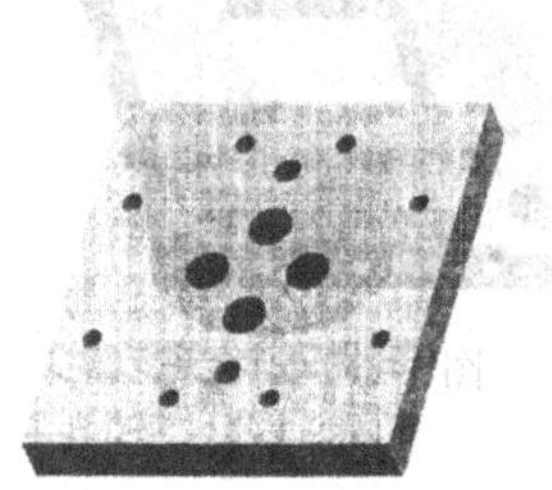
图 3-31　垫板

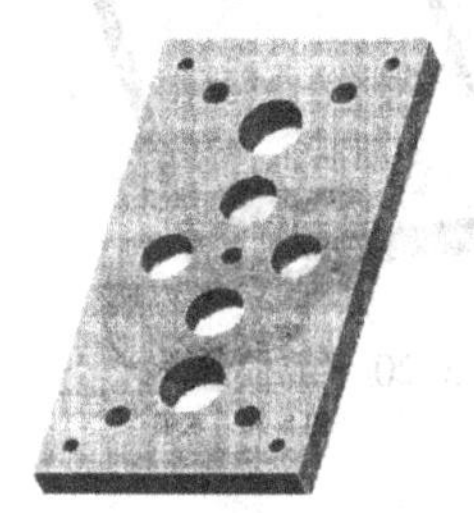
图 3-32　推管固定板

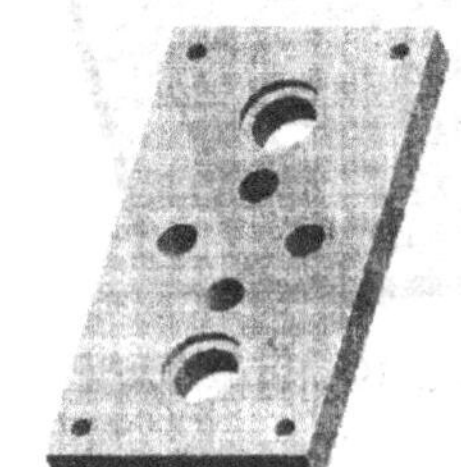
图 3-33　推板

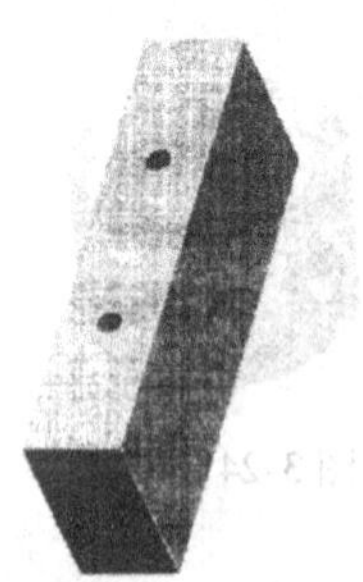
图 3-34　垫块

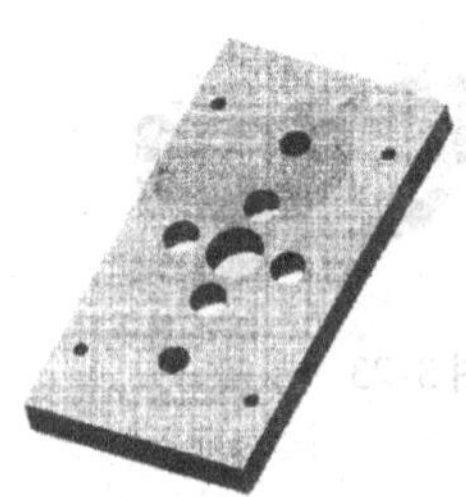
图 3-35　型芯固定板

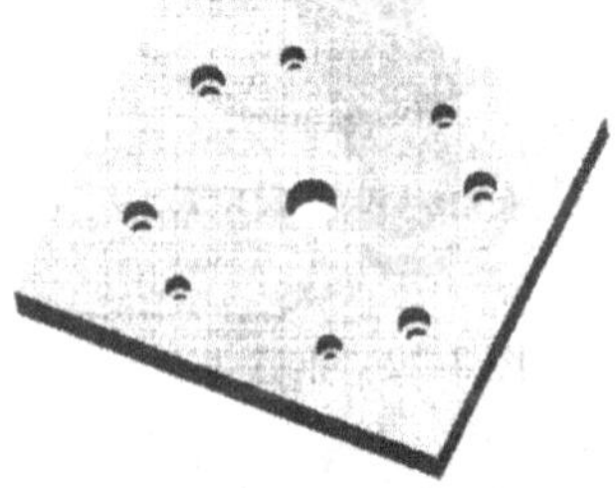
图 3-36　动模座板

图 3-37　型芯 1

图 3-38　型芯 2

图 3-39　复位杆

图 3-40　拉料杆

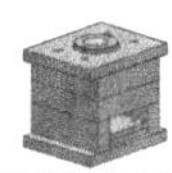

图3-41　导套

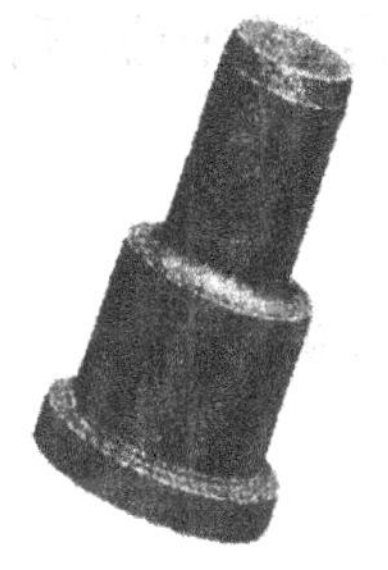
图3-42　导柱

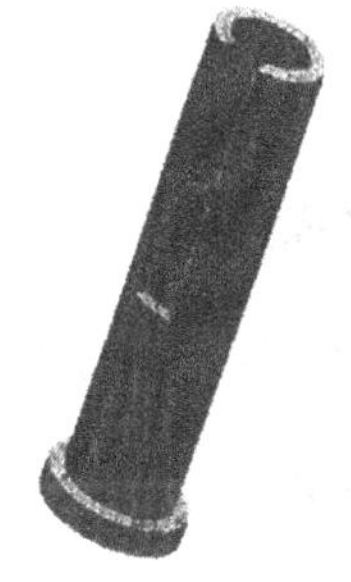
图3-43　推管2

合模时，注射机带动动模向定模方向移动，在分型面处与定模对合，定模板（件16）上的定模镶件（件13）与固定在动模板（件17）上的动模镶件（件14）及固定在型芯固定板（件25）上的型芯1（件8）、型芯2（件12）组合成与塑件形状和尺寸一致的封闭型腔，型腔在注射成型过程中被注射机的锁模力锁紧。塑料熔体从注射机的喷嘴喷出，经主流道进入模具，再由分流道及浇口进入型腔，待熔体充满型腔并经过保压、补缩和冷却定型之后开模。开模时，注射机带动动模后退，动模和定模两部分在分型面处分开，塑件包在型芯1与型芯2上随动模一起后退，拉料杆（件10）将主流道凝料从主流道衬套中拉出。当动模退到一定位置时，安装在动模内的推出机构在注射机顶出装置的作用下，使推管（件5和件11）和拉料杆分别将塑件及浇注系统的凝料从型芯1与型芯2上和冷料穴中推出，塑件与浇注系统凝料一起从模具中落下，至此完成一次注射过程。合模时推出机构靠复位杆（件29）复位，从而准备下一次的注射。

四、分析尺寸、技术要求

（1）尺寸分析　塑件图中标注的ϕ18.8、ϕ15.1、8.2等尺寸以及俯视图中标注的尺寸ϕ50是该模具设计的依据，为性能（规格）尺寸；主视图中标注的200为模具闭模高度，也是该模具的总高尺寸（定位圈除外）；ϕ75、28、33分别为螺钉7和水嘴1的定位尺寸；俯视图中标注的尺寸225、195是该模具的总长和总宽尺寸，其余尺寸分别反映了模具中螺钉、导柱、冷却水道、水嘴等的相对位置。

（2）技术要求　该模具选用的模架规格为185×195；塑件的精度要求为MT4；模具装配时，所有活动部分应保证位置准确、动作可靠，不得有歪斜和卡滞现象，要求固定的零件不得有相对窜动。

五、归纳总结

通过前面几个步骤，初步了解了组成装配体的各零件间的相对位置及主要结构形状，这时结合模具的工作原理，综合各方面情况，想象出整个模具的形状和结构从而对该模具有一个完整的认识。注射模的立体图如图3-44所示。

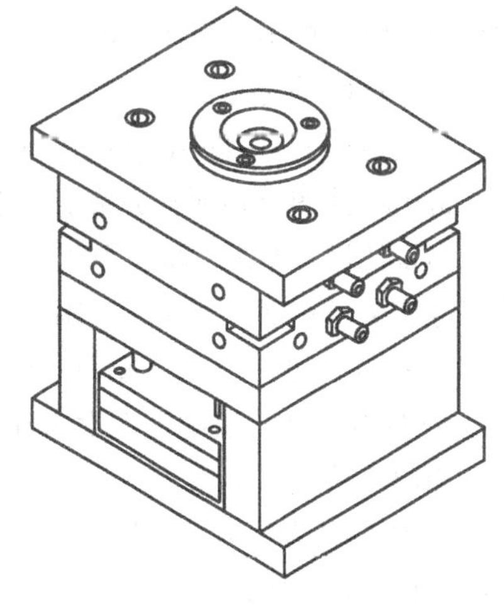
图3-44　注射模的立体图

任务二　由模具装配图拆画模具零件图

任务描述

根据图 3-17 所示模具装配图拆画定模板零件图。

任务分析

设计模具时，首先要画出模具装配图。模具装配图的表达方案是从整套模具结构来考虑的，通常无法符合每一个零件的生产需要。模具零件图是模具零件加工的唯一依据，因此必须将需要拆画的零件（非标准件或虽是标准件但仍需进一步加工的零件）从模具装配图中分离出来，并画出相应的零件图，这是设计中的一个重要环节。拆画模具零件图是在读懂装配图的基础上进行的。

相关知识

模具零件图要画得符合生产工艺的要求，涉及很多模具方面的专业知识，这对于初学者来说有相当大的难度。由装配图拆画零件图的步骤如下。

1）按照识读装配图的要求，读懂模具的工作原理、模具零件间的装配关系及零件的结构形状。

2）根据模具零件图的视图表达要求，确定模具零件的视图。

① 在拆画零件图时不能机械地照抄装配图，要根据所要拆画零件的自身结构特点重新考虑表达方案。轴类零件通常仅需一个视图表达，按加工位置表达较好（即轴线为水平方向）；板类零件通常需要画出两个视图（主视图和俯视图），一般按装配位置布置较好。

② 根据装配图去除其他零件（或参考相关零件），拆画出零件装配图上反映的线条。

③ 补全零件被遮挡部分和某些结构形状。模具装配图主要表示总体关系，不能全面地反映各个零件的结构形状，如倒角、倒圆、退刀槽等细小工艺结构，这些结构在画装配图时往往被省略，拆画零件图时需将这些结构补全并加以标准化。对于具有遮挡关系的部位，要求把它的投影补充完整。

3）根据模具零件图的内容及画图要求进行相关尺寸标注。由于模具装配图上的尺寸很少，拆画零件图时必须补充完整零件尺寸。根据每个零件的设计和加工要求选择好尺寸基准，尽量使设计基准、加工基准、测量基准一致，以免加工时需要反复换算。同时，所标注的尺寸应尽量正确、完整、清晰、合理。

① 抄注尺寸。对于装配图上标注出的尺寸，应直接抄注在模具零件图上

② 量取尺寸。装配图上没有注出的不重要尺寸，可从装配图上按比例直接量取，数值可适当圆整后进行标注。

③ 协调关系尺寸。有装配关系和相对位置的尺寸，零件图与装配图应保持一致，与相关的零件图也必须协调一致。

④ 确定标准尺寸。对于零件上标准结构的尺寸，应从有关标准中查得，如倒角、倒圆、

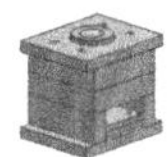

退刀槽等。对于安装标准件的螺栓孔、销孔等应根据相关标准数据或按经验取值来确定。

⑤ 计算尺寸。对于一些重要的尺寸，须经计算获得。

4）确定技术要求。正确选择技术要求涉及许多专业知识，初学者可以查阅有关的手册或参考同类模具零件产品图及资料来确定对应的技术要求。

任务实施

1. 读懂装配图

按前面所述要求和步骤深入理解装配图中的装配关系、零件结构、连接方式等（本项目任务一中已经识读过）。

2. 确定零件的视图

（1）按装配位置绘制视图

（2）根据装配图拆画出零件线条　在装配图的主视图上反映了定模板厚度方向结构，在俯视图中并没有表示该零件，但是可以参考俯视图中动模板的有关结构（导柱孔、水道走向、动模镶件外部轮廓形状），从装配图中拆出零件的投影线条，如图 3-45 所示。

（3）补全零件的结构形状　细小工艺结构和被遮挡的部位补充完整，并适当调整剖切位置，将零件结构形状表达清楚，如图 3-46 所示。

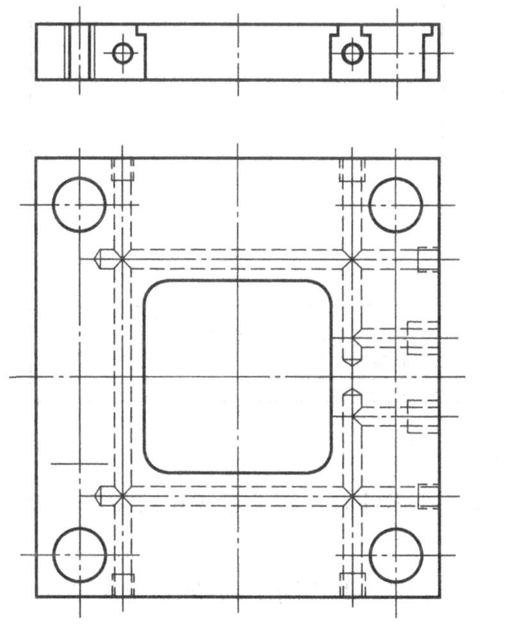

图 3-45　由装配图拆画定模板的线条

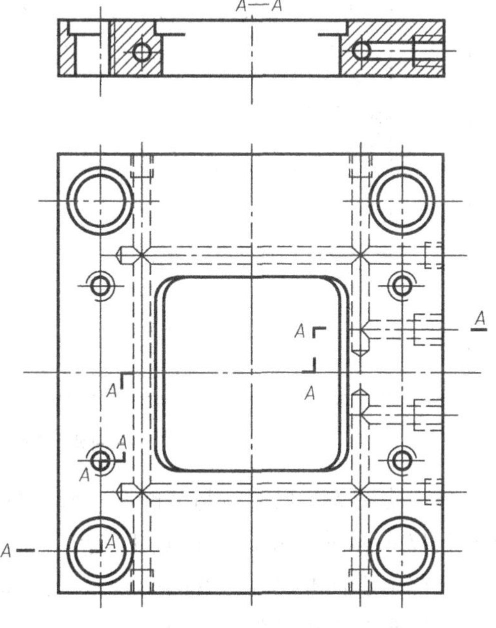

图 3-46　补全投影

3. 标注零件图的尺寸

（1）抄注尺寸　对于装配图上标注出的尺寸，如外形尺寸 35、75、155、195、145、185 等，可直接抄注在模具零件图上，如图 3-47 所示。

（2）量取尺寸　对于一些不重要的尺寸，可从装配图上按比例直接量取，数值可适当圆整，如图 3-47 所示尺寸 105、90、25、13、92.5、5 等。

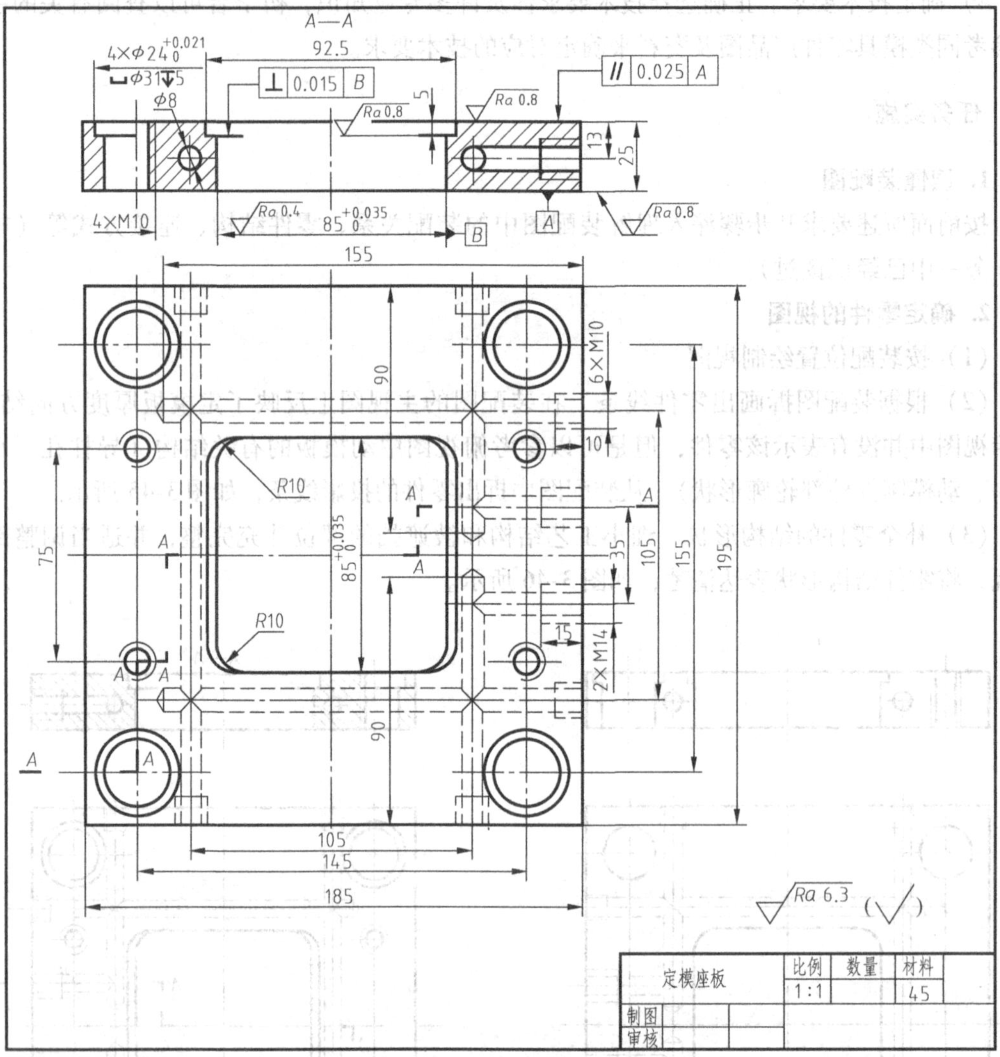

图 3-47　定模板零件图

（3）协调关系尺寸　与装配图一致，标注出与其他零件有装配关系或相对位置的尺寸，如图 3-47 所示的尺寸 35、155、$85^{+0.035}_{0}$ 等。

（4）确定标准尺寸　查阅螺纹紧固件标准，标注出图 3-47 所示尺寸 M10 与 M14。

4. 确定定模板的技术要求

1）因台阶孔是安装定模镶件用的，此处应为过渡配合，选用基孔制配合，孔的公差等级为 7 级，尺寸为 $85^{+0.035}_{0}$。

2）表面结构要求。零件上下表面为安装接合面，其表面结构要求 *Ra* 为 0.8μm。与定模镶件配合的表面，其表面结构要求 *Ra* 为 0.4μm。安装镶件的定位表面的表面结构要求 *Ra* 为 0.8μm。其余为一般加工面，表面结构要求 *Ra* 为 6.3μm。

3）几何公差要求。零件上下表面为安装接合面，有平行度的要求，以一接合面为基准，另一接合面相对基准的平行度公差为0.025mm。

为了确保定模镶件的安装达到工艺要求，要求台阶面相对孔中心线的垂直度公差为0.015mm。

最后完成的定模板零件图如图3-47所示。

任务三 识读冲模装配图并拆画零件图

任务描述

读懂图3-48所示指针落料模装配图，并拆画凹模零件图。

任务分析

指针为小型台钻Z4212B上的零件，其零件图如图3-49所示。

由零件图可知指针为L形弯曲件，零件结构简单，不对称、无狭槽、无尖角。要完成指针零件的加工，需要落料、冲孔、弯曲三道工序。图3-48所示模具是单工序落料模。

相关知识

一、冲模概述

尽管冲模的结构形状、复杂程度不同，但是组成模具的零件种类是基本相同的。根据它们在模具中的功用和特点不同，可以分为两类。

1. 工艺零件

这类零件在模具中直接完成工艺过程并和毛坯直接发生作用，包括工作零件、定位零件、卸料零件、压料零件。

2. 结构零件

这类零件不直接参与工艺过程，也不和毛坯直接发生作用，包括导向零件、支承零件、紧固零件、其他零件。

冲模中零件的详细分类见表3-1。

二、冲模装配图的识读

与注射模装配图识读方法一致（本项目任务一中已经介绍过）。

三、由冲模装配图拆画零件图

具体步骤与由注射模装配图拆画零件图一致（本项目任务二中已详细介绍）。

1）画图前，认真阅读模具装配图，了解设计意图，理清模具的工作原理、装配关系及每个零件的结构形状。

2）画图时，不仅要从设计方面考虑零件的作用和要求，还要从工艺方面考虑零件的制造和装配关系。

3）画图后，要认真检查每一处尺寸、工艺结构及细节，若有问题参照装配图检查修改。

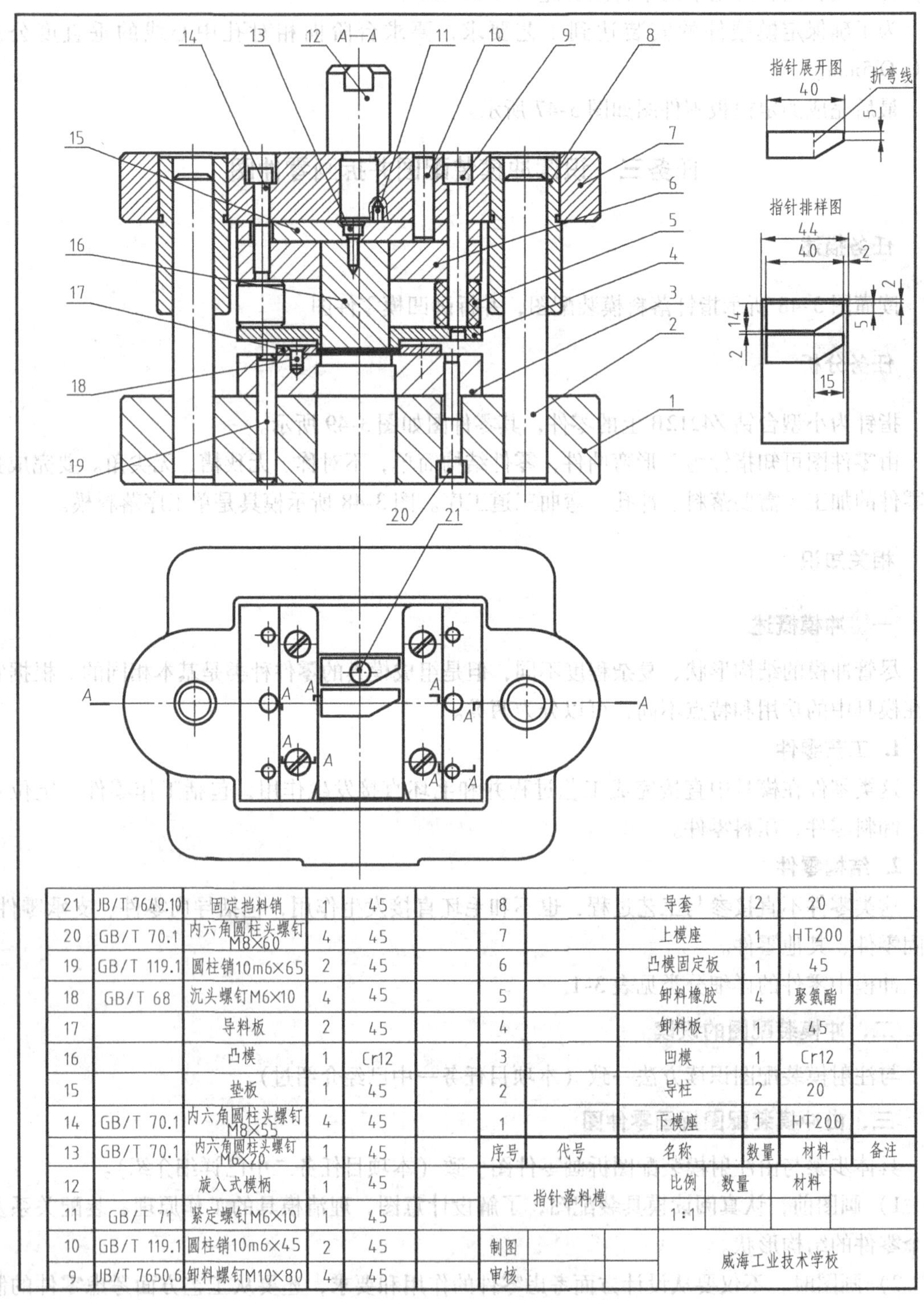

序号	代号	名称	数量	材料	备注
21	JB/T 7649.10	固定挡料销	1	45	
20	GB/T 70.1	内六角圆柱头螺钉M8×60	4	45	
19	GB/T 119.1	圆柱销10m6×65	2	45	
18	GB/T 68	沉头螺钉M6×10	4	45	
17		导料板	2	45	
16		凸模	1	Cr12	
15		垫板	1	45	
14	GB/T 70.1	内六角圆柱头螺钉M8×55	4	45	
13	GB/T 70.1	内六角圆柱头螺钉M6×20	4	45	
12		旋入式模柄	1	45	
11	GB/T 71	紧定螺钉M6×10	1	45	
10	GB/T 119.1	圆柱销10m6×45	2	45	
9	JB/T 7650.6	卸料螺钉M10×80	4	45	
8		导套	2	20	
7		上模座	1	HT200	
6		凸模固定板	1	45	
5		卸料橡胶	4	聚氨酯	
4		卸料板	1	45	
3		凹模	1	Cr12	
2		导柱	2	20	
1		下模座	1	HT200	

图 3-48　指针落料模装配图

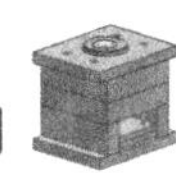

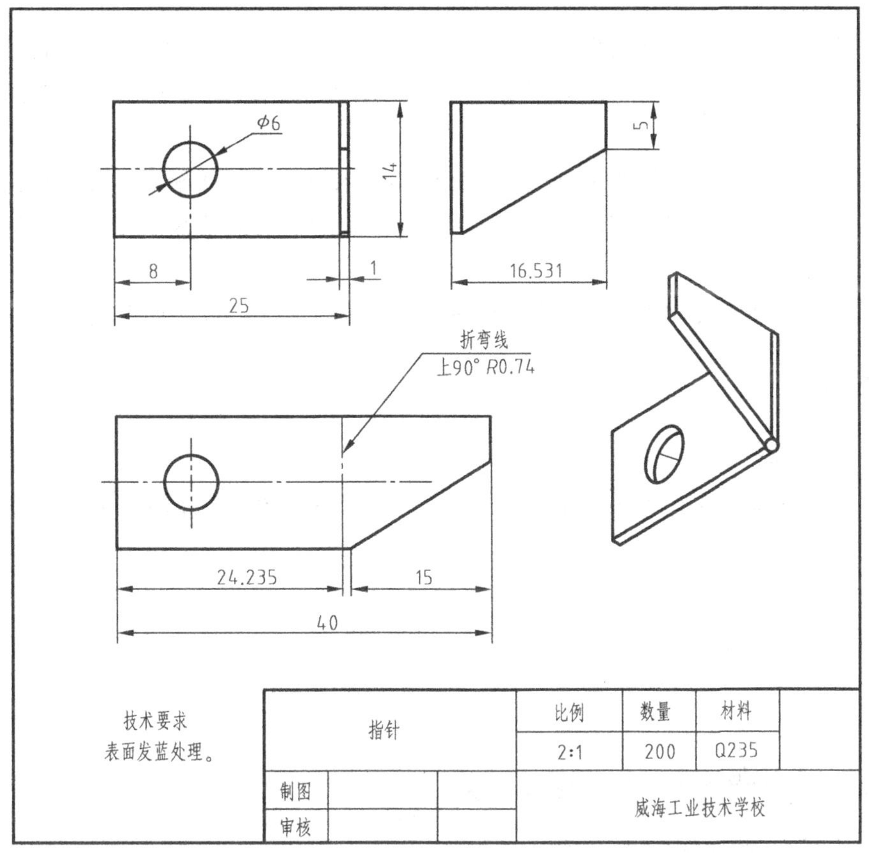

图 3-49　指针零件图

表 3-1　冲模中零件的详细分类

工艺零件			结构零件			
工作零件	定位零件	卸料和 压料零件	导向零件	支承零件	紧固零件	其他零件
凸模 凹模 凸凹模	挡料销 始用挡料销 导正销 定位销、定位板 导料销、导料板 侧刃、侧刃挡块 承料板	卸料装置 压料装置 顶件装置 推件装置 废料切刀	导柱 导套 导板 导筒	上、下模座模柄 凸、凹模固定板 垫板 限位支承装置	螺钉 销 键	弹性件 传动零件

四、由模具装配图拆画零件图时应注意的几个问题

拆画零件图是在读懂装配图的基础上进行的。装配图不表达单个零件的形状，拆画零件图时要将零件的结构补充完整。因此，拆画零件图的过程是零件设计的过程，应该注意以下几个细节。

1）零件的视图表达方案不要简单地抄袭装配图，要根据零件的具体形状、作用来确定合适的表达方案。

2）零件的细小工艺结构如倒角、退刀槽等，在拆画零件图时必须补全，并予标准化。

3）由于装配图中的尺寸较少，在拆画零件图时必须补全。装配图中未标注的尺寸，由装配图上按所用比例直接量取，数字圆整。装配图中未体现的尺寸，则需查询相关规定确定。

4）零件上各表面的结构要求是根据其作用和要求而定的。接触面和配合面的表面结构要求 *Ra* 的值要低一些，自由表面的表面结构要求 *Ra* 的值相对要高一些，在对应的表面上注出表面结构代号。

5）技术要求在零件图中占有很重要的地位，其直接影响零件的加工质量。

任务实施

一、概括了解

由图 3-48 可知，该模具由 21 种零件组成，分上模和下模两大部分，如图 3-50 所示。

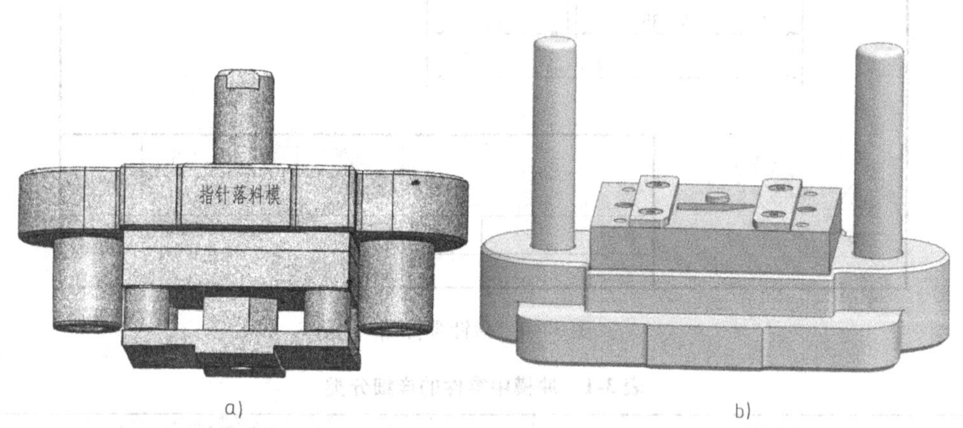

图 3-50　模具结构

a）上模部分　b）下模部分

上模部分包括旋入式模柄、上模座、垫板、凸模固定板、卸料橡胶、卸料板、导套（2个）、凸模等；下模部分包括下模座、凹模、导料板（2 个）、圆柱销（2 个）、内六角圆柱头螺钉（4 个）、导柱（2 个）、固定挡料销等。

二、视图分析

该模具装配图包括主视图和俯视图。

主视图按照模具的工作位置放置，工作状态为模具闭合状态。主视图采用全剖视，重点表达各模板的装配关系、卸料装置的装配关系、导向装置的装配关系。

俯视图将上模部分拿走，只表达模具的下模俯视部分，从图中可观察到下模各装配孔的位置、板料送进方向的定位装置（采用固定挡料销和两块导料板）。

从视图上可以看出，模具由以下几个部分组成。

1. 工作零件

工作零件是指参与成形的零件，用以确定指针的形状及尺寸。如图 3-48 所示，该模具闭合后，指针形状和尺寸由凸、凹模确定。

2. 导向零件

导向零件用于保证在合模时凸模、凹模能准确定位，避免与模具中其他零件发生碰撞和干涉。如图 3-48 所示，该模具采用两个滑动导套和导柱进行精确定位。

3. 定位零件

定位零件的作用是保证板料在送进方向位置精确。如图 3-48 所示，在板料的送进方向采用固定挡料销定位；横向定位采用两块导料板，结构简单，使用方便，对凹模强度影响小。

4. 卸料装置

如图 3-48 所示，板料的卸料：采用弹性卸料板，卸料板安装在上模上；件的卸料：采用下模座上落料孔。

5. 支承零件

支承零件用来安装固定或支承工作零件、导向零件和定位零件。如图 3-48 所示，支承零件有上模座、下模座、凸模固定板等。

6. 辅助零件

螺钉是模具的辅助零件，主要起紧固作用；上、下模中各有两个圆柱销，主要起定位作用，如图 3-48 所示。

利用剖面线的倾斜方向和间距、零件的序号、装配图的规定画法和特殊画法、投影规律等确定各个零件在各视图中对应的投影轮廓，把各零件从装配图中分离出来，从而想象出各零件的主要结构形状。该模具中主要零件的形状如图 3-51 ~ 图 3-63 所示。

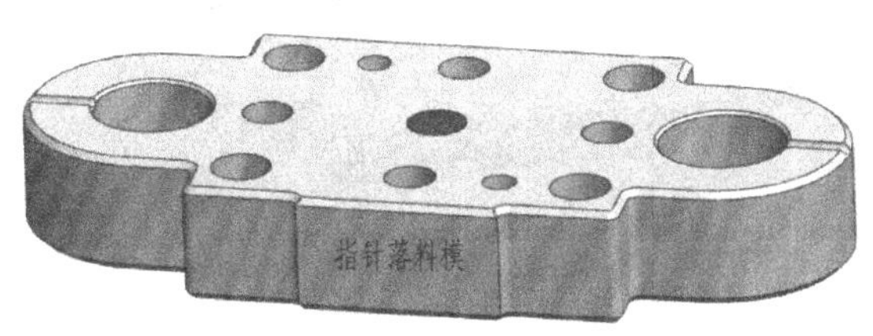

图 3-51　上模座

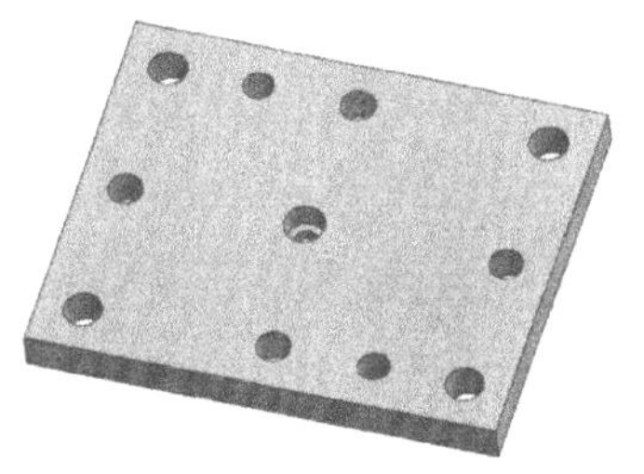

图 3-52　垫板

图 3-53　凸模固定板

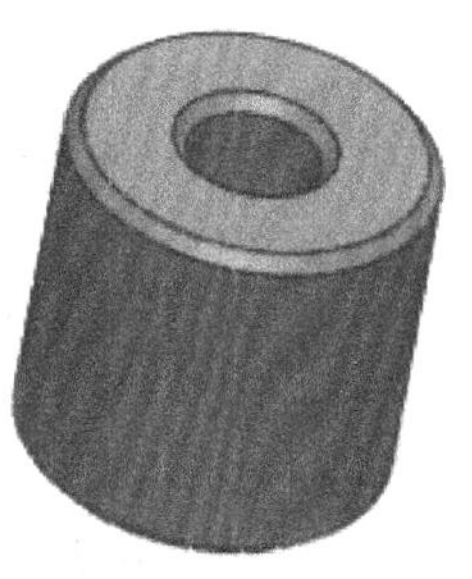

图 3-54　卸料橡胶

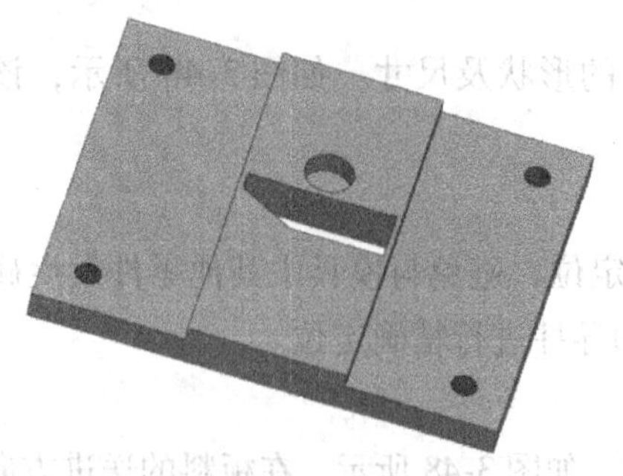
图 3-55　卸料板

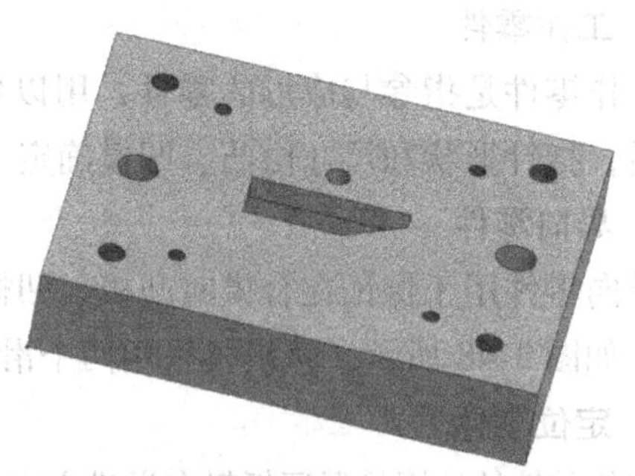
图 3-56　凹模

图 3-57　凸模

图 3-58　导套

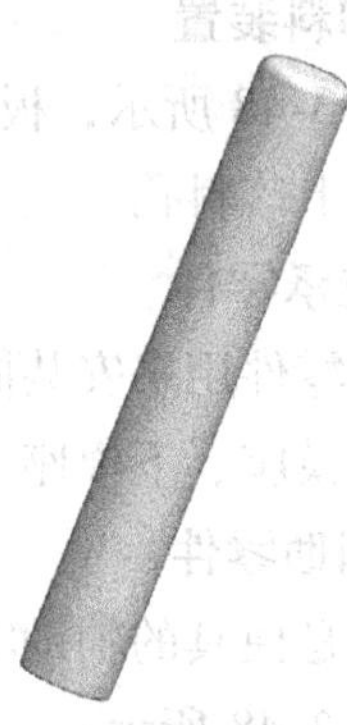
图 3-59　导柱

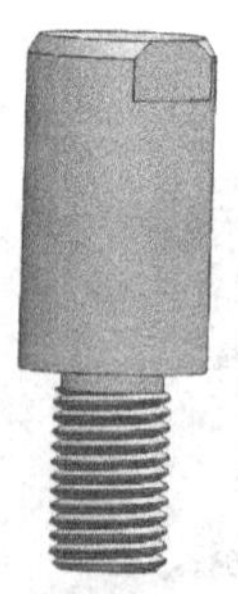
图 3-60　旋入式模柄

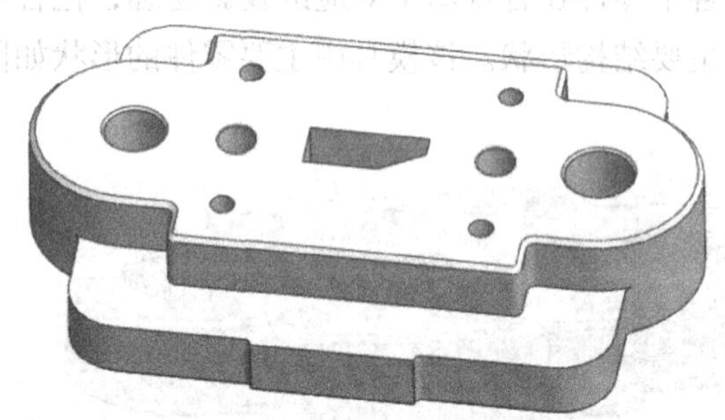
图 3-61　下模座

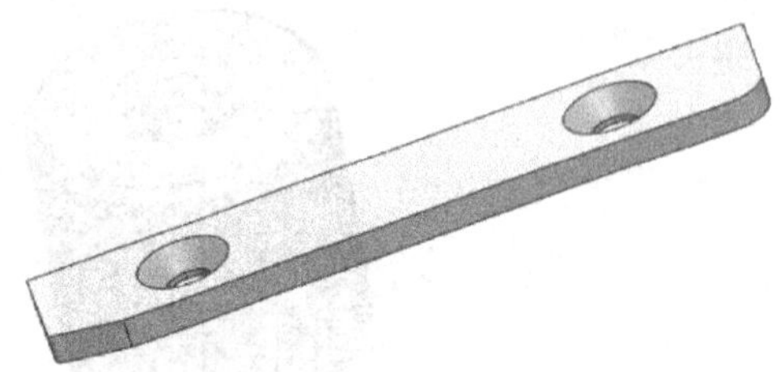
图 3-62　导料板

图 3-63　固定挡料销

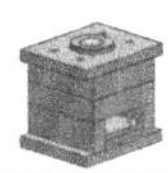

三、分析工作原理

上模部分通过模柄与压力机相连，下模部分固定在压力机工作台上。

冲压时，压力机滑块带动上模向下模方向移动，由导柱、导套导向确定凸模、凹模之间的相对位置。当模具闭合时，压力机施加压力使板料按照凸模的轮廓切断，从而得到指针展开件的形状。

四、分析尺寸、技术要求

指针零件图中所有尺寸均没有公差要求，按 IT13 级计算。一般普通冲裁加工 2mm 以下的金属板材时，其 Ra 值可达 12.5 ~ 3.2μm，毛刺允许高度为 0.01 ~ 0.05mm；本产品在表面结构要求和毛刺高度上没有明确要求，所以只要保证模具位置准确、动作可靠，没有歪斜和卡滞现象，要求固定的零件没有相对窜动，产品即可满足要求。

五、归纳总结

通过前面几个步骤，综合各方面情况，想象出整个模具的形状，从而对该模具结构有一个完整的认识。指针落料模的立体图如图 3-64 所示。

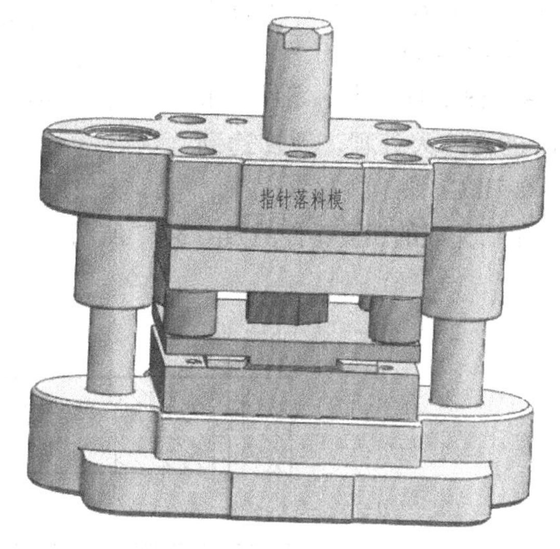

图 3-64　指针落料模的立体图

六、拆画凹模零件图

1. 确定零件的结构形状和视图表达方案。

1）根据装配图主、俯视图去掉与其连接的 4 个内六角圆柱头螺钉、4 个沉头螺钉、2 个圆柱销、2 个导料板、固定挡料销，拆画出凹模线条，如图 3-65 所示。

2）根据拆画的线条，凹模结构形状基本表达清楚，但因剖切位置不合适，使得俯视图中剖切符号显得比较凌乱因此把剖切位置改成如图 3-66 所示。

2. 标注零件图的尺寸

1）确定凹模刃口尺寸。根据指针展开图上的尺寸确定凹模刃口的尺寸，如图 3-67 所示尺寸 40、14、15、5。

2）根据产品强度要求查找标准并计算 ，确定凹模的尺寸，如图 3-67 所示尺寸 100、125、22 以及凹模上螺钉孔及销孔的大小和定位尺寸等。

3. 确定凹模的技术要求

1）因凹模刃口是成形制件用的，所以对凹模刃口的所有尺寸提出了尺寸公差要求，如图 3-67 所示。

2）表面结构要求。零件的上表面为刃口表面，淬火后要求磨削加工，其表面结构要求

Ra 为 0.8μm；凹模刃口是直接成形产品的，需要研磨后达到表面结构要求 Ra 为 0.4μm；零件下表面为基准面，淬火后也要求磨削加工，其表面结构要求 Ra 为 0.8μm；两个圆柱销孔以及 ϕ6mm 的固定挡料销孔表面结构要求 Ra 均为 1.6μm；其余为一般加工面，表面结构要求 Ra 为 6.3μm。

3）几何公差要求。为保证凸模、凹模能准确定位，要求零件的上下表面平行，平行度公差为 0.02mm。

4）热处理要求。零件要求表面进行淬火处理，硬度达到 58～62HRC。

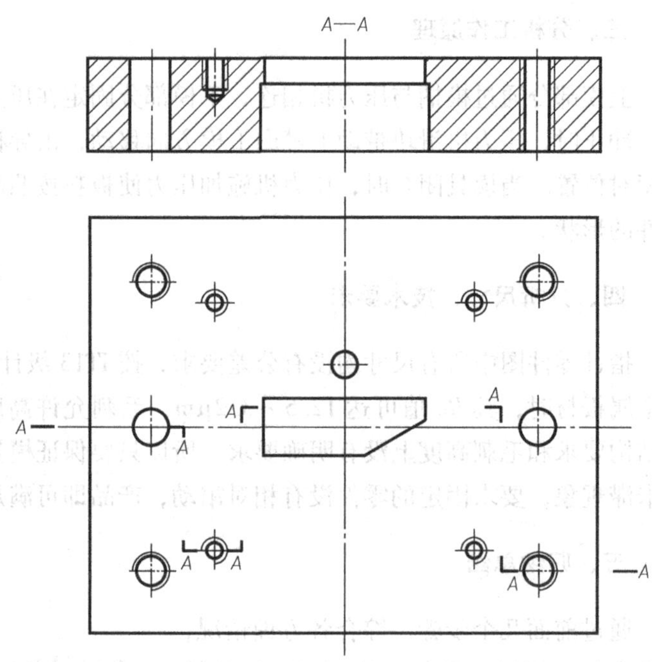

图 3-65　由装配图拆画凹模线条

最后完成的凹模零件图如图 3-67 所示。

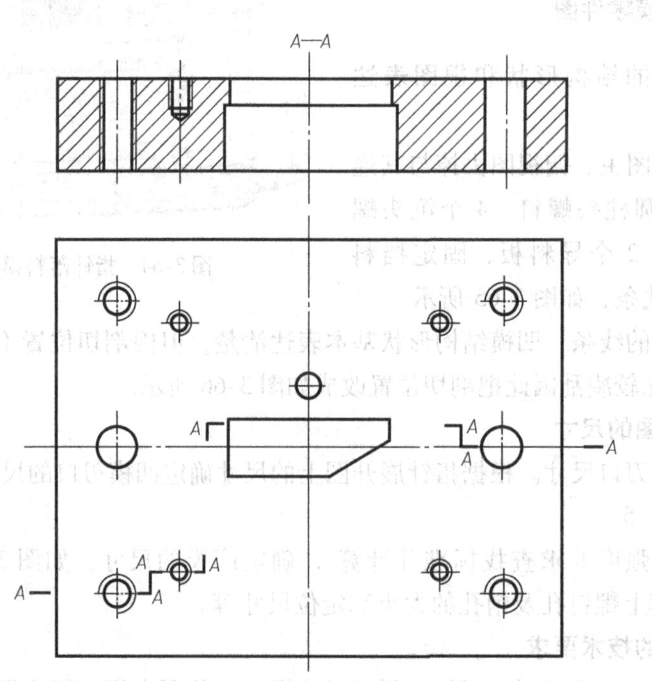

图 3-66　剖切位置改动后的凹模视图

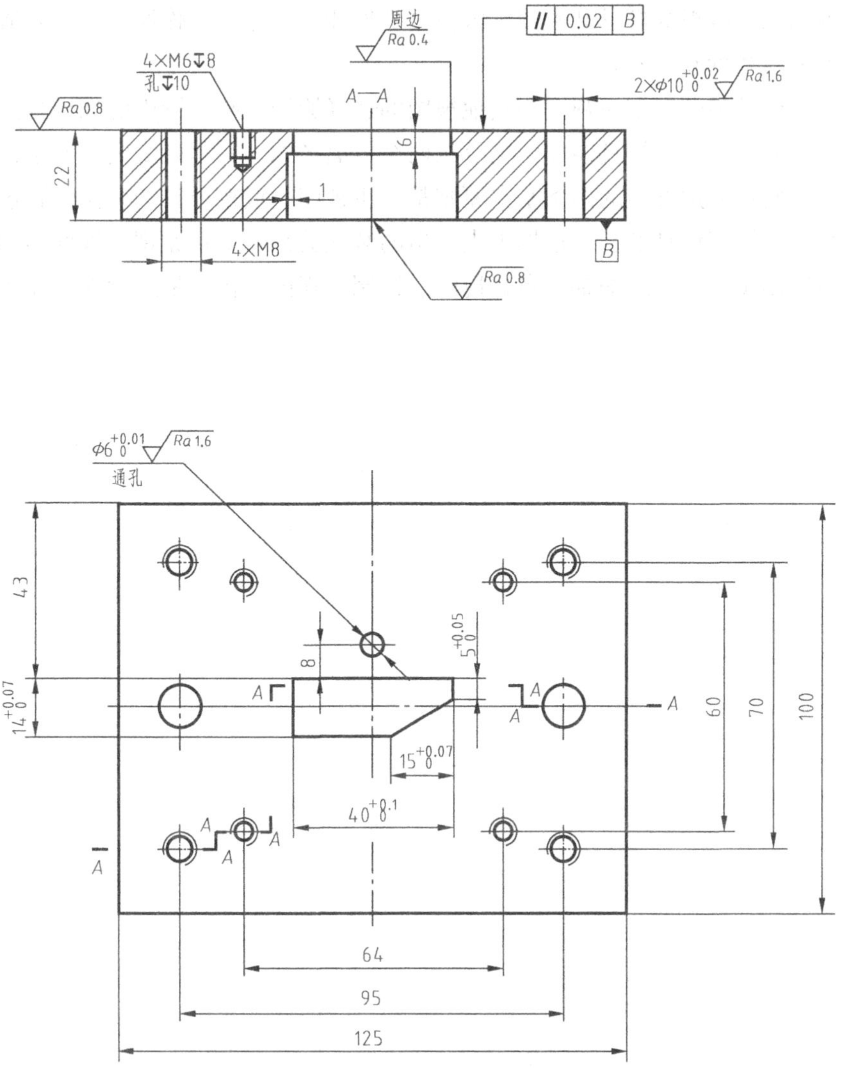

A—A

技术要求

热处理58～62HRC。

$\sqrt{Ra\ 6.3}$ ($\sqrt{}$)

<table>
<tr><td colspan="2" rowspan="2">凹模</td><td>比例</td><td>数量</td><td>材料</td><td rowspan="2"></td></tr>
<tr><td>1:2</td><td></td><td>Cr12</td></tr>
<tr><td>制图</td><td></td><td colspan="4" rowspan="2">威海工业技术学校</td></tr>
<tr><td>审核</td><td></td></tr>
</table>

图 3-67　凹模零件图

单 元 总 结

通过本单元的学习，要求理解装配图的作用、组成部分、尺寸标注、零件序号、明细栏、标题栏等知识。能根据模具装配图了解模具的性能、用途、工作原理，也要清楚模具各零件间的装配关系和拆卸关系。

另外要掌握模具装配图中主视图和其他视图的选择原则，装配图中的规定画法和特殊画法。本单元重点介绍了绘制模具装配图主要从两个方面考虑，一是确定表达方案，二是划分步骤进行绘制。确定表达方案的两条基本原则是：主视图一般按模具的工作位置选择；一般通过装配干线的轴线把模具剖开。根据未表达出的装配关系、工作原理、零件结构确定其他视图。具体的绘制步骤为确定图幅、布置视图、绘制各视图底稿、最终检查、完成装配图。

附　　录

附表1　普通螺纹牙型、直径与螺距　　（单位：mm）

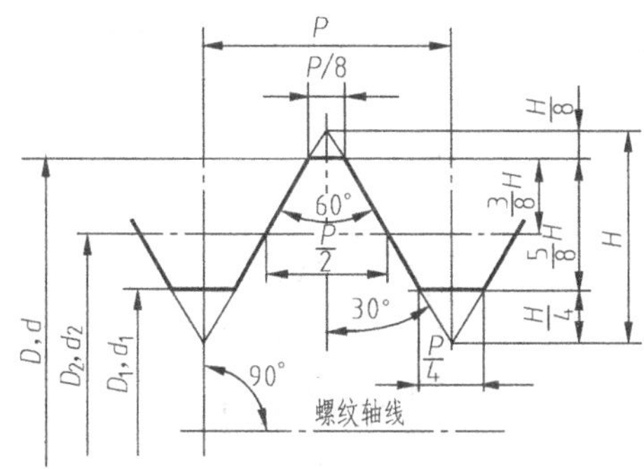

D——内螺纹基本大径（公称直径）
d——外螺纹基本大径（公称直径）
D2——内螺纹基本中径
d_2——外螺纹基本中径
D_1——内螺纹基本小径
d_1——外螺纹基本小径
P——螺距
H——原始三角形高度

标记示例：

M10（粗牙普通外螺纹、公称直径 $d=10$mm、中径及顶径公差带代号均为6g、中等旋合长度、右旋）

M10×1-LH（细牙普通内螺纹、公称直径 $D=10$mm、螺距 $P=1$mm、中径及顶径公差带代号均为6H、中等旋合长度、左旋）

公称直径 D、d			螺距 P	
第1系列	第2系列	第3系列	粗牙	细牙
4			0.7	0.5
5			0.8	0.5
		5.5		0.5
6			1	0.75
	7		1	0.75
8			1.25	1、0.75
		9	1.25	1、0.75
10			1.5	1.25、1、0.75
		11	1.5	1.5、1、0.75
12			1.75	1.25、1
	14		2	1.5、1.25、1
		15		1.5、1
16			2	1.5、1
		17		1.5、1
	18		2.5	2、1.5、1
20			2.5	2、1.5、1
	22		2.5	
24			3	2、1.5、1
		25		

（续）

公称直径 D、d			螺距 P	
第 1 系列	第 2 系列	第 3 系列	粗牙	细牙
		26		1.5
	27		3	2、1.5、1
		28		2、1.5、1
30			3.5	(3)、2、1.5、1
		32		2、1.5
	33		3.5	(3)、2、1.5
		35		1.5
36			4	3、2、1.5
		38		1.5
	39		4	3、2、1.5

注：M14×1.25 仅用于火花塞；M35×1.5 仅用于轴承的锁紧螺母。

附表 2　六角头螺栓

（单位：mm）

六角头螺栓　C 级（摘自 GB/T 5780—2000）

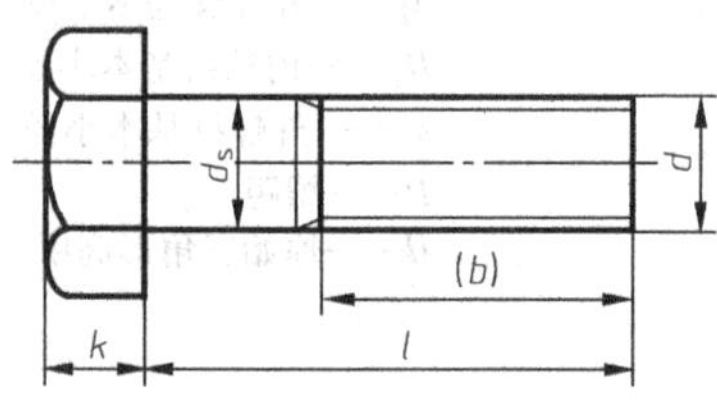

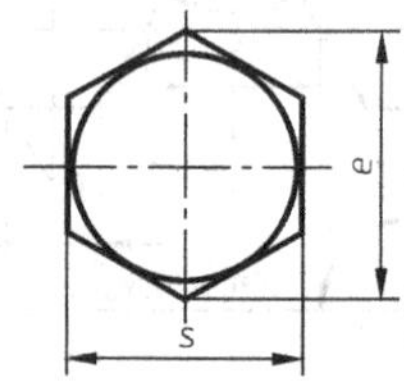

标记示例：

螺栓 GB/T 5780 M20×100

（螺纹规格 d = M20、公称长度 l = 100mm、性能等级为 4.8 级、不经表面处理、产品等级为 C 级的六角头螺栓）

六角头螺栓　全螺纹　C 级（摘自 GB/T 5781—2000）

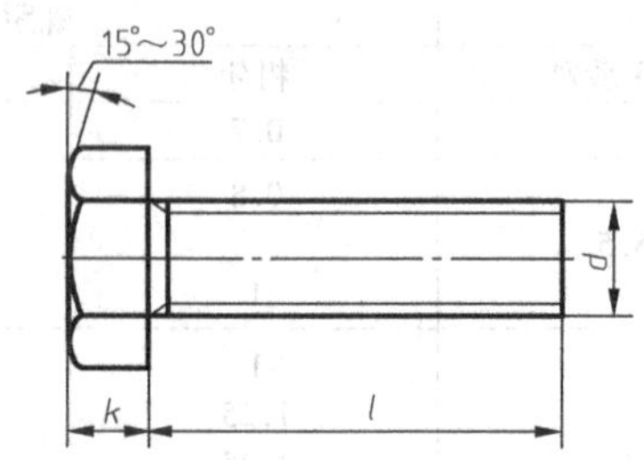

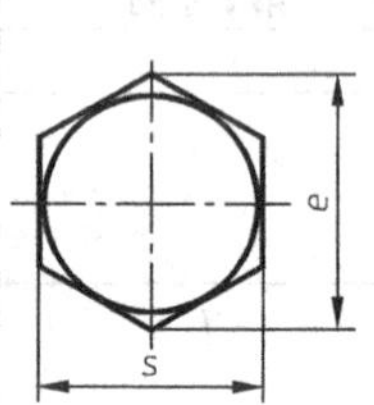

标记示例：

螺栓 GB/T 5781 M12×80

（螺纹规格 d = M12、公称长度 l = 80mm、性能等级为 4.8 级、不经表面处理、全螺纹、产品等级为 C 级的六角头螺栓）

螺纹规格 d		M5	M6	M8	M10	M12	M16	M20	M24	M30	M36	M42	M48
$b_{参考}$	$l \leqslant 125$	16	18	22	26	30	38	40	54	66	—	—	—
	$125 < l \leqslant 200$	22	24	28	32	36	44	52	60	72	84	96	108
	$l > 200$	35	37	41	45	49	57	65	73	85	97	109	121
$k_{公称}$		3.5	4.0	5.3	6.4	7.5	10	12.5	15	18.7	22.5	26	30
s_{max}		8	10	13	16	18	24	30	36	46	55	65	75

（续）

螺纹规格 d		M5	M6	M8	M10	M12	M16	M20	M24	M30	M36	M42	M48
e_{max}		8.63	10.9	14.2	17.6	19.9	26.2	33.0	39.6	50.9	60.8	72.0	82.6
d_{jmax}		5.48	6.48	8.58	10.6	12.7	16.7	20.8	24.8	30.8	37.0	45.0	49.0
$l_{范围}$	GB/T 5780—2000	25 ~ 50	30 ~ 60	40 ~ 80	45 ~ 100	55 ~ 120	65 ~ 160	80 ~ 200	100 ~ 240	120 ~ 300	140 ~ 360	180 ~ 420	200 ~ 480
	GB/T 5781—2000	10 ~ 50	12 ~ 60	16 ~ 80	20 ~ 100	25 ~ 120	30 ~ 160	40 ~ 200	50 ~ 240	60 ~ 300	70 ~ 360	80 ~ 420	100 ~ 480
$l_{系列}$		10、12、16、20 ~ 65（5 进位）70 ~ 160（10 进位）、180、220 ~ 500（20 进位）											

注：螺纹公差：8g；机械性能等级：3.6、4.6、4.8；产品等级：C。

附表 3　1 型六角螺母

（单位：mm）

1 型六角螺母　A 和 B 级（摘自 GB/T 6170—2000）
1 型六角螺母　细牙 A 和 B 级（摘自 GB/T 6171—2000）
1 型六角螺母　C 级（摘自 GB/T 41—2000）

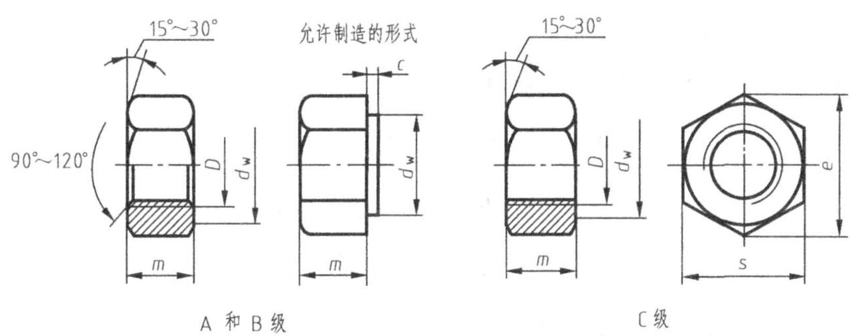

标记示例：

螺弱 GB/T 41 M12

（螺纹规格 D = M12、性能等级为 5 级、不经表面处理、产品等级为 C 级的 1 型六角螺母）

螺母 GB/T 6171 M24 ×2

（螺纹规格 D = M24、P = 2mm、性能等级为 8 级、不经表面处理、产品等级为 B 级的 1 型细牙六角螺母）

螺纹规格	D	M4	M5	M6	M8	M10	M12	M16	M20	M24	M30	M36	M42	M48
	$D \times P$	—	—	—	M8 ×1	M10 ×1	M12 ×1.5	M16 ×1.5	M20 ×1.5	M24 ×2	M30 ×2	M36 ×3	M42 ×3	M48 ×3
c_{max}		0.4	0.5		0.6			0.8					1	
s_{max}		7	8	10	13	16	18	24	30	36	46	55	65	75
e_{max}	A、B 级	7.66	8.79	11.05	14.38	17.77	20.03	26.75	32.95	39.95	50.85	60.79	72.02	82.6
	C 级	—	8.63	10.89	14.2	17.59	19.85	26.17						
m_{max}	A、B 级	3.2	4.7	5.2	6.8	8.4	10.8	14.8	18	21.5	25.6	31	34	38
	C 级	—	5.6	6.4	7.9	9.5	12.2	15.9	19	22.3	26.4	31.9	34.9	38.9
d_{wmin}	A、B 级	5.9	6.9	8.9	11.6	14.6	16.6	22.5	27.7	33.3	42.8	51.1	60	69.5
	C 级	—	6.7	8.7	11.5	14.5	16.5	22						

注：1. P——螺距。
2. A 级用于 $D \leqslant 16$mm 的螺母；B 级用于 $D > 16$mm 的螺母；C 级用于 $D \geqslant 5$mm 的螺母。
3. 螺纹公差：A、B 级为 6H、C 级为 7H；机械性能等级：A、B 级为 6、8、10 级等，C 级为 4、5 级。

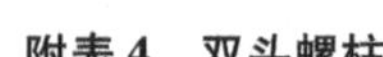

附表 4　双头螺柱

（单位：mm）

$b_m=1d$（GB/T 897—1998）；$b_m=1.25d$（GB/T 898—1998）；$b_m=1.5d$（GB/T 899—1998）；$b_m=2d$（GB/T 900—1998）

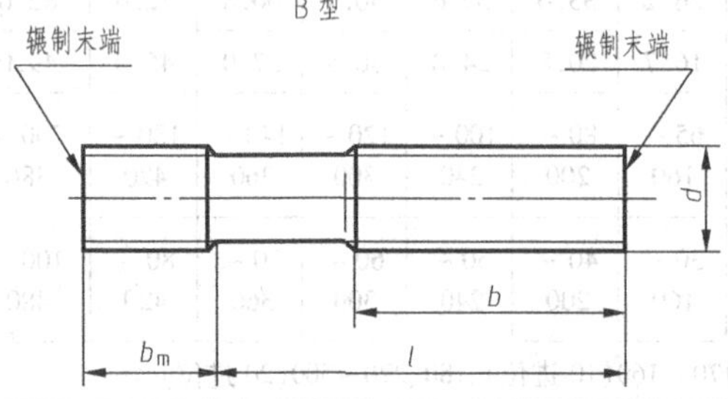

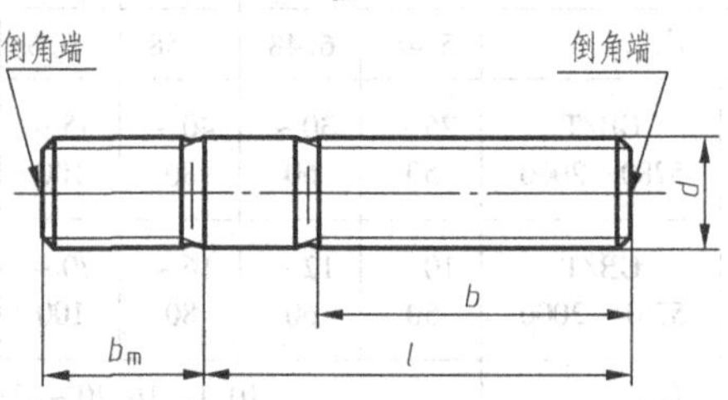

标记示例：

螺柱 GB/T 900 M10×50

（两端均为粗牙普通螺纹、$d=10$mm、$l=50$mm、性能等级为 4.8 级、不经表面处理、B 型、$b_m=2d$ 的双头螺柱）

螺柱 GB/T 900 AM10-M10×1×50

（旋入机体一端为粗牙普通螺纹、旋螺母端为螺距 $P=1$mm 的细牙普通螺纹、$d=10$mm、$l=50$mm、性能等级为 4.8 级、不经表面处理、A 型　$b_m=2d$ 的双头螺柱）

螺纹规格 d	b_m（旋入机体端长度）				l/b（螺柱长度/旋入螺母端长度）
	GB/T 897	GB/T 898	GB/T 899	GB/T 900	
M4	—	—	6	8	$\frac{16\sim22}{8}$　$\frac{25\sim40}{14}$
M5	5	6	8	10	$\frac{16\sim22}{10}$　$\frac{25\sim50}{16}$
M6	6	8	10	12	$\frac{20\sim22}{10}$　$\frac{25\sim30}{14}$　$\frac{32\sim75}{18}$
M8	8	10	12	16	$\frac{20\sim22}{12}$　$\frac{25\sim30}{16}$　$\frac{32\sim90}{22}$
M10	10	12	15	20	$\frac{25\sim28}{14}$　$\frac{30\sim38}{16}$　$\frac{40\sim120}{26}$　$\frac{130}{32}$
M12	12	15	18	24	$\frac{25\sim30}{14}$　$\frac{32\sim40}{16}$　$\frac{45\sim120}{26}$　$\frac{130\sim180}{32}$
M16	16	20	24	32	$\frac{30\sim38}{16}$　$\frac{40\sim55}{20}$　$\frac{60\sim120}{30}$　$\frac{130\sim200}{36}$
M20	20	25	30	40	$\frac{35\sim40}{20}$　$\frac{45\sim65}{30}$　$\frac{70\sim120}{38}$　$\frac{130\sim200}{44}$
M24	24	30	36	48	$\frac{45\sim50}{25}$　$\frac{55\sim75}{35}$　$\frac{80\sim120}{46}$　$\frac{130\sim200}{52}$
M30	30	38	45	60	$\frac{60\sim65}{40}$　$\frac{70\sim90}{50}$　$\frac{95\sim120}{60}$　$\frac{130\sim200}{72}$　$\frac{210\sim250}{85}$
M36	36	45	54	72	$\frac{65\sim75}{45}$　$\frac{80\sim110}{60}$　$\frac{120}{78}$　$\frac{130\sim200}{84}$　$\frac{210\sim300}{97}$
M42	42	52	63	84	$\frac{70\sim80}{50}$　$\frac{85\sim110}{70}$　$\frac{120}{90}$　$\frac{130\sim200}{96}$　$\frac{210\sim300}{109}$
M48	48	60	72	96	$\frac{80\sim90}{60}$　$\frac{95\sim110}{80}$　$\frac{120}{102}$　$\frac{130\sim200}{108}$　$\frac{210\sim300}{121}$
$l_{系列}$	12、(14)、16、(18)、20、(22)、25、(28)、30、(32)、35、(38)、40、45、50、55、60、(65)、70、75、80、(85)、90、(95)、100~260(10 进位)、280、300				

注：1. 尽可能不采用括号内的规格。末端按 GB/T 2 规定。

2. $b_m=1d$，一般用于钢对钢；$b_m=(1.25\sim1.5)d$，一般用于钢对铸铁；$b_m=2d$，一般用于钢对铝合金。

附表 5　螺钉（一）

（单位：mm）

开槽盘头螺钉	开槽沉头螺钉	开槽半沉头螺钉
（摘自 GB/T 67—2008）	（摘自 GB/T 68—2008）	（摘自 GB/T 69—2000）

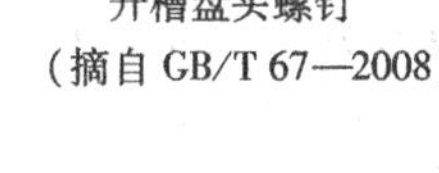

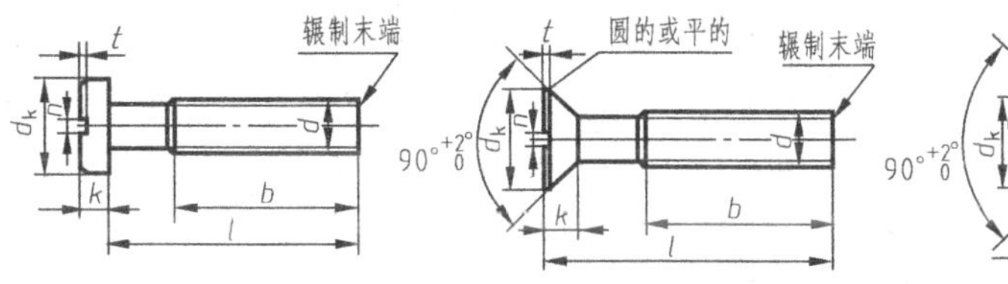

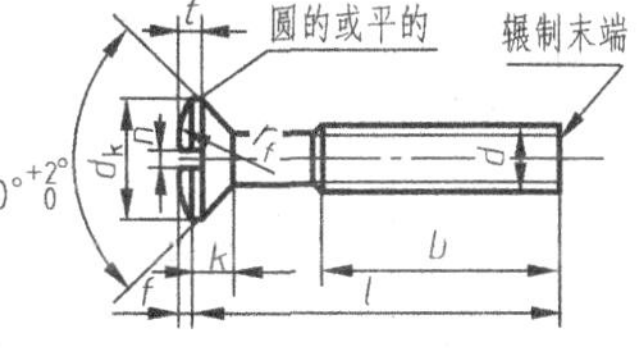

（无螺纹部分杆径≈中径或 = 螺纹大径）

标记示例：

螺钉 GB/T 67　M5 × 60

（螺纹规格 d = M5、公称长度 l = 60mm、性能等级为 4.8 级、不经表面处理的 A 级开槽盘头螺钉）

螺纹规格 d	P	b_{min}	$n_{公称}$	r_f	f	k_{max}		d_{kmax}		t_{min}			$l_{范围}$		全螺纹时最大长度	
				GB/T 69	GB/T 69	GB/T 67	GB/T 68 GB/T 69	GB/T 67	GB/T 68 GB/T 69	GB/T 67	GB/T 68	GB/T 69	GB/T 67	GB/T 68 GB/T 69	GB/T 67	GB/T 68 GB/T 69
M2	0.4	25	0.5	4	0.5	1.3	1.2	4	3.8	0.5	0.4	0.8	2.5 ~ 20	3 ~ 20	30	
M3	0.5		0.8	6	0.7	1.8	1.65	5.6	5.5	0.7	0.6	1.2	4 ~ 30	5 ~ 30		
M4	0.7	38	1.2	9.5	1	2.4	2.7	8	8.4	1	1	1.6	5 ~ 40	6 ~ 40	40	45
M5	0.8				1.2	3		9.5	9.3	1.2	1.1	2	6 ~ 50	8 ~ 50		
M6	1		1.6	12	1.4	3.6	3.3	12	12	1.4	1.2	2.4	8 ~ 60	8 ~ 60		
M8	1.25		2	16.5	2	4.8	4.65	16	16	1.9	1.8	3.2	10 ~ 80			
M10	1.5		2.5	19.5	2.3	6	5	20	20	2.4	2	3.8				
$l_{系列}$	2、2.5、3、4、5、6、8、10、12、(14)、16、10 ~ 50(5 进位)、(55)、60、(65)、70、(75)、80															

注：螺纹公差：6g；机械性能等级：4.8、5.8 等；产品等级：A。

附表 6　螺钉（二）

（单位：mm）

开槽锥端紧定螺钉	开槽平端紧定螺钉	开槽长圆柱端紧定螺钉
（摘自 GB/T 71—1985）	（摘自 GB/T 73—1985）	（摘自 GB/T 75—1985）

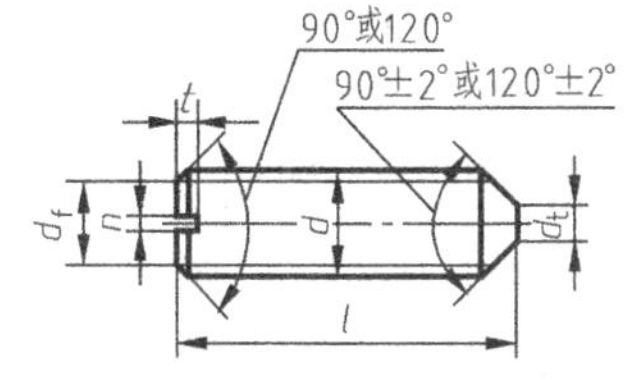

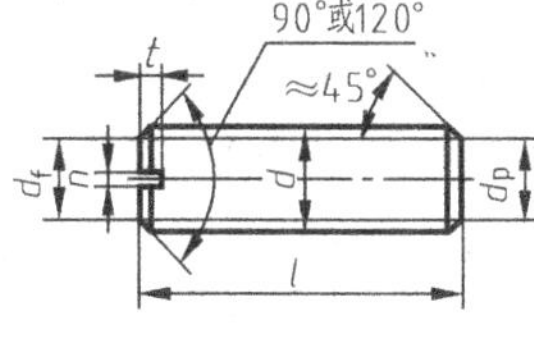

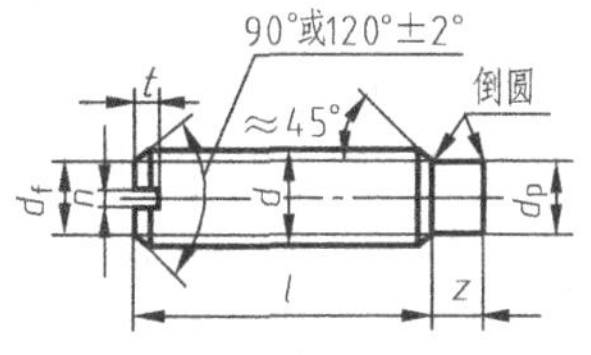

标记示例：

螺钉 GB/T 71　M5 × 20

（螺纹规格 d = M5、公称长度 l = 20mm、性能等级为 14H 级、表面氧化的开槽锥端紧定螺钉）

（续）

螺纹规格 d	P	d_f	d_{tmax}	d_{pmax}	$n_{公称}$	t_{max}	z_{max}	$l_{范围}$		
								GB/T 71	GB/T 73	GB/T 75
M2	0.4	螺纹小径	0.2	1	0.25	0.84	1.25	3～10	2～10	3～10
M3	0.5		0.3	2	0.4	1.05	1.75	4～16	3～16	5～16
M4	0.7		0.4	2.5	0.6	1.42	2.25	6～20	4～20	6～20
M5	0.8		0.5	3.5	0.8	1.63	2.75	8～25	5～25	8～25
M6	1		1.5	4	1	2	3.25	8～30	6～30	8～30
M8	1.25		2	5.5	1.2	2.5	4.3	10～40	8～40	10～40
M10	1.5		2.5	7	1.6	3	5.3	12～50	10～50	12～50
M12	1.75		3	8.5	2	3.6	6.3	14～60	12～60	14～60
l 系列	2、2.5、3、4、5、6、8、10、12、(14)、16、20、25、30、35、40、45、50、(55)、60									

注：螺纹公差：6g；机械性能等级：14H、22H、A1-50；产品等级：A。

附表 7　内六角圆柱头螺钉　　　　（单位：mm）

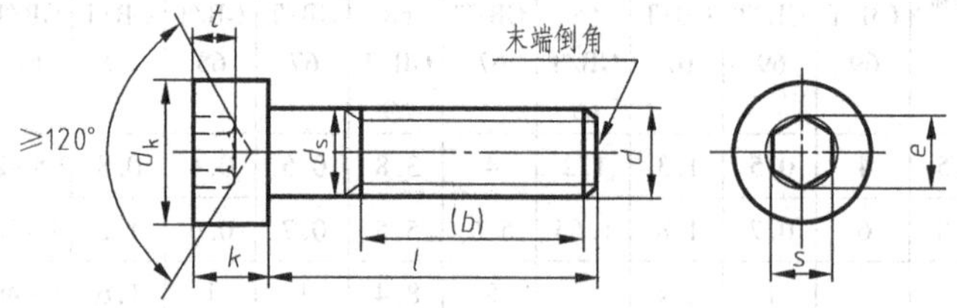

标记示例：

螺钉 GB/T 70.1　M5×20

（螺纹规格 d = M5、公称长度 l = 20mm 性能等级为 8.8 级、表面氧化的 A 级内六角圆柱头螺钉）

螺纹规格 d		M4	M5	M6	M8	M10	M12	(M14)	M16	M20	M24	M30	M36
螺距 P		0.7	0.8	1	1.25	1.5	1.75	2	2	2.5	3	3.5	4
$b_{参考}$		20	22	24	28	32	36	40	44	52	60	72	84
d_{kmax}	光滑头部	7	8.5	10	13	16	18	21	24	30	36	45	54
	滚花头部	7.22	8.72	10.22	13.27	16.27	18.27	21.33	24.33	30.33	36.39	45.39	54.46
k_{max}		4	5	6	8	10	12	14	16	20	24	30	36
t_{min}		2	2.5	3	4	5	6	7	8	10	12	15.5	19
$s_{公称}$		3	4	5	6	8	10	12	14	17	19	22	27
e_{min}		3.44	4.58	5.72	6.86	9.15	11.43	13.72	16	19.44	21.73	25.15	30.35
d_{smax}		4	5	6	8	10	12	14	16	20	24	30	36
$l_{范围}$		6～40	8～50	10～60	12～80	16～100	20～120	25～140	25～160	30～200	40～200	45～200	55～200
全螺纹时最大长度		25	25	30	35	40	45	55	55	65	80	90	100
$l_{系列}$		6、8、10、12、16、20～65（5 进位）、70～160（10 进位）、180、200											

注：1. 尽可能不采用括号内的规格。末端按 GB/T 2 规定。

2. 机械性能等级：8.8、12.9 等。

3. 螺纹公差：机械性能等级 12.9 级时为 5g6g，其他等级时为 6g。

4. 产品等级：A。

附表 8　垫圈　　（单位：mm）

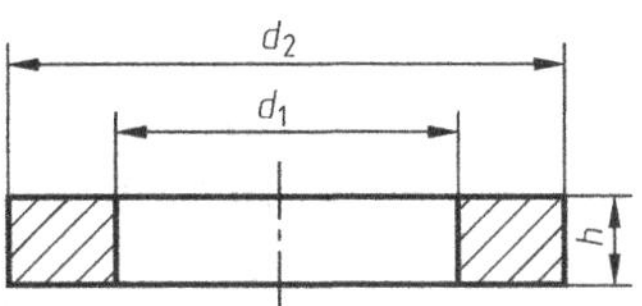

小垫圈　A 级（摘自 GB/T 848—2002）
平垫圈　A 级（摘自 GB/T 97.1—2002）
平垫圈　倒角型　A 级（摘自 GB/T 97.2—2002）
平垫圈　C 级（摘自 GB/T 95—2002）
大垫圈　A 级（摘自 GB/T 96.1—2002）
特大垫圈　C 级（摘自 GB/T 5287—2002）

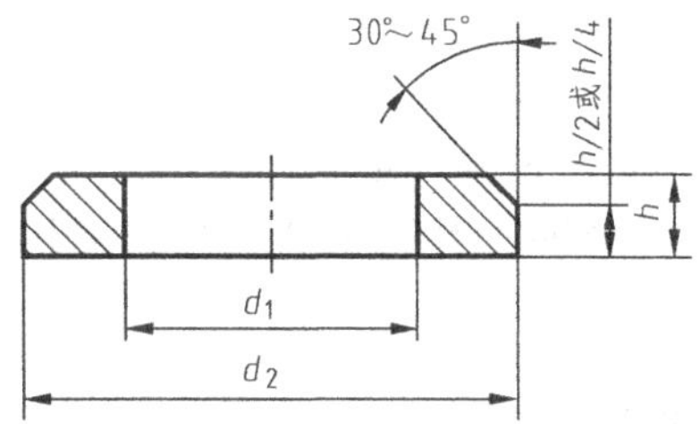

标记示例：
垫圈 GB/T 95　8
（标准系列、公称规格 8mm、硬度等级为 100HV 级，不经表面处理、产品等级为 C 级的平垫圈）
垫圈 GB/T 97.2　8
（标准系列、公称规格 8mm、硬度等级为 100HV 级、不经表面处理、产品等级为 A 级、倒角型平垫圈）

<table>
<tr><th rowspan="3">公称尺寸
（螺纹规格）
d</th><th colspan="9">标准系列</th><th colspan="3">特大系列</th><th colspan="3">大系列</th><th colspan="3">小系列</th></tr>
<tr><th colspan="3">GB/T 95
（C 级）</th><th colspan="3">GB/T 97.1
（A 级）</th><th colspan="3">GB/T 97.2
（A 级）</th><th colspan="3">GB/T 5287
（C 级）</th><th colspan="3">GB/T 96.1
（A 级）</th><th colspan="3">GB/T 848
（A 级）</th></tr>
<tr><th>$d_{1\min}$</th><th>$d_{2\max}$</th><th>$h_{公称}$</th><th>$d_{1\min}$</th><th>$d_{2\max}$</th><th>$h_{公称}$</th><th>$d_{1\min}$</th><th>$d_{2\max}$</th><th>$h_{公称}$</th><th>$d_{1\min}$</th><th>$d_{2\max}$</th><th>$h_{公称}$</th><th>$d_{1\min}$</th><th>$d_{2\max}$</th><th>$h_{公称}$</th><th>$d_{1\min}$</th><th>$d_{2\max}$</th><th>$h_{公称}$</th></tr>
<tr><td>4</td><td>4.5</td><td>9</td><td>0.8</td><td>4.3</td><td>9</td><td>0.8</td><td>—</td><td>—</td><td>—</td><td>—</td><td>—</td><td>—</td><td>4.3</td><td>12</td><td>1</td><td>4.3</td><td>8</td><td>0.5</td></tr>
<tr><td>5</td><td>5.5</td><td>10</td><td>1</td><td>5.3</td><td>10</td><td>1</td><td>5.3</td><td>10</td><td>1</td><td>5.5</td><td>18</td><td rowspan="2">2</td><td>5.3</td><td>15</td><td>1.2</td><td>5.3</td><td>9</td><td>1</td></tr>
<tr><td>6</td><td>6.6</td><td>12</td><td rowspan="2">1.6</td><td>6.4</td><td>12</td><td rowspan="2">1.6</td><td>6.4</td><td>12</td><td rowspan="2">1.6</td><td>6.6</td><td>22</td><td>6.4</td><td>18</td><td>1.6</td><td>6.4</td><td>11</td><td rowspan="3">1.6</td></tr>
<tr><td>8</td><td>9</td><td>16</td><td>8.4</td><td>16</td><td>8.4</td><td>16</td><td>9</td><td>28</td><td rowspan="2">3</td><td>8.4</td><td>24</td><td>2</td><td>8.4</td><td>15</td></tr>
<tr><td>10</td><td>11</td><td>20</td><td>2</td><td>10.5</td><td>20</td><td>2</td><td>10.5</td><td>20</td><td>2</td><td>11</td><td>34</td><td>10.5</td><td>30</td><td>2.5</td><td>10.5</td><td>18</td></tr>
<tr><td>12</td><td>13.5</td><td>24</td><td rowspan="2">2.5</td><td>13</td><td>24</td><td rowspan="2">2.5</td><td>13</td><td>24</td><td rowspan="2">2.5</td><td>13.5</td><td>44</td><td rowspan="2">4</td><td>13</td><td>37</td><td rowspan="3">3</td><td>13</td><td>20</td><td>2</td></tr>
<tr><td>14</td><td>15.5</td><td>28</td><td>15</td><td>28</td><td>15</td><td>28</td><td>15.5</td><td>50</td><td>15</td><td>44</td><td>15</td><td>24</td><td rowspan="2">2.5</td></tr>
<tr><td>16</td><td>17.5</td><td>30</td><td rowspan="2">3</td><td>17</td><td>30</td><td rowspan="2">3</td><td>17</td><td>30</td><td rowspan="2">3</td><td>17.5</td><td>56</td><td>5</td><td>17</td><td>50</td><td>17</td><td>28</td></tr>
<tr><td>20</td><td>22</td><td>37</td><td>21</td><td>37</td><td>21</td><td>37</td><td>22</td><td>72</td><td rowspan="3">6</td><td>22</td><td>60</td><td>4</td><td>21</td><td>34</td><td>3</td></tr>
<tr><td>24</td><td>26</td><td>44</td><td rowspan="2">4</td><td>25</td><td>44</td><td rowspan="2">4</td><td>25</td><td>44</td><td rowspan="2">4</td><td>26</td><td>85</td><td>26</td><td>72</td><td>5</td><td>25</td><td>39</td><td rowspan="2">4</td></tr>
<tr><td>30</td><td>33</td><td>56</td><td>31</td><td>56</td><td>31</td><td>56</td><td>33</td><td>105</td><td>33</td><td>92</td><td>6</td><td>31</td><td>50</td></tr>
<tr><td>36</td><td>39</td><td>66</td><td>5</td><td>37</td><td>66</td><td>5</td><td>37</td><td>66</td><td>5</td><td>39</td><td>125</td><td>8</td><td>39</td><td>110</td><td>8</td><td>37</td><td>60</td><td>5</td></tr>
<tr><td>42</td><td>45</td><td>78</td><td rowspan="2">8</td><td>45</td><td>78</td><td rowspan="2">8</td><td>45</td><td>78</td><td rowspan="2">8</td><td>—</td><td>—</td><td>—</td><td>—</td><td>—</td><td>—</td><td>—</td><td>—</td><td>—</td></tr>
<tr><td>48</td><td>52</td><td>92</td><td>52</td><td>92</td><td>52</td><td>92</td><td>—</td><td>—</td><td>—</td><td>—</td><td>—</td><td>—</td><td>—</td><td>—</td><td>—</td></tr>
</table>

注：1. A 级适用于精装配系列，C 级适用于中等装配系列。
2. GB/T 848—2002 主要用于圆柱头螺钉，其他用于标准的六角头螺栓、螺母和螺钉。

附表 9 标准型弹簧垫圈 （单位：mm）

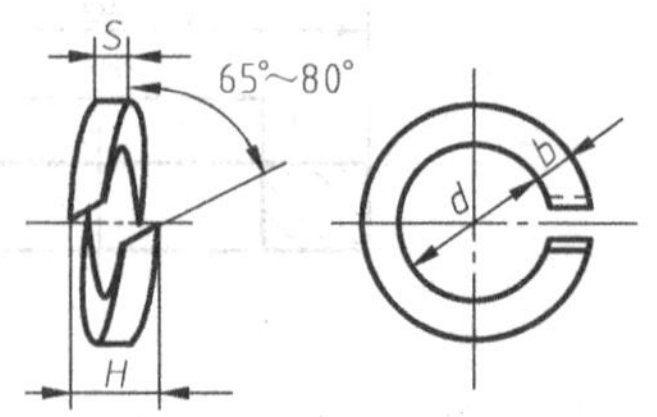

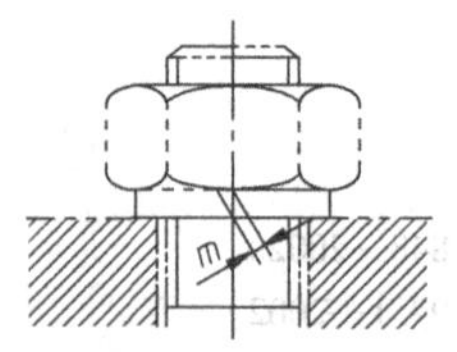

标记示例：
垫圈 GB/T 93 10
（规格 10mm、材料为 65Mn、表面氧化的标准型弹簧垫圈）

规格（螺纹大径）	4	5	6	8	10	12	16	20	24	30	36	42	48
d_{min}	4.1	5.1	6.1	8.1	10.2	12.2	16.2	20.2	24.5	30.5	36.5	42.5	48.5
$S_{公称}=b$	1.1	1.3	1.6	2.1	2.6	3.1	4.1	5	6	7.5	9	10.5	12
$m \leqslant$	0.55	0.65	0.8	1.05	1.3	1.55	2.05	2.5	3	3.75	4.5	5.25	6
H_{max}	2.75	3.25	4	5.25	6.5	7.75	10.25	12.5	15	18.75	22.5	26.25	30

注：m 应大于零。

附表 10 圆柱销（不淬硬钢和奥氏体不锈钢） （单位：mm）

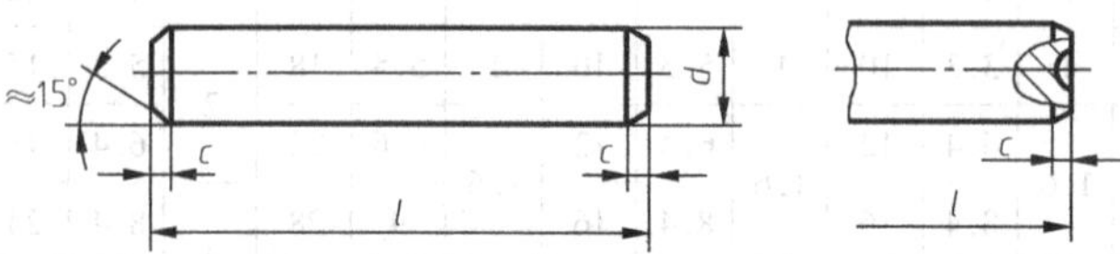

标记示例：
销 GB/T 119.16 m6 × 30
（公称直径 $d=6$mm、公差为 m6、公称长度 $l=30$mm、材料为钢、不经淬火、不经表面处理的圆柱销）
销 GB/T 119.1 10 m6 × 30-A1
（公称直径 $d=10$mm、公差为 m6、公称长度 $l=30$mm、材料为 A1 组奥氏体不锈钢、表面简单处理的圆柱销）

d(公称) m6/h8	2	3	4	5	6	8	10	12	16	20	25
$c\approx$	0.35	0.5	0.63	0.8	1.2	1.6	2	2.5	3	3.5	4
$l_{范围}$	6~20	8~30	8~40	10~50	12~60	14~80	18~95	22~140	26~180	35~200	50~200
$l_{系列}$（公称）	2、3、4、5、6~32(2 进位)、35~100(5 进位)、120~200(按 20 递增)										

附表 11　圆锥销

（单位：mm）

A 型（磨削）

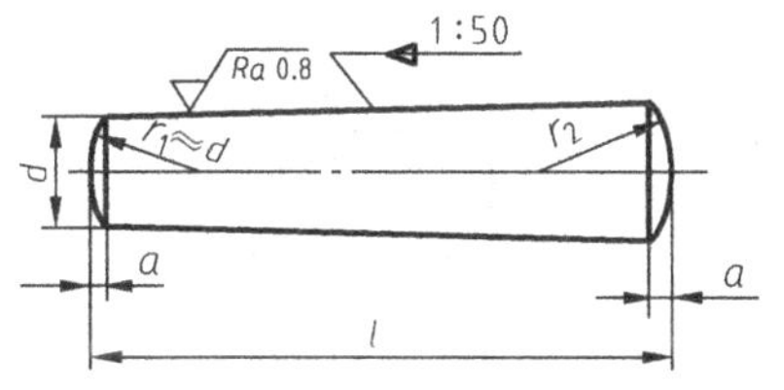

B 型（切削或冷镦）

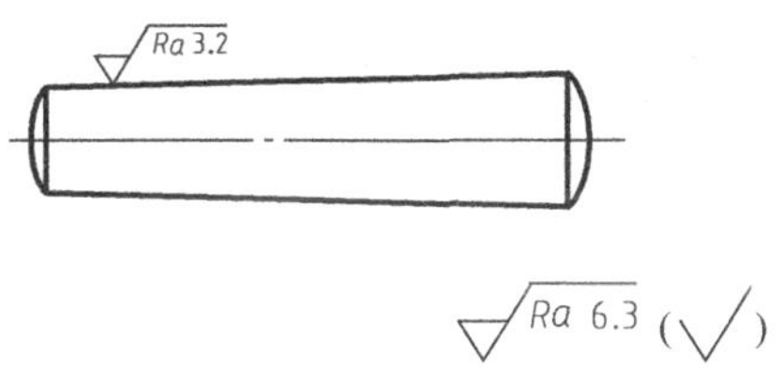

$$r_2 \approx \frac{a}{z} + d + \frac{(0.021)^2}{8a}$$

标记示例：

销　GB/T 117　10×60

（公称直径 d=10mm、公称长度 l=60mm、材料为 35 钢、热处理硬度 28～38HRC、表面氧化处理的 A 型圆锥销）

$d_{公称}$	2	2.5	3	4	5	6	8	10	12	16	20	25
$a \approx$	0.25	0.3	0.4	0.5	0.63	0.8	1.0	1.2	1.6	2.0	2.5	3.0
$l_{范围}$	10～35	10～35	12～45	14～55	18～60	22～90	22～120	26～160	32～180	40～200	45～200	50～200
$l_{系列}$	2、3、4、5、6～32（2 进位）、35～100（5 进位）、120～200（20 进位）											

附表 12　开口销

（单位：mm）

允许制造的形式

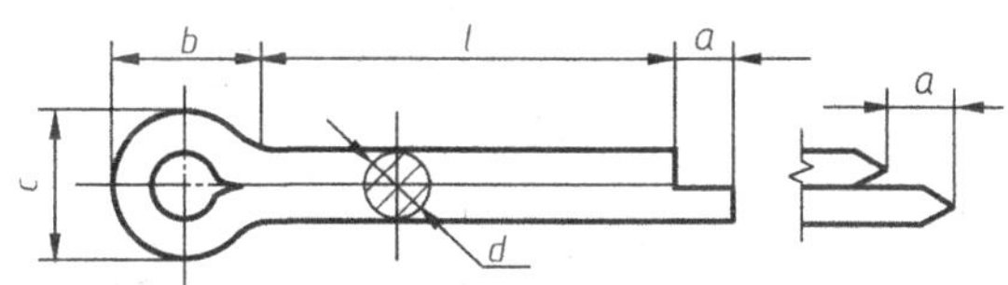

标记示例：

销　GB/T 91　5×50

（公称规格为 5mm、公称长度 l=50mm、材料为 Q215 或 Q235、不经表面处理的开口销）

d	公称	0.8	1	1.2	1.6	2	2.5	3.2	4	5	6.3	8	10	13
	max	0.7	0.9	1	1.4	1.8	2.3	2.9	3.7	4.6	5.9	7.5	9.5	12.4
	min	0.6	0.8	0.9	1.3	1.7	2.1	2.7	3.5	4.4	5.7	7.3	9.3	12.1
c_{max}		1.4	1.8	2	2.8	3.6	4.6	5.8	7.4	9.2	11.8	15	19	24.8
$b \approx$		2.4	3	3	3.2	4	5	6.4	8	10	12.6	16	20	26
a_{max}		1.6		2.5				3.2	4				6.3	
$l_{范围}$		5～16	6～20	8～26	8～32	10～40	12～50	14～65	18～80	22～100	30～120	40～160	45～200	71～200
$l_{系列}$		4、5、6～22（2 进位）、25、28、32、36、40～50（5 进位）、56、63、71、80、90、100、112、125、140～200（20 进位）												

注：销孔的公称直径等于 $d_{公称}$。

附表 13　普通平键及键槽各部分尺寸　（单位：mm）

普通平键键槽的剖面尺寸（GB/T 1095—2003）

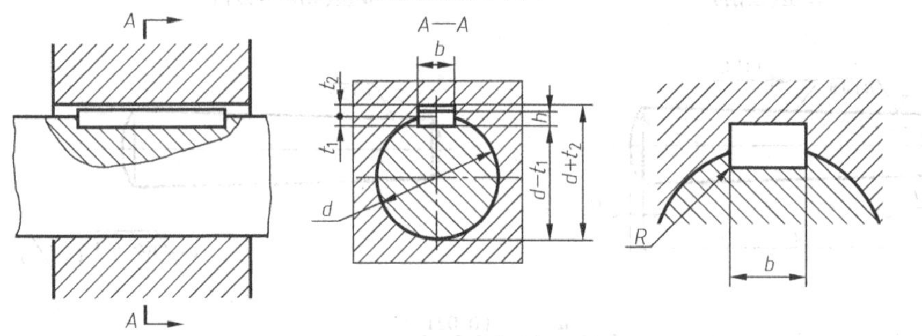

普通平键（GB/T 1096—2003）

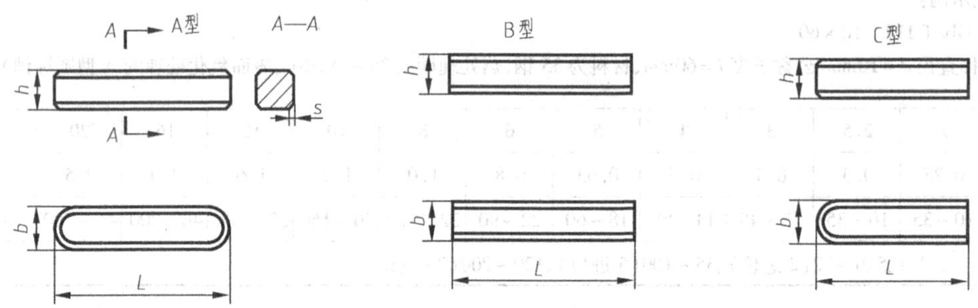

标记示例：

GB/T 1096　键　16×10×100（普通 A 型平键 $b=16\text{mm}$、$h=10\text{mm}$、$L=100\text{mm}$）

GB/T 1096　键　B　16×10×100（普通 B 型平键、$b=16\text{mm}$、$h=10\text{mm}$、$L=100\text{mm}$）

GB/T 1096　键　C　16×10×100（普通 C 型平键、$b=16\text{mm}$、$h=10\text{mm}$、$L=100\text{mm}$）

轴	键		键槽											
			宽度 b						深度				半径 r	
公称直径 d	键尺寸 $b\times h$（h8、h11）	长度 L（h14）	公称尺寸 b	极限偏差					轴 t_1		毂 t_2			
				松连接		正常连接		紧密连接	公称尺寸	极限偏差	公称尺寸	极限偏差		
				轴 H9	毂 D10	轴 N9	毂 JS9	轴和毂 P9					min	max
10~12	4×4	8~45	4	+0.030 0	+0.078 +0.030	0 −0.030	±0.015	−0.012 −0.042	2.5	+0.1 0	1.8	+0.1 0	0.08	0.16
12~17	5×5	10~56	5						3.0		2.3		0.16	0.25
17~22	6×6	14~70	6						3.5		2.8			
22~30	8×7	18~90	8	+0.036 0	+0.098 +0.040	0 −0.036	±0.018	−0.015 −0.051	4.0	+0.2 0	3.3	+0.2 0		
30~38	10×8	22~110	10						5.0		3.3		0.25	0.40
38~44	12×8	28~140	12	+0.043 0	+0.120 +0.050	0 −0.043	±0.0215	−0.018 −0.061	5.0		3.3			
44~50	14×9	36~160	14						5.5		3.8			
50~58	16×10	45~180	16						6.0		4.3			
58~65	18×11	50~200	18						7.0		4.4			
65~25	20×12	56~220	20	+0.052 0	+0.149 +0.065	0 −0.052	±0.026	−0.022 −0.074	7.5		4.9		0.40	0.60
75~85	22×14	63~250	22						9.0		5.4			
85~95	25×14	70~280	25						9.0		5.4			
95~110	28×16	80~320	28						10		6.4			

注：1. L 系列：6~22（2 进位）、25、28、32、36、40、45、50、56、63、70、80、90、100、110、125、140、160、180、200、220、250、280、320、360、400、450、500。

2. GB/T 1095—2003、GB/T 1096—2003 中无轴的公称直径一列，现列出仅供参考。

附表 14　滚动轴承　（单位：mm）

深沟球轴承（摘自 GB/T 276—2013）				圆锥滚子轴承（摘自 GB/T 297—2015）					
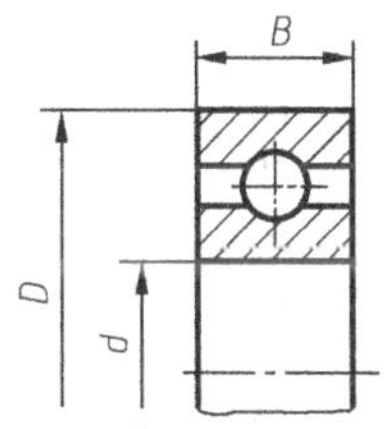				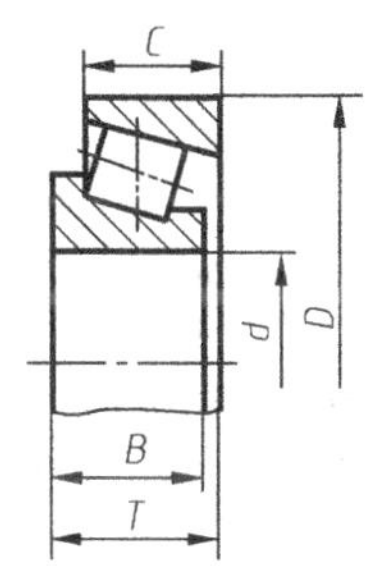					
标记示例：滚动轴承　6310　GB/T 276				标记示例：滚动轴承　30212　GB/T 297					
轴承型号	尺寸			轴承型号	尺寸				
	d	*D*	*B*		*d*	*D*	*B*	*C*	*T*
尺寸系列(0)2				尺寸系列 02					
6202	15	35	11	30203	17	40	12	11	13.25
6203	17	40	12	30204	20	47	14	12	15.25
6204	20	47	14	30205	25	52	15	13	16.25
6205	25	52	15	30206	30	62	16	14	17.25
6206	30	62	16	30207	35	72	17	15	18.25
6207	35	72	17	30208	40	80	18	16	19.75
6208	40	80	18	30209	45	85	19	16	20.75
6209	45	85	19	30210	50	90	20	17	21.75
6210	50	90	20	30211	55	100	21	18	22.75
6211	55	100	21	30212	60	110	22	19	23.75
6212	60	110	22	30213	65	120	23	20	24.75
尺寸系列(0)3				尺寸系列 03					
6302	15	42	13	30302	15	42	13	11	14.25
6303	17	47	14	30303	17	47	14	12	15.25
6304	20	52	15	30304	20	52	15	13	16.25
6305	25	62	17	30305	25	62	17	15	18.25
6306	30	72	19	30306	30	72	19	16	20.75
6307	35	80	21	30307	35	80	21	18	22.75
6308	40	90	23	30308	40	90	23	20	25.25
6309	45	100	25	30309	45	100	25	22	27.25
6310	50	110	27	30310	50	110	27	23	29.25
6311	55	120	29	30311	55	120	29	25	31.50
6312	60	130	31	30312	60	130	31	26	33.50

注：圆括号中的尺寸系列代号在轴承代号中省略。

附表 15　轴的极限

代号		a	b	c	d	e	f	g	h					
公称尺寸/mm														公　差
大于	至	11	11	11	9	8	7	6	5	6	7	8	9	10
—	3	−270 −330	−140 −200	−60 −120	−20 −45	−14 −28	−6 −16	−2 −8	0 −4	0 −6	0 −10	0 −14	0 −25	0 −40
3	6	−270 −345	−140 −215	−70 −145	−30 −60	−20 −38	−10 −22	−4 −12	0 −5	0 −8	0 −12	0 −18	0 −30	0 −48
6	10	−280 −338	−150 −240	−80 −170	−40 −76	−25 −47	−13 −28	−5 −14	0 −6	0 −9	0 −15	0 −22	0 −36	0 −58
10	14	−290 −400	−150 −260	−95 −205	−50 −93	−32 −59	−16 −34	−6 −17	0 −8	0 −11	0 −18	0 −27	0 −43	0 −70
14	18													
18	24	−300 −430	−160 −290	−110 −240	−65 −117	−40 −73	−20 −41	−7 −20	0 −9	0 −13	0 −21	0 −33	0 −52	0 −84
24	30													
30	40	−310 −470	−170 −330	−120 −280	−80 −142	−50 −89	−25 −50	−9 −25	0 −11	0 −16	0 −25	0 −39	0 −62	0 −100
40	50	−320 −480	−180 −340	−130 −290										
50	65	−340 −530	−190 −380	−140 −330	−100 −174	−60 −106	−30 −60	−10 −29	0 −13	0 −19	0 −30	0 −46	0 −74	0 −120
65	80	−360 −550	−200 −390	−150 −340										
80	100	−380 −600	−220 −440	−170 −390	−120 −207	−72 −126	−36 −71	−12 −34	0 −15	0 −22	0 −35	0 −54	0 −87	0 −140
100	120	−410 −630	−240 −460	−180 −400										
120	140	−460 −710	−260 −510	−200 −450	−145 −245	−85 −148	−43 −83	−14 −39	0 −18	0 −25	0 −40	0 −63	0 −100	0 −160
140	160	−520 −770	−280 −530	−210 −460										
160	180	−580 −830	−310 −560	−230 −480										
180	200	−660 −950	−340 −630	−240 −530	−170 −285	−100 −172	−50 −96	−15 −44	0 −20	0 −29	0 −46	0 −72	0 −115	0 −185
200	225	−740 −1030	−380 −670	−260 −550										
225	250	−820 −1110	−420 −710	−280 −570										
250	280	−920 −1240	−480 −800	−300 −620	−190 −320	−110 −191	−56 −108	−17 −49	0 −23	0 −32	0 −52	0 −81	0 −130	0 −210
280	315	−1050 −1370	−540 −860	−330 −650										
315	355	−1200 −1560	−600 −960	−360 −720	−210 −350	−125 −214	−62 −119	−18 −54	0 −25	0 −36	0 −57	0 −89	0 −140	0 −230
355	400	−1350 −1710	−680 −1040	−400 −760										
400	450	−1500 −1900	−760 −1160	−440 −840	−230 −385	−135 −232	−68 −131	−20 −60	0 −27	0 −40	0 −63	0 −97	0 −155	0 −250
450	500	−1650 −2050	−840 −1240	−480 −880										

偏差 （单位：μm）

		js	k	m	n	p	r	s	t	u	v	x	y	z
等级														
11	12	6	6	6	6	6	6	6	6	6	6	6	6	6
0 -60	0 -100	±3	+6 0	+8 +2	+10 +4	+12 +6	+16 +10	+20 +14	—	+24 +18	—	+26 +20	—	+32 +26
0 -75	0 -120	±4	+9 +1	+12 +4	+16 +8	+20 +12	+23 +15	+27 +19	—	+31 +23	—	+36 +28	—	+43 +35
0 -90	0 -150	±4.5	+10 +1	+15 +6	+19 +10	+24 +15	+28 +19	+32 +23	—	+37 +28	—	+43 +34	—	+51 +42
0 -110	0 -180	±5.5	+12 +1	+18 +7	+23 +12	+29 +18	+34 +23	+39 +28	—	+44 +33	—	+51 +40	—	+61 +50
									—		+50 +39	+56 +45	—	+71 +60
0 -130	0 -210	±6.5	+15 +2	+21 +8	+28 +15	+35 +22	+41 +28	+48 +35	—	+54 +41	+60 +47	+67 +54	+76 +63	+86 +73
									+54 +41	+61 +48	+68 +55	+77 +64	+88 +75	+101 +88
0 -160	0 -250	±8	+18 +2	+25 +9	+33 +17	+42 +26	+50 +34	+59 +43	+64 +48	+76 +60	+84 +68	+96 +80	+110 +94	+128 +112
									+70 +54	+86 +70	+97 +81	+113 +97	+130 +114	+152 +136
0 -190	0 -300	±9.5	+21 +2	+30 +11	+39 +20	+51 +32	+60 +41	+72 +53	+85 +66	+106 +87	+121 +102	+141 +122	+163 +144	+191 +172
							+62 +43	+78 +59	+94 +75	+121 +102	+139 +120	+165 +146	+193 +174	+229 +210
0 -220	0 -350	±11	+25 +3	+35 +13	+45 +23	+59 +37	+73 +51	+93 +71	+113 +91	+146 +124	+168 +146	+200 +178	+236 +214	+280 +258
							+76 +54	+101 +79	+126 +104	+166 +144	+194 +172	+232 +210	+276 +254	+332 +310
0 -250	0 -400	±12.5	+28 +3	+40 +15	+52 +27	+68 +43	+88 +63	+117 +92	+147 +122	+195 +170	+227 +202	+273 +248	+325 +300	+390 +365
							+90 +65	+125 +100	+159 +134	+215 +190	+253 +228	+305 +280	+365 +340	+440 +415
							+93 +68	+133 +108	+171 +146	+235 +210	+277 +252	+335 +310	+405 +380	+490 +465
0 -290	0 -460	±14.5	+33 +4	+46 +17	+60 +31	+79 +50	+106 +77	+151 +122	+195 +166	+265 +236	+313 +284	+379 +350	+454 +425	+549 +520
							+109 +80	+159 +130	+209 +180	+287 +258	+339 +310	+414 +385	+499 +470	+604 +575
							+113 +84	+169 +140	+225 +196	+313 +284	+369 +340	+454 +425	+549 +520	+669 +640
0 -320	0 -520	±16	+36 +4	+52 +20	+66 +34	+88 +56	+126 +94	+190 +158	+250 +218	+347 +315	+417 +385	+507 +475	+612 +580	+742 +710
							+130 +98	+202 +170	+272 +240	+382 +350	+457 +425	+557 +525	+682 +650	+822 +790
0 -360	0 -570	±18	+40 +4	+57 +21	+73 +37	+98 +62	+144 +108	+226 +190	+304 +268	+426 +390	+511 +475	+626 +590	+766 +730	+936 +900
							+150 +114	+244 +208	+330 +294	+471 +435	+566 +530	+696 +660	+856 +820	+1036 +1000
0 -400	0 -630	±20	+45 +5	+63 +23	+80 +40	+108 +68	+166 +126	+272 +232	+370 +330	+530 +490	+635 +595	+780 +740	+960 +920	+1140 +1100
							+172 +132	+292 +252	+400 +360	+580 +540	+700 +660	+860 +820	+1040 +1000	+1290 +1250

附表 16 孔的极限

代号		A	B	C	D	E	F	G	H						
公称尺寸/mm		公 差												
大于	至	11	11	11	9	8	8	7	6	7	8	9	10	11
—	3	+330 +270	+200 +140	+120 +60	+45 +20	+28 +14	+20 +6	+12 +2	+6 0	+10 0	+14 0	+25 0	+40 0	+60 0
3	6	+345 +270	+215 +140	+145 +70	+60 +30	+38 +20	+28 +10	+16 +14	+8 0	+12 0	+18 0	+30 0	+48 0	+75 0
6	10	+370 +280	+240 +150	+170 +80	+76 +40	+47 +25	+35 +13	+20 +5	+9 0	+15 0	+22 0	+36 0	+58 0	+90 0
10	14	+400 +290	+260 +150	+205 +95	+93 +50	+59 +32	+43 +16	+24 +6	+11 0	+18 0	+27 0	+43 0	+70 0	+110 0
14	18													
18	24	+430 +300	+290 +160	+240 +110	+117 +65	+73 +40	+53 +20	+28 +7	+13 0	+21 0	+33 0	+52 0	+84 0	+130 0
24	30													
30	40	+470 +310	+330 +170	+280 +120	+142 +80	+89 +50	+64 +25	+34 +9	+16 0	+25 0	+39 0	+62 0	+100 0	+160 0
40	50	+480 +320	+340 +180	+290 +130										
50	65	+530 +340	+380 +190	+330 +140	+174 +100	+106 +60	+76 +30	+40 +10	+19 0	+30 0	+46 0	+74 0	+120 0	+190 0
65	80	+550 +360	+390 +200	+340 +150										
80	100	+600 +380	+440 +220	+390 +170	+207 +120	+125 +72	+90 +36	+47 +12	+22 0	+35 0	+54 0	+87 0	+140 0	+220 0
100	120	+630 +410	+460 +240	+400 +180										
120	140	+710 +460	+510 +260	+450 +200	+245 +145	+148 +85	+106 +43	+54 +14	+25 0	+40 0	+63 0	+100 0	+160 0	+250 0
140	160	+770 +520	+530 +280	+460 +210										
160	180	+830 +580	+560 +310	+480 +230										
180	200	+950 +660	+630 +340	+530 +240	+285 +170	+172 +100	+122 50	+61 +15	+29 0	+46 0	+72 0	+115 0	+185 0	+290 0
200	225	+1030 +740	+670 +380	+550 +260										
225	250	+1110 +820	+710 +420	+570 +280										
250	280	+1240 +920	+800 +480	+620 +300	+320 +190	+191 +110	+137 +56	+69 +17	+32 0	+52 0	+81 0	+130 0	+210 0	+320 0
280	315	+1370 +1050	+860 +540	+650 +330										
315	355	+1560 +1200	+960 +600	+720 +360	+350 +210	+214 +125	+151 +62	+75 +18	+36 0	+57 0	+89 0	+140 0	+230 0	+360 0
355	400	+1710 +1350	+1040 +680	+760 +400										
400	450	+1900 +1500	+1160 +760	+840 +440	+385 +230	+232 +135	+165 +68	+83 +20	+40 0	+63 0	+97 0	+155 0	+250 0	+400 0
450	500	+2050 +1650	+1240 +840	+880 +480										

偏差 （单位：μm）

	JS		K			M	N		P		R	S	T	U
等级														
12	6	7	6	7	8	7	6	7	6	7	7	7	7	7
+100 0	±3	±5	0 -6	0 -10	0 -14	-2 -12	-4 -10	-4 -14	-6 -12	-6 -16	-10 -20	-14 -24	—	-18 -28
+120 0	±4	±6	+2 -6	+3 -9	+5 -13	0 -12	-5 -13	-4 -16	-9 -17	-8 -20	-11 -23	-15 -27	—	-19 -31
+150 0	±4.5	±7	+2 -7	+5 -10	+6 -16	0 -15	-7 -16	-4 -19	-12 -21	-9 -24	-13 -28	-17 -32	—	-22 -37
+180 0	±5.5	±9	+2 -9	+6 -12	+8 -19	0 -18	-9 -20	-5 -23	-15 -26	-11 -29	-16 -34	-21 -39	—	-26 -44
+210 0	±6.5	±10	+2 -11	+6 -15	+10 -23	0 -21	-11 -24	-7 -28	-18 -31	-14 -35	-20 -41	-27 -48	—	-33 -54
													-33 -54	-40 -61
+250 0	±8	±12	+3 -13	+7 -18	+12 -27	0 -25	-12 -28	-8 -33	-21 -37	-17 -42	-25 -50	-34 -59	-39 -64	-51 -76
													-45 -70	-61 -86
+300 0	±9.5	±15	+4 -15	+9 -21	+14 -32	0 -30	-14 -33	-9 -39	-26 -45	-21 -51	-30 -60	-42 -72	-55 -85	-76 -106
											-32 -62	-48 -78	-64 -94	-91 -121
+350 0	±11	±17	+4 -18	+10 -25	+16 -38	0 -35	-16 -38	-10 -45	-30 -52	-24 -59	-38 -73	-58 -93	-78 -113	-111 -146
											-41 -76	-66 -101	-91 -126	-131 -166
+400 0	±12.5	±20	+4 -21	+12 -28	+20 -43	0 -40	-20 -45	-12 -52	-36 -61	-28 -68	-48 -88	-77 -117	-107 -147	-155 -195
											-50 -90	-85 -125	-119 -159	-175 -215
											-53 -93	-93 -133	-131 -171	-195 -235
+460 0	±14.5	±23	+5 -24	+13 -33	+22 -50	0 -46	-22 -51	-14 -60	-41 -70	-33 -79	-60 -106	-105 -151	-149 -195	-219 -265
											-63 -109	-113 -159	-163 -209	-241 -287
											-67 -113	-123 -169	-179 -225	-267 -313
+520 0	±16	±26	+5 -27	+16 -36	+25 -56	0 -52	-25 -57	-14 -66	-47 -79	-36 -88	-74 -126	-138 -190	-198 -250	-295 -347
											-78 -130	-150 -202	-220 -272	-330 -382
+570 0	±18	±28	+7 -29	+17 -40	+28 -61	0 -57	-26 -62	-16 -73	-51 -87	-41 -98	-87 -144	-169 -226	-247 -304	-369 -426
											-93 -150	-187 -244	-273 -330	-414 -471
+630 0	±20	±31	+8 -32	+18 -45	+29 -68	0 -63	-27 -67	-17 -80	-55 -93	-45 -108	-103 -166	-209 -272	-307 -370	-467 -530
											-109 -172	-229 -292	-337 -400	-517 -580

附表 17　基孔制常用、优先配合

基准孔	轴																				
	a	b	c	d	e	f	g	h	js	k	m	n	p	r	s	t	u	v	x	y	z
	间隙配合								过渡配合			过盈配合									
H6						$\frac{H6}{f5}$	$\frac{H6}{g5}$	$\frac{H6}{h5}$	$\frac{H6}{js5}$	$\frac{H6}{k5}$	$\frac{H6}{m5}$	$\frac{H6}{n5}$	$\frac{H6}{p5}$	$\frac{H6}{r5}$	$\frac{H6}{s5}$	$\frac{H6}{t5}$					
H7						$\frac{H7}{f6}$	$\frac{H7}{g6}$	$\frac{H7}{h6}$	$\frac{H7}{js6}$	$\frac{H7}{k6}$	$\frac{H7}{m6}$	$\frac{H7}{n6}$	$\frac{H7}{p6}$	$\frac{H7}{r6}$	$\frac{H7}{s6}$	$\frac{H7}{t6}$	$\frac{H7}{u6}$	$\frac{H7}{v6}$	$\frac{H7}{x6}$	$\frac{H7}{y6}$	$\frac{H7}{z6}$
H8					$\frac{H8}{e7}$	$\frac{H8}{f7}$	$\frac{H8}{g7}$	$\frac{H8}{h7}$	$\frac{H8}{js7}$	$\frac{H8}{k7}$	$\frac{H8}{m7}$	$\frac{H8}{n7}$	$\frac{H8}{p7}$	$\frac{H8}{r7}$	$\frac{H8}{s7}$	$\frac{H8}{t7}$	$\frac{H8}{u7}$				
				$\frac{H8}{d8}$	$\frac{H8}{e8}$	$\frac{H8}{f8}$		$\frac{H8}{h8}$													
H9			$\frac{H9}{c9}$	$\frac{H9}{d9}$	$\frac{H9}{e9}$	$\frac{H9}{f9}$		$\frac{H9}{h9}$													
H10			$\frac{H10}{c10}$	$\frac{H10}{d10}$				$\frac{H10}{h10}$													
H11	$\frac{H11}{a11}$	$\frac{H11}{b11}$	$\frac{H11}{c11}$	$\frac{H11}{d11}$				$\frac{H11}{h11}$													
H12		$\frac{H12}{b12}$						$\frac{H12}{h12}$													

注：1. $\frac{H6}{n5}$、$\frac{H7}{p6}$在≤3mm 和$\frac{H8}{r7}$≤100mm 时为过渡配合。

2. 方框中的配合为优先配合。

附表 18　基轴制常用、优先配合

基准轴	孔																				
	A	B	C	D	E	F	G	H	JS	K	M	N	P	R	S	T	U	V	X	Y	Z
	间隙配合								过渡配合			过盈配合									
h5						$\frac{F6}{h5}$	$\frac{G6}{h5}$	$\frac{H6}{h5}$	$\frac{JS6}{h5}$	$\frac{K6}{h5}$	$\frac{M6}{h5}$	$\frac{N6}{h5}$	$\frac{P6}{h5}$	$\frac{R6}{h5}$	$\frac{S6}{h5}$	$\frac{T6}{h5}$					
h6						$\frac{F7}{h6}$	$\frac{G7}{h6}$	$\frac{H7}{h6}$	$\frac{JS7}{h6}$	$\frac{K7}{h6}$	$\frac{M7}{h6}$	$\frac{N7}{h6}$	$\frac{P7}{h6}$	$\frac{R7}{h6}$	$\frac{S7}{h6}$	$\frac{T7}{h6}$	$\frac{U7}{h6}$				
h7					$\frac{E8}{h7}$	$\frac{F8}{h7}$		$\frac{H8}{h7}$	$\frac{JS8}{h7}$	$\frac{K8}{h7}$	$\frac{M8}{h7}$	$\frac{N8}{h7}$									
h8				$\frac{D8}{h8}$	$\frac{E8}{h8}$	$\frac{F8}{h8}$		$\frac{H8}{h8}$													
h9				$\frac{D9}{h9}$	$\frac{E9}{h9}$	$\frac{F9}{h9}$		$\frac{H9}{h9}$													
h10				$\frac{D10}{h10}$				$\frac{H10}{h10}$													
h11	$\frac{A11}{h11}$	$\frac{B11}{h11}$	$\frac{C11}{h11}$	$\frac{D11}{h11}$				$\frac{H11}{h11}$													
h12		$\frac{B12}{h12}$						$\frac{H12}{h12}$													

注：方框中的配合为优先配合。

参考文献

[1] 王幼龙. 机械制图 [M]. 3版. 北京：高等教育出版社，2007.

[2] 钱可强. 机械制图 [M]. 5版. 北京：中国劳动社会保障出版社，2007.

[3] 葛小平. 袁岗. 模具制图 [M]. 北京：人民邮电出版社，2009.

[4] 闫文平. 模具工识图 [M]. 北京：化学工业出版社，2007.

[5] 杨占尧. 最新模具标准应用手册 [M]. 北京：机械工业出版社，2011.